21 世纪高等院校教材·国家理科基地教材

中级化学实验

浙江大学化学系　组编

雷群芳　主编

科 学 出 版 社

北　京

内 容 简 介

本书是在浙江大学多年实验教学改革与实践基础上编写的。《中级化学实验》与先行的《基础化学实验》和后续的《综合化学实验》构成化学、化工类等专业学生的基本化学实验技能训练的有机整体。全书共编入 84 个实验。它主要由组成与结构分析实验、物性测试实验和计算机实验等部分构成，主要学习运用现代分析测试手段和物理化学方法研究物质组成、结构和性能的基本实验原理、方法和技能，使学生掌握基本测试方法和典型仪器的应用与选择，培养正确记录实验现象和数据、正确处理和分析实验结果的能力，提高灵活运用知识、理论联系实际的能力，培养创新思维、创新意识和创新能力，初步训练科学研究的能力。

本书可作为高等院校理、工、农、医类各专业仪器分析与物理化学实验教学教材，也可供相关人员参考使用。

图书在版编目（CIP）数据

中级化学实验/雷群芳主编.—北京：科学出版社，2005
（21 世纪高等院校教材·国家理科基地教材）
ISBN 978-7-03-014919-0

Ⅰ. 中…　Ⅱ. 雷…　Ⅲ. 化学实验-高等学校-教材　Ⅳ. O6-3

中国版本图书馆 CIP 数据核字（2005）第 010043 号

责任编辑：王志欣　刘俊来　吴伶伶／责任校对：曾　茹
责任印制：徐晓晨／封面设计：耕者工作室

科 学 出 版 社 出版
北京东黄城根北街 16 号
邮政编码：100717
http://www.sciencep.com

北京教园印刷有限公司 印刷
科学出版社发行　各地新华书店经销

*

2005 年 7 月第 一 版　　开本：B5（720×1000）
2017 年 1 月第八次印刷　　印张：25 1/2
字数：488 000
定价：**49.00 元**
（如有印装质量问题，我社负责调换）

前　　言

自 1985 年起,浙江大学等一批重点高校对原无机化学、分析化学、有机化学和物理化学(简称"四大化学")实验课教研室管理体制进行改革,在全国率先组建了化学实验中心,实验教学独立设课,同时对实验课程系统和教学内容进行了重大改革,将原来的四门实验课改为三门实验课,即"基础化学实验"、"中级化学实验"和"综合化学实验",分三阶段实施,其教学内容包括了基本实验、提高型实验和研究创新型实验三个层次。这项重大改革曾荣获国家级教学成果特等奖等,并推动了全国范围内的化学实验教学大改革。目前我国大部分高校的化学实验教学都实行了实验中心管理体制,并采用了分三阶段或两阶段(包括"基础化学实验"和"综合化学实验")的课程体系。尽管已有近 20 年的实践,但迄今能够系统地体现这一重要改革成果的教材却极为少见。为此,浙江大学在国家理科人才培养基地的"十五"建设规划中,把编写和出版一套包括《基础化学实验》、《中级化学实验》和《综合化学实验》在内的系列实验教材列为重点建设内容之一。这套教材是我们在原有讲义的基础上,经过精心整理、删改、充实、提高,并吸取了国内外同类教材的优点而编写成的。它是我们多年从事化学实验教学改革的成果,也是我们多年教学实践的结晶。我们希望这套教材的出版不仅会促进浙江大学化学实验教学质量的提高,而且通过它与同行交流,在全国高等院校的化学实验教学中起到积极的作用。

《中级化学实验》是一门独立的课程,但它与先行的《基础化学实验》和后续的《综合化学实验》构成化学、化工类等专业学生基本化学实验技能训练的有机整体,主要学习运用现代分析测试手段和物理化学方法研究物质组成、结构和性能的基本实验原理、方法和技能。通过《中级化学实验》的训练,使学生掌握基本测试方法和典型仪器的应用与选择,培养正确记录实验现象和数据、正确处理和分析实验结果的能力,提高灵活运用知识、理论联系实际的能力,培养创新思维、创新意识和创新能力。

本书共安排 84 个实验。既有基础性实验,又有拓展性实验和研究性实验,适合理、工、农、医类的不同专业,可供不同层次的教学要求进行选择。每个实验中,除了常规内容以外,都设有简短的实验导读,提供一定的背景或前景知识,有利于读者更全面、综合地认识相关问题。

参加本书实验编写工作的有(以拼音字母为序):陈平、方文军、蒋晓原、雷群芳、毛建新、滕启文、王国平、王琦、王永尧、邹建敏、张嘉捷、张培敏、邹建凯。雷群芳还编写了总论、常用仪器使用说明和物性数据部分。全书由雷群芳主编并统稿。

在编写过程中,得到了浙江大学国家理科化学人才培养基地、国家工科化学教学基地的支持;得到化学系领导、实验教学的前辈和许多相关人员的大力无私帮助;参考了不少国内外化学实验教材和化学文献资料。在此向所有提供帮助的同仁、作者表示衷心的感谢!

由于编者水平所限,书中错误和不当之处难免,恳请读者批评指正。

编者

2005 年 5 月于求是园

目　　录

1 总 论

1.1 中级化学实验的目的与要求

《中级化学实验》与先行的《基础化学实验》和后续的《综合化学实验》,构成化学、化工类等专业学生基本化学实验技能训练的整体,是浙江大学多年实验改革创立的教学模式。中级化学实验是一门独立的课程,主要学习运用现代分析测试手段和物理化学方法研究物质组成、结构和性能的基本实验原理、方法和技能。它主要由组成与结构分析实验、物性测试实验和计算机实验等部分构成,综合了化学领域各分支学科所需的基本研究方法、工具和常规大型仪器。中级化学实验的训练,使学生掌握基本测试方法和典型仪器的应用与选择,培养正确记录实验现象和数据、正确处理和分析实验结果的能力,提高灵活运用知识、理论联系实际的能力,培养创新思维、创新意识和创新能力。

学生应认真做好中级化学实验,勤于动手、勇于钻研、敢于实践,自觉地在实验过程中打好扎实的实验基本功,逐步培养独立从事科学研究工作的能力。

1.1.1 实验预习

(1) 准备一本预习报告(实验记录)本,编页码,保持完整、整洁。

(2) 充分预习实验内容。预先了解实验的目的和原理、所用仪器的构造和使用方法,对实验内容、操作过程和步骤,做到心中有数。在认真预习的基础上,用自己的语言写出实验预习报告,切忌照抄书本。预习报告内容主要包括:简要的实验目的和原理;简明的实验步骤;必要的实验装置图;设计实验数据记录表,以便方便填入需记录的实验数据。

(3) 仔细阅读实验涉及的有关理论和实验知识,列出没有明白、需要问老师的问题,查找实验中需要用到的有关文献数据、手册资料等。

(4) 实验前,由指导教师检查学生的预习报告,提问、讨论实验内容,经指导教师同意后,方可进行实验。

(5) 学生应当逐步做到:根据自己写的预习报告本,能够完成整个实验的操作,而不再需要依赖于实验教材。

1.1.2　实验记录

（1）完整记录实验条件。实验的结果与实验条件紧密相关，实验条件提供了分析实验中所出现问题和误差大小的重要依据。实验条件一般包括环境条件（室温、大气压和湿度等）、操作条件（温度、压力、流量、速率等）、药品规格（名称、来源、纯度、浓度等）和仪器条件（名称、规格、型号和实际精度等）。

（2）认真观察实验现象、真实记录实验结果。所有数据和结果都应用圆珠笔或钢笔记录在预习报告本（实验记录本）上，不得用铅笔、红笔记录实验数据。尊重事实，忠实、准确、完整地记录实验现象和数据，必须严格注意误差、有效数字，不能随意丢弃数据，更不能涂改、伪造数据。若发现记录错误，可在错误上划一条删除线，再另外给出正确记录。如发现某个数据确有问题，应该舍弃时，可用笔轻轻圈去。字迹要整齐清楚，删除或舍弃的记录也应该能够分辨。训练良好的记录习惯是中级化学实验的基本要求之一。

（3）实验结束后，应将原始实验数据、谱图、曲线等记录交给指导教师，经检查、签字后，才能离开实验室。

1.1.3　实验报告

完成一份高质量的实验报告是中级化学实验的重要训练内容。它将使学生在实验数据处理、作图、误差分析、问题归纳等方面得到训练和提高。实验报告的质量在很大程度上反映了学生的实际水平和能力。要求中级化学实验的实验报告往研究论文的格式靠，尽量以科研小论文的形式书写。一份好的实验报告应该符合实验目的明确、原理清楚、数据准确、图表合理、结果正确、分析透彻、讨论深入和字迹清楚等要求，具备科学性、完整性和可读性。

（1）中级化学实验报告的内容包括：实验目的、实验原理及装置、仪器与试剂、实验步骤、实验数据记录、结果处理、分析和讨论、结论、参考文献等。

（2）写实验报告时，要求动脑筋、肯钻研，正确推导、耐心计算、规范作图。重点应放在实验数据的处理和实验结果的分析讨论上。

（3）实验报告的讨论部分可包括：对实验现象的分析和解释、对实验结果的误差分析、查阅文献情况和心得体会、对实验的改进意见等，一定要有自己的观点，不要简单地一对一地回答思考题，更不应该应付了事。

（4）必须在规定时间内完成实验报告，交给实验指导教师。

（5）实验报告经指导教师批改后，如需重做报告或重做实验，应在规定时间内补做。

1.2　中级化学实验安全知识

化学是一门实验科学,实验室的安全非常重要。化学实验室往往潜藏着诸如发生爆炸、着火、中毒、灼伤、割伤、触电等事故的危险性。但是,只要遵守规则就完全可以避免危险的发生。如何防止事故的发生以及万一发生事故后又如何急救,都是每一个化学实验工作者必须具备的素质。这里结合中级化学实验的特点,着重介绍安全用电、危险品识别、防爆、防火和高压钢瓶使用等安全知识。

1.2.1　安全用电

在中级化学实验室里,经常遇到电路接线,电学仪表、仪器使用等,必须了解相关安全用电知识。

1. 保险丝

在实验室中,一般使用 220 V、50 Hz 的交流电,有时也用到三相电。任何导线或电器设备都有规定的额定电流值,即允许长期通过而不致过度发热的最大电流值。当负荷过大或发生短路时,通过电流超过了额定电流,则会发热过度,致使电器设备绝缘损坏和设备烧坏,甚至引起电着火。为了安全用电,从外电路引入电源时,必须先经过能耐一定电流的适当型号的保险丝。

保险丝是一种自动熔断器,串联在电路中,当通过电流过大时,则会发热过度而熔断,自动切断电路,达到保护电线、电器设备的目的。普通保险丝是指质量分数 50% 铋、25% 铅、25% 锡组成的合金丝。

保险丝应接在相线引入处,在接保险丝时应把电闸拉开。更换保险丝时应换上同型号的,不能用型号比其小的代替(型号小的保险丝粗,额定电流值大)。绝对不允许用铜丝代替,否则失去了保险丝的作用,容易造成严重事故。

2. 三相电源

三相发电机发生三相交流电,发电机三相绕组间有两种连接方式,即星形接法(图 1.1)和三角形接法(图 1.2)。

图 1.1 中的 Ⅰ、Ⅱ、Ⅲ 为三相交流发电机的三绕组,分别产生 220 V 的正弦波交流电(称为相电压),由于它们之间的相位差 120°,故 AB、BC 或 AC 间的电压(称为线电压)为 $220 \times \sqrt{3} = 380$ V。因此,星形接线法的三相电路能供给 220 V 的单相交流电和 380 V 的三相交流电。OO' 称为中性线(中线),是各绕组的公共回路。AA'、BB'、CC' 分别为三条相线,通过中性线回到发电机。电流应该等于三相

图 1.1　三相电的星形接法

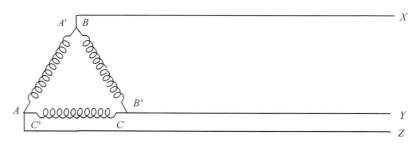

图 1.2　三相电的三角形接法

电流相量的总和,故当负载平衡时($R_I = R_{II} = R_{III}$),在中性线上并没有电流通过。

　　有中性线的三相电路在我国最为常用,其优点是既可以供给 220 V 的单相电,也可以供给 380 V 的三相电。

　　实验室常用的单相电三孔电流插座上注明"相"、"中"和"地"等字样,分别表示该孔接相线(AA'、BB'、CC'三者之一)、中线性(OO')和地线。相线和中性线之间接上所用仪器而构成一通路。若仪器有漏电现象,则可将仪器外壳接上地线,仪器即可安全使用。但应注意,若仪器内部和外壳形成短路而造成严重漏电者(可以用万用电表测量仪器外壳的对地电压),应立即检查修理。此时如接上地线使用仪器,则会产生很大的电流而烧坏保险丝或出现更为严重的事故。

　　当应用三相电动机、三相电热器等时,由于负荷平衡,可以免去中性线,供给三相电的四孔电源插座中三个一样大小的孔分别为 AA'、BB' 和 CC' 三条相线,另外一个较大的孔接地线,以消除仪器外壳的漏电现象。三相电功率瞬时值的总和是一条平稳的直线,不随时间而发生起伏波动,对三相电动机可以发生平稳的转矩,与单相电动机中电功率瞬时值或转矩有起伏的情况相比,这显然是一个重要的优点。

3．安全用电操作规程

人体若通过 50 Hz,25 mA 以上的交流电时会发生呼吸困难,100 mA 以上则会致死。直流电在通过同样电流的情况下,对人体也有相似的危害。在实验室用电过程中必须严格遵守以下的操作规程。

1）防止触电

（1）所有电源的裸露部分都应有绝缘装置。

（2）及时更换已损坏的接头、插座、插头或绝缘不良的电线。

（3）不能用潮湿的手接触电器。

（4）修理或安装电器设备时,必须先切断电源。

（5）不能用试电笔去试高压电。

（6）实验开始时,必须先接好线路,再插上电源;实验结束后,必须先切断电源,再拆线路。

（7）如遇人触电,应切断电源后再行处理。

2）防止短路

（1）电路中各接点要牢固。

（2）电路元件二端接头不能直接接触,以免烧坏仪器或产生触电、着火等事故。

（3）避免导线间的摩擦。尽可能不使电线、电器受到水淋或浸在导电的液体中。

3）防止着火

（1）保险丝型号与实验室允许的电流量必须相匹配。

（2）负荷大的电器应接较粗的电线。

（3）生锈或接触不良处,应及时处理。

（4）室内有大量的氢气、煤气等易燃易爆气体时,应防止产生电火花,否则会引起火灾或爆炸。

电火花经常在电器接触点接触不良、继电器工作时以及开关电闸时发生,因此应注意室内通风;电线接头要接触良好,包扎牢固以消除电火花,在继电器上可以连一个电容器以减弱电火花等。一旦着火,则应首先拉开电闸,切断电路,再用相应方法灭火;如无法拉开电闸,则用砂土、干粉灭火器或 CCl_4 灭火器等灭火。绝不能用水或泡沫灭火器来灭电火,因为它们导电。

4．常用电器元件符号

常用电器元件符号见图 1.3。

安培计	 (A)	电感线圈	
伏特计	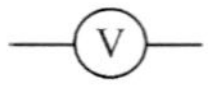 (V)	有铁芯的电感线圈	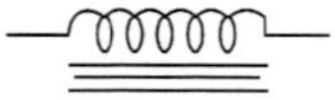
交流电	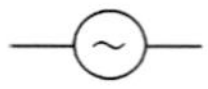 (~)	变压器	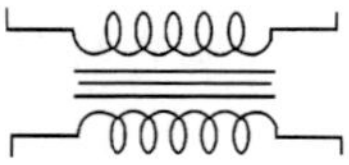
干电池	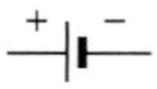 + −	接地端	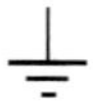
直流电源		不联接的交叉导线	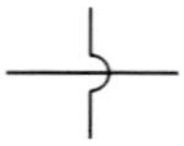
晶体二极管		联接的交叉导线	
晶体三极管(NPN)	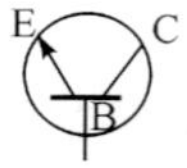 E　C B	固定电阻	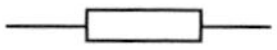
真空三极管	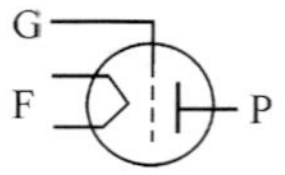 G F　P	可变电阻	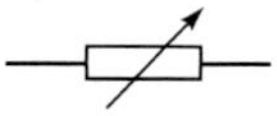
电容器	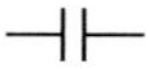	可变电阻器	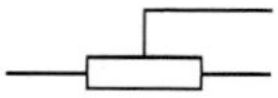
可变电容器		电解电容	 + −
单刀单掷开关	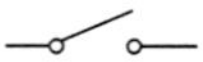	检流计	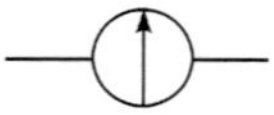
双刀双掷开关	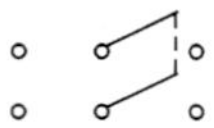	天线	

图 1.3　常用电器元件符号

1.2.2　危险化学品的分类及标志

常用化学品的危险性类别、危险标志及危险特性都有明确的规定和标志
(GB 13690-92),在化学品的生产、使用、储存和运输过程中应当加以注意。常用危险化学品按危险特性分为 8 类。

第 1 类　爆炸品。指在外界作用下(如受热、受压、撞击等)能发生剧烈的化学反应,瞬时产生大量的气体和热量,使周围压力急骤上升,发生爆炸,对周围环境造成破坏的物品。也包括无整体爆炸危险,但具有燃烧、抛射及较小爆炸危险的物品。

第 2 类　压缩气体和液化气体。指压缩、液化或加压溶解的气体,并应符合下述两种情况之一者:①临界温度低于 50℃,或在 50℃时,其蒸气压力大于 294 kPa 的压缩或液化气体;②温度在 21.1℃时,气体的绝对压力大于 275 kPa,或在 54.4℃时,气体的绝对压力大于 715 kPa 的压缩气体;或在 37.8℃时,雷德蒸气压力大于 275 kPa 的液化气体或加压溶解的气体。

第 3 类　易燃液体。指易燃的液体,液体混合物或含有固体物质的液体,其闭杯试验闪点等于或低于 61℃。

第 4 类　易燃固体、自燃物品和遇湿易燃物品。易燃固体指燃点低,对热、撞击、摩擦敏感,易被外部火源点燃,燃烧迅速,并可能散发出有毒烟雾或有毒气体的固体。自燃物品指自燃点低,在空气中易发生氧化反应,放出热量,而自行燃烧的物品。遇湿易燃物品指遇水或受潮时,发生剧烈化学反应,放出大量易燃气体和热量的物品,有的不需明火,即能燃烧或爆炸。

第 5 类　氧化剂和有机过氧化物。氧化剂是指处于高氧化态、具有强氧化性,易分解并放出氧和热量的物质,包括含有过氧基的无机物,其本身不一定可燃,但能导致可燃物的燃烧,与松软的粉末状可燃物能组成爆炸性混合物,对热、震动或摩擦较敏感。有机过氧化物指分子组成中含有过氧基的有机物,其本身易燃易爆。极易分解,对热、震动或摩擦极为敏感。

第 6 类　有毒品。指进入机体后,累积达一定的量,能与体液和器官组织发生生物化学作用或生物物理学作用,扰乱或破坏肌体的正常生理功能,引起某些器官和系统暂时性或持久性的病理改变,甚至危及生命的物品。经口摄取半数致死量:固体 $LD_{50} \leqslant 500$ mg·kg^{-1},液体 $LD_{50} \leqslant 2000$ mg·kg^{-1};经皮肤接触 24 h,半数致死量 $LD_{50} \leqslant 1000$ mg·kg^{-1};粉尘、烟雾及蒸气吸入半数致死量 $LC_{50} \leqslant 10$ mg·L^{-1} 的固体或液体。

第 7 类　放射性物品。指放射性比活度大于 7.4×10^4 Bq·kg^{-1} 的物品。

第 8 类　腐蚀品。指能灼伤人体组织并对金属等物品造成损坏的固体或液体。与皮肤接触在 4 h 内出现可见坏死现象,或在 55℃时,对 20 号钢的表面均匀年腐蚀率超过 6.25 mm·a^{-1} 的固体或液体。

根据常用危险化学品的危险特性和类别,都有明显的标志图形。具体如图 1.4 所示。

图 1.4　危险化学品的分类及标志

1.2.3　化学品的毒性

化学物质侵入机体引起伤害的途径主要有:吸入、食入和经皮肤吸收。但总是同进入体内的量相联系的,不应该简单地说某种物质有毒有害。不恰当的侵入会引起生理功能或正常结构的病理改变,危害健康。恰当地摄入一些物质对人体并无害处。我国对空气中有害物质的最高容许浓度有明确的规定,以保证人不致发生急性和慢性职业性危害而维护人的健康。

化学物质的毒性常用引起实验动物某种毒性反应所需的剂量表示,如半数致死量或浓度(LD_{50}或LC_{50})即中毒动物半数死亡的剂量或浓度。根据LD_{50},化学物质的急性毒性分为剧毒、高毒、中等毒、低毒、微毒五级(表1.1)。这种分级法是一个便于比较的相对指标。

表 1.1 化学物质的急性毒性分级

毒性分级	大鼠一次经口 $LD_{50}/(mg \cdot kg^{-1})$	6只大鼠吸入4 h 死亡2~4只的浓度 $/(mg \cdot kg^{-1})$	兔涂皮时 $LD_{50}/(mg \cdot kg^{-1})$	对人可能致死量	
				$mg \cdot kg^{-1}$	总量/g(60 kg 体重)
剧毒	<1	<10	<5	<0.05	0.1
高毒	1—	10—	5—	0.05—	3
中等毒	50—	100—	44—	0.5—	30
低毒	500—	1000—	350—	5—	250
微毒	5000—	10 000—	2180—	>15	>1000

1.2.4 防爆知识

可燃性的气体与空气的混合物,当两者的比例处于爆炸界限内,若有一个适当的热源(如电火花)诱发,将引起爆炸。表1.2中列出某些可燃气体在空气中的爆炸界限。

表 1.2 某些可燃气体在空气中的爆炸界限(体积分数)

气体	爆炸下限/%	爆炸上限/%	气体	爆炸下限/%	爆炸上限/%
氢	4.0	74.2	一氧化碳	12.5	74.2
乙烯	2.8	28.6	二硫化碳	1.25	44
乙炔	2.5	80.0	乙醇	3.3	19.0
甲烷	5.3	14	丙酮	2.6	12.8
丙烷	2.4	9.5	乙酸乙酯	2.2	11.4
戊烷	1.6	7.8	乙酸	4.1	—
苯	1.4	6.8	水煤气	7.0	72
氨	15.5	27.0	煤气	5.3	32
乙醚	1.9	36.5			

应尽量防止可燃性气体散失到室内空气中。同时保持室内通风良好,不使它们形成可爆炸的混合气。在操作大量可燃性气体时,应严禁使用明火,严禁用可能产生电火花的电器以及防止铁器撞击产生火花等。

另外,有些危险化学药品,如叠氮铅、乙炔银、乙炔铜、高氯酸盐、过氧化物等,受到震动或受热容易引起爆炸。特别应防止强氧化剂与强还原剂存放在一起。久藏的乙醚使用前,需设法除去其中可能产生的过氧化物。在操作可能发生爆炸的实验时,应有防爆措施。

1.2.5 防火知识

物质燃烧需具备三个条件:可燃物质、氧气或氧化剂、一定的温度。

一旦发生火情,应冷静判断情况,采取措施,如采取隔绝氧的供应,降低燃烧物质的温度,将可燃物质与火焰隔离的办法。常用来灭火的有水、砂以及 CO_2 灭火器、CCl_4 灭火器,泡沫灭火器、干粉灭火器等,可根据着火原因、场所情况正确选用。

水是最常用的灭火物质,可以降低燃烧物质的温度,并且形成"水蒸气幕",能在相当长时间内阻止空气接近燃烧物质。但是,应注意起火地点的具体情况。

(1) 有金属钠、钾、镁、铝粉、电石、过氧化钠等,采用干砂等灭火。

(2) 对易燃液体(密度比水小,如汽油、苯、丙酮等)的灭火,采用泡沫灭火剂更有效,因为泡沫比易燃液体轻,覆盖在上面可隔绝空气。

(3) 对有灼烧的金属或熔融物的地方灭火,应采用干砂或固体粉末灭火器。

(4) 电气设备或带电系统着火,用二氧化碳灭火器或四氯化碳较合适。

上述四种情况均不能用水,因为有的可以生成氢气等,使火势加大甚至引起爆炸,有的会发生触电等;同时也不能用四氯化碳灭碱土金属的着火。另外,四氯化碳有毒,在室内救火时最好不用。灭火时不能慌乱,应防止在灭火过程中再打碎可燃物的容器。平时应知道各种灭火器材的使用和存放地点。

1.2.6 高压气体钢瓶的使用

在中级化学实验中,经常要使用一些气体,如气相色谱实验中要用到氢气和氮气,燃烧热的测定实验中要使用氧。气体钢瓶是储存压缩气体(如氢气、氮气和氧气等)和液化气(如液氨和液氯等)的高压容器,容积一般为 40~60 L,最高工作压力为 15 MPa,最低的在 0.6 MPa 以上。在钢瓶的肩部有用钢印打出的标记:制造厂、制造日期、气瓶型号、编号、气瓶质量、气体容积、工作压力、水压试验压力、水压试验日期和下次送验日期。

当钢瓶受到撞击或高温时会有发生爆炸的危险。另外,有一些压缩气体或液化气体则有剧毒,一旦泄漏,将造成严重的后果。因此,在中级化学实验中,学习正

确、安全地使用各种压缩气体或液化气体钢瓶是十分重要的。使用钢瓶时,必须注意下列事项:

（1）在气体钢瓶使用前,要按照钢瓶外表油漆颜色、字样等正确识别气体种类（表1.3）,切勿误用,以免造成事故。如钢瓶因使用日久后色标脱落,应及时按上述规定进行漆色、标注气体名称和涂刷横条。

表 1.3　我国高压气体钢瓶标记

序号	气体	钢瓶颜色	字样	字样颜色
1	O_2	天蓝	氧	黑
2	H_2	深绿	氢	红
3	N_2	黑	氮	黄
4	Ar	灰	氩	绿
5	Cl_2	草绿	氯	白黄
6	NH_3	黄	氨	黑
7	CO_2	黑	CO_2	黄
8	C_2H_2	白	C_2H_2	红
9	压缩空气	黑	压缩空气	白
10	氟利昂	银灰	氟利昂	黑
11	其他可燃气体	红	—	白
12	其他不可燃气体	黑	—	黄

（2）气体钢瓶在运输、储存和使用时,注意勿使气体钢瓶与其他坚硬物体撞击,或曝晒在烈日下以及靠近高温处,以免引起钢瓶爆炸。钢瓶应定期进行安全检查,如进行水压试验,气密性试验和壁厚测定等。

（3）严禁油脂等有机物沾污氧气钢瓶,因为油脂遇到逸出的氧气就可能燃烧,如已有油脂沾污,则应立即用四氯化碳洗净。氢气、氧气或可燃气体钢瓶严禁靠近明火。

（4）存放氢气钢瓶或其他可燃性气体钢瓶的房间要注意通风,以免漏出的氢气或可燃性气体与空气混合后遇到火种发生爆炸。室内的照明灯及所有通风均应防爆。

（5）原则上有毒气体（如液氯等）钢瓶应单独存放,严防有毒气体逸出,注意室内通风。最好在存放有毒气体钢瓶的室内设置毒气鉴定装置。

（6）若两种钢瓶中的气体接触后可能引起燃烧或爆炸,则这两种钢瓶不能存放在一起。如氢气瓶和氧气瓶、氢气瓶和氯气瓶等。氧、液氯、压缩空气等助燃气体钢瓶严禁与易燃物品放置在一起。

（7）钢瓶应放在阴凉,远离电源、热源(如阳光、暖气、炉火等)的地方,并加以固定,防止滚动或跌倒。为确保安全,最好在钢瓶外面装置橡胶防震圈。液化气体钢瓶使用时一定要直立放置,禁止倒置使用。

（8）高压钢瓶必须要安装好减压阀后方可使用。一般地,可燃性气体钢瓶上阀门的螺纹为反扣的(如氢、乙炔),其他则为正扣的。各种减压阀绝不能混用。开、闭气阀时,操作人员应避开瓶口方向,站在侧面,并缓慢操作,不能猛开阀门。

（9）钢瓶内气体不能完全用尽,应保持在 0.05 MPa 表压以上的残留压力。可燃性气体 C_2H_2 应剩余 $0.2\sim0.3$ MPa,H_2 应保留 2 MPa,以防止外界空气进入气体钢瓶,在重新灌气时发生危险。

（10）钢瓶必须定期送交检验,合格钢瓶才能充气使用。

安装在气体钢瓶上的氧气减压阀如图 1.5 所示,氧气减压阀的结构如图 1.6 所示。氧气减压阀的高压腔与钢瓶连接,低压腔为气体出口,并通往使用系统。高压表的示值为钢瓶内储存气体的压力。低压表的出口压力可由调节螺杆控制。

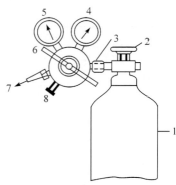

图 1.5　安装在气体钢瓶上的氧气
减压阀示意图

1. 钢瓶;2. 钢瓶开关;3. 钢瓶与减压表连接螺母;4. 高压表;5. 低压表;6. 低压表压力调节螺杆;7. 出口;8. 安全阀

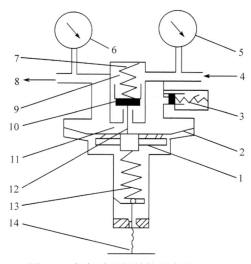

图 1.6　氧气减压阀结构示意图

1. 弹簧垫块;2. 传动薄膜;3. 安全阀;4. 进口(接气体钢瓶);5. 高压表;6. 低压表;7. 压缩弹簧;8. 出口(接使用系统);9. 高压气室;10. 活门;11. 低压气室;12. 顶杆;13. 主弹簧;14. 低压表压力调节螺杆

使用时先打开钢瓶总开关,然后顺时针转动低压表压力调节螺杆,使其压缩主弹簧并传动薄膜、弹簧垫块和顶杆而将活门打开。这样进口的高压气体由高压室经节流减压后进入低压室,并经出口通往工作系统。转动调节螺杆,改变活门开启的高度,从而调节高压气体的通过量并达到所需的压力值。

减压阀都装有安全阀。它是保护减压阀并使之安全使用的装置,也是减压阀出现故障的信号装置。如果由于活门垫、活门损坏或由于其他原因,导致出口压力自行上升并超过一定许可值时,安全阀会自动打开排气。注意:

(1) 依使用要求的不同,氧气减压阀有多种规格。最高进口压力大多为15 MPa,最低进口压力应不小于出口压力的 2.5 倍。出口压力规格较多,最低为 0~0.1 MPa,最高为 0~0.4 MPa。

(2) 安装减压阀时应确定其连接尺寸规格是否与钢瓶和使用系统的接头相一致,接头处需用垫圈。安装前需瞬时开启气瓶阀吹除灰尘,以免带进杂质。

(3) 氧气减压阀严禁接触油脂,以免发生火灾事故。减压阀及扳手上的油污应用乙醇擦去。

(4) 停止工作时,应将减压阀中余气放净,然后拧松调节螺杆以免弹性元件长久受压变形。

(5) 减压阀应避免撞击振动,不可与腐蚀性物质接触。

1.3　误差及数据表达

由于实验方法的可靠程度、所用仪器的精密度、实验条件的控制和实验者感官的限度等条件限制,任何实验都不可能测得一个绝对准确的数值,测量值和真实值之间必然存在着一个差值,称为测量误差。必须对误差产生的原因及其规律进行研究,才能了解结果的可靠性,从而决定这个结果对科学研究和应用是否有价值,进而研究如何改进实验方法、技术以及考虑仪器的正确选用和搭配等问题。再通过实验数据的列表、作图、建立数学模型等处理步骤,就可使实验结果变为有参考价值的资料。

1.3.1　误差的分类

误差与准确度:准确度是指测量结果与真实值相符合的程度,通常用误差大小表示,误差越小,准确度越高。测量误差可分为系统误差、过失误差(或粗差误差)和偶然误差(随机误差) 三类。

测量误差常用绝对误差和相对误差表示。绝对误差表示测量值与真实值之差。相对误差表示绝对误差占真实值的百分数。绝对误差与被测量值的大小无关,而相对误差却与被测量值的大小有关。若被测量值越大,则相对误差越小,因此,用相对误差来表示测量结果的准确度更确切。但在实际工作中,真实值往往是未知的,无法计算准确度,故常用精密度来表示测量结果。

偏差与精密度:精密度是指测量值与平均值相接近的程度,即指各次测量值相互接近的程度,通常用偏差来表示,偏差越小,精密度越高。为了表达测量的精密度,偏差的表达方法常有三种:①平均偏差。$\delta = \dfrac{\sum\limits_i |d_i|}{n}$,其中 d_i 为测量值 x_i 与算术平均值 $\bar{x}\left(\bar{x} = \dfrac{\sum\limits_i x_i}{n}\right)$ 之差,n 为测量次数。②标准偏差(或称均方根偏差)。$\sigma = \sqrt{\dfrac{\sum\limits_i d_i^2}{n-1}}$。③或然偏差。$P = 0.675\sigma$。一般用前面两种表达方法表示测量的精密度。

测量结果用绝对偏差表示为:$\bar{x} \pm \delta$ 或 $\bar{x} \pm \sigma$,其中平均偏差 δ 和标准偏差 σ 一般以一位数字(最多两位)表示。相对偏差表示为:平均相对偏差 $= \pm \dfrac{\delta}{\bar{x}} \times 100\%$,标准相对偏差 $= \pm \dfrac{\sigma}{\bar{x}} \times 100\%$。

必须指出,测量结果精密度高并不一定表示准确度高,而准确度高一定需要精密度好。

1.3.2　偶然误差的统计规律和可疑值的弃舍

偶然误差符合正态分布规律,即正、负误差具有对称性。所以,只要测量次数足够多,在消除了系统误差和粗差的前提下,测量值的算术平均值趋近于真实值

$$\lim_{x \to \infty} \bar{x} = x_{真}$$

一般测量次数不可能有无限多次,测量值的算术平均值不等于真实值,偏差不等于误差。但是,有时候两者混用。

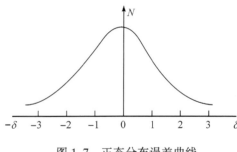

图 1.7　正态分布误差曲线

如果以误差出现次数 N 对标准误差的数值 σ 作图,得一对称曲线(图 1.7)。统计结果表明测量结果的偏差大于 3σ 的概率不大于 0.3%。因此根据小概率定理,凡误差大于 3σ 的点,均可以作为粗差剔除。严格地说,这是指测量达到 100 次以上时方可如此处理,粗略地用于 15 次以上的测量。对于 10~15 次测量时可用

2σ,若测量次数再少,应酌情递减。

1.3.3　误差传递——间接测量结果的误差计算

物理量的测定可分为直接测量和间接测量两种。直接表示所求结果的测量称为直接测量,如用天平称量物质的质量,用米尺量物体的长度,用温度计测量系统的温度,用电位差计测定电池的电动势等。对于较复杂不易直接测得的量,可通过直接测定简单量,而后按照一定的函数关系将它们计算出来,则这种测量称为间接测量。例如,用电导法测定乙酸乙酯皂化反应的速率常数,是在不同时间测定溶液的电导,再由公式计算得出。中级化学实验中的测量大都属于间接测量。

间接测量必然存在误差传递问题。通过间接测量结果误差的求算,可以知道哪个直接测量值的误差对间接测量结果影响最大,从而可以有针对性地提高测量仪器的精度,获得好的实验结果。

1．间接测量结果误差的计算

设有函数 $u = u(x, y)$,其中 x, y 是可以直接测量的量。全微分,得

$$\mathrm{d}u = \left(\frac{\partial u}{\partial x}\right)_y \mathrm{d}x + \left(\frac{\partial u}{\partial y}\right)_x \mathrm{d}y$$

此即误差传递的基本公式。具体的简单函数及其误差的计算公式如表 1.4 所示。

表 1.4　部分简单函数及其误差的计算公式

函数关系	绝对误差	相对误差
$u = x + y$	$\pm(\lvert \mathrm{d}x \rvert + \lvert \mathrm{d}y \rvert)$	$\pm\left(\dfrac{\lvert \mathrm{d}x \rvert + \lvert \mathrm{d}y \rvert}{x + y}\right)$
$u = x - y$	$\pm(\lvert \mathrm{d}x \rvert + \lvert \mathrm{d}y \rvert)$	$\pm\left(\dfrac{\lvert \mathrm{d}x \rvert + \lvert \mathrm{d}y \rvert}{x - y}\right)$
$u = xy$	$\pm(x\lvert \mathrm{d}y \rvert + y\lvert \mathrm{d}x \rvert)$	$\pm\left(\dfrac{\lvert \mathrm{d}x \rvert}{x} + \dfrac{\lvert \mathrm{d}y \rvert}{y}\right)$
$u = \dfrac{x}{y}$	$\pm\dfrac{(x\lvert \mathrm{d}y \rvert + y\lvert \mathrm{d}x \rvert)}{y^2}$	$\pm\left(\dfrac{\lvert \mathrm{d}x \rvert}{x} + \dfrac{\lvert \mathrm{d}y \rvert}{y}\right)$
$u = x^n$	$\pm(nx^{n-1}\mathrm{d}x)$	$\pm\left(n\dfrac{\lvert \mathrm{d}x \rvert}{x}\right)$
$u = \ln x$	$\pm\left(\dfrac{\mathrm{d}x}{x}\right)$	$\pm\left(\dfrac{\lvert \mathrm{d}x \rvert}{x\ln x}\right)$
$u = \sin x$	$\pm(\cos x\,\mathrm{d}x)$	$\pm(\cos x\,\mathrm{d}x)$

2. 间接测量结果的标准误差计算

若 $u = u(x, y)$，则函数 u 的标准误差为

$$\sigma = \sqrt{\left(\frac{\partial u}{\partial x}\right)_y^2 \sigma_x^2 + \left(\frac{\partial u}{\partial y}\right)_x^2 \sigma_y^2}$$

部分函数的标准误差列入表 1.5。

表 1.5　部分函数的标准误差

函数关系	绝对误差	相对误差
$u = x + y$	$\pm \sqrt{\sigma_x^2 + \sigma_y^2}$	$\pm \dfrac{\sqrt{\sigma_x^2 + \sigma_y^2}}{\lvert x + y \rvert}$
$u = x - y$	$\pm \sqrt{\sigma_x^2 + \sigma_y^2}$	$\pm \dfrac{\sqrt{\sigma_x^2 + \sigma_y^2}}{\lvert x - y \rvert}$
$u = xy$	$\pm \sqrt{y^2 \sigma_x^2 + x^2 \sigma_y^2}$	$\pm \sqrt{\dfrac{\sigma_x^2}{x^2} + \dfrac{\sigma_y^2}{y^2}}$
$u = \dfrac{x}{y}$	$\pm \dfrac{1}{y}\sqrt{\sigma_x^2 + \dfrac{x^2}{y^2}\sigma_y^2}$	$\pm \sqrt{\dfrac{\sigma_x^2}{x^2} + \dfrac{\sigma_y^2}{y^2}}$
$u = x^n$	$\pm (nx^{n-1}\sigma_x^2)$	$\pm \dfrac{n}{x}\sigma_x$
$u = \ln x$	$\pm \dfrac{\sigma_x}{x}$	$\pm \dfrac{\sigma_x}{x\ln x}$

1.3.4　有效数字

当对一个量进行记录时，所记数字的位数必须与仪器的精密度相符合，即所记数字的最后一位为仪器最小刻度以内的估计值，称为可疑值，其他几位为准确值，这样的一个数字称为有效数字，它的位数不可随意增减；否则，分别夸大和缩小了仪器的精密度。为了方便地表达有效数字位数，一般用科学记数法记录数字。例如，0.000 048 2 可写为 4.82×10^{-5}，有效数字为 3 位；13 460 可写为 1.3460×10^4，有效数字是 5 位，如此等。用以表达小数点位置的零不计入有效数字位数。

在间接测量中，需通过一定公式将直接测量值进行运算，运算中对有效数字位数的取舍应遵循如下规则：

(1) 误差一般只取 1 位有效数字，最多 2 位。

(2) 有效数字的位数越多，数值的精确度也越大，相对误差越小。

① (1.35 ± 0.01)m，3 位有效数字，相对误差 0.7%。

② (1.3500 ± 0.0001)m，5 位有效数字，相对误差 0.007%。

（3）若第一位的数值等于或大于 8,则有效数字的总位数可多算 1 位,如 9.23 虽然只有 3 位,但在运算时,可以看作 4 位。

（4）运算中舍弃过多不定数字时,应用"4 舍 6 入,逢 5 尾留双"的法则。例如,有下列两个数值:9.435 与 4.685,整化为 3 位数,根据上述法则,整化后的数值为 9.44 与 4.68。

（5）在加减运算中,各数值小数点后所取的位数,以其中小数点后位数最少者为准。例如

$$56.38 + 17.889 + 21.6 = 56.4 + 17.9 + 21.6 = 95.9$$

（6）在乘除运算中,各数保留的有效数字,应以其中有效数字最少者为准。例如

$$1.368 \times 0.041\ 375 \div 87$$

其中 87 的有效数字最少,由于首位是 8,所以可以看成 3 位有效数字,其余两个数值,也应保留 3 位,最后结果也只保留 3 位有效数字,即

$$\frac{1.37 \times 0.0414}{87} = 6.52 \times 10^{-4}$$

（7）在乘方或开方运算中,结果可多保留 1 位。

（8）对数运算时,对数中的首数不是有效数字,对数的尾数的位数,应与各数值的有效数字相当。例如

$$a_{H^+} = 6.7 \times 10^{-4} \qquad pH = 3.17$$
$$K_a = 5.6 \times 10^7 \qquad \lg K_a = 7.75$$

（9）算式中,常数 π,e 和某些取自手册的常数,如阿伏伽德罗常量、普朗克常量等,不受上述规则限制,其位数按实际需要取舍。

1.3.5　数据处理

中级化学实验中,数据表达和处理的内容较多,是学习和训练的重点之一。数据的表示法主要有如下三种方法:列表法、作图法和数学方程式法。作图可以人工绘制,也可以计算机处理,后者应用越来越普及,应当引起足够重视。但是,必须掌握在直角坐标方格纸上的正确合理的手工作图方法。

1. 列表法

将实验数据列成表格,排列整齐,一目了然。这是数据处理中最简单的方法,列表时应注意以下几点:

（1）表格要有名称,按序编号,表内内容表达要清楚,表格具有独立性。

（2）每行（或列）的开头一栏都要列出物理量的名称和单位,并把二者表示为相除的形式。因为物理量的符号本身是带有单位的,除以它的单位,即等于表中的

纯数字。

（3）数字要排列整齐，小数点要对齐，公共的乘方因子应写在开头一栏与物理量符号相乘的形式，并为异号。

（4）表格中表达的数据顺序为：由左到右，由自变量到应变量，可以将原始数据和处理结果列在同一表中，但应以一组数据为例，在表格下面列出算式，写出计算过程。

2．手工作图法

作图法可形象地表达出数据的特点，如极大值、极小值、拐点等，也可进一步用图解求积分、微分、外推、内插值。作图应注意如下几点：

（1）要有图名，如"$\ln K_p$-$1/T$ 图"，"V-t 图"等。图内内容表达要清楚，图具有独立性。

（2）要用正规坐标纸，并根据需要选用坐标纸种类：直角坐标纸、三角坐标纸、半对数坐标纸、对数坐标纸等。中级化学实验中一般用直角坐标方格纸。

（3）在直角坐标中，一般以横轴代表自变量，纵轴代表因变量，在轴旁需注明变量的名称和单位（二者表示为相除的形式），10 的幂次以相乘的形式写在变量旁，并为异号。

（4）适当选择坐标比例，以表达出全部有效数字为准，即最小的毫米格内表示有效数字的最后一位。每厘米格代表 1，2，5 为宜，切忌 3，7，9。如果作直线，应正确选择比例，使直线接近呈 45°倾斜。

（5）坐标原点不一定选在零，应使所作直线与曲线匀称地分布于图面中。在两条坐标轴上每隔 1 cm 或 2 cm 均匀地标上所代表的数值，而图中所描各点的具体坐标值不必标出。

（6）描点时，应用细铅笔将所描的点准确而清晰地标在其位置上，可用○、△、□、×等符号表示，符号总面积表示了实验数据误差的大小，所以不应超过 1 mm 格。同一图中表示不同曲线时，要用不同的符号描点，以示区别。

（7）作曲线时，需用曲线板，尽量多地通过所描的点，但不要强行通过每一个点。对于不能通过的点，应使其等量地分布于曲线两边，且两边各点到曲线的距离之平方和要尽可能相等。描出的曲线应平滑均匀。

（8）图解微分：图解微分的关键是作曲线的切线，而后求出切线的斜率值，即图解微分值。作曲线的切线可用如下两种方法：①镜像法。取一平面镜，使其垂直于图面，并通过曲线上待作切线的点 P（图1.8）然后让镜子绕 P 点转动，注意观察镜中曲线的影像，当镜子转到某一位置，使得曲线与其影像刚好平滑地连为一条曲线时，过 P 点沿镜子作一直线即为 P 点的法线，过 P 点再作法线的垂线，就是曲线上 P 点的切线。若无镜子，可用玻璃棒代替，方法相同。②平行线段法。如图

1.9,在选择的曲线段上作两条平行线 AB 及 CD,然后连接 AB 和 CD 的中点 PQ 并延长相交曲线于 O 点,过 O 点作 AB、CD 的平行线 EF,则 EF 就是曲线上 O 点的切线。

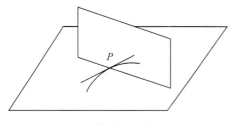
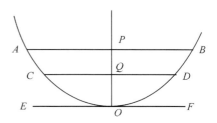

图 1.8 镜像法示意图　　　　　图 1.9 平行线段法示意图

3.数学方程式法

将一组实验数据用数学方程式表达出来是最为精练的一种方法。它不但方式简单而且便于进一步求解,如积分、微分、内插等。此法首先要找出变量之间的函数关系,然后将其线性化,进一步求出直线方程的系数斜率和截距,即可写出方程式。也可将变量之间的关系直接写成多项式,通过计算机曲线拟合求出方程系数。求直线方程系数一般有三种方法:

1) 图解法

将实验数据在直角坐标纸上作图,得一直线,此直线在 y 轴上的截距即为 b 值(横坐标原点为零时);直线与轴夹角的正切值即为斜率 m。或在直线上选取两点(此两点应远离)(x_1, y_1) 和 (x_2, y_2),则

$$m = \frac{\Delta y}{\Delta x} = \frac{y_2 - y_1}{x_2 - x_1}$$

$$b = \frac{y_1 x_2 - y_2 x_1}{x_2 - x_1}$$

2) 平均法

若将测得的 n 组数据分别代入直线方程,则得 n 个直线方程

$$y_1 = mx_1 + b$$
$$y_2 = mx_2 + b$$

将这些方程分成两组,分别将各组的 x, y 值累加起来,得到两个方程

$$\sum_{i=1}^{k} y_i = m \sum_{i=1}^{k} x_i + kb$$

$$\sum_{i=k+1}^{n} y_i = m \sum_{i=k+1}^{n} x_i + (n-k)b$$

解此联立方程,可得 m, b 值。

3）最小二乘法

最小二乘法是最为精确的一种方法,它的根据是使误差平方和为最小,对于直线方程,令 $\Delta = \sum\limits_{i=1}^{n} (mx_i + b - y_i)^2$ 为最小, 根据函数极值条件,应有

$$\frac{\partial \Delta}{\partial m} = 0$$

$$\frac{\partial \Delta}{\partial b} = 0$$

于是得方程

$$\sum_{i=1}^{n} x_i(mx_i + b - y_i) = 0$$

$$\sum_{i=1}^{n} (mx_i + b - y_i) = 0$$

即

$$b\sum_{i=1}^{n} x_i + m\sum_{i=1}^{n} x_i^2 - \sum_{i=1}^{n} x_iy_i = 0$$

$$nb + m\sum_{i=1}^{n} x_i - \sum_{i=1}^{n} y_i = 0$$

解此联立方程,得

$$m = \frac{n\sum\limits_{i=1}^{n} x_iy_i - \sum\limits_{i=1}^{n} x_i \sum\limits_{i=1}^{n} y_i}{n\sum\limits_{i=1}^{n} x_i^2 - \left(\sum\limits_{i=1}^{n} x_i\right)^2}$$

$$b = \frac{\sum\limits_{i=1}^{n} y_i}{n} - \frac{m\sum\limits_{i=1}^{n} x_i}{n}$$

此过程即为线性拟合或称线性回归。由此得出的 y 值称为最佳值。

最小二乘法是假设自变量 x 无误差或 x 的误差比 y 的小得多,可以忽略不计。与线性回归所得数值比较,y_i 的误差如下,σ_{y_i} 越小,回归直线的精度越高

$$\sigma_{y_i} = \sqrt{\frac{\sum\limits_{i=1}^{n} (mx_i + b - y_i)^2}{n - 2}}$$

相关系数表达两变量之间的线性相关程度,表达式为

$$R = \frac{\sum (x_i - x)(y_i - y)}{\sqrt{\sum (x_i - x)^2 \sum (y_i - y)^2}}$$

R 的取值应为 $-1 \leqslant R \leqslant +1$。当两变量线性相关时，$R$ 等于 ± 1；两变量各自独立，毫无关系时，$R = 0$；其他情况均处于 $+1$ 和 -1 之间。

1.3.6 计算机处理法

图表是显示和分析复杂数据的理想方式，精美清晰的图表定能使你的实验报告大为增色。因此，高端图表和数据分析软件是同学们必备的工具。目前，多采用 Excel 和 Origin 软件对实验结果进行分析。下面简单介绍它们在处理实验数据中的应用。

1. Excel

Excel 是 Microsoft Office 的套件之一，集文字、数据、图表和图形为一体，对数据作计算、分析和统计。其特点是：操作简便易行、模型简明直观、函数种类繁多、易生成图表，并且备有一系列数据分析工具，故智能程度高、数据处理能力强。Excel 另一特点是通用性强，能与其他数学分析软件相互传递以及能直接输入现代仪器以 ASCⅡ 语言（文本文件）记录的实验数据。

Excel 在中级化学实验中可用于数值计算、图表制作、解方程、线性回归和非线性回归等，如用于光谱分析、溶液平衡、稳定常数计算及动力学数据处理。Excel 有强大的数据库管理功能，可以分析、归纳、总结和存放浩瀚的文献资料和数据信息。

大家一般比较熟悉 Excel 的运用，请注意在中级化学阶段有意识地结合具体实验进行训练。

2. Origin

Origin 操作简便，采用直观的、图形化的、面向对象的窗口菜单和工具栏操作，容易上手。Origin 有专业级的图表处理功能、强大的实验数据分析功能以及尽善尽美的图形展示功能。

Origin 是基于 Windows 平台下用于数据分析、工程绘图的软件。Origin 是一个多文档界面应用程序，将用户的所有工作都保存在后缀为 opj 的项目（Project）文件中，保存项目文件时，各子窗口也随之一起存盘；另外各子窗口也可以单独保存，以便被其他项目文件调用。一个项目文件可以包括多个子窗口，子窗口可以是工作表（Worksheet）窗口、绘图（Graph）窗口、函数图（FunctionGraph）窗口、矩阵（Matrix）窗口和版面设计（LayoutPage）窗口等，而且项目文件中的各窗口相互关联,可以实现数据实时更新,即如果工作表中的数据被改动之后,其变化能立即反映到其他各窗口,比如绘图窗口中所绘数据点可以立即得到更新。

Origin 软件具有两大类功能:绘图和数据分析。Origin 绘图基于绘图模板,软件本身提供了 60 余种二维和三维绘图模板,并允许用户自己定制模板。绘图时只要选择所需要的模板就能绘制出精美的图形。Origin 数据分析包括数据的排序、调整、计算、统计、傅里叶变换、各种自带函数的曲线拟合以及用户自己定义函数拟合等各种数学分析功能。此外,Origin 7.0 可以和各种数据库软件、办公软件、图像处理软件等进行方便的链接,实现数据共享;可以用标准 ANSIC 等高级语言编写数据分析程序,以及用内置的 Origin C 语言或 Lab Talk 语言编程进行数据分析和作图等。

Origin 7.0 为图形和数据分析提供了多种窗口类型。其包括工作表(Worksheet)窗口、矩阵(Matrix)窗口、Excel 工作簿窗口、绘图(Graph)窗口、版面设计(LayoutPage)窗口和记事(Notes)窗口等。一个项目文件中的各窗口是相互关联的,可以实现数据的实时更新。例如,工作表中的数据被改动之后,其变化能立即反映到其他窗口中去,比如绘图窗口中所绘数据点可以立即得到更新。

(1) 工作表窗口。工作表的主要功能是存放和组织 Origin 中的数据,并利用这些数据进行统计、分析和作图。在工作表中能方便地对数据进行操作、扩充和分析。工作表的基本操作包括在工作表中添加、插入、删除、移动行和列以及行、列转换等。Origin 工作表中的输入数据方法非常灵活,除直接在 Origin 工作表的单元格中进行数据添加、插入、删除、粘贴和移动外,还有以下多种数据交换的方法:①从其他软件的数据文件中输入数据;②通过剪切板交换数据;③在列中输入相应行号或随机数;④用函数或数学计算式实现对列输入数据;⑤有规律 X 递增数据输入;⑥在列中插入一个单元格数据;⑦数据删除;⑧数据输出。

(2) 绘图窗口。绘图窗口相当于图形编辑器,用于图形的绘制和修改。每一个绘图窗口都对应着一个可编辑的页面,可包含图层、轴、注释以及数据标注等多个图形对象。一个项目文件里可以同时包含多个绘图窗口。当绘图窗口创建后,可从工作表中选中数据直接拖曳至绘图窗口进行绘图。支持多图层图形的绘制。图层是 Origin 的一个重要概念和作图的基本要素,一个绘图窗口中可以有多个图层,每个图层中的图轴确定了该图层中数据的显示。多图层功能使我们可以在一个图形窗口中用不同的坐标轴刻度进行绘图。根据作图需要,Origin 图层之间既可相互独立,也可相互连接,从而使 Origin 作图功能非常强大,可以在一个绘图窗口中高效地创建和管理多个曲线或图形对象,做出满足各种需要的复杂科技图形。

(3) 版面设计窗口。版面设计(LayoutPage)窗口是将工作表和图形结合起来的显示窗口。将工作表窗口数据、绘图窗口图形以及其他窗口或文本等构成"一幅油画(canvas)",进行设计图形排列和展示,以加强图形的表现效果。在版面设计窗口里工作表和图形等是特定的图形对象,可进行添加、移动、改变大小操作,但不能进行编辑。可创建定制的图形展示(Presentation),供在 Origin 中打印或向剪切板输出。此外,Origin 图形版面设计图形还可以多种图形文件格式保存。可与其他应用程序共享定制的图形版面设计图形,此时 Origin 的对象链接和嵌入(OLE)在其他应用程序中。

(4) Excel 工作簿窗口。在 Origin 中能方便嵌入 Excel 工作簿是 Origin 的一大特色。通过 Origin 中[File]+[Open Excel]命令可打开 Excel 工作簿,并用其数据进行分析和绘图。当 Excel 工作簿在 Origin 中被激活时,主菜单中包括 Origin 和 Excel 菜单及其相应功能。这样就把 Excel 的强大的电子表格功能和 Origin 强大的绘图和分析功能有机地结合起来。

(5) 矩阵窗口。与工作表不同,矩阵窗口用特定的行和列来表示与 x 和 y 坐标对应的 z 值,可用来绘制等高线图、3D 图和表面图等。

(6) 记事(Notes)窗口。记事窗口用于记录用户使用过程中的信息。

(7) 结果记录(ResultsLog)窗口。在实验数据处理时,经常需要对实验数据进行线性回归和曲线拟合,用以描述不同变量之间的关系,找出相应函数的系数,建立经验公式或数学模型。

Origin 提供了强大的线性回归和曲线拟合功能,其中最有代表性的是线性回归和非线性最小平方拟合 Origin 7.0 提供 200 多个数学表达式用于曲线拟合,这些数学表达式能满足绝大多数曲线拟合需求。此外,Origin 7.0 还可以方便地实现用户自己定义拟合函数,以满足某些特殊要求。与 Origin 内置函数一样,自定义拟合函数定义后存放在 Origin 中,供以后调用。Origin 7.0 还提供了非线性最小平方拟合导向,这使得曲线拟合变得容易。

此外,Origin 7.0 还提供了强大易用的数据分析功能,如统计分析、快速傅里叶变换、数据平滑和滤波、基线和峰值分析等。

为实现特殊的数据分析和绘图要求,可能需要定制 Origin。这些定制可以用 Origin 内置编程语言 Origin C 完成。Origin C 支持标准 ANSIC 以及 C++ 内部类和 DLL 扩展类,并对 Origin 中的工作表和图形对象进行详细规划分类,可直接对这些对象进行操作。常用的定制包括:①增加 Origin 某种新的数据输入、分析、绘图和输出功能;②提供完成大批相同工作的自动功能;③在 Origin 中进行模拟并得到同步反馈。

图 1.10 为打开 Origin 7.0 软件时显示的窗口。具体的软件使用,请参见有关文献资料。

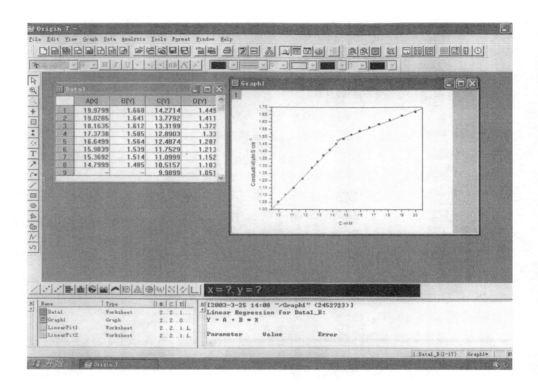

1.4　温度测量技术

1.4.1　温度与温标

　　热力学第零定律揭示了温度这一平衡性质。温度是宏观物体的内在属性,表征物体冷热程度。但是,必须选定温标后才能定量表示温度的数值,温度不能直接测量,只能借助于冷热不同物体的热交换以及随冷热程度变化的某些物理特性进行间接测量。

　　物体温度的数值表示方法叫温标。它规定了温度的读数起点(零点)和测量温度的基本单位。目前国际上用得较多的温标有摄氏温标、华氏温标、热力学温标和国际实用温标等。

　　摄氏温标(℃)规定:在标准大气压下,冰的熔点为 0 度,水的沸点为 100 度,中间划分 100 等份,每等份为 1 摄氏度,符号为℃。

　　华氏温标(℉)规定:在标准大气压下,冰的熔点为 32 度,水的沸点为 212 度,中间划分 180 等份,每等份为 1 华氏度,符号为℉。

　　热力学温标旧称开尔文温标或绝对温标,它规定分子运动停止时的温度为绝对零度,记符号为 K。热力学温标是基本温标,热力学温标定义的温度称为热力学温度,是七个基本物理量之一。严格意义上讲,都需要用热力学温度重新去定义摄氏温度、华氏温度等其他温度。

国际实用温标是一个国际协议性温标,它与热力学温标相接近,而且复现精度高,使用方便。目前国际通用的温标是 1975 年第 15 届国际温度大会通过的《1968年国际实用温标——1975 年修订版》[简称 IPTS-68(Rev-75)]。但由于 IPTS-68温标存在一定的不足,国际计量委员会在第 18 届国际计量大会第七号决议授权于1989 年会议通过了 1990 年国际温标 ITS-90,ITS-90 温标替代 IPTS-68。我国自1994 年 1 月 1 日起全面实施 ITS-90 国际温标。

1990 年国际温标(ITS-90)简介如下:

1)温度单位

热力学温度,符号为 T,单位为开[尔文],符号为 K。其定义为:开[尔文]1 度等于水三相点热力学温度的 1/273.16,水三相点的热力学温度为 273.16 K。

根据定义,1 摄氏度的大小等于 1 开[尔文],温差也可以用摄氏度或开[尔文]来表示。

国际温标 ITS-90 同时定义国际热力学温度(符号为 T_{90})和国际摄氏温度(符号为 t_{90})

$$t_{90}/\text{℃} = T_{90}/\text{K} - 273.15$$

2)国际温标 ITS-90 的通则

ITS-90 由 0.65 K 向上到普朗克辐射定律使用单色辐射实际可测量的最高温度。在全量程中,任何温度的 T_{90} 值非常接近于温标采纳时 T 的最佳估计值,与直接测量热力学温度相比,T_{90} 的测量要方便得多,而且更为精密,并具有很高的复现性。

3)ITS-90 的定义

第一温区为 0.65~5.00 K 之间,T_{90} 定义为

$$T_{90}/\text{K} = A_0 + \sum_{i=1}^{9} A_i [\ln(p/\text{Pa} - B)/C)]$$

式中:A_0、A_i、B、C 为常数,如表 1.6 所示。

表 1.6 第一温区 T_{90} 定义式中各常数值

项 目	³He (0.65~3.2 K)	⁴He (1.25~2.1768 K)	⁴He (2.1768~5.0 K)
A_0	1.053 447	1.392 408	3.146 631
A_1	0.980 106	0.527 153	1.357 655
A_2	0.676 380	0.166 756	0.413 923
A_3	0.372 692	0.050 988	0.091 159
A_4	0.151 656	0.026 514	0.016 349

项　　目	^{3}He (0.65~3.2 K)	^{4}He (1.25~2.1768 K)	^{4}He (2.1768~5.0 K)
A_5	−0.002 263	0.001 975	0.001 826
A_6	0.006 596	−0.017 976	−0.004 325
A_7	0.088 966	0.005 409	−0.004 973
A_8	−0.004 770	0.013 259	0
A_9	−0.054 943	0	0
B	7.3	5.6	10.3
C	4.3	2.9	1.9

第二温区为 3.0 K 到氖三相点(24.5661 K)之间,T_{90}借助于三个温度点分度过的^{3}He 和^{4}He 定容气体温度计来定义。三个温度点为氖三相点、平衡氢三相点(13.8033 K),^{3}He 和^{4}He 气体温度计在 3.0~5.0 K 之间测得的一个温度点。

第三温区为平衡氢三相点(13.8033 K)到银的凝固点(961.78℃)之间,T_{90}是由铂电阻温度计来定义。它使用一组规定的定义固定点及利用规定的内插法来分度。任何一支铂电阻温度计都能在整个温区内有高的准确度,还要分若干个小温度区间。

温度值 T_{90}由该温度时的电阻 $R(T_{90})$与水的三相点时的电阻 $R(273.16\ K)$之比来求得。比值 $W(T_{90})$为

$$W(T_{90}) = R(T_{90})/R(273.16\text{K})$$

一支适用的铂电阻温度计必须由无应力的纯铂丝做成,并且

$$W(302.9146\ K) \geqslant 1.118\ 07$$

或

$$W(234.3156\ K) \leqslant 0.844\ 235$$

一支能用于银凝固点的铂电阻温度计,还必须满足

$$W(1234.93\ K) \geqslant 4.2844$$

在电阻温度计的不同温区内使用不同的参考函数。有关细节见参考资料。

第四温区为银凝固点(961.78℃)以上的温区,T_{90}按普朗克辐射定律来定义

$$\frac{L_\lambda(T_{90})}{L_\lambda[T_{90}(x)]} = \frac{\exp\dfrac{C_2}{\lambda[T_{90}(x)]} - 1}{\exp\dfrac{C_2}{\lambda(T_{90})} - 1}$$

1.4.2　温度测量仪表的分类

按测温原理不同,温度测量大体依赖以下几种方式:①热膨胀。固体的热膨

胀,液体的热膨胀,气体的热膨胀(定压或定容)。例如玻璃水银温度计。②电阻变化。导体或半导体受热后电阻发生变化,如铂电阻温度计、热敏电阻温度计。③热电效应。不同材质导线连接的闭合回路,两接点的温度如果不同,回路内就产生热电势,如热电偶。④热辐射。物体的热辐射随温度的变化而变化,如辐射高温计。

随着科学技术的发展,近年来在传统的温度测量技术基础上发展并相继提出一些新的现代测温技术,如红外非接触测温技术、基于彩色 CCD 三基色的测温技术、射流测温、涡流测温、激光测温技术等。

温度测量仪表按测温方式可分为接触式和非接触式两大类。前者的感温元件与被测介质直接接触;后者的感温元件与被测介质不直接接触。通常来说接触式测温仪表比较简单、可靠,测量精度较高,但因测温元件与被测介质需要进行充分的热交换,需要一定的时间才能达到热平衡,所以存在测温的延迟现象,同时受耐高温材料的限制,不能应用于很高的温度测量。非接触式仪表测温是通过热辐射原理来测量温度的,测温元件不需与被测介质接触,测温范围广,不受测温上限的限制,也不会破坏被测物体的温度场,反应速率一般也比较快,但受到物体的发射率、测量距离、烟尘和水气等外界因素的影响,其测量误差较大。

根据不同的测温原理可将各种测温仪表进行分类,如表 1.7 所示。表 1.8 列出各类测温仪表的优缺点,表 1.9 为各种温度计的使用范围和分辨率。

表 1.7　测温仪表分类

测温仪表	接触式	膨胀式温度计	液体膨胀式温度计 固体膨胀式温度计
		压力表式温度计	充液体型 充气体型 充蒸气型
		热电阻	铂热电阻 铜热电阻 特殊热电阻 半导体热敏电阻
		热电偶	铂铑-铂(LB)热电偶 镍铬-镍硅(镍铝)(EU)热电偶 镍铬-考铜(EA)热电偶 特殊热电偶
	非接触式	光学温度计(亮度高温计) 辐射高温计 比色高温计	

表 1.8　各类测温仪表的优缺点

形式	种类	优点	缺点
接触式温度计	玻璃液体温度计	结构简单,使用方便,测量准确,价格低廉	测量上限和精度受玻璃质量的限制,易碎,不能记录和远传
	压力表式温度计	结构简单,不怕震动,具有防爆性,价格低廉	精度低,测温距离较远时,仪表的滞后现象严重
	热电阻	测温精度高,便于远距离、多点、集中测量和自动控制	不能测量高温,由于体积大,测量点温度较困难
	热电偶	测温范围广、精度高,便于远距离、多点、集中测量和自动控制	需冷端补偿,在低温段测量时精度低
非接触式温度计	辐射式温度计	感温元件不破坏被测物体温度场,测温范围广	只能测高温,低温段测量不准,环境条件会影响测量准确度。对测量值修正后才能获得其实际温度

表 1.9　各种温度计的使用范围和分辨率

类　型	使用范围/℃	分辨率/℃	使用要求
液体-玻璃温度计			恒温,恒压
(1) 水银	$-30 \sim +360$	$\geqslant 10^{-2}$	
(2) 水银(充气)	$-30 \sim +600$	$\geqslant 10^{-1}$	
(3) 乙醇	$-110 \sim +50$	10^{-1}	
(4) 戊烷	$-190 \sim +20$	10^{-1}	
(5) 贝克曼	(量程5)	10^{-3}	
热电偶		$\geqslant 10^{-3}$	毫伏计或电桥,冷端温度补偿
(1) 铜-康铜	$-250 \sim +300$		
(2) 镍铬-镍硅	$-200 \sim +1100$		
(3) 铂铑-铂	$-100 \sim +1500$	10^{-2}	
(4) 半导体	$-200 \sim +500$	10^{-4}	
电阻温度计			稳定电源,电势测量
(1) 铂	$-260 \sim +1100$	10^{-4}	
(2) 半导体	$-273 \sim +300$	10^{-4}	
石英频率温度计	$-78、+240$	10^{-2}	

类 型	使用范围/℃	分辨率/℃	使用要求
气体温度计		10^{-2}	恒容或恒压,气压计或膨胀仪
(1) He	$-269\sim0$		
(2) H_2	$0\sim+110$		
(3) N_2	$+110\sim+1550$		
蒸气压温度计	$-272\sim-173$	10^{-2}	气压计
辐射高温计			
(1) 灯丝式	$>700\sim2000$	10^{0}	
(2) 全辐射式	$>700\sim2000$	10^{0}	
(3) 光电式	$150\sim1600$	10^{-2}	

选择和使用温度计时,必须考虑以下几点:①被测物体的温度是否需要指示、记录和自动控制;②是否便于读数和记录;③测温范围与精度要求;④感温元件的尺寸是否会破坏被测物体的温度场;⑤被测温度不断变化时,感温元件的滞后性能(时间常数)是否符合测温要求;⑥被测物体和环境条件对感温元件有无损害;⑦仪表使用是否方便;⑧仪表寿命;⑨用接触式温度计时,感温元件必须与被测物体接触良好,且与周围环境无热交换,否则温度计报出的温度只是"感受"到的,并非真实的温度;⑩感温元件在被测物体中必须要有一定的插入深度。

1.4.3 实验室常用温度计

实验室里常用的温度计是水银温度计,属于接触式的温度计。其种类和使用范围如表 1.10 所示。

表 1.10　水银温度计的分类

水银温度计的种类	使用范围
一般温度计	$-5\sim105℃$、$150℃$、$250℃$、$360℃$,每格 1℃ 或 0.5℃
量热温度计	$9\sim15℃$、$12\sim18℃$、$15\sim21℃$、$18\sim24℃$、$20\sim30℃$,每格 0.01℃
贝克曼温度计	升高和降低两种,$-6\sim120℃$,每格 0.01℃
分段温度计	$-10\sim200℃$,分为 24 支,每支温度范围 10℃,每格 0.1℃ $-40\sim400℃$,每隔 50℃ 1 支,每格 0.01℃
冰点下降温度计	$-0.50\sim0.50℃$,每格 0.01℃

1. 水银温度计

水银温度计的校正:对水银温度计来说,必须进行校正,主要校正以下三个方面。

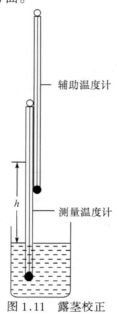

图 1.11　露茎校正

(1) 露茎校正。以浸入深度来区分,水银温度计有"全浸"、"局浸"两种。对于全浸式温度计,使用时要求整个水银柱的温度与储液泡的温度相同,如果两者温度不同,就需要进行校正。对于局浸式温度计,温度计上刻有一浸入线,表示测温时规定浸入的深度,即标线以下水银柱的温度应当与储液泡相同,标线以上的水银柱温度应与检定时相同。测温时,小于或大于这一浸入深度,或标线以上的水银柱温度与检定时不一样,就需要校正。这两种校正统称为露茎校正(图 1.11)。校正公式如下

$$\Delta t = 0.000\ 16h(t_1 - t_2)$$

式中:Δt 为读数的校正值;t_1 为测量温度计的读数值;t_2 为辅助温度计的读数值;h 是水银柱露出待测系统外部分的读数。

校正后的实际温度为:$t = t_1 + \Delta t$。

(2) 零点校正。温度计进行测量温度时,水银球(即储液泡)也经历了一个变温过程,玻璃分子进行了一次重新排列过程。当温度升高时,玻璃分子随之重新排列,水银球的体积增大。当温度计从测温容器中取出,温度会突然降低。由于玻璃分子的排列跟不上温度的变化,这时水银球的体积一定比使用前大,因此测定它的零点,一定比使用前零点要低。若要准确地测量温度,则在使用前必须对温度计进行零点校正。

校正零点的恒温器称为冰点器。冰点器中盛以冰水混合物,但应注意冰中不能有任何盐类存在,否则会降低冰点。对冰、水的纯度应予以特别注意,冰融化后水的电导率不应超过 $10 \times 10^{-5} \mathrm{S \cdot cm}^{-1}$(20℃)。得到零点变化值后,应依此对原检定证书上的分度修正值做相应修正。

(3) 分度校正。水银温度计的毛细管内径、截面不可能绝对均匀,水银的视膨胀系数并不是一个常数,而与温度有关。因而水银温度计温标与国际实用温标存在差异,必须进行分度校正。

标准温度计和精密温度计可由制造厂或国家计量机构进行校正,给予检定证书。实验室中对于没有检定证书的温度计,以标准水银温度计为标准,同时测定某一系统的温度,将对应值一一记录下来,作出校正曲线。也可以纯物质的熔点或沸点作为标准,进行校正。若校正时的条件(浸入的多少)与使用时差不多,则使用时

一般不需再作露出部分校正。

使用水银温度计应当注意：①在对温度计进行读数时，应注意使视线与液柱面位于同一平面(水银温度计按凸面之最高点读数)；②为防止水银在毛细管上附着，所以读数时应用手指轻轻弹动温度计；③注意温度计测温时存在延迟时间，一般情形下温度计浸在被测物质中 $1\sim6$ min 后读数，延迟误差是不大的，但在连续记录温度计读数变化的实验中要注意这个问题；④温度计尽可能垂直，以免因温度计内部水银压力不同而引起误差。

水银温度计是很容易损坏的仪器，使用时应严格遵守操作规程。万一温度计损坏，内部水银洒出，应严格按汞的安全使用规程处理。

2. 贝克曼温度计

贝克曼温度计是一种移液式内标温度计，如图 1.12 所示。它的测量范围是 $-20\sim+150$℃ ，专用于测量温度差值，不能作温度值绝对测量。贝克曼温度计的结构特点是底部的水银储球大，顶部有一个辅助水银储槽，用来调节底部水银量，所以同一支贝克曼温度计可用于不同温区。

在温度计主标尺上，通常只有 $0\sim5$℃ 或 $(0\sim6$℃) 的刻度范围，标尺上的最小分度值是 0.01℃ ，可以读到 ±0.002℃ 。

由于储液球中水银量是按照测温范围进行调整的，所以每支贝克曼温度计在不同温区的分度值是不同的。当储液球中水银量增多，同样有 1℃ 的温差，毛细管中的水银柱将会升得比主标尺上示值差 1℃ 要高；相反，如果储液球中水银量减少，这时水银柱升高够不上主标尺的 1℃ ，因而贝克曼温度计不同的温区所得的温差读数必须乘上一个校正因子，才能得到真正的温度差，这一校正因子称为在该温区的平均分度值 r 。

根据实验的需要，贝克曼温度计测量范围不同，必须把温度计毛细管中的水银面调整在标尺的合适范围内。例如，用贝克曼温度计测定凝固点降低，在纯溶剂的凝固温度时，水银面应在标尺的 1℃ 附近。因此在使用贝克曼温度计时，首先应该将它插入一个与所测起始温度相同的系统内。待平衡后，如果毛细管内水银面在所要求的刻度附近，就不必调整；否则，应按下述步骤进行调整。

(1) 首先必须确定所使用的温度范围。例如，测量水溶液的冰点降低时，希望能读出 $1\sim-5$℃ 之间的温度读数，而测量水溶液的沸点升高时，则希望能读出 $99\sim105$℃ 之间的温度读数。

(2) 根据使用范围，估计当水银柱升至弯头点处的温度值。一般的贝克曼温度计，水银柱由刻度最高处上升至毛细管末端，还需再提高 2℃ 左右。根据这个估计值来调节水银球中的水银量。例如，测定水的冰点降低时，刻度 4 要调节为 0℃ ，那么毛细管末端温度相当于 3℃ 。

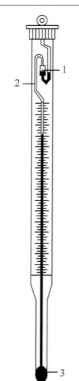

图 1.12　贝克曼
温度计的构造
1. 水银储槽；2. 毛
细管；3. 水银球

（3）将贝克曼温度计（图 1.12）浸在温度较高的水中，使毛细管内的水银柱升至毛细管末端，并在球形出口处形成滴状，然后从水中取出温度计，将其倒置，即可使它与储管中的水银相连接。

（4）另用一恒温浴，温度调至毛细管末端所需温度，把贝克曼温度计置于该恒温浴中，恒温 3 min 以上。

（5）取出温度计，以右手紧握它的中部，使它近垂直，用左手轻击右小臂，水银柱即可在毛细管末端处断开。温度计从恒温浴中取出后，由于温度的差异，水银体积会迅速变化，因此这一调整步骤要求迅速、轻快，但不必慌乱，以免造成失误。

（6）将调节好的温度计置于欲测温度的恒温浴中，观察读数值，并估计量程是否符合要求。例如，在冰点降低的实验中，可用 0℃ 的冰予以检验，如果温度值落在 3～5℃ 处，意味着量程合适。如果偏差过大，则应按上述步骤重新调节。

读数时，贝克曼温度计必须垂直，而且水银球应全部浸入所测温度的系统中。读数前必须先用手指轻敲水银面处，用放大镜读取数值。读数时应注意眼睛要与水银面水平，而且使最靠近水银面的刻度线中部不呈弯曲现象。

直接由贝克曼温度计上读出的温度差值，要做刻度值的校正：①调控温度不同所引起的校正；②露茎校正；③孔径校正等，一般只做前两个校正。

使用过程中还应当注意：

（1）贝克曼温度计属于较贵重的玻璃仪器，由薄玻璃制成，并且毛细管较长，易受损坏，所以一般只应放置三处：安装在使用仪器上；放置在温度计盒中；握在手中，不应任意搁置。

（2）调节时，注意勿让它受剧热或骤冷，以防止温度计破裂。另外，操作时动作不可过大，避免重击，并与实验台要有一定距离，以免触到实验台上损坏温度计。

（3）在调节时，如温度计下部水银球之水银与上部储槽中的水银始终不能相接时，应停下来，检查一下原因。不可一味对温度计升温，致使下部水银过多地导入上部储槽中。调节好的温度计，注意勿使毛细管中的水银再与储管中的水银相接。

3. 热电偶

热电偶是工业上最常用的温度检测元件之一。其优点是：①测量精度高。因热电偶直接与被测对象接触，不受中间介质的影响；②测量范围广。常用的热电偶

从 - 50～1600℃均可测量,某些特殊热电偶最低可测到 - 269℃(如金铁镍铬),最高可达 + 2800℃(如钨-铼);③构造简单,使用方便。热电偶通常是由两种不同的金属丝组成,而且不受大小和开头的限制,外有保护套管,用起来非常方便。

1) 热电偶测温的基本原理

将两种不同材料的导体或半导体 A 和 B 焊接起来,构成一个闭合回路,如图1.13所示。当导体 A 和 B 的两个接点 1 和 2 之间存在温差时,两者之间便产生电动势,因而在回路中形成一定大小的电流,这种现象称为热电效应。热电偶就是利用这一原理来工作的。

为了保证热电偶可靠、稳定地工作,对它的结构要求:组成热电偶的两个热电极的焊接必须牢固;两个热电极彼此之间应很好地绝缘,以防短路;补偿导线与热电偶自由端的连接要方便可靠;保护套管应能保证热电极与有害介质充分隔离。

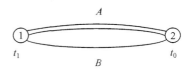

图1.13 热电偶示意图

2) 热电偶的种类

常用热电偶可分为标准热电偶和非标准热电偶两大类。标准热电偶是指国家标准规定了其热电势与温度的关系、允许误差,并有统一的标准分度表的热电偶,它有与其配套的显示仪表可供选用。非标准化热电偶在使用范围或数量级上均不及标准化热电偶,一般也没有统一的分度表,主要用于某些特殊场合的测量。

热电偶有普通热电偶、铠装热电偶、薄膜热电偶。

(1) 普通热电偶。普通热电偶主要用于测量气体、蒸气、液体等介质的温度。由于应用广泛,使用条件大部分相同,所以生产了若干通用标准型式,供选择使用。其中有棒形、角形、锥形等,并且分别做成无专门固定装置、有螺纹固定装置及法兰固定装置等多种形式。

(2) 铠装热电偶。铠装热电偶是由热电极、绝缘材料和金属保护套管三者组合成一体的特殊结构的热电偶,铠装热电偶与普通结构的热电偶比较起来,具有许多特点。铠装热电偶的外径可以很小,长度可以很长(最小直径可达 0.25 mm,长度几百米)。它的热响应时间很小,最小可达毫秒数量级,这对采用电子计算机进行检测控制具有重要意义。它节省材料,有很大的可挠性。寿命长,具有良好的机械性能,耐高压,有良好的绝缘性。

(3) 薄膜热电偶。薄膜热电偶是由两种金属薄膜连接在一起的一种特殊结构的热电偶。测量端既小又薄,厚度可达 0.01～0.1 μm。因此热容量很小,可应用于微小面积上的温度测量。反应速率快,时间常数可达微秒级。薄膜热电偶分为片状、针状或热电极材料直接镀在被测物表面上三大类。薄膜热电偶是近年发展起来的一种新的结构形式。随着工艺、材料的不断改进,是一种很有前途的热电偶。

常用热电偶的使用范围见表 1.11。

表 1.11　常用热电偶的使用范围

热电偶类别	分度号	使用范围/℃	热电势温度系数 $(dE/dT)/(mV \cdot ℃^{-1})$
铁-康铜	FK	$0 \sim +800$	0.0540
铜-康铜	CK	$-200 \sim +300$	0.0428
镍铬$_{10}$-康铜	EA-2	$0 \sim +800$	0.0695
镍铬-康铜	NK	$0 \sim +800$	0.0410
镍铬-镍硅		$0 \sim +1300$	0.0410
镍铬-镍铝	EU-2	$0 \sim +1100$	0.0064
铂-铂铑$_{10}$	LB-3	$0 \sim +1600$	0.000 34
铂铑$_{30}$-铂铑$_6$	LL-2	$0 \sim +1800$	
钨铼$_5$-钨铼$_{20}$	WR	$0 \sim +2800$	

3）热电偶的应用

热电偶可用相应的金属导线熔接而成。铜和康铜熔点较低,可蘸以松香或其他非腐蚀性的焊药在煤气焰中熔接。但其他的几种热电偶则需要在氧焰或电弧中熔接。焊接时,先将两根金属线末端的一小部分拧在一起,在煤气灯上加热至 $200 \sim 300$℃,沾上硼砂粉末,然后让硼砂在两金属丝上熔成一硼砂球,以保护热电偶丝免受氧化,再利用氧焰或电弧使两金属熔接在一起。

应用时一般将热电偶的一个接点放在待测物体中(热端),而另一接点则放在储有冰水的保温瓶中(冷端),这样可以保持冷端的温度稳定,见图 1.14。

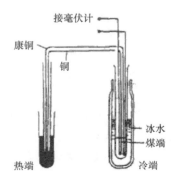

图 1.14　热电偶的使用

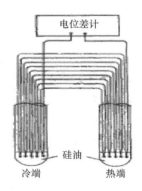

图 1.15　5 对热电偶串联

有时为了使温差电势增大,增加测量精确度,可将几对热电偶串联成为热电堆使用,热电堆的温差电势,等于各对热电偶热电势之和,如图1.15所示。

热电偶温度计包含两条焊接起来的不同金属的导线,在低温时两条线可以用绝缘漆隔离,在高温时,则要用石英管、磁管或玻璃管隔离,视使用温度不同而异。

温差电势可以用电位差计、毫伏计或数字电压表测量。精密的测量可使用灵敏检流计或电位差计。

由于热电偶的材料一般都比较贵重(特别是采用贵金属时),而测温点到仪表的距离都很远,为了节省热电偶材料,降低成本,通常采用补偿导线把热电偶的冷端延伸到温度比较稳定的控制室内,连接到仪表端子上。必须指出,热电偶补偿导线的作用只起延伸热电极,使热电偶的冷端移动到控制室的仪表端子上,它本身并不能消除冷端温度变化对测温的影响,不起补偿作用。因此,还需采用其他修正方法来补偿冷端温度 $t_0 \neq 0℃$ 时对测温的影响。

在使用热电偶补偿导线时必须注意型号相配,极性不能接错,补偿导线与热电偶连接端的温度不能超过100℃。

4. 热电阻温度计

热电阻温度计是中低温区最常用的一种温度检测器。它的主要特点是测量精度高,性能稳定。其中铂电阻温度计的测量精确度是最高的,它不仅广泛应用于工业测温,而且被制成标准温度计。热电阻测温系统一般由热电阻、连接导线和显示仪表等组成。

1) 热电阻测温原理、材料与结构

热电阻测温是基于金属导体的电阻值随温度的增加而增加这一特性来进行温度测量的。热电阻大都由纯金属材料制成,目前应用最多的是铂和铜。此外,现在已开始采用镍、锰和铑等材料制造热电阻。

热电阻的结构形式有:普通型热电阻,铠装热电阻,端面热电阻和隔爆型热电阻等。

铠装热电阻是由感温元件(电阻体)、引线、绝缘材料、不锈钢套管组合而成的坚实体,它的外径一般为 2～8 mm。与普通型热电阻相比,它有下列优点:体积小,内部无空气隙,热惯性上,测量滞后小;机械性能好,耐振、抗冲击、能弯曲,便于安装;使用寿命长。

端面热电阻感温元件由特殊处理的电阻丝材绕制,紧贴在温度计端面。它与一般轴向热电阻相比,能更正确和快速地反映被测端面的实际温度,适用于测量轴瓦和其他机件的端面温度。

隔爆型热电阻通过特殊结构的接线盒,把其外壳内部爆炸性混合气体因受到火花或电弧等影响而发生的爆炸局限在接线盒内,生产现场不会引起爆炸。

2）金属丝电阻温度计

纯金属及多数合金的电阻率随温度升高而增加,即具有正的温度系数。在一定温度范围内,电阻-温度关系是线性的。若已知金属导体在温度 t_1 时的电阻 R_1,则温度 t 时的电阻 R 为

$$R = R_1 + \alpha R_1(t - t_1)$$

式中:α 为平均电阻温度系数。

对金属丝电阻温度计的要求是:①在测温范围内,电阻-温度关系应是线性的;②电阻温度系数应比较大;③具有大电阻率,这样,小尺寸下就有大电阻值;④金属丝电气性能的重复性好,以便使传感器具有良好的互换性。

因为铂容易提纯,并且性能稳定,具有很高重复性的电阻温度系数,所以,铂电阻精密电桥组成的铂电阻温度计有着极高的精确度,是最佳和最常用的金属电阻温度计,其测量范围为 $-200 \sim +500℃$。铂电阻温度计感温元件是由纯铂丝用双绕法绕成的线圈(以石英、瓷片、云母等为骨架)。

铜丝电阻温度计有一定的应用范围,其测温范围为 $-150 \sim +180℃$。铜丝的优点是线性度好、电阻温度系数大。缺点是易被氧化,但若用带玻璃绝缘的直径为 $0.01 \sim 0.02$ mm 微细铜丝,则可避免这一缺点。铜丝另一缺点是电阻率低,制作温度传感器需要较长的芯线,因而外形很大。测量滞后效应较严重。镍和铁的电阻温度系数和电阻率都较大,但其实际应用并不广,原因是材料的重复性较差。此外,温度-电阻关系较复杂,材料易氧化。

3）热敏电阻温度计

目前,常用的热敏电阻是由金属氧化物半导体材料制成的。随着温度的变化,热敏电阻的电阻值会发生显著的变化。热敏电阻是一个对温度变化极其敏感的元件,对温度的灵敏度要比铂电阻、热电偶等感温元件高得多,能直接将温度变化转换成电性能的变化(电阻、电压或电流的变化),测量电性能的变化便可测出温度的变化。

根据热敏电阻的电阻-温度特性,可分为两类:具有正温度系数的热敏电阻(简称 PTC)和具有负温度系数的热敏电阻(简称 NTC)。后者在工作温度范围内,其电阻温度系数在 $-6\% \sim -1\%$ K^{-1},它的电阻-温度关系为

$$R_T = Ae^{-B/T}$$

式中:R_T 为温度 T 时的热敏电阻阻值;A、B 分别为由热敏电阻的材料、形状、大小和物理特性所决定的两个常数,即使是同一种类、同一阻值的热敏电阻,其 A、B 也不完全一样。R_T 与 T 间为非线性关系,但当用它来测量较小的温度范围时,则近似为线性关系。

实验证明其测温差的精度足可以和贝克曼温度计相比,而且还具有热容小、响应快、便于自动记录等优点。

热敏电阻的基本构造为:用热敏材料制成的敏感元、引线和壳体。它可以做成各式各样的形状。图 1.16 是珠形热敏电阻的构造示意图。在实验中可将其作为电桥的一臂,其余三臂为纯电阻,如图 1.17 所示,其中 R_1,R_2 是固定电阻,R_3 是可变电阻,R_T 为热敏电阻,E 为电源。当某温度下将电桥调平衡,则无电压信号输给记录仪;当温度改变后,则电桥不平衡,将有电压讯号输给记录仪,记录仪的笔将移动。只要标定出记录仪的笔相应每℃时走纸格数,就很容易求得所测的温差。

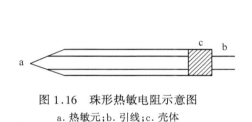

图 1.16 珠形热敏电阻示意图

a. 热敏元;b. 引线;c. 壳体

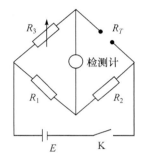

图 1.17 热敏电阻测温示意图

实验时要特别注意防止热敏电阻两条引线间漏电,否则将影响所测结果和记录仪的稳定性。

1.5 压力测量与真空技术

1.5.1 福廷式气压计

测量大气压的仪器称为气压计。实验室常用的是福廷式气压计。

1. 气压计的构造

实验室中常用的福廷式水银气压计构造如图 1.18 所示。气压计的外部是黄铜管,内部是长 90 cm 的装有水银的玻璃管,玻璃管内部是绝对真空。下端插在水银槽内,水银槽底由一羚羊皮袋封住,羚羊皮可使空气从皮孔进入,而水银不会溢出。皮袋下由螺旋支撑。通过调整螺旋可调节槽内水银面的高低。水银槽周围是玻璃壁,顶盖上有一倒置的象牙针,针尖是标尺的零点。

2. 气压计的操作

(1) 铅直调节。气压计必须垂直放置,若在铅直方向偏差 1°,在压力为 101.325 kPa 时,则测量误差大约为 13.3 Pa。可拧松气压计底部圆环上的三个螺

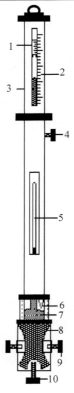

图 1.18　福廷式气压计
1. 游标尺; 2. 读数标尺; 3. 黄铜管; 4. 游标尺调节螺旋; 5. 温度计; 6. 零点象牙针; 7. 汞槽; 8. 羚羊皮袋; 9. 固定螺旋; 10. 调节螺旋

丝,令气压计铅直悬挂,再旋紧这三个螺丝,使其固定即可。

(2) 调节汞槽内的汞面高度。慢慢旋转螺丝,升高汞槽内的水银面,注视汞面与象牙针间的空隙,直到水银面刚好与象牙针尖接触,稍等几秒钟,待象牙尖与水银的接触情形无变动时开始下一步。

(3) 调节游标尺。转动调节游标螺旋柄,使游标升起比水银面稍高,然后慢慢落下,直到游标底边与游标后边金属片的底边同时和水银柱凸面顶端相切(注意在读数时眼的位置应与水银面在同一平面上)。

(4) 读取汞柱高度。按照游标下缘零级所对标尺上的刻度,读出气压的整数部分,小数部分用游标来决定,从游标上找出一根与标尺上某一刻度相吻合的刻度线,它的刻度就是小数部分的读数。记录 4 位有效数字。

(5) 整理工作。向下转动螺丝,使汞面离开象牙针,同时记下气压计的温度以及气压计的仪器误差。

使用时一定要注意:调节螺旋时动作要缓慢,不可旋转过急;在调节游标尺与汞柱凸面相切时,应使眼睛的位置与游标尺前后下沿在同一水平线上,然后再调到与水银柱凸面相切;发现槽内水银不清洁时,要及时更换水银。

3. 气压计读数的校正

水银气压计的刻度是以温度为 0℃ ,纬度为 45°的海平面高度为标准的。若不符合上述规定时,从气压计上直接读出的数值,除进行仪器误差校正外,在精密的工作中还必须进行温度、纬度及海拔高度的校正。

(1) 仪器误差的校正。由于仪器本身制造的不精确而造成读数上的误差称"仪器误差"。仪器出厂时都附有仪器误差的校正卡片,应首先加上此项校正。

(2) 温度影响的校正。由于温度的改变,水银密度也随之改变,因而会影响水银柱的高度。同时由于铜管本身的热胀冷缩,也会影响刻度的准确性。当温度升高时,前者引起偏高,后者引起偏低。由于水银的膨胀系数较铜管的大,因此当温度高于 0℃ 时,经仪器校正后的气压值应减去温度校正值;当温度低于 0℃ 时,要加上温度校正值。气压计的温度校正公式为

$$\Delta_{t} = p_{t} - p_{0} = \frac{(\alpha - \beta)t}{1 + \alpha t} p_{t}$$

$$\alpha = (181\ 792 + 0.175t + 0.035\ 116t^2) \times 10^{-9}\text{℃}^{-1}$$

$$\beta = 18.4 \times 10^{-6}\text{℃}^{-1}$$

式中：Δ_t 为温度校正值；p_t 为气压计读数；p_0 为 0℃ 时的大气压力；t 为气压计温度，℃；α 为水银的体膨胀系数；β 为刻度标尺黄铜的线膨胀系数。温度校正值 Δ_t 列于表 1.12 中，实际校正时，读取 p，t 后可查表求得。

表 1.12　大气压力计读数的温度校正值

t/℃	压力观测值 p/kPa					压力观测值 p/mmHg[1]				
	96	98	100	101.325	103	740	750	760	770	780
15	0.235	0.240	0.244	0.248	0.252	1.81	1.83	1.86	1.88	1.91
16	0.250	0.255	0.261	0.264	0.268	1.93	1.96	1.98	2.01	2.03
17	0.266	0.271	0.277	0.281	0.285	2.05	2.08	2.10	2.13	2.16
18	0.281	0.287	0.293	0.297	0.302	2.17	2.20	2.23	2.26	2.29
19	0.297	0.303	0.309	0.313	0.319	2.29	2.32	2.35	2.38	2.41
20	0.313	0.319	0.326	0.330	0.335	2.41	2.44	2.47	2.51	2.54
21	0.328	0.335	0.342	0.346	0.352	2.53	2.56	2.60	2.63	2.67
22	0.344	0.351	0.358	0.363	0.369	2.65	2.69	2.72	2.76	2.79
23	0.359	0.367	0.374	0.379	0.385	2.77	2.81	2.84	2.88	2.92
24	0.375	0.383	0.390	0.396	0.402	2.89	2.93	2.97	3.01	3.05
25	0.390	0.399	0.407	0.412	0.419	3.01	3.05	3.09	3.13	3.17
26	0.406	0.414	0.423	0.428	0.436	3.13	3.17	3.21	3.26	3.30
27	0.421	0.430	0.439	0.445	0.452	3.25	3.29	3.34	3.38	3.42
28	0.437	0.446	0.455	0.461	0.469	3.37	3.41	3.46	3.51	3.55
29	0.453	0.462	0.471	0.478	0.486	3.49	3.54	3.58	3.63	3.68
30	0.468	0.478	0.488	0.494	0.502	3.61	3.66	3.71	3.75	3.80
31	0.484	0.494	0.504	0.510	0.519	3.73	3.78	3.83	3.88	3.93
32	0.499	0.510	0.520	0.527	0.526	3.85	3.90	3.95	4.00	4.06
33	0.515	0.525	0.536	0.543	0.552	3.97	4.02	4.07	4.13	4.18
34	0.530	0.541	0.552	0.560	0.569	4.09	4.14	4.20	4.25	4.31

1) 毫米汞柱(mmHg)为非法定单位，考虑到现实情况，这里暂时与千帕(kPa)同时列出，下同。

（3）海拔高度及纬度的校正。重力加速率(g)随海拔高度及纬度不同而异，致使水银的重量受到影响，从而导致气压计读数的误差。其校正办法是：经温度校正后的气压值再乘以 $(1 - 2.6 \times 10^{-3}\cos2\lambda - 3.14 \times 10^{-7}H)$，其中 λ 为气压计所在地纬度(°)，H 为气压计所在地海拔高度(m)。此项校正值很小，在一般实验中可不必考虑。

（4）其他。如水银蒸气压的校正、毛细管效应的校正等，因校正值极小，一般都不考虑。

表 1.13 为换算到纬度 45°的大气压力校正值。

表 1.13　换算到纬度 45°的大气压力校正值

纬度/(°)		压力观测值 p/kPa					压力观测值 p/mmHg			
		96	98	100	101.325	103	720	740	760	780
25	65	0.164	0.168	0.171	0.173	0.176	1.23	1.27	1.30	1.33
26	64	0.157	0.160	0.164	0.166	0.169	1.18	1.21	1.24	1.28
27	63	0.150	0.153	0.156	0.158	0.161	1.13	1.16	1.19	1.22
28	62	0.143	0.146	0.149	0.151	0.153	1.07	1.10	1.13	1.16
29	61	0.135	0.138	0.141	0.143	0.145	1.01	1.04	1.07	1.10
30	60	0.128	0.130	0.133	0.135	0.137	0.96	0.98	1.01	1.04
31	59	0.120	0.122	0.125	0.127	0.129	0.90	0.92	0.95	0.97
32	58	0.112	0.114	0.117	0.118	0.120	0.84	0.86	0.89	0.91
33	57	0.104	0.106	0.108	0.110	0.111	0.78	0.80	0.82	0.84
34	56	0.096	0.098	0.100	0.101	0.103	0.72	0.74	0.76	0.78
35	55	0.087	0.089	0.091	0.092	0.094	0.66	0.67	0.69	0.71
36	54	0.079	0.081	0.082	0.083	0.085	0.59	0.61	0.62	0.64
37	53	0.070	0.072	0.073	0.074	0.076	0.53	0.54	0.56	0.57
38	52	0.062	0.063	0.064	0.065	0.066	0.46	0.48	0.49	0.50
39	51	0.053	0.054	0.055	0.056	0.057	0.40	0.41	0.42	0.43
40	50	0.044	0.045	0.046	0.047	0.048	0.33	0.34	0.35	0.36
41	49	0.036	0.036	0.037	0.038	0.038	0.27	0.27	0.28	0.29
42	48	0.027	0.027	0.028	0.028	0.029	0.20	0.21	0.21	0.22
43	47	0.018	0.018	0.019	0.019	0.019	0.13	0.14	0.14	0.14
44	46	0.009	0.009	0.009	0.009	0.010	0.07	0.07	0.07	0.07

注：纬度高于45°的地方应加上校正值；低于45°的地方，则应减去校正值。

表 1.14 为测量点海拔高度换算到海平面的大气压校正值。

表 1.14 测量点海拔高度换算到海平面的大气压校正值

海拔高度/m	压力观测值 p/kPa					压力观测值 p/mmHg				
	70	80	90	100	101.325	550	600	650	700	760
100				0.003	0.003					0.02
200				0.006	0.006				0.04	0.05
400				0.012	0.013				0.09	0.09
600			0.017	0.019	0.019			0.12	0.13	0.14
800			0.022	0.025	0.025			0.16	0.17	0.19
1000			0.028	0.031				0.20	0.22	
1200		0.030	0.033	0.037				0.22	0.24	0.26
1400		0.035	0.039			0.24	0.26	0.28	0.30	
1600		0.040	0.044			0.27	0.30	0.32	0.35	
1800		0.044	0.050			0.31	0.33	0.36		
2000	0.043	0.049	0.056			0.34	0.37	0.40		
2200	0.048	0.054				0.37	0.41	0.44		
2400	0.052	0.059				0.41	0.44	0.48		
2600	0.056	0.064				0.44	0.48			
2800	0.060	0.069				0.48	0.52			
3000	0.065					0.51				
3200	0.069					0.54				

1.5.2 常用测压仪表

1. U 形液柱压力计的使用

U 形液柱压力计是化学实验中用得较多的压力计,它由两端开口的垂直玻璃管及垂直放置的刻度尺构成。管内下半部盛有适量工作液作为指示液,如图 1.19 所示。它构造简单,使用方便,能测量微小压力差,测量准确度比较高,容易制作,价格低廉;但测量范围不大,示值与工作液密度有关,即与工作液的种类、温度、纯度及重力加速率有关,另外,它的结构不牢固,耐压程度比较差。

U 形管的两支管分别连接于两个测压口,因为气体的密度远小于工作液的密度,因此,由液面差 Δh 及工作液的密度 ρ 可以得出下式

$$p_1 = p_2 + \Delta h \rho g$$

U 形压力计可用来测量:①两气体压力差;②气体的表压,p_1 为测量气压,p_2 为大气压;③气体的绝对压力,令 p_2 为真空,p_1 所表示即为绝对压力;④气体的真

空度，p_1 通大气，p_2 为负压，可测其真空度。

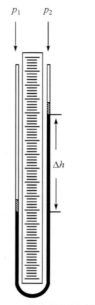

图 1.19　U 形液柱压力计

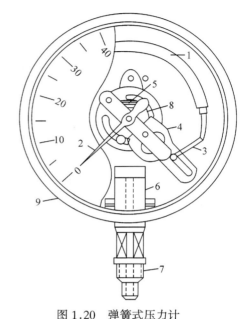

图 1.20　弹簧式压力计

1.金属弹簧管；2.指针；3.连杆；4.扇形齿轮；

5.弹簧；6.座底；7.测压接头；8.小齿轮；9.外壳

2. 弹簧式压力计

利用弹性元件的弹性力来测量压力，是最常用的测压仪表。由于弹性元件的结构和材料不同，它们具有各不相同的弹性位移与被测压力的关系。实验室中接触较多的为单管弹簧管式压力计，压力由弹簧管固定端进入，通过弹簧管自由端的位移带动指针运动，指示出压力值。如图 1.20 所示。常用弹簧管截面有椭圆形和扁圆形两种，可适用一般压力测量。还有偏心圆形等适用于高压测量，测量范围很宽。

使用弹簧式压力表时要注意：

（1）合理选择压力表量程。为了保证足够的测量精度，选择的量程应于仪表分度标尺的 1/2～3/4 范围内。

（2）使用环境温度不超过 35℃，超过 35℃应给予温度修正。

（3）测量压力时，压力表指针不应有跳动和停滞现象。

（4）对压力表应进行定期校验。

3. 电测压力计

电测压力计由压力传感器、测量电路和电性指示器三个部分组成，电测压力计有多种类型,根据压力传感器的不同类型而区分。

(1)霍尔压力变送器。霍尔压力变送器是一种将弹性元件感受压力变化时自由端的位移,通过霍尔元件(一块半导体,一种磁电转换元件)转换成电压信号输出的压力计。

(2)电位器压力变送器。电位器压力变送器常常与动圈式仪表相配合使用。其原理是将测压弹性元件受压以后发生位移带动电位器滑动触点的位移,因而被测压力的变化就转换成了电位器阻值的变化。把该电位器与其他电阻组成一电桥,当电位器阻值变化时,电桥输出一个不平衡电压,加到动圈表头内动圈的两端,指示出压力大小。

(3)压电式压力传感器。压电式压力传感器是利用某些材料(如压电晶体、压电陶瓷钛酸钡等)的压电效应原理制成。压电效应是指这些电解质物质在沿一定方向受到外力作用而变形时内部会产生极化现象,同时在表面产生电荷,当去掉外力,又重新回到不带电状态。这种将机械能转变为电能现象称为顺压电现象。因此只要将这种电位引出输入记录仪,通过微机就可进行信号处理。

(4)压阻式压力传感器。压阻式压力传感器是利用某些材料(如硅、锗等半导体)受外界压力应变时,引起电阻率变化的原理制成的,传感器的敏感元件是用某些材料(如单晶硅)的压阻效应,采用 IC 工艺技术扩散成四个等值应变电阻,组成惠斯登电桥。不受压力作用时,电桥处于平衡状态,当受到压力作用时,电桥的一对桥臂阻力变大,另一对变小,电桥失去平衡。若对电桥加一恒定的电压或电流,便可检测对应于所加压力的电压或电流信号,从而达到测量气体、液体压力大小的目的。压阻传感器与压电传感器相比,它表现出显著的特点是响应快,尺寸小,电磁脉冲干扰低。

4.数字式低真空压力测试仪

数字式低真空压力测试仪运用压阻式压力传感器原理测定实验系统与大气压之间压差的仪器。它可取代传统的 U 形水银压力计,无汞污染现象。该仪器的测压接口在仪器后的面板上。使用时,先将仪器按要求连接在实验系统上(注意实验系统不能漏气),再打开电源预热 10 min;然后选择测量单位,调节旋钮,使数字显示为零;最后开动真空泵,仪器上显示的数字即为实验系统与大气压之间的压差值。

1.5.3 真空技术

真空技术在日常生活的各方面,工农业生产的各部门,现代科学技术的各领域应用非常广泛。常用的灯泡、罐头、收音机的电子管、晶体管等的制作中,要用到抽真空技术;光学、电子学、电子计算机、超导等方面需要用真空镀膜;医药工业和电气工业需要真空冷冻干燥;化工、冶金、焊接、铸造、处理等需要真空技术;在原子能、可控热核反应、电子显微镜、质量分析仪、表面物理等方面真空技术更是必不可少的。

所谓真空,指的是压力比 1 个大气压(101.325 kPa)更低的稀薄气体状态的空间。气体稀薄的程度——真空度,通常用气体压力的大小来表示。气体越稀薄,气体压力越小,真空度越高;反之,则真空度越低。不同的真空状态意味着该空间具有不同的分子密度。不同的真空状态,提供了不同的应用环境。

根据真空的应用、真空的物理特点、常用的真空泵以及真空规的使用范围等,将真空区域划分为五种,见表 1.15。

表 1.15　真空度区域的划分

真空区域分类	压力范围 p/Pa
粗真空	$10^5 \sim 10^3$
低真空	$10^3 \sim 10^{-1}$
高真空	$10^{-1} \sim 10^{-6}$
超高真空	$10^{-6} \sim 10^{-12}$
极高真空	10^{-12}

真空技术,一般包括真空的获得、测量、检漏,以及系统的设计与计算等,是一门独立的科学技术,广泛应用于科学研究,工业生产的诸多领域中。

1. 真空的获得

为了获得真空,就必须设法将气体分子从容器中抽出。凡是能从容器中抽出气体、使气体压力降低的装置,均可称为真空泵。常见真空泵的种类和应用范围如表 1.16 所示。

表 1.16　真空泵的种类和应用范围

真空泵种类	应用范围 p/Pa
水流泵	$101 \sim 2$
油封机械真空泵	$101 \sim 1$
油扩散泵	$0.1 \sim 10^{-4}$
钛泵	$1 \sim 10^{-8}$
分子筛吸附泵	$101 \sim 10^{-3}$
冷凝泵	$0.1 \sim 10^{-8}$

一般实验室用得最多的是水流泵、油封机械真空泵和油扩散泵。

1）水流泵

水流泵应用的是柏努利原理，水经过收缩的喷口以高速喷出，其周围区域的压力较低，由系统中进入的气体分子便被高速喷出的水流带走。水流泵所达到的极限真空度受水本身的蒸气压限制。水流泵在15℃时的极限真空度为1.71 kPa，20℃时为2.34 kPa，25℃时为3.17 kPa。尽管其效率较低，但由于简便，实验室中在抽滤或其他对真空度要求不高时经常使用。

2）油封机械真空泵

机械泵的抽气效率较高，但只能产生1.333~0.1333 Pa的低真空，可达到的极限真空为0.1333~0.0133 Pa。机械泵的内部结构如图1.21所示。

常用的真空泵为旋片式油泵，是由两组机件串联而成，每一组主要有泵腔、偏心转子组成，经过精密加工的偏心转子下面安装有带弹簧的滑片，由电动机带动，偏心转子紧贴泵腔壁旋转，滑片靠弹簧的压力也紧贴泵腔壁，滑片在泵腔中连续运转，由此使泵腔被滑片分成两个不同的容积，周期性扩大和缩小。气体从进气嘴进入，被压缩后从第一组件的排气管排入第二组机件，再由第二组机件经排气阀排出泵外。如此循环往复，将系统内压力减少。

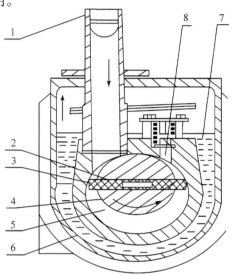

图1.21 旋片式真空泵示意图
1. 进气嘴；2. 旋片弹簧；3. 旋片；4. 转子；
5. 泵体；6. 油箱；7. 真空泵油；8. 排气嘴

实验室常用的机械泵抽气速率为10 L·min^{-1}，30 L·min^{-1}、60 L·min^{-1}。当压力低于0.1333 Pa时，其抽气速率急剧下降。

旋片式机械泵，整个机件浸在真空泵油中，这种油蒸气压很低，既可起润滑作用，又可起封闭微小的漏气和冷却机件的作用。使用机械泵应注意以下几点：

（1）机械泵不能直接抽可凝性蒸气，挥发性液体等，因为这些气体进入泵后会破坏泵油的品质，降低了油在泵内的密封和润滑作用，甚至会导致泵的机件生锈。因而必须在可凝气体进泵前先通过纯化装置，如用无水氯化钙、五氧化二磷、分子筛等吸收水汽，用石蜡吸收有机蒸气，用活性炭或硅胶吸收其他蒸气等。

（2）机械泵不能用来抽腐蚀性气体，如氯化氢、氯气、二氧化氮等气体。因这类气体能迅速侵蚀泵中精密加工的机件表面，使泵漏气不能达到所要求的真空度。遇到这种情况时，应当使气体在进泵前先通过装有氢氧化钠固体的吸收瓶，以除去有害气体。

（3）机械泵由电动机带动,使用时应注意马达的电压。若是三相电动机带动的泵,第一次使用时注意三相马达旋转方向是否正确。正常运转时不应有摩擦、金属碰击等异声。运转时电动机温度不能超过 50~60℃。

（4）机械泵的进气口前应安装一个三通活塞,停止抽气时应使机械泵与抽空系统隔开而与大气相通,再关闭电源,这样既可保持系统的真空度,又避免泵油倒吸。

3）油扩散泵

油扩散泵是一种利用气体分子运动中扩散原理为基础的真空泵。这种泵只能在前置泵（一般采用机械泵）已获得 1.33~0.133 Pa 的低真空基础上,才能开始工作,并进一步获得 1.33×10^{-4}~1.33×10^{-5} Pa 的真空度。要获得比 0.1333 Pa 更高的真空,通常将机械泵（作为前级泵）和扩散泵（作为次级泵）联合使用。扩散泵并不能抽除气体,它只能起浓缩气体的作用。在扩散泵中依靠被加热的某种蒸气流把抽空系统的分子浓集,然后再由机械泵抽去,使系统获得更高的真空。

常用的扩散泵有汞扩散泵和油扩散泵两种,油扩散泵的油具有蒸气压低,无毒,相对分子质量大的特点,所以实验室常使用油扩散泵。根据油扩散泵喷嘴的个数,可将其分成二级、三级、四级,又可分成直立式和卧式两种。图 1.22 是一种直立式三级油泵剖面图。其工作原理如下:在油扩散泵底部加热,储槽中的油气化,沿中央管道上升至顶部。由于受到阻挡而在喷口高速喷出,在喷口处形成低压,对周围气体产生抽吸作用,被油蒸气夹带而下。这样在油扩散泵下部就浓集了空气分子,使分子密度增加到机械泵能够作用的范围而被抽出。油蒸气经冷却变为液体流回储槽中重复使用,如此循环往复,使系统内气体不断浓缩而被抽出,系统达到较高的真空。

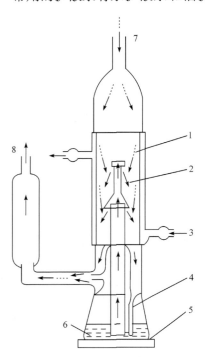

图 1.22　扩散泵工作示意图

1. 被抽气体;2. 油蒸气;3. 冷却水;4. 冷凝油回入;5. 电炉;6. 硅油;7. 接抽真空系统;8. 接机械泵

油扩散泵所使用的油化学性质应稳定,蒸气压小。常用低蒸气压石油馏分,称阿皮松油。近年来,广泛使用稳定性较高,相对分子质量大的硅油。同时要求油扩散泵的喷口级数要多,若用相对分子质量在 3000 以上的硅油作为四级泵的工作液,其极限真空度可达 1.333×10^{-7} Pa 以上,三级油扩散泵极限真空度可达 1.333×10^{-4} Pa。

使用油扩散泵的注意事项:

(1) 为了避免油的氧化,必须首先开启机械泵,使系统内压力达 1.333Pa 后,才能开动油扩散泵。在开启油扩散泵时必须先接通冷却水,逐步加热沸腾槽,直至油沸腾正常回流。关闭泵时首先切断加热电源,待油不再回流时再关闭冷却水,关闭油扩散泵的进出口活塞。并使机械泵通向大气,最后切断电源,停止机械泵的工作。

(2) 加热速率需控制适当,以产生足量蒸气,从喷口喷出,封住喷口到泵壁的空间,以免泵底已浓集的空气反向扩散至抽空系统。加热硅油的温度过高不但会使油裂解颜色变深,而且泵底有破裂的危险。加热速率过快,将使油蒸气到达泵上部,若此时冷却不良,将导致极限真空度降低。

4) 分子泵

分子泵是一种纯机械的高速旋转的真空泵,其工作原理是:高速旋转 ($10\,000 \sim 50\,000$ r·min^{-1})的涡轮叶片不断对被抽气体分子施以定向的动量和牵引压缩作用,将气体排走。分子泵的动轮叶与静轮叶间距只有数毫米,两者相间排列,而且叶面角相反,从而达到最大抽气作用。

5) 分子筛吸附泵

吸附泵是利用分子筛在低温时能吸附大量气体或蒸气的原理制成的,其特点是将气体捕集在分子筛内,而不是将气体排出泵外,其结构如图 1.23 所示。

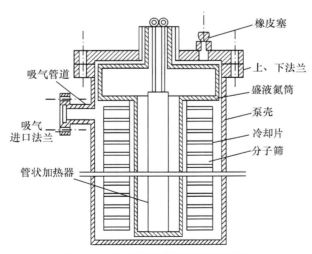

图 1.23 分子筛吸附泵结构示意图

分子筛是人工合成的无水硅铝酸盐结晶,共内部充满着孔径均匀的无数微小空穴,约占整个分子筛体积的一半。当向液氮筒中灌入液氮后,分子筛因被冷却到低温,能大量捕集待抽容器中的气体,极限真空度可达约 10^{-1} Pa。由于吸附后的分子筛可通过加热脱附活化,反复使用,因此吸附泵的使用寿命较长,维护方便。吸附泵可单独使用,其优点是无油,但工作时需消耗液氮。通常吸附泵用作超高真空系统中钛泵的前级泵。

6) 钛泵

钛泵的抽气机理通常认为是化学吸附和物理吸附的综合,而以化学吸附为主。钛泵的种类很多,不能单独使用,需要吸附泵或机械泵作为其前级泵。钛泵具有极限真空度高(约 10^{-6} Pa)、无油、无噪声、无振动等优点,在 10^{-2} Pa 时仍有较大抽速,而且操作简便,使用寿命长。磁控管型冷阴极溅射离子钛泵的结构如图 1.24 所示。

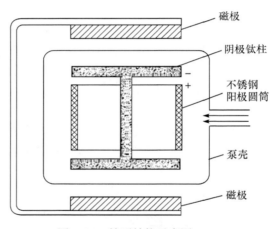

图 1.24　钛泵结构示意图

2. 真空的测量

测量真空度的方法很多。粗真空的测量,一般用 U 形管压力差计。对于较高真空度的系统使用真空规。真空规有绝对真空规和相对真空规两种。麦氏真空规称为绝对真空规,即真空度可以用测量到的物理量直接计算而得,而其他如热偶真空规、电离真空规等均称为相对真空规,测得的物理量只能经绝对真空规校正后才能指示相应的真空度。

一些常用的真空规及其应用范围如表 1.17 所示。

表 1.17 一些常用的真空规及其应用范围

真空规	压力范围/Pa
U形汞压力计	$1 \times 10^2 \sim 1 \times 10^5$
油压力计	$4 \sim 1 \times 10^3$
热偶真空规	$0.1 \sim 10$
麦氏真空规	$10^{-3} \sim 10$
电离真空规	$10^{-6} \sim 0.1$
B-A(Bayara-Alpert)规	$10^{-9} \sim 10^{-5}$
磁控规	$10^{-10} \sim 0.1$

1）麦氏真空规

麦氏真空规（麦氏规）在真空实验室中应用颇广，根据波义耳定律，它能直接测量系统内压力值。其他类型的真空规都需要用它来进行校准。它的构造如图 1.25 所示，麦氏规通过活塞 E 和真空系统相连。玻璃球 A 上端接有内径均匀的封口毛细管 B（称为测量毛细管），自 F 处以上，球 A 的容积（包括毛细管 B），经准确测定为 V，D 称为比较毛细管，且和 B 管平行，内径也相等，用以消除毛细作用影响，减少汞面读数误差。T 是三通活塞，可控制汞面之升降。

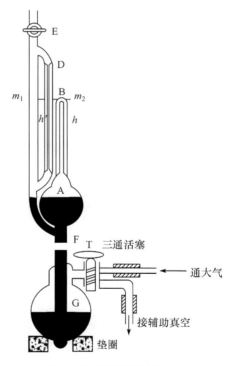

图 1.25 麦氏真空规

测量系统的真空度时，利用活塞 T 使汞面降至 F 点以下，使 A 球与系统相通，压力达平衡后，再通过 T 缓慢地使汞面上升。当汞面升到 F 位置时，水银将球 A 和系统刚好隔开，A 球内气体体积为 V，压力为 p（即为系统的真空度）。使汞面继续上升，汞将进入测量毛细管和比较毛细管。A 球内气体被压缩到 B 管中，其体积 $V' = \frac{1}{4}\pi d^2 h$（其中 d 为 B 管内径，已准确测知）。B、D 两管中气体压力不同，因而产生汞面高度差为 $(h - h')$，根据波义耳定律，则

$$pV = (p + h - h')V'$$

$$p = \frac{V'}{V - V'}(h - h') \approx \frac{V'}{V}(h - h')$$

由于 V'、V 已知，h、h' 可测出，根据上式可算出系统真空度 p，如果将压力值标在麦氏真空规上，则可直接读出压力值，一般有两种刻度方法：

（1）如果在测量时，每次都使测量毛细管中的水银面停留在一个固定位置 h 处，则 $p = \frac{\pi d^2}{4V}h(h - h') = c'(h - h')$。按 p 与 $(h - h')$ 成直线关系来刻度的，称为直线刻度法。

（2）如果测量时，每次都使比较毛细管中水银面上升到与测量毛细管顶端一样高，即 $h' = 0$，则

$$p = \frac{\pi d^2}{4V}h^2 = c'h^2$$

按压力 p 与 h^2 成正比来刻度的，称为平方刻度法。一般地说，平方刻度法较好。

由上述方程可以看出，理论上只要改变 A 球的体积和毛细管的直径，就可以制造出测量不同压力范围的麦氏真空规。但实际上，当 $d < 0.08$ mm 时，水银柱升降会出现中断；汞密度大，A 球又不能过大，否则玻璃球易破裂。所以其测量范围受到限制。还应注意，麦氏真空规不能测量经压缩发生凝结的气体。

图 1.26 是旋转麦氏真空规示意图。

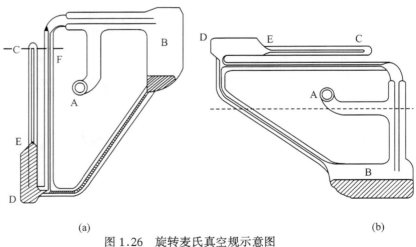

（a）　　　　　　　　　　　　　　　　　（b）

图 1.26　旋转麦氏真空规示意图

该规是一种小型真空规。其体积小，汞用量小，操作简便。一般测量范围在 0.1333 Pa。使用时通过 A 与待测系统相连，然后以 A 为中心把真空规旋转 90°，见图 1.26(b)。这时汞从容器 B 中流出，将 CD 段内体积 V 向 CE 内压缩，当汞在

F 管中上升到 CD 管的封闭端齐,就能读出二毛细管的汞面差,按波义尔定律:
$pV = shh$, $p = sh^2/V = kh^2$。

2)热偶真空规

热偶规管由加热丝和热偶丝组成,见图 1.27。热电偶丝的热电势由加热丝的温度决定,热偶规管和真空系统相连,如果维持加热丝电流恒定,则热偶丝的热电势将由其周围的气体压力决定。因为,当压力降低时,气体的导热率减小,而当压力低于某一定值时,气体热导率与压力成正比。从而,可以找出热电势和压力的关系,直接读出真空度值。可以用绝对真空规对热偶真空规的表头刻度进行标定。热偶真空规的量程为 $13.33 \sim 0.1333$ Pa。

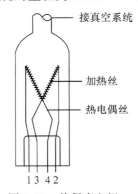

图 1.27 热偶真空规

1,2.加热器;3,4.热电偶

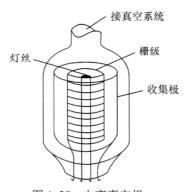

图 1.28 电离真空规

3)电离真空规

电离规管是一支三极管,其收集极相对于阴极为 -30 V,而栅极上具有正电压 220 V,见图 1.28。如果设法使阴极发射的电流以及栅压稳定,阴极发射的电子在栅极作用下,高速运动与气体分子碰撞,使气体分子电离成离子。正离子将被带负电势的收集极吸收而形成离子流,所形成的离子流与电离规管中气体分子的浓度成正比,即 $I_+ = KpI_e$,其中 I_+ 为离子流强度(A),I_e 为规管工作时的发射电流,p 为规管内空气压力,K 为规管灵敏度,它与规管几何尺寸及各电极的工作电势有关,在一定压力范围内,可视为常数。因此,从离子电流大小,即可知相应的气体压力。

上述两种规管一般都配合使用,将它们封接在系统中,使管子垂直向上(管座向下)。$10 \sim 0.1$ Pa 时用热偶规,系统压力小于 0.1 Pa 时才能使用电离规;否则,将烧毁电离规管。

4)复合真空计

SG-3 型复合真空计是一种直读式真空测量仪,分低真空热偶规和高真空电离规两部分。其测量范围为$(13.33\sim6.665)\times10^{-6}$Pa,电离规部分是$(0.1333\sim6.665)\times10^{-6}$Pa,热偶规部分是$13.33\sim0.1333$ Pa。仪器面板图如图 1.29 所示。

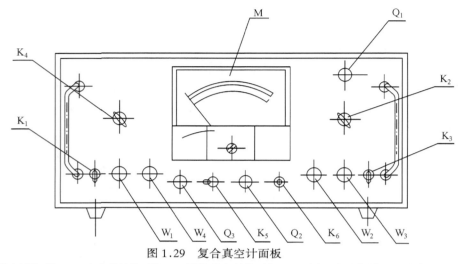

图 1.29　复合真空计面板

Q_1. 总电源指示灯;K_5. 电离规转换开关;K_3. 测量、除气转换开头;W_3. 零点调整电位器;W_2. 发射电流调节电位器;K_6. 电离规管工作按钮开关;Q_2. 电离规管工作指示灯;K_2. 热偶规与电离规表头转换开头;Q_3. 热偶规管工作指示灯;W_4. 满度调节电位器;W_1. 热偶规管加热电流调节电位器;K_1. 总电源开关;K_4. 热偶规转换开关;M. 输出表头

5）热偶规的操作

（1）工作电流的确定。将 DL-3 热偶规管插入连接插座,接通仪器总电源。将开关 K_2 拨到"热偶"位置,拧动面板上开关 K_4 置于"电流"位置,调整电位器 W_1,使加热电流在 110 mA 左右,然后将开关 K_4 拨到"测量"位置,再缓慢地调节 W_1,使表头指针至满刻度,稳定 5 min 不变后将开关 K_4 拨到"电流"位置,表头内刻度值即为 DL-3 规管加热电流值(因热偶电动势有滞后现象,故调整时要耐心细致。

（2）将 DL-3 规管启封,接入待测真空系统(必须垂直安装)。接入方式可使用适当长度的真空橡皮管或各种类型的插压密封座,对于玻璃系统可直接焊封上去。仪器操作必须在完成以上两项工作后方可进行。

（3）仪器操作。用热偶测量导线将仪器与规管连接好,并将开关 K_2 拨到"热偶"位置,接通总电源,此时仪器右上角指示灯 Q_1 发光;将开关 K_4 从"热偶关"拨到"电流"位置,指示灯,即发光,调整电位器 W_1,使加热电流符合启封时所确定的电流值,然后将开关 K_4 拨到"测量"位置,视表头中间一行刻度即为系统真空度。

注意事项:必须定期校正 DL-3 加热电流,以免管子老化而产生的测量误差。热偶规如运用于精确测量时,必须将 DL-3 接入标准真空校正系统,确定加热电流,得出校正曲线方能使测量误差减少到 $\pm5\%$。

6）电离规的操作

（1）用电离规测量导线将 DL-2 电离规管与仪器连接好，将开关 K_2 拨到"电离"位置，将开关 K_3 拨到测量位置，接通总电源，此时仪器右上方指示灯 Q_1 发光，表示仪器已进入工作状态。

（2）将开关 K_5 从"电离关"拨到"发射"位置。按动开关 K_6 即听到仪器内部继电器吸动声，同时指示灯 Q_2 发光，表示 DL-2 已加热工作。调整电位器 W_2，使表头指针达刻度 5 红线处（即发射电流为 5mA）。

（3）将开关 K_5 拨到"零调"位置，调整电位器 W_3 使表头指零位。

（4）将开关 K_5 拨到"满度"位置，调整电位器 W_4 使表头指满刻度。重复几次零调、满调。

（5）将开关 K_5 顺时针拨到适当位置，视表头最外一行刻度即为系统真空度。

（6）当系统的真空度达 1.333×10^{-3} Pa 时，若要进一步提高真空度，必须对 DL-2 进行除气，除气时只需将开关 K_3 拨到"除气"位置即可。同时将开关 K_5 降低一档，除气完毕将 K_3 拨回"测量"位置。除气时间不要过长。对于圆筒形收集极除气可用高频屉壳去气用煤气火焰烘烤即可。

注意事项：规管安装状态应保持垂直方向，底座向上或向下，切勿横放。当系统压力低于 0.1333 Pa 时，方能使用电离规测量，并且不宜长时间工作在 $(0.1333 \sim 1.333) \times 10^{-2}$ Pa 范围；否则，造成 DL-2 灯丝烧毁。当热偶规、电离规两部分同时工作时，欲读数，只需拨动开关 K_2 换接表头即可。仪器经过长期使用或更换内部元件时，必须重新进行校正。

3. 真空系统设计和组装

研究对象不同，所需设计的真空系统也不同，但所有真空系统大体上都由三个部分组成：真空的获得，真空的测量，真空的使用，图 1.30 为真空系统的方块示意图。

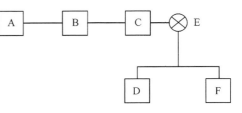

图 1.30　真空系统示意图

A. 机械泵；B. 扩散泵；C. 冷阱；D. 样品室；

E. 活塞；F. 测量工作室

具体的真空系统通常由真空泵、真空规、各种活塞和冷阱、以及样品室和测量工作室等组成，并通过一根粗的主导管和若干细管组装而成。

真空系统设计的基本思路是：根据真空下进行实验测量工作的要求，确定测量工作室的尺寸，形状和所需达到的真空度；依据测量工作室体积确定所需的抽气速率和达到一定真空度所需的时间；再依据真空度的要求选择相应的真空泵和真空规；最后还应考虑整个真空系统结构简单，操作维护方便，并有一定的防护装置。

设计和组装一套气密性很好的真空系统,具体工作程序有:绘制真空系统的总体组装图;确定构成真空系统各部件的规格、型号,包括真空泵、真空规、冷阱的选型,以及管道和真空活塞的尺寸的选择;确定测量工作室的结构形状及所需配套的测量仪器仪表;真空系统防护设施的配套安排;组装、检漏和调试工作。

根据实验所要求的真空度和抽气时间,选择机械泵,管道和真空材料。如果要求极限真空度 0.1333 Pa,一般选用性能较好的机械泵或吸附泵。如要求极限真空度在 0.1333 Pa 以下,则需以机械泵为前级泵,扩散泵为次级泵联合使用。

冷阱是气体通道中的冷却装置,主要使可凝蒸气通过冷阱冷却为液体,以免水汽、有机蒸气、汞蒸气等进入机械泵影响泵的工作性能。同时也是为了获得真空度,防止蒸气扩散返回真空系统,以便把泵向真空系统扩散的蒸气冷凝下来。一般在扩散泵与被抽空系统之间,以及扩散泵和机械泵之间各装一冷阱。

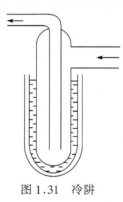

图 1.31　冷阱

冷阱的种类很多,最常用的一种冷阱如图 1.31 所示。冷阱的外部是装有冷冻剂的杜瓦瓶,一般冷冻剂是液氮、干冰等。冷阱在真空装置中的作用虽然很重要,但它对气体的流动产生阻力,从而降低了真空泵的抽气速率,因而对冷阱的设计要视真空系统的管道尺寸而定。冷阱管道不能太细,以免液体堵塞,太短冷凝效果降低,太长使用不方便,所以要求冷阱大小适中。

真空系统的材料主要考虑材料的真空性质、机械性质、防腐性等。一般选用玻璃材料,吹制比较方便,且可以观察内部情况。但真空活塞及其磨口连接部分一般只能到 1.333×10^{-4} Pa 的极限真空度。如果要求更高的真空度,则要选用金属材料。

真空涂敷材料:为了转动灵活,避免漏气,在真空活塞和磨口接头处需涂上真空油脂。真空蜡用来胶合不能吻合的接头,如玻璃和金属接头。

真空脂、真空泥、真空蜡在室温下都具有较小的蒸气压。国产真空脂按使用温度不同,分为 1 号、2 号、3 号真空脂等。从国外进口的阿皮松系列如阿皮松 L、阿皮松 T 等,相当于真空脂;阿皮松 Q 相当于真空泥;阿皮松 W、阿皮松 W-40 相当于真空蜡。

4. 真空检漏

新安装的真空装置在使用前,应检查系统是否漏气。检漏的仪器和方法很多,如火花法、热偶规法、电离规法、荧光法、质谱仪法、磁谱仪法等,分别适用于不同漏气情况。

可以用泵将系统抽一段时间后,关闭泵通向系统的活塞,然后观测系统内压力随时间的变化情况,来判断系统是否漏气,见图 1.32。

实验室常用高频火花检漏器。使用方法如下：首先启动机械泵，数分钟后可将系统抽至 1.333~13.33 Pa，然后将高频火花检漏器火花调至正常，将探头对准真空系统的玻璃移动，可以看到红色辉光放电。关闭机械泵通向系统的活塞，5 min 后再用高频火花检漏器检查，其放电现象是否与 5 min 前相同，如不同则表示系统漏气。漏气现象一般易发生在玻璃接合处、弯头和活塞。此时可关闭某些活塞，用高频火花检漏器逐段检查，如发现某处漏气，再行检查。因为气流不断流入，在漏处可以看到明亮的火花束。若漏气处为小沙眼，可用真空封泥涂封，较大漏洞，则须重新焊接。

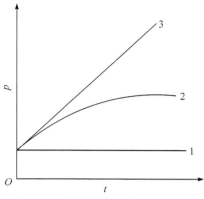

图 1.32　与泵隔绝，系统压力随时间的变化
1. 系统不漏气；2. 系统内有蒸气源；3. 有大气漏入

高频检漏火花器对不同压力的低压气体产生不同的颜色。随压力降低，其辉光颜色由浓紫、淡紫、红、蓝过渡到玻璃荧光。当看到玻璃壁呈淡蓝色荧光，系统没有辉光放电，表明系统压力低于 0.1333 Pa，这时可用热偶规和电离规测定系统压力。使用高频火花检漏器时，放电簧不能指向人，也不能指向金属，在某处停留时间也不宜过长，以免烧坏玻璃。

5. 真空操作注意事项

（1）真空系统装置比较复杂，在设计时应尽可能少用活塞，减少不必要的接头。

（2）在实验前必须熟悉各部件的操作，注意各活塞的转向，最好活塞上用标记表明活塞的转向。

（3）真空系统真空度越高，玻璃器壁承受的大气压力越大。对于大的玻璃容器都存在爆炸危险，因此对较大的玻璃真空容器最好加网罩。由于球形容器受力均匀，故应尽可能使用球形容器。

（4）如果液态空气进入油扩散泵中，会引起热的油爆炸，因此系统压力减到 133.3 Pa 前不要用液氮冷阱，否则液氮将使空气液化。

（5）使用机械泵，扩散泵时需严格按照泵的操作注意事项操作。

（6）开启、关闭真空活塞时必须两手操作：一手握住活塞套；一手缓慢旋转内塞，防止玻璃系统因某些部位受力不均匀而断裂。

（7）实验过程中和实验结束时，不要使大气猛烈冲入系统，也不要使系统中压力不平衡的部分突然接通，否则有可能造成局部压力突变，导致系统破裂，或汞压力计冲汞。

1.6　流量测量与流量计

测定流体流量的装置称为流量计或流速计。实验室常用的主要有毛细管流量计、转子流量计、皂膜流量计和湿式流量计。

1. 毛细管流量计

毛细管流量计又称锐孔流量计。其结构如图 1.33 所示。毛细管流量计是利

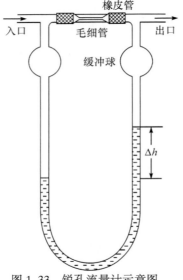

用气体流过毛细管(锐孔)的节流作用使流速增大,压力减小,形成气体在毛细管前后存在的压力差,由 U 形管压力差计两侧的液面差 Δh 表示。若 Δh 值恒定,表示流量或流速恒定。当锐孔足够小时或毛细管长度与半径之比等于或大于 100 时,流速 v 和压力差 Δh 之间呈线性关系

$$v = f \Delta h \rho / \eta, \quad f = \pi r^4 / 8l$$

式中:f 为毛细管特征系数;r 为毛细管半径;l 为毛细管长度;ρ 为流量计所盛液体的密度;η 为气体黏度系数。

从上式可知,当流速 v 和毛细管长度 l 一定时,毛细管半径越小,Δh 越大。因此根据所测量流速范围,可以选用不同孔径的毛细管。

图 1.33　锐孔流量计示意图

U 形管压力计中液体用蒸馏水、硫酸、石蜡油、水银、高沸点的有机液体等。在液体中可加入少量有色物质使其显色,便于读数。所选择的液体应与被测气体不相溶、不起化学变化。对流速小的被测气体采用密度小的液体,反之亦然。

当流量计的毛细管及 U 形管中的液体一定时,对于不同的被测气体,其流速 v 与 Δh 呈不同的线性关系,对于同一种被测气体,当毛细管更换后,其 v 与 Δh 的线性关系也与原来不同,必须通过实验标定 v 与 Δh 的线性关系,实验室常用皂膜流量计来进行标定。使用毛细管流量计时应保持其清洁、干燥;否则,会影响测量的准确性。

2. 转子流量计

转子流量计的构造原理如图 1.34 所示。它是一根垂直的略呈锥形的玻璃管,

内有一转子,锥形玻璃管截面积自上而下逐渐缩小,流体由下而上流过,由转子位置的高低测定流体的流量大小。转子流量计和锐孔流量计都是以节流作用为依据的,但锐孔流量计的孔截面积不变,流量与压力差成正比。而转子流量计压力差不变,流量与转子的位置成比例。当流体由下而上流经锥形管时,通过环隙所产生的阻力与转子净重平衡时,转子停留在一定位置,当流量增大时,转子升高,转子与锥形管间的环隙面积也随之增大,并重新达到受力平衡。所以,利用转子在玻璃管内平衡位置随流量变化的特性,测量流体的流量。

图 1.34 转子流量计

转子流量计测量的流量范围较宽,可以从每分钟几十毫升到几十升。测量小流量时,转子选用胶木、塑料;测量大流量时,选用不锈钢转子。

转子流量计玻璃上的刻度是对某一种流体流量刻划的,一般采用空气作标定介质,标定温度为20℃,压力为 1.013×10^5 Pa。当实际测量时温度、压力可能不同,需要进行换算。

若被测气体仅随温度、压力的变化,其校正式为

$$v_2 = v_1 \sqrt{p_1 T_1 / p_2 T_2}$$

式中:v_2 为被测气体流量,$m^3 \cdot s^{-1}$;v_1 为标定时气体流量,$m^3 \cdot s^{-1}$;p_1、T_1 分别为标定时气体压强(Pa)和温度(K);p_2、T_2 分别为被测气体的压强(Pa)和温度(K)。

当被测气体的种类改变时,若被测气体黏度与标定介质相近,流量系数视为常数,可用下式换算

$$v_2 = v_1 \sqrt{\rho_1 (\rho_f - \rho_1) / \rho_2 (\rho_f - \rho_2)}$$

式中:ρ_1、ρ_2、ρ_f 分别为标定气体的密度、测量气体的密度和转子的密度。

使用转子流量计必须注意垂直安装,开动控制阀时需缓慢以防止损坏仪表,保持仪表清洁,严禁沾污仪表。

3. 皂膜流量计

皂膜流量计是实验室常用的测定尾气,标定流量的一种流量计。其结构十分简便,可用滴定管改装而成。如图 1.35 所示,橡皮头内装有肥皂水,当测定气体流经滴定管时,用手将橡皮头捏起,使气体将肥皂水吹起,在管内形成一圈圈均匀的肥皂薄膜,沿着管壁上升,以秒表记录皂膜移动一定体积所需时间,即可标出该气体的流速。皂膜流量计与毛细管和转子流量不同,它是间歇式的流量计,只限于对气体流量的测定。可对测量范围小于 100 mL·min^{-1} 的其他流量计进行标定,方便简便,准确性好。

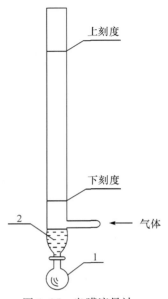

图 1.35　皂膜流量计

1. 橡皮头;2. 肥皂液

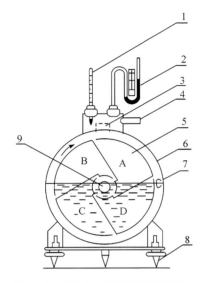

图 1.36　湿式流量计结构示意图

1. 温度计;2. 压差计;3. 水平仪;

4. 排气管;5. 转鼓;6. 壳体;7. 水位器;

8. 可调支脚;9. 进气管

4. 湿式气体流量计

湿式气体流量计属于容积式流量计,是实验室常用的一种仪器。其结构主要由圆鼓形壳体、转鼓、传动记录器所组成。转鼓是由圆筒及 4 个弯曲形状的叶片构成,4 个叶片构成体积相等的 A、B、C、D 四个小室如图 1.36 所示。鼓的下半部浸没在水中,充水量由水位器指示。气体由中间进气管进入气室,迫使转鼓转动,而从顶部排出。其转动次数,通过记录器做出记录,并由指针显示体积。用秒表记录时间可以直接测定气体流量。使用前应调整好仪器水平位置,并使湿式流量计内水的液面到指示高度。被测气体应不溶于水,不腐蚀流量计部件,实验过程中应记录气体流经流量计时的温度。

1.7　常用化学数据来源和重要化学数据网址

1.7.1　常用化学数据来源

物质的物理化学性质对于科学研究、生产实际和工业设计等具有很重要的意义。因此,在中级化学实验课程的学习中,必须重视学习、掌握查阅文献数据的方法。由于发表、记载实验数据的书刊很多,在此仅介绍一些重要的手册和杂志。化学数据手册分为一般和专用两类。

1．一般化学数据手册

一般化学数据手册归纳及综合了各种物理化学数据，是提供一般查阅用的。

（1）*CRC Handbook of Chemistry and Physics*（《化学与物理学手册》）。1913年出版第一版，每年修订一次，由美国 CRC（化学橡胶公司）新出一版，附有文献数据出处，内容丰富，使用方便。从第 71 版起，该书标题由原来的 6 个，调整改为 16个标题，除保留原内容外，又增加了新的内容。每一新版都收录有最新发表的重要化合物的物性数据。最新的第 84 版（2003～2004 年）有电子版本（http：//www.hbcpnetbase.com/）。

（2）*International Critical Tables of Numerical Data*——*Physics*，*Chemistry and Technology*（《物理、化学和工艺技术的国际标准数据表》）。1926～1933 年出版，共七大卷，另附索引一卷。所搜集的数据是 1933 年以前的，比较陈旧；但数据比较齐全，为一本常用的手册。原以法国的《数据年表》（*Tables Annuelles*）前五卷为基础，后来 *Tables Annuelles* 继续出版，成为该手册的补充。

（3）*Landolt Bornstein*（第六版），德文全名为 *Zahlenwerte und Funktionen aus Physik*，*Chemie*，*Astronomie*，*Geophysik und Technik*（《物理、化学、天文、地球物理及工艺技术的数据和函数》）。该手册收集的数据较新、较全。这个手册系按物理性质先分成许多小节。在每一小节中再按化合物分类。1961 年，该书开始出版新辑（L B Neue Serie），重新做了编排，名字改为 *Landolt-Boernstein Zahlenwerte und Funktionen aus Naturwissenschaften und Technik*（《自然科学与技术中的数据和函数关系》），到目前已陆续出版了五大类，50 余卷，涉及的内容很广泛。第六版的卷 I-IV 已译成英文。

（4）*Handbook of Chemistry*（《化学手册》）。Lange 主编，1934 年出第一版，到1970 年出第 10 版。从第 11 版（1973 年）起，手册更名为：*Lange's Handbook of Chemistry*（《兰氏化学手册》），改由 John A.Dean 主编。该书包括数学、综合数据和换算表、原子和分子结构、无机化学、分析化学、电化学、有机化学、光谱学以及热力学性质等。尚久方等将该手册第 13 版（1985 年）译成中文版《兰氏化学手册》，1991 年由科学出版社出版。

（5）*Taschenbuch für Chemiker und Physiker*（《化学家和物理学家手册》）。1983～1992 年，D'Ans Lax 编。

（6）*Handbook of Organic Structure Analysis*（《有机结构分析手册》）。Y.Yukawa 等编（1965 年）。该书内容有紫外、红外、旋光色散光谱；等张比容；质子磁共振和核四极矩共振；抗磁性；介电常数；偶极矩；原子间距，键角；键解离能；燃烧热、热化学数据；分子体积；胺及酸解离常数；氧化还原电势；聚合常数。

(7) *Chemical Engineers' Handbook*（《化学工程师手册》）第 5 版。R. H. Perry和 C. H. Chilton 主编（1973 年），为化学工程技术人员编辑的参考手册，附有各种物理化学数据。

(8) *Handbook of Data on Organic Compounds*（《有机化合物数据手册》）第 2 版。R. C. Weast 等编（1989 年）。

(9) *Tables of Physical and Chemical Constants*（《物理和化学常数表》）。Kaye 和 Laby 编（1966 年）。

(10) *Handbook of Chemical Data*（《化学数据手册》）。F. W. Atack 编（1957 年）。这是一本袖珍手册，内容简明，介绍无机和有机化合物的一些主要物理常数以及定性和定量分析部分，可供一般查阅。

(11)《物理化学简明手册》。印永嘉主编，高等教育出版社（1988 年）。该手册汇集了气体和液体性质、热效应和化学平衡、溶液和相平衡、电化学、化学动力学、物质的界面性质、原子和分子的性质、分子光谱、晶体学等九部分。

(12) *Journal of Physical and Chemical Reference Data*（《物理和化学参考资料杂志》）。该刊自 1972 年开始，由美国化学会和美国物理协会负责出版。载有大量全面的物理化学数据及其详细的介绍。

(13) *Journal of Chemical and Engineering Data*（《化学和工程数据杂志》）。1956 年开始刊行，每年一卷共四本，每季度出一本。后改为双月刊。载有大量的实验测定的新数据。每本后面有"New Data Compilation"（新资料编纂），介绍各种新出版的资料、数据手册和期刊。

(14) *Journal of Chemical Thermodynamics* ［http://www. sciencedirect. com]。

2．专用化学数据手册

1）热力学及热化学

(1) *Selected Values of Chemical Thermodynamic Properties*（《化学热力学性质的数据选编》）。D. D. Wagman 等编（1981 年）。

(2) *Handbook of the Thermodynamics of Organic Compounds*（《有机化合物热力学手册》）。R. M. Stephenson 编（1987 年）。

(3) *Thermochemical Data of Pure Substances*（《纯物质的热化学数据》）。Ihsan Barin 编（1989 年）。

(4) *Thermodynamic Data for Pure Compounds*（《纯化合物热力学数据》）。Smith Buford 等编（1986 年）。

(5) *Selected Values for the Thermodynamic Properties of Metals and Alloys*（《金属和合金热力学性质的数据选编》）。Ralph Hultgren 等编（1963 年）。

（6）*The Chemical Thermodynamics of Organic Compounds*（《有机化合物的化学热力学》）。D. R. Stull 等编（1970 年）。

（7）*Thermochemistry of Organic and Organometallic Compounds*（《有机和有机金属化合物的热化学》）。J. D. Cox 和 G. Pilcher 编（1970 年）。

2）平衡常数

（1）*Dissociation Constants of Organic Acids in Aqueous Solution*（《水溶液中有机酸的解离常数》）。G. Kortiuem 等编（1961 年）。

（2）*Dissociation Constants of Organic Bases in Aqueous Solution*（《水溶液中有机碱的解离常数》）。D.D. Perrin 等编（1965 年）。

（3）*Stability Constants of Metal-Ion Complex*（《金属络合物的稳定常数》）（1964 年）。该手册分为两个部分。第一部分：无机配位体，由 L. G. Sillen 编。第二部分：有机配位体，由 A. E. Martell 编。

（4）*Instability Constants of Complex Compounds*（《配合物不稳定常数》）。Yatsimirskii 编（1960 年）。

（5）*Ionization Constants of Acids and Bases*（《酸和碱的解离常数》）。A. Albert编（1962 年）。

3）溶液、溶解度数据

（1）*Solubility Data Series*（《溶解度数据丛书》）。A. S. Kerters 主编，IUPAC数据出版系列中的一套丛书，包括各种气体、液体、固体在各种溶液中的溶解度，篇幅大，数据可靠，至 1990 年已出版 42 卷。

（2）*Physicochemical Constants of Binary System in Concentrated Solutions*（《浓溶液中二元系统的物理化学常数》）。共四卷，J. Timmermans 编（1959～1960年）。

（3）*Solubilities of Inorganic and Metalorganic Compounds*（《无机和金属有机化合物的溶解度》），第四版。W. F. Links 编。

（4）*Solubilities of Inorganic and Organic Compounds*（《无机和有机化合物的溶解度》）。H.Stephen 等编。卷Ⅰ：Binary system（二元系统），1963 年。卷Ⅱ：Ternary and Multi-component Systems（三元和多组分系统），1964 年。

（5）*Solvents Guide*（《溶剂手册》），第二版。C. Marsden 编。

4）蒸气压、气-液平衡

（1）*Vapor Pressure of Organic Compounds*（《有机化合物蒸气压》）。J.Earl Jordan 编（1954 年）。

（2）*Vapor-Liquid Equilibrium Data*（《气-液平衡数据》）。Ju Chin Chu 编（1956 年）。

（3）*Azeotropic Data*（《恒沸数据》）。Lee H. Horsely 编（1962 年）。

（4）*The Vapor Pressure of Pure Substances*（《纯物质的蒸气压》）。Boublik Tomas 编（1984 年）。

（5）*Vapor-Liquid Equilibrium Data Collection*（《气–液平衡数据汇编》）。J. Gmehling 等编（1977 年），为 *Chemistry Data Series*（《化学数据丛书》）的第一卷。

5）二元合金

（1）*Constitution of Binary Alloys*（《二元合金组成》），第二版。Ax Hansen 等编（1958 年）。

（2）*Binary Alloy Phase Diagrams*（《二组分合金相图》）。T. B. Mascalski 等编（1987 年）。

6）电化学

（1）*Electrochemical Data*（《电化学数据》）。D. Dobes 编（1975 年），另外，Meites Louis 等于 1974 年出版了 *Electrochemical Data*。

（2）*Handbook of Electrochemical Constants*（《电化学常数手册》）。Pago 编（1959 年）。

（3）*Selected Constants of Oxidation-Reduction Potentials of Inorganic Substances in Aqueous Solutions*（《水溶液中无机物的氧化还原电势常数选编》）。G. Charlot 编（1971 年）。

7）化学动力学

（1）*Tables of Chemical Kinetics*, *Homogenous Reactions*（《化学动力学表，均相反应》）（1951 年）。续编 No. Ⅰ, 1956 年；续编 No. Ⅱ, 1960 年；续编 No. Ⅲ, 1961 年。

（2）*Liquid-Phase Reaction Rate Constants*（《液相反应速率常数》）。E. T. Denisov 编（俄，1971 年），R. K. Johnston 译（英，1974 年）。

8）色谱数据

（1）气相色谱手册。中国科学院化学研究所色谱组编（1977 年），该书附有有关色谱的参考资料。

（2）*Compilations of Gas Chromatographic Data*（《气相色谱数据汇集》）。J. S. Lewis 编（1963 年），1971 年Ⅱ版补编Ⅰ。

（3）气相色谱实用手册。吉林化学工业公司研究院编（1980 年）。

（4）分析化学手册，第四分册之上册。成都科学技术大学化学教研室编（1984 年）。

9）谱学数据

（1）*Crystal Data*（《晶体数据》），第三版。G. Donmay 等编。

（2）*International Tables for X-Ray Crystallography*（《X 射线结晶学国际表》）。K. Lonsdale 编。

（3）X射线粉末衍射数据卡片。简称 P. D. F. 卡（即原 ASTM 卡片）。

（4）*Sadtler Standard Spectra Collections*（《萨德勒标准谱图集》）。这是由美国 Sadtler Research Laboratories, Inc. 编纂出版的标准光谱图集,内容包括红外光谱、紫外光谱、核磁共振波谱、拉曼光谱等,该标准谱图集体积庞大,但采用活页本形式装订,时有补充或更新,备有多种索引,查阅十分方便。

（5）*Practical Handbook of Spectroscopy*（《实用谱学手册》）。J. W. Robinson 编（1991 年）。

（6）*A Handbook of Nuclear Magnetic Magnetic Resonance*（《核磁共振手册》）。Freeman Ray 编（1987 年）。

（7）*Raman / Infrared Atlas of Organic Compounds*（《有机化合物的拉曼,红外谱集》）。Bernhard Schrader 编（1989 年）。

（8）*Handbook of Infrared Standards*（《红外手册》）。Guy Guelachvili, K. N. Rao 编（1986 年）。

10）偶极矩

（1）*Tables of Experimental Dipole Moments*（《实验偶极矩表》）。A. L. McClellan 编（1963 年）。

（2）*Selected Values of Electric Dipole Moments for Molecules in the Gas Phase*（《气相中分子电偶极矩数据选编》）。美国国家标准局编,1967 年出版。

1.7.2　重要数据中心

（1）National Institute of Standards and Technology ［http://www. nist. gov/srd/］.

（2）Thermodynamics Research Center ［http://www. trc. nist. gov］.

（3）Design Institute for Physical Property Data ［http://dippr. byu. edu］.

（4）Dortmund Data Bank ［http://www. ddbst. de］.

（5）Cambridge Crystallographic Data Centre ［http://www. ccdc. cam. ac. uk］.

（6）FIZ Karlsruhe ［http://crystal. fiz－karlsruhe. de］.

（7）International Centre for Diffraction Data ［http://icdd. com］.

（8）Research Collaboratory for Structural Bioinformatics ［http://www. rcsb. org］.

（9）Toth Information Systems ［http://www. tothcanada. com］.

（10）Atomic Mass Data Center ［http://www. in2p3. fr/amdc/］.

（11）Particle Data Group ［http://pdg. lbl. gov］.

（12）National Nuclear Data Center ［http://www. nndc. bnl. gov］.

（13）International Union of Pure and Applied Chemistry ［http://www. iupac.

org].

a. Solubility Data Project [http://www. unileoben. ac. at/~eschedor/]

b. Kinetic Data for Atmospheric Chemistry [http://www. iupac-kinetic. ch. cam. ac. uk/]

c. International Thermodynamic Tables for the Fluid State [http://www. iupac. org/publications/books/seriestitles/]

1.7.3 重要化学数据库网址

在此仅介绍几个常用的重要化学数据库的网址：

1) http://pubs. acs. org/

ACS(American Chemical Society)，美国化学学会。ACS 的期刊被 ISI 的 *Journal Citation Report* (JCR)评为化学领域中被引用次数最多的化学期刊。内容涵盖生物化学、分析化学、化学新方法、材料化学、晶体生长及设计、能源及燃料、环境科学与技术等 34 种期刊。

2) http://www. sciencedirect. com/

Elsevier Science 公司出版的期刊是国际公认的高水平的学术期刊，大多数都被 SCI、EI 所收录，属国际核心期刊。该数据库涉及数学、物理、化学、天文学、医学、生命科学、商业及经济管理、计算机科学、工程技术、能源科学、环境科学、材料科学等。

3) http://wok3. isiknowledge. com/

ISI Web of Knowledge 是美国科学情报研究所(ISI)提供的数据库平台。ISI Web of Knowledge 依照与用户的数字图书馆环境协同工作的原则而设计。产品有 ISI Web of Science、ISI Proceedings、ISI Citation Reports。

★ ISI Web of Science 是 SCI(科学引文索引)的网络版。

★ ISI Proceedings (ISTP – Index to Scientific & Technical Proceedings & ISSHP – Index to Social Science & Humunities Proceedings)，ISTP 科学技术会议录索引和 ISSHP 社会科学及人文科学会议录索引都是美国 ISI 编辑出版的查阅各种会议录的网络数据库。

★ ISI Citation Report (Journal Citation Report) 是美国 ISI 编辑出版的查阅各学科有哪些核心期刊以及各种核心期刊的影响因子、引用次数、半衰期等数据的网络数据库。

4) http://kluwer. calis. edu. cn/

Kluwer Academic Publisher 是荷兰具有国际性声誉的学术出版商，它出版的图书、期刊一向品质较高，备受专家和学者的信赖和赞誉。Kluwer Online 是 Kluwer 出版的 600 余种期刊的网络版。涵盖学科有：材料科学、地球科学、电气电子工程、法学、工程、工商管理、化学、环境科学、计算机与信息科学、教育、经济学、考古学、人文科学、社会科学、生物学、数学、天文学、心理学、医学、艺术、语言学、哲学等 24 个学科。

5）http://www.nature.com/

英国著名杂志 *Nature* 是世界上最早的国际性科技期刊,自从 1869 年创刊以来,始终如一地报道和评论全球科技领域里最重要的突破。

6）http://www.rsc.org/

英国皇家化学学会(Royal Society of Chemistry, RSC),是一个国际权威的学术机构,是化学信息的一个主要传播机构和出版商。出版的期刊及数据库一向是化学领域的核心期刊和权威性的数据库。

7）http://china.sciencemag.org/

《科学》杂志电子版是《科学在线》最主要的部分。电子版除了有印刷版上的全部内容以外,还为读者提供了印刷版不可能有的功能,比如用关键字或作者姓名来检索 1995 年 10 月以来的期刊,浏览过刊,或浏览按主题分类的论文集合。

8）http://springerlink.lib.tsinghua.edu.cn/

Springer 是世界上著名的德国施普林格科技出版集团出版的全文电子期刊,是科研人员的重要信息源。共包含 425 种学术期刊,按学科分为生命科学、医学、数学、化学、计算机科学、经济、法律、工程学、环境科学、地球科学 、物理学与天文学。

9）http://www.interscience.wiley.com/

John Wiley Publisher 是世界著名学术出版商。其学科范围以科学、技术与医学为主。该出版社期刊的学术质量很高,是相关学科的核心资料。John Wiley 电子期刊的学科分类如下:Business, Finance & Management (35 种); Chemistry (110 种); Computer Science(16 种); Earth Science(32 种); Education(18 种); Engineering(48 种); Law(5 种); Life and Medical Sciences (132 种); Mathematics and Statistics(20 种); Physics(27 种); Psychology(24 种) 此外,还可访问约 100 个 Titles 的书目记录。

10）http://worldscinet.lib.tsinghua.edu.cn

由世界科学出版社(World Scientific Publishing)委托 EBSCO/MetaPress 公司在清华大学图书馆建立的世界科学出版社全文电子期刊镜像站。WorldSciNet 为新加坡 World Scientific Publishing Co. 电子期刊发行网站,目前提供 44 种全文电子期刊,涵盖数学、物理、化学、生物、医学、材料、环境、计算机、工程、经济、社会科学等领域。

11）http://www.sdb.ac.cn/

随着国际上数据库技术的发展和科学技术日益增长的需求,中国科学院从

1978 年开始建立化学方面的专业数据库,1983 年正式决定组建科学数据库中心,1986 年国家计委正式批准建设"科学数据库及其信息系统"工程。该数据库内容丰富,除科学数据库外,还有专业数据库,非专业数据库,国内科技、国外科技,其他。包括基础科学、农业科学、人文科学、医药卫生、工业技术等学科的期刊。

12) http://ipdl.wipo.int/

欧洲各国知识产权数字图书馆(IPDL):知识产权数字图书馆由世界知识产权组织(WIPO)于 1988 年建立,旨在推动世界各国的知识产权组织进行知识产权信息的交流,为世界各国提供知识产权数据库检索服务。内容包括:PCT 电子公报(PCTE1ectronic Gazette)、马德里决报数据库(Madrid Express Database)和 OPAL 数据库(JOPAL Database)。IPDL 工程从 2001 年开始全面的运作,扩大收集以及提供额外的功能迎合政府部门和读者的需要,IPDL 工程提供自 1998 年 4 月以来的 PCT 全文及全文特征检索。

13) http://patents1.ic.gc.ca/

加拿大专利数据库。

14) http://www.uspto.gov/

美国专利数据库。

15) http://ep.espacenet.com/

欧洲专利网。

16) http://www.ipdl.jpo-miti.go.jp

日本专利数据库。

17) http://www.sipo.gov.cn/sipo/zljs/

中国国家知识产权局。

18) http://lcc.icm.ac.cn

中国科学院科技文献网。

19) http://chem.itgo.com

化学信息网。

20) http://www.cnc.ac.cn

中国科技网。

21) http://chin.icm.ac.cn

重要化学化工信息导航网。

22) http://www.ccs.ac.cn

中国化学会。

2 实　　验

2.1　组成与结构分析

实验 1　原子发射光谱法——摄谱

实验导读

原子发射光谱法(atomic emission spectrometry, AES)是一种利用原子(或离子)受激发而发射的特征光谱来研究物质化学组成的分析方法。根据原子的特征波长出现与否进行定性分析,根据特征光谱线的强度(谱片上的黑度)做定量分析。

光谱分析可以追溯到 1826 年塔尔波(W. H. Talbot)发现钾和 1860 年本生(R. Bunsen)和基尔霍夫(G. Kivchheff)发现铷和铯的时代。此后,随着原子物理学的发展而得到迅速发展,它在发现新元素和推进原子结构理论的建立方面起到了重要的作用。

发射光谱分析法的优点是灵敏度高,对大部分元素可测定至 $10^{-5} \sim 10^{-6}$(质量分数),一般试样不需要任何处理,可同时分析多种元素;元素质量分数在 $10^{-6} \sim 10^{-3}$ 时,结果可靠性优于一般化学分析;取样量少,一般只需要数毫克至数十毫克。它是一种十分方便的定性和半定量分析方法,已普遍用于矿物、金属、半导体材料等试样中的微(痕)量物质分析。

随着科学技术的发展,仪器性能有了质的飞跃。从最初的本生灯,逐步发展到了电弧和火花光源,进而推出了电感偶合等离子体(inductively coupled plasma, ICP)光源和辉光放电光源(glow discharge, GD)。检测装置由最早的感光板和黑度计发展到多通道光电倍增管,又发展到光电二极管阵列检测器,使得原子发射光谱分析的灵敏度越来越高,检测越来越方便。

实验目的

(1) 熟悉光谱定性分析的原理。

(2) 了解石英棱镜摄谱仪的工作原理和基本结构。

(3) 学习电极的制作,摄谱仪的使用方法及暗室处理技术。

实验原理

原子在受到一定能量的激发后,其电子在由高能级向低能级跃迁时将能量以光辐射的形式释放,各种元素因其原子结构的不同而有不同的能级,因此每一种元素的原子都只能辐射出特定波长的光谱线,它代表了元素的特征,这是发射光谱定性分析的依据。

一个元素可以有许多条谱线,各条谱线的强度也不相同。在进行光谱定性分析时,并不需要找出元素的所有谱线,一般只要检查它的几条(2~3条)灵敏线或最后线,根据最后线(灵敏线)是否出现,它们的强度比是否与谱线表所示的相符,就可以判断该元素存在与否。

经典电光源的试样处理:

1)固体金属及合金等导电材料的处理

棒状金属表面用金刚砂纸除氧化层后,可直接激发。

碎金属屑用酸或丙酮洗去表面污物,烘干后磨成粉末状后,最好以1:1与碳粉混合,在玛瑙研钵中磨匀后装入下电极孔内再激发。

2)非导体固体试样及植物试样

非金属氧化物、陶瓷、土壤、植物等试样经灼烧处理后,磨细,加入缓冲剂及内标,置于石墨电极孔中用电弧激发。

3)液体试样处理

液体样品经稀释后,滴到用液体石蜡涂过的平头石墨电极上,在红外灯下烘干后进行光谱分析。

用发射光谱进行定性分析通常采用在同一块感光板上并列地摄取试样光谱和铁光谱,然后借助光谱投影仪使摄得的铁光谱与"元素标准光谱图"上的铁光谱重合,从"元素标准光谱图"上标记的谱线来辨认摄得的试样谱线。

本实验可对粉末样品进行指定元素的定性分析或全元素分析。

仪器与试剂

仪器　中型石英棱镜摄谱仪;交流电弧发生器;天津紫外Ⅱ型(6 cm×9 cm)感光板;铁电极(摄铁光谱用);光谱纯石墨电极(上电极为圆锥形,下电极有孔,孔径为3.2 mm,孔深3~4 mm,如图2.1所示)。

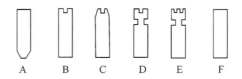

图2.1　各种石墨电极的形状

A. 上电极;B. 适用于易挥发组分;C. 电极温度较B高;

D,E. 细颈电极,适用于难挥发组分;F. 平头电极,适用于液体样品

试剂　粗 SiO_2;光谱纯碳棒(检查碳棒纯度);显影液(A液、B液),配好的A液、B液分别储存于棕色瓶中,使用前以1:1混合,并调至18~20℃使用。组成见表2.1。

表 2.1　显影液组成

A 液		B 液	
米吐尔(硫酸对氨基酚,还原剂)	2 g	无水碳酸钠(碱加速剂)	44 g
海得努(对苯二酚,还原剂)	10 g	溴化钾	2 g
无水亚硫酸钠 (保护剂)	52 g		
用水溶解并稀释至 1000 mL		用水溶解并稀释至 1000 mL	

定影液组成列于表2.2中。

表 2.2　定影液组成

五水硫代硫酸钠(络合剂)	240 g
无水亚硫酸钠	15 g
冰醋酸	15 mL
硼酸	7.5 g
钾明矾	15 g
用水溶解并稀释定容至 1000 mL	

实验步骤

1)摄谱前的准备工作

(1)加工电极和装样。根据所分析样品的性质,可把电极加工成各种形状,粉末样品装入电极小孔中,要装紧压实,并且注意不能沾污,装好后插在电极盘上备用。

(2)感光板的安装。在暗室中将感光板乳剂膜向下装入摄谱仪的暗盒中,盖紧盒盖,检查板盒,切勿漏光。然后将暗盒装在摄谱仪上,抽开挡板,调节合适的板移位置。

(3)检查仪器,将所有开关都置于关的位置,然后接通总电源。

2)摄谱

(1)打开电极照明灯,先装上电极,后装下电极(拍摄标准:铁光谱时铁棒为下极,拍摄样品光谱时换成装样品的石墨电极),调节电极架上的螺母,使上下电极成像于遮光板小孔(3.2 mm)两侧,调好后,关掉照明灯,打开快门。摄谱仪电极架示意图如图 2.2 所示。

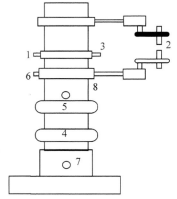

图 2.2　摄谱仪电极架示意图
1.照明电源线;2.分析电极;3.照明灯;4.两电极上下移动调节;5.两电极间距调节;6.两电极前后移动调节;7.两电极左右移动调节;8.下电极左右移动调节

（2）将暗盒装在摄谱仪上，拉开挡板，调节合适的板移位置，调节狭缝和遮光板，插入哈特曼光阑(TV-10)，设置好移动光阑位置，再分别合上电闸摄谱，并记录好摄谱条件(狭缝宽度、遮光板、极距、光源、电流、曝光时间等)。摄谱结束，推进暗盒挡板，取下暗盒。

3) 感光板的冲洗

（1）准备工作。取适量配好的显影液和定影液分别倒入 2 只搪瓷盘内，另备一盘清水。调节显影液温为 $18\sim20℃$。

（2）显影及定影。在暗室中弱红灯下从暗室盒中取出感光板，先把感光板放在清水中润湿，然后放入显影液中显影(乳剂面向上！)。在显影过程中要不断摇动搪瓷盘使显影均匀。30 s 左右取出感光板放入清水中略加漂洗，然后放入定影液中，摇动定影液，2 min 后可开白灯，继续定影至感光板未曝光部分的淡黄色乳剂膜完全退去而呈透明为止。最后将感光板放入流水中冲洗 10 min 后，取出晾干，备用。

注意事项：电极夹上如有溅出的样品，应用毛刷清理干净；先装上电极再装下电极；透镜及狭缝的保护和使用要特别小心谨慎；激发光源为高电压，大电流装置，实验时应遵守操作规程，注意安全。

结果与讨论

（1）数据记录及处理(表 2.3)。

表 2.3　实验数据记录表

狭缝宽度：_____；样品名称：_____；电极距离：_____；电流强度：_____

板移位置	样品	光阑位置	曝光时间	电流
	铁 棒		15 s	
	碳 棒		2 min	
	试 样		2 min	

（2）光谱定性分析合适摄谱条件的选择。

（3）结合理论教学的内容，讨论火焰光源和 ICP 光源的优劣。

思考题

1．拍摄铁谱和碳谱的目的是什么？

2．光谱定性分析以何种光源最好？为什么？

3．在光谱定性分析中，拍摄铁光谱和试样光谱时，为什么是固定暗盒的位置而移动光阑，而不能固定光阑而移动暗盒？

参考文献

1. 赤屈四郎，木村健二郎. 仪器分析和化学分析(基础化学实验大全Ⅴ). 北京：科学普及出版社，1992. 137～142

2．殷学锋．新编大学化学实验．北京：高等教育出版社，2002.157
3．陈培榕，邓勃．现代仪器分析实验与技术．北京：清华大学出版社，1999.17
4．朱明华．仪器分析．第三版．北京：高等教育出版社，2000.196～224

（张培敏）

实验 2　原子发射光谱法——译谱

实验导读

　　光谱仪包括分光系统和检测系统。通过照相方式将谱线记录在感光板上的光谱仪器称为摄谱仪。感光板放置在摄谱仪焦面上，一次曝光可以永久记录光谱的许多谱线。感光板感光后经显影、定影处理，呈现出黑色条纹状的光谱图。用映谱仪观测谱线的位置进行光谱定性分析，用测微光度计测量谱线的黑度进行光谱定量分析。目前已开发出计算机直读式原子发射光谱仪，可省去冲洗感光板映谱读谱等步骤，从而大大提高分析效率。

实验目的

　　（1）学会用标准铁光谱比较法定性判断试样中所含未知元素的分析方法。

　　（2）根据特征谱线的强度及最后线出现的情况对元素含量进行粗略的估计。

　　（3）掌握映谱仪的原理和使用方法。

实验原理

　　不同种类的元素因其内部原子结构的不同，在光源的激发下，将发射出其特征谱线，据此可确定是否有某元素的存在。在实际定性分析中，将所摄谱板放置在光谱投影仪上，经 20 倍放大后，以标准铁光谱图作为波长基准，选用 2～3 条灵敏线或其特征谱线组进行该元素的定性判断，并粗略估计含量。半定量分析的含量表示方法如表 2.4 所示。

表 2.4　半定量分析的含量表示方法

估计含量 /%	表示方法				
	1	2	3	4	5
100～1	大量	++++	5	2	直接报含量范围
1～0.1	中量	++++	4	1	
0.1～0.01	小量	+++	3	0	
0.01～0.001	微量	++	2	−1	
<0.001	痕量	+	1	−2	
0	无	−	0	−3	

仪器与试剂

　　仪器　光谱投影仪，8W 型；元素标准光谱图及元素定性分析灵敏度表；谱片，由原子发射——摄谱实验得到。

实验步骤

(1) 开启光谱投影仪电源开关和反射镜盖,将所摄的谱片放在光谱投影仪的谱片架上,注意将乳剂面向上,长波端置于左侧。将摄得的谱线投影在白色投影屏上,通过手轮调节至谱线清晰。

(2) 熟悉和牢记 1～15 号"标准光谱图"中铁光谱的标志性谱线(既粗且黑又便于记忆)的位置与波长,以标准铁光谱图作为波长基准(将谱片上的铁光谱与标准铁光谱的相关谱线对齐),从短波处(谱板的左端)开始进行译谱。

(3) 如果指定找出某元素时,则先从元素谱线表中选择该元素两条以上的灵敏线或特征线组,按照这些灵敏线或特征线的波长,利用相应的"元素标准谱图"作对照,进行查找。如果试样光谱中出现这些灵敏线或特征谱线,则可初步确定样品中有此元素;当发现所用的灵敏线或其他元素的谱线相重叠时,则需要进一步查找干扰元素强度较大或相同的其他谱线。若这些谱线不出现,便可确定待检元素的存在。

(4) 如果做全分析,首先初步观察全光谱,找出强度最大的谱线,以确定试样中的主要成分,必要时,可利用元素谱线表了解该元素可能出现的波长,以便了解所摄光谱的情况,然后从短波向长波方向查找试样中出现的谱线,并用"元素标准谱图"对照,记录该谱线的波长及所代表的元素。最后根据出现的灵敏线并排除可能产生的干扰,找出可靠的结果。

(5) 取下谱板,关电源,盖好"平面反射镜"盖板,罩好仪器。

结果与讨论

(1) 数据记录与处理(表 2.5)。

表 2.5　译谱实验数据记录表

实验日期:_____;谱板编号:_____;样品:_____

谱线波长	谱线性质	对应的元素	

(2) 样品中存在的主要元素有哪些?

(3) 样品中可能存在的杂质元素有哪些?

(4) 判断待测试样光谱中存在某一元素,为什么要出现该元素的三条以上的灵敏线?

思考题

1．元素光谱图由哪些内容所组成？如何使用？
2．光谱定性分析通常有哪几种方法？分别适合于什么情况下使用？
3．光谱定性分析是否可同时选用原子谱线和离子谱线？
4．译谱如何判断元素间的干扰？

参考文献

方惠群,于俊生,史坚.仪器分析.北京:科学出版社,2002:224～242

附录：若干种元素的重要分析线

元　素	分析线波长 /nm		
Si	250.69	251.61	288.16
Mg	279.55	280.27	285.21
Al	308.22	309.27	
Cu	324.75	327.40	
Ag	328.07	338.29	
Bi	306.78	289.80	
Cd	228.20	326.11	340.37
Mn	257.61	259.34	279.48
Ni	305.08	341.48	
Pb	283.31	280.20	
Sn	284.00	296.33	317.50
V	318.34	318.40	318.54
Zn	334.50	330.26	330.29
As	234.98	286.05	238.33
Se	241.36		
Sb	259.81	287.80	
Ti	334.90	337.28	308.80
Tl	351.92	276.79	
Ba	493.41	455.40	233.53
Cr	425.44	427.48	301.48
K	404.41	407.42	

（张培敏）

实验 3　原子吸收分光光度法测定镁的条件选择

实验导读

原子吸收分光光度法是基于分散成蒸气状态的基态原子具有吸收同种原子所辐射的特征光的性质而建立的定量分析方法。1860 年,基尔霍夫证实了发自钠蒸气的光通过比该蒸气温度低的钠蒸气时会引起钠发射谱线被吸收的现象。1902

年,伍德森率先利用汞弧灯所发射的 253.7 nm 光可被汞蒸气吸收的现象测定了空气中的汞含量。1955 年,沃尔什设计制造了简单的仪器,进行多种痕量金属元素的分析,开创了原子吸收光谱分析法,因此获得了诺贝尔奖。

在原子吸收分光光度法中,将试样转变为基态的气态原子的过程即原子化过程是关键。常用的原子化方法有火焰法和非火焰法两种,前者操作简单,适用范围广,但原子化效率低,灵敏度低;后者灵敏度高,样品用量少且固液样品均适用,但速度慢,干扰大,费用高,其中石墨炉是最早发展的一种,还有其他类型的电热原子化装置。原子吸收光谱分析具有灵敏、准确、选择性好等优点,可对 70 余种金属元素进行分析,火焰原子吸收光谱分析的测定误差一般为 1%～2%。它可用于金属、矿物、水泥、发样、体液、土壤、水、食品试样中的微(痕)量金属元素分析。但是,原子吸收分光光度法在测定不同元素时,需要更换相应的元素空心阴极灯,给试样中多种元素的测定带来不便。

实验目的

(1) 了解原子吸收分光光度计的结构及其使用方法。

(2) 学习原子吸收光谱法最佳实验条件选择的方法。

实验原理

在火焰原子吸收光谱分析中,分析方法的灵敏度、准确度、干扰情况和分析过程是否简便快速等,除所用仪器的质量因素外,在很大程度上取决于实验条件。因此,最佳实验条件的选择非常重要。

本实验以镁元素为例对燃烧器高度、燃气和助燃气的流量比(燃助比)、灯电流、光谱通带、试液提取量及雾化效率进行选择。

仪器与试剂

仪器　原子吸收分光光度计;镁空心阴极灯;空气压缩机;乙炔钢瓶。

试剂　$1.0 \ mg \cdot mL^{-1}$ 镁储备溶液:准确称取 3.9173 g 无水 $MgCl_2$(AR),用去离子水溶解并定容于 1000 mL 容量瓶中;$10 \ \mu g \cdot mL^{-1}$ 镁标准溶液:取镁储备溶液 1 mL 于 100 mL 容量瓶中,并用去离子水稀释至刻度;$0.3 \ \mu g \cdot mL^{-1}$ 镁标准工作溶液。

实验步骤

1) 按操作规程,启动仪器

设定实验的工作条件,初步设定的测量条件为波长 285.2 A;灯电流 1.8 mA;乙炔和空气流量分别为 $1.1 \ L \cdot min^{-1}$ 和 $6～9 \ L \cdot min^{-1}$,光谱通带 0.5 nm;燃烧器高度 7 mm。

2) 最佳实验条件的选择

(1) 分析线的选择。根据对试样分析灵敏度的要求、干扰的情况,选择合适的分析线。试液浓度低时,选择灵敏线;试液浓度较高时,选择次灵敏线,并要选择没有干扰的谱线。

（2）灯电流的选择。空心阴极灯的发射特性与灯电流有关。灯电流小，发射线半峰宽窄，灵敏度高，但强度弱，发光不稳定。灯电流大，发射线强度大，信噪比大、但谱线轮廓变宽，灵敏度低。因此，必须选择合适的灯电流。选择灯电流的一般原则是，在保证稳定放电和合适的光强输出前提下尽可能选较小的灯电流。对于大多数元素而言，选用的灯电流是其额定电流的 $40\% \sim 60\%$。记录灯电流改变时的吸光度值，注意每测定一个数值前，必须先喷入蒸馏水调零(下同)。

（3）燃烧器高度的选择。在火焰中进行原子化的过程是一种极为复杂的反应过程。在火焰的不同高度，基态原子的密度是不同的，因而灵敏度也不同。吸入镁标准工作溶液，改变燃烧器的高度，记录相应的吸光度。绘制吸光度-燃烧器高度曲线，从曲线上选定最佳燃烧器高度。

（4）燃助比的选择。当火焰种类确定后，燃助比的不同会影响到火焰的性质、灵敏度及干扰等问题。原子吸收光谱分析的火焰燃烧状态一般分为化学计量火焰（燃助比约 1:4)，富燃火焰(燃助比 3:1)，贫燃火焰(燃助比 1:6)。同种火焰的不同燃烧状态，其温度与气氛也有所不同。实际分析中应根据元素的性质选择适宜的火焰种类及其燃烧状态。

固定其他实验条件和助燃气流量，吸入镁标准使用溶液，改变燃气流量，记录相应的吸光度。绘制吸光度-燃气流量曲线，从曲线上选定最佳燃助比。并确定火焰属于哪一种燃烧状态。

（5）光谱通带的选择。光谱通带宽度和被测元素及空心阴极灯有关。当共振线附近有非共振线时，光谱通带的选择尤为重要。因为它直接影响测定的灵敏度和工作曲线的线性范围。对于大多数元素的通带宽度为 $0.4 \sim 4 \text{ nm}$，对谱线复杂的 Fe、Co、Ni 等元素，需要采用小于 0.2 nm 的通带宽度。光谱通带 w 等于狭缝宽度 S 和单色器倒线色散率 D 的乘积。对于确定的仪器，D 是一定的，因而光谱通带只决定于狭缝宽度。所选择的通带应分开最靠近的非共振线，在此前提下，适当放宽狭缝，可以提高信噪比和测定的稳定性。

用以上选定的条件，吸入镁标准工作溶液，改变狭缝宽度，测出相应的吸光度。不引起吸光度值减小的最大狭缝宽度，就是合适的狭缝宽度。

结果与讨论

（1）绘制吸光度-灯电流曲线，选出最佳灯电流值。

（2）绘制吸光度-燃烧器高度曲线，选出最佳燃烧器高度。

（3）绘制吸光度-燃气流量曲线，选出最佳燃助比。

（4）确定原子吸收分光光度法测定镁的最佳条件。

思考题

1. 试述仪器最佳实验条件选择对实际测量的意义。

2．为什么火焰原子吸收光谱法对助燃气与燃气开与关的先后顺序要严格地按操作步骤进行？

3．某仪器测定镁的最佳工作条件,是否也适用于另一台规格不同的仪器？为什么？

4．原子吸收光度法中对光源有什么要求？使用空心阴极灯时应注意什么事项？

参考文献

1．方惠群,于俊生,史坚.仪器分析.北京:科学出版社,2002.243~260

2．张剑荣,戚苓,方惠群.仪器分析实验.北京:科学出版社,1999.48

（张培敏）

实验 4　饮用水中镁含量的原子吸收法测定

实验导读

标准曲线法是原子吸收分光光度分析中的常用定量方法,多用于未知试液中共存成分较为简单的情况。如果溶液中共存基体成分比较复杂,则用基体匹配法（标准加入法）,即在标准溶液中加入相同类型和浓度的基体成分,以消除或减少基体效应带来的干扰。当无法配制组成匹配的标准样品时,需采用标准加入法而不用标准曲线法。

实验目的

（1）掌握用原子吸收分光光度法进行元素定量分析（标准曲线法、标准加入法）的基本原理。

（2）掌握原子吸收法中化学干扰的消除方法。

（3）进一步熟悉原子吸收分光光度计的基本操作。

实验原理

原子吸收法的定量基础是 $A = Klc$。对于同一仪器,光程长度 l 是定值,而且在相同的实验条件下,对于同一元素,吸光系数 K 也是一个不变的值。在这种情况下,可以将常数 K 与 l 合并为 K',得：$A = K'c$,即吸光度 A 的大小与被测溶液的浓度 c 成正比。这就是原子吸收分光光度法定量分析的基础。定量分析的方法,通常采用的是标准曲线法或标准加入法。

采用标准曲线法时,需配制一系列待测元素的标准溶液,分别测出它们的吸光度 A,以 A 对 c 作图,便得到标准曲线,它是一条通过原点的直线。在与测量标准曲线相同的分析条件下,测出待测试液的吸光度 A_x,由 A_x 便在标准曲线上查得待测试液的浓度 c_x。

采用标准加入法时,一般是量取 5 份等量的待测试液,往其中 4 份中分别加入不同量的待测元素的标准溶液,再稀释到同一体积。然后分别测定 $c_x, c_x + c_s$,

$c_x + 2c_s, \cdots, c_x + 4c_s$ 的吸光度。绘制吸光度对未知元素加入量 c_s 的曲线,将此曲线外推,与浓度坐标的交点即为试样中未知元素的含量。

用标准曲线法测定时,未知试液的吸收光度应落在标准曲线中部;用标准加入法时,则应使浓度依次增加的量 $c_s \approx c_x$,以防止直线斜率过大或过小而引入误差。

仪器与试剂

仪器　原子吸收分光光度计(配备镁空心阴极灯、空气压缩机、乙炔钢瓶);25 mL 容量瓶 7 只,100 mL 容量瓶 1 只;2 mL、5 mL、10 mL 移液管各 1 支。

试剂　1.0 mg·mL^{-1}镁标准储备溶液;10 μg·mL^{-1}镁标准使用溶液;1%(质量分数)锶溶液:称取 SrCl$_2$·6H$_2$O 3.04 g 溶于 100 mL 去离子水中。

实验步骤

原子吸收的测定条件:波长 285.2 A;灯电流 1.8 mA;乙炔和空气流量分别为 1.1 L·min^{-1}和 4.4 L·min^{-1},光谱通带 0.5 nm;燃烧器高度 7 mm。

1) 标准曲线法

(1) 干扰抑制剂锶加入量的选择。吸取水样 5.00mL 6 份,分别置于 6 只 25mL 容量瓶中,分别加入 1%(质量分数)SrCl$_2$ 0.00 mL、0.50 mL、1.00 mL、2.00 mL、3.00 mL、4.00 mL,用去离子水稀释至刻度。在选定的仪器工作条件下,以去离子水为参比调零,测定镁溶液的吸光度并作出吸光度-锶浓度关系曲线,从曲线上选择吸光度较大且稳定时的锶浓度作为测定时锶溶液加入量。

(2) 线性范围的确定。分别吸取 0.50 mL、1.00 mL、1.50 mL、2.00 mL、2.50mL 10 μg·mL^{-1}镁标准溶液于 5 只 25 mL 容量瓶中,加入选定量的锶溶液,用去离子水稀释至刻度。在仪器工作条件下,以空白溶液(选定的锶溶液以去离子水稀释至 25 mL)为参比调零,分别测其吸光度,在计算机上作出吸光度-镁溶液标准曲线,计算回归方程,并确定在选定条件下镁测定的线性范围。

(3) 吸取水样 5.00 mL 两份,分别置于两只 25 mL 容量瓶中,加入最佳体积用量的锶溶液,用去离子水稀释至刻度。同上测定出镁的含量。

(4) 测定标样及试样后,用去离子水喷雾 2 min 后,方可关机。

2) 标准加入法

在 5 个 25 mL 容量瓶中,各加入 3.00 mL 水样(视镁含量高低,加入样品溶液量可在 1.0 ~ 5.0 mL 范围内适当调整)和选定的锶溶液量,再分别加入 10 μg·mL^{-1}的镁标准溶液 0.00 mL、0.50 mL、1.00 mL、1.50 mL、2.00 mL,用去离子水稀释至刻度。在仪器工作条件下,以空白溶液(选定的锶溶液以去离子水稀释至 25 mL)为参比调零,分别测其吸光度。

注意事项:每次测定前,应用去离子水吸喷,再测定溶液;乙炔是易燃易爆气体,开机时先开空气,关机时先关乙炔气,而后依次关掉元素灯、仪器总开关。

结果与讨论

（1）标准曲线法。将实验数据填入表 2.6 中，并计算原水样中 Mg^{2+} 的含量。

表 2.6 实验数据记录表（标准曲线法）

编号	10 $\mu g \cdot mL^{-1}$镁标准液 /mL	水样体积 /mL	1%（质量分数） Sr 体积/mL	吸光度 A	镁含量 /($\mu g \cdot mL^{-1}$)
1	0.50	0.00			
2	1.00	0.00			
3	1.50	0.00			
4	2.00	0.00			
5	2.50	0.00			
水样 1	0.00	5.00			
水样 2	0.00	5.00			

（2）标准加入法。将实验数据填入表 2.7 中，并计算原水样中 Mg^{2+} 的含量。

表 2.7 实验数据记录表（标准加入法）

编号	10 $\mu g \cdot mL^{-1}$镁标准液 /mL	水样体积 /mL	1%（质量分数） Sr 体积/mL	吸光度 A	镁含量 /($\mu g \cdot mL^{-1}$)
1	0.00	3.00			
2	0.50	3.00			
3	1.00	3.00			
4	1.50	3.00			
5	2.00	3.00			

（3）比较用标准加入法和标准曲线法的实验结果并分析它们的特点。

思考题

1．原子吸收分光光度计的四大系统是什么？请比较与紫外可见分光光度计的异同点。

2．在开机和关机时，开、关空气和乙炔气的顺序如何？为什么？

3．标准加入法和标准曲线法的适用范围各是什么？在使用时各应注意哪几点？

4．原子吸收法中影响测定的干扰因素有哪些？如何消除？

参考文献

1. 方惠群,于俊生,史坚.仪器分析.北京:科学出版社,2002.255~265

2. 朱明华. 仪器分析. 第三版. 北京:高等教育出版社,2000. 225～266

（张培敏）

实验 5　奶粉中微量元素 Zn、Cu 的原子吸收光度法测定

实验导读

微量元素参与人体正常的新陈代谢、健康与发育。微量元素的缺乏或过多,都会导致人体生理机能失调,导致不同程度的疾病发生。Cu、Zn 都是人体必需的微量元素,Cu 是免疫系统正常功能不可缺少的元素,生物体内一旦缺乏 Cu,抗体形成细胞的数目将减少,补充 Cu,可提高抵抗微生物的感染能力。Zn 对机体免疫功能影响很大,对于人或动物,体内含 Zn 量的减少均可引起细胞免疫功能低下。将微量元素添加到食品中来调节人体内的元素的平衡,可达到提高抗病能力,增强机体免疫功能的目的。

原子吸收光度法是测定试样中多种金属元素的常用方法。当用于测定金属有机化合物中或生物材料的金属元素时,由于有机化合物在火焰中燃烧,将改变火焰性质、温度、组成等,并且还经常在火焰中生成未燃尽的碳的微细颗粒,影响光的吸收,因此一般预先以湿法消化或干法灰化的方法予以除去有机物,并使其中的金属元素以可溶的金属离子状态存在。湿化消化是使用具有强氧化性的酸,如 HNO_3、H_2SO_4、$HClO_4$ 等氧化分解有机化合物,除去有机化合物;干法灰化是在高温下灰化、灼烧,使有机物质被空气中的氧所氧化而破坏,再将灰分溶解在盐酸或硝酸中制成溶液。

本实验采用湿法消化奶粉中有机物质,然后测定其中 Cu、Zn 等微量元素。此法也可用于其他食品如水果、蔬菜、水产等中微量元素的测定。

实验目的

（1）掌握湿法处理样品的方法。

（2）掌握火焰原子吸收法测定多组分的方法。

（3）进一步熟悉和掌握原子吸收分光光度计的使用方法。

实验原理

在一定的实验条件下,溶液的吸光度 A 与待测溶液的浓度 c 成正比,即 $A = Kc$。

食品用湿法消化处理成溶液后,溶液在 213.8 nm 波长光（Zn 元素的特征谱线）下的吸光度与奶粉中 Zn 的含量呈线性关系,溶液在 324.8 nm 波长光（Cu 元素的特征谱线）下的吸光度与奶粉中 Cu 的含量呈线性关系,故可直接用标准曲线法测定奶粉中的 Zn、Cu 的含量。

仪器与试剂

仪器　原子吸收分光光度计（配备铜、锌空心阴极灯、空气压缩机、乙炔钢瓶）;

25 mL 容量瓶 7 只,100 mL 容量瓶 1 只,50 mL 容量瓶 1 只;1 mL、2 mL、5 mL 移液管各 2 支。

试剂　0.5 mg·mL^{-1}锌储备液;1.0 mg·mL^{-1}铜储备液;HClO$_4$(AR),HNO$_3$(AR);0.5%(体积分数)HNO$_3$。

实验步骤

1) 设置原子吸收测定条件(供参考)

(1) 测 Cu。波长 324.8 nm,灯电流 3～6 mA,光谱通带 0.5 nm,乙炔流量为 2 L·min^{-1},空气流量为 9 L·min^{-1}。

(2) 测 Zn。波长 213.8 nm,灯电流 6 mA,光谱通带 0.38 nm,乙炔流量为 2.3 L·min^{-1},空气流量为 10 L·min^{-1}。

2) 试样的消化

准确称取奶粉 1g 左右,放置 250 mL 锥形瓶中,用少量蒸馏水湿润奶粉后,加浓 HNO$_3$ 15 mL,浓 HClO$_4$ 4 mL 混匀,小火微沸,不断添加浓 HNO$_3$,直至有机物分解完全,消化液无油滴为止。溶液应澄清无色,加大火力,至产生白烟,放置冷却。加 20 mL 去离子水,煮沸,除去残余的硝酸至产生白烟为止。如此处理 2 次,放置冷却。将冷却后的溶液移入 25 mL 量瓶中,用去离子水洗涤锥形瓶,洗涤液并入容量瓶中,定容,混匀。同时做试剂空白试验。

3) 配制 Cu、Zn 标准使用溶液

(1) 吸取 1.00 mL 铜标准储备溶液,置于 100 mL 容量瓶中,用 0.5%(体积分数)硝酸溶液稀释至刻度,摇匀,此标准使用溶液含 Cu 10.0 μg·mL^{-1}

(2) 吸取 1.00 mL 锌标准储备溶液,置于 50 mL 容量瓶中,用 0.5%(体积分数)硝酸溶液稀释至刻度,摇匀,此标准使用溶液含 Zn 10.0 μg·mL^{-1}

(3) 在 5 只 25 mL 容量瓶中,吸取 10.0 μg·mL^{-1} Cu 标准使用液 0.00 mL,0.25 mL,0.50 mL,1.00 mL,1.50 mL,2.00 mL,2.50 mL,再吸取 10.0 μg·mL^{-1} Zn 标准使用液 0.00 mL、0.50 mL、1.00 mL、2.00 mL、2.50 mL、3.00 mL、4.00 mL 加 0.5%(体积分数)硝酸稀释至刻度,摇匀。容量瓶中每毫升溶液分别相当于 0.0 μg,0.1 μg,0.2 μg,0.4 μg,0.6 μg,0.8 μg,1.0 μg 的 Cu 和 0.0 μg,0.2 μg,0.4 μg,0.8 μg,1.0 μg,1.2 μg,1.6 μg 的 Zn。

4) 测定

将处理后的样品试样、试剂空白液和各标准溶液按实验条件进行测定,记录各溶液的吸光度。

注意事项:本实验中用到的浓 HNO$_3$ 和浓 HClO$_4$,有很强的腐蚀性,而 HClO$_4$ 消化有机物时,操作不当易爆炸,做实验时一定要戴好防爆面具,认真仔细小心地做实验。样品中的待测物质含量超过线性范围时,可适当稀释试样溶液。若含量较低时,可以增加取样量。

结果与讨论

（1）分别绘制 Cu、Zn 的标准曲线。

（2）计算奶粉中 Cu、Zn 的含量：

$$b_i = \frac{(A_1 - A_2) \times V_1 \times 1000}{m_1 \times 1000}$$

式中：b_i 为样品中铜或锌的含量，$mg \cdot kg^{-1}$；A_1 为测定用样品中的铜或锌的含量，$\mu g \cdot mL^{-1}$；A_2 为试剂空白液中铜或锌的含量，$\mu g \cdot mL^{-1}$；V_1 为样品处理后的总体积，mL；m_1 为样品质量，g。

思考题

　1．为什么稀释后的标准溶液只能放置较短时间，而储备液则可以放置较长时间？

　2．如果标准溶液浓度范围过大，则标准曲线会弯曲，为什么会有这种情况？

　3．样品前处理有哪几种方法？各应注意哪些事项？

参考文献

1．国家技术监督局发布.食品卫生检验方法(理化部分).北京：中国标准出版社出版，1996

2．符克军.人体生命元量.北京：中国医药科技出版社，1995

　　　　　　　　　　　　　　　　　　　　　　　　　　　　（张培敏）

实验 6　饮料中防腐剂的紫外光谱测定

实验导读

　　紫外-可见吸收光谱法是基于分子内电子跃迁产生的吸收光谱进行分析的一种常用光谱分析法。分子在紫外-可见区的吸收与其电子结构紧密相关。紫外光谱的研究对象大多是具有共轭双键结构的分子，它可以用于异构体的辨别、有机化合物的定性分析以及定量分析。紫外光谱的定性分析方法主要有标准物光谱对照法，标准光谱图对照法，以及最大吸收波长的理论计算与实验对照法，如 Fieser-Woodward 规则、Scott 规则等。但紫外吸收光谱是宽带光谱，如果在被分析的紫外区域共存物也存在紫外吸收，很有可能对待分析物的定性与定量产生干扰。因此，紫外吸收光谱在实际应用中一般都用于基体成分不是很复杂的试样分析，如药物的分析、某些食品添加剂的分析等。对于基体较复杂的试样，被测组分需经萃取，层析等方法与基体中其他组分分离后进行测定。另外，光谱数学方法，如双波长法、导数光谱法等对提高光谱分析的选择性也起到良好的作用。

实验目的

　　（1）通过实验了解食品防腐剂的紫外光谱吸收特性，并利用这些特性对食品中所含的防腐剂进行定性鉴定。

（2）掌握最小二乘法及计算机处理光谱分析数据的方法，并对食品中防腐剂的含量进行定量测定。

实验原理

为了防止食品在储存、运输过程中发生变质，常在食品中添加少量防腐剂。防腐剂使用的品种和用量在食品卫生标准中都有严格的规定。苯甲酸和山梨酸（其结构如图 2.3 所示）以及它们的钠盐、钾盐是食品卫生标准允许使用的两种主要防腐剂。苯甲酸具有芳烃结构，在波长 228 nm 和 272 nm 处有 K 吸收带和 B 吸收带；山梨酸具有 α、β 不饱和羰基结构，在波长 255 nm 处有 $\pi \to \pi^*$ 跃迁的 K 吸收带。因此，根据它们的紫外吸收光谱特征可以进行定性鉴定和定量测定。

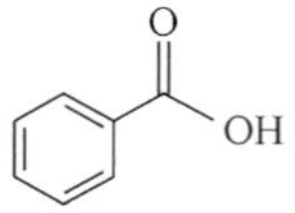

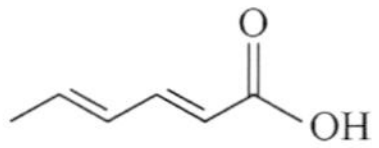

苯甲酸 (benzoic acid)　　　　　　山梨酸 (sorbic acid)

图 2.3　苯甲酸与山梨酸的分子结构图

由于食品中防腐剂用量很少，一般在 0.1%（质量分数）左右，同时食品中其他成分也可能产生干扰，因此需要预先将防腐剂与其他成分分离，并经提纯浓缩后进行测定。从食品中分离防腐剂的常用方法有蒸馏法和溶剂萃取法等。本实验采用溶剂萃取的方法，用乙醚将防腐剂从样品中提取出来，再经碱性水溶液处理及乙醚提取以达到分离、提纯的目的。

本实验的数据处理中，采用最小二乘法处理标准溶液的浓度和吸光度数据，以求得浓度与吸光度之间的线性回归方程，并根据线性方程计算样品中防腐剂的含量。

仪器与试剂

仪器　紫外-可见分光度计；电子天平；150 mL、250 mL 分液漏斗各 1 只；10 mL、25 mL、100 mL 容量瓶各 1 只；1 mL、2 mL、5 mL 吸液管各 1 只。

试剂　苯甲酸；山梨酸；乙醚；NaCl；1%（质量分数）NaHCO$_3$ 水溶液；0.05 mol·L^{-1} HCl；2 mol·L^{-1} HCl。

实验步骤

1）样品中防腐剂的分离

称取待测样品 2.0 g，用 40 mL 蒸馏水溶解，移入 150 mL 分液漏斗中，加入适量的粉状 NaCl，待溶解后滴加 0.1 mol·L^{-1} HCl，使溶液的 pH<4。依次用30 mL、20 mL 和 20 mL 乙醚萃取样品溶液，合并乙醚溶液并弃去水相。用 2 份 30 mL 0.05 mol·L^{-1} HCl 洗涤乙醚萃取液，弃去水相。然后用 3 份 20 mL 1%（质量分数）NaHCO$_3$ 水溶液萃取乙醚溶液，合并 NaHCO$_3$ 溶液，用 2 mol·L^{-1} HCl 酸化

NaHCO$_3$ 溶液至 pH=4,并多加 1 mL,将该溶液移入 250 mL 分液漏斗中。依次用 25 mL、25 mL、20 mL 乙醚萃取已酸化的 NaHCO$_3$ 溶液,合并乙醚溶液并移入 100 mL 容量瓶中,用乙醚定容后吸取 2.00 mL 于 10 mL 容量瓶中,定容后供紫外光谱测定。

如测定试样中无干扰组分,则无需分离直接测定。以雪碧饮料为例,吸取试样 1.00 mL 在 50 mL 容量瓶中用蒸馏水稀释定容即可供紫外光谱测定。

2)防腐剂定性鉴定

取经提纯稀释后的乙醚萃取液(或水溶液),用 1 cm 吸收池,以乙醚(或蒸馏水)为参比,在波长 210~310 nm 范围作紫外吸收光谱,用苯甲酸与山梨酸标准样品吸收光谱对照,根据吸收峰波长、吸收强度确定防腐剂的种类。

3)制作工作曲线

(1)配制苯甲酸(或山梨酸)标准溶液。准确称取 0.10 g 标准样品,用乙醚(或水)溶解,移入 25 mL 容量瓶中定容,吸取该溶液 1.00 mL 用乙醚(或水)稀释至 25 mL,此溶液含标准样品为 0.16 mg·mL^{-1},作为储备液。吸取 5.00 mL 储备液于 25 mL 容量瓶中,用乙醚(或水)定容后,成为浓度为 32 μg·mL^{-1} 的标准溶液。

分别吸取标准溶液 0.50 mL、1.00 mL、1.50 mL、2.00 mL、2.50 mL 于 5 个 10 mL 容量瓶中,用乙醚(或水)定容。

(2)用 1 cm 吸收池,以乙醚(或水)作参比,以苯甲酸或山梨酸 K 吸收带最大吸收波长为入射光分别测定上述 5 个标准溶液的吸光度。

4)食品中防腐剂定量测定

利用步骤 1 样品乙醚萃取液(或稀释液)按上述测标准液同样方法测定其吸光度。

数据处理

将实验测定的标准溶液浓度和吸光度数据以及试样的吸光度填入表 2.8 中。

表 2.8 实验测定数据

编号	1	2	3	4	5	试样
$c/(\mu g \cdot mL^{-1})$						
吸光度 A						

(1)手工计算法。用最小二乘法回归浓度与吸光度间的直线方程 $A = kc + b$ 的系数 k 及常数 b。将数据填入表 2.9 中。根据最小二乘法原理,回归直线方程的系数 k 和常数 b 可用下述公式计算

$$k = \frac{\sum_{i=1}^{n} c_1 \sum_{i=1}^{n} A_i - n \sum_{i=1}^{n} A_i c_i}{(\sum_{i=1}^{n} c_i)^2 - n \sum_{i=1}^{n} c_i^2}$$

$$b = \frac{\sum_{i=1}^{n} c_i \sum_{i=1}^{n} A_i c_i - \sum_{i=1}^{n} A_i \sum_{i=1}^{n} c_i^2}{(\sum_{i=1}^{n} c_i)^2 - n \sum_{i=1}^{n} c_i^2}$$

表 2.9　计算数据

编号	c_i	A_i	c_i^2	$A_i c_i$
1				
2				
3				
4				
5				
$\sum_{i=1}^{n}$				

将表 2.9 数据代入计算公式中,求得回归直线方程的 k 和 b。

将各标准溶液的浓度 c 代入回归所得的直线方程中,求得相应的吸光度计算值 A'。在坐标纸上以 c 为横坐标,以 A' 为纵坐标绘出回归直线,同时将实验测定的吸光度 A 值也标在图上,以资比较。

(2) 计算机数据处理法。打开 Office 应用软件,执行 EXCEL 应用程序,将实验测得的吸光度数据及标准溶液的浓度数据分别填入第一列和第二列单元格,选定上述数据区域,用鼠标点击"图表向导"图标,选择 X-Y 散点图形中的非连线方式,点击"下一步"至"完成",即可得吸光度与浓度数据的散点图。选定这些点后,用鼠标点击打开主菜单上的"图表",并从图表菜单上选择"添加趋势线",在"类型"对话框中选择"线性趋势分析",在"选项"对话框中点击"显示公式"及"显示 R^2"复选框,然后点击"完成"。即可在上述 X-Y 散点图上出现一条回归直线、线性回归方程及相关系数。用相关系数可评价实验数据的好坏。

上述结果也可在 Origin 软件中方便地求得。

将实验步骤 4 中测得的样品溶液的吸光度 A 代入回归直线方程中,求得样品的乙醚提取液中苯甲酸浓度 c_x,计算样品中防腐剂的浓度。

思考题

1. 是否可以用苯甲酸的 B 吸收带进行定量分析? 此时标准溶液的浓度范围应是多少?

2．萃取过程经常会出现乳化或不易分层的现象，应采取什么方法加以解决？

3．如果样品中同时含有苯甲酸和山梨酸两种防腐剂，是否可以不经分离分别测定它们的含量？请设计一个同时测定样品中苯甲酸和山梨酸含量的方法。

参考文献

1．北京大学化学系仪器分析教学组.仪器分析教程.北京：北京大学出版社,1997

2．Sadtler standard spectra（Ultra violet）.London：Heyden,1978

3．谭家镒,吴玉红,姜兆林.药物分析杂志,1995,15(2):21～23

（邬建敏）

实验 7　紫外分光光度法同时测定维生素 C 和维生素 E

实验导读

紫外吸收光谱是研究在 $200\sim400$ nm 光区内的分子吸收光谱。它广泛地用于无机和有机物质的定性和定量测定，灵敏度的选择性较好。用紫外吸收法可测定服从朗伯-比尔定律的单组分和多组分系统。对试样中某种组分的测定，常采用标准曲线法。对于多组分的测定，若它们在吸收曲线上的吸收峰互相不重叠，可以不经分离分别选择适当的波长，按单组分的方法进行测定；对于在吸收曲线上的吸收峰略有重叠的多组分的测定，可以不经分离分别选择适当的波长，测定样品混合组分的吸光度，解方程求出各组分的含量。

实验目的

（1）掌握紫外-可见分光光度计的使用。

（2）学会用解联立方程组的方法，定量测定吸收曲线相互重叠的二元混合物。

实验原理

根据朗伯-比尔定律，用紫外-可见分光光度法很容易定量测定在此光谱区内有吸收的单一成分。当测定两组分并且它们的吸收峰大部分重叠时，则宜采用解联立方程组或双波长法等方法进行测定。

解联立方程组的方法是以朗伯-比尔定律及吸光度的加合性为基础，同时测定吸收光谱曲线相互重叠的二元组分的一种方法。

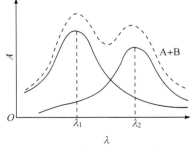

从图 2.4 可以看出，混合组分在 λ_1 的吸收等于 A 组分和 B 组分分别在 λ_1 的吸光度之和 $A_{\lambda_1}^{A+B}$，即 $A_{\lambda_1}^{A+B}=\varepsilon_{\lambda_1}^{A}bc^{A}+\varepsilon_{\lambda_1}^{B}bc^{B}$，同理，混合组分在 λ_2 的吸光度之和 $A_{\lambda_2}^{A+B}$ 应为

$$A_{\lambda_2}^{A+B}=\varepsilon_{\lambda_2}^{A}bc^{A}+\varepsilon_{\lambda_2}^{B}bc^{B}$$

图 2.4　混合物的紫外吸收峰

若首先用 A、B 组分的标准样品，分别测得 A、B 两组分在 λ_1 和 λ_2 处的摩尔吸收系数 $\varepsilon_{\lambda_1}^A$，$\varepsilon_{\lambda_2}^A$ 和 $\varepsilon_{\lambda_1}^B$，$\varepsilon_{\lambda_2}^B$，当测得未知试样在 λ_1 和 λ_2 处的吸光度 $A_{\lambda_1}^{A+B}$ 和 $A_{\lambda_2}^{A+B}$ 后，解下列二元一次方程组

$$\begin{cases} A_{\lambda_1}^{A+B} = \varepsilon_{\lambda_1}^A bc^A + \varepsilon_{\lambda_1}^B bc^B \\ A_{\lambda_2}^{A+B} = \varepsilon_{\lambda_2}^A bc^A + \varepsilon_{\lambda_2}^B bc^B \end{cases}$$

即可求得 A、B 两组分各自的浓度 c^A 和 c^B。

一般来说，为了提高检测的灵敏度，λ_1 和 λ_2 宜分别选择在 A、B 两组分最大吸收峰处。

维生素 C(抗坏血酸)称为水溶性维生素，维生素 E(α-生育酚)称为脂溶性维生素。维生素 C 和维生素 E 起抗氧剂作用，两者结合在一起的效果超过单独使用的，因为它们在抗氧剂性能方面是"协同的"。由于这个原因，它们对于防护各种食品是一种有效的组合试剂。

维生素 C 和维生素 E 都能溶解于无水乙醇，从而能够在紫外区测定它们，但它们的紫外吸收光谱吸收峰有大部分重叠，因此宜采用解联立方程组的方法进行测定。因为维生素 C 会缓慢地氧化成为脱氢抗坏血酸，所以必须每天制备新鲜的溶液，而维生素 E 则比较稳定，可用较长的时间。

仪器与试剂

仪器　紫外分光光度计；石英比色皿 2 只；25 mL 容量瓶 9 只，100 mL 容量瓶 2 只(供标准溶液用)；5 mL 移液管 3 支。

试剂　维生素 C 储备液：0.0132 g·L^{-1}(7.50×10^{-5} mol·L^{-1})配制在无水乙醇中；维生素 E 储备液：0.0488 g·L^{-1}(1.13×10^{-4} mol·L^{-1})配制在无水乙醇中；未知溶液：无水乙醇中含有维生素 C 和维生素 E 溶液；无水乙醇。

实验步骤

(1) 制备维生素 C 标准系列溶液。分别移取维生素 C 储备液 2.00 mL、3.00 mL、4.00 mL 和 5.00 mL 于 25mL 容量瓶中，用无水乙醇稀释至刻度。

(2) 制备维生素 E 标准系列溶液。分别取 2.00 mL、3.00 mL、4.00 mL 和 5.00 mL 维生素 E 储备液用无水乙醇溶液稀释至 25 mL。

(3) 以无水乙醇作为参比，测得 4 种浓度维生素 C 和 4 种浓度维生素 E 溶液在 320～220 nm 的吸收光谱图，并确定 λ_1、λ_2 和在 λ_1、λ_2 上的吸光度。(λ_1、λ_2 为维生素 C 和维生素 E 的最大吸收波长。)

(4) 取未知液 2.50 mL 于 25 mL 容量瓶中，用无水乙醇稀释至刻度，摇匀。在 λ_1 和 λ_2 分别测其吸光度。

结果与讨论

(1) 绘制维生素 C 和维生素 E 的吸收光谱图。确定 λ_1 和 λ_2。

（2）绘制维生素 C 和维生素 E 在 λ_1 和 λ_2 处的以吸光度对浓度作图的标准曲线。由标准曲线图确定曲线的斜率计算每一种溶液在每个波长时的摩尔吸光系数 $\epsilon_{\lambda_1}^{A}$，$\epsilon_{\lambda_2}^{A}$ 和 $\epsilon_{\lambda_1}^{B}$，$\epsilon_{\lambda_2}^{B}$。

（3）计算未知物中维生素 C 和维生素 E 的浓度。

思考题

1．写出维生素 C 和维生素 E 的分子结构。解释为什么一个是水溶性维生素，另一个是脂溶性维生素？为什么它们都有紫外吸收？

2．分光光度法中，两组分同时测定时，如何选择测定波长 λ_1 和 λ_2？

3．讨论应用这种方法测定橘汁、红莓汁、菠菜以及维生素 C 药片中维生素 C 的含量的可能性。

参考文献

1．[美]D T 索耶，W R 海纳曼，J M 毕比．仪器分析实验．方惠群译．南京：南京大学出版社，1989

2．方惠群，于俊生，史坚．仪器分析．北京：科学出版社，2002．271～288

（张培敏）

实验 8　红外光谱法测定有机化合物的结构

实验导读

红外吸收带的波长位置和谱带形状是红外光谱（IR）法定性分析的主要依据，谱带强度可用于定量分析和纯度鉴定。红外光谱法在化学领域的应用大体可分为两类：分子结构的研究和化学组成的分析。例如，应用红外光谱可以测定分子的键长、键角，推断分子的立体构型；根据所得的力常数了解化学键的强弱；由简振频率来计算热力学函数。红外光谱最广泛地应用于对化学组成的分析，其主要的研究对象是在振动中伴有偶极矩变化的化合物，除单原子和同核分子外，几乎所有的有机化合物在红外光区均有吸收，除光学异构体外，凡具有结构不同的两个化合物，一定有不同的红外光谱。用红外光谱法可以根据光谱中吸收峰的位置和形状来推断未知物的结构，依照特征吸收峰的强度来测定混合物中各组分的含量。红外光谱（IR）是科研、生产的常用分析工具，它提供的信息可靠，具有操作简便、分析快速、样品用量少、不破坏试样、气液固三态都能测定等特点。

实验目的

（1）学习红外光谱法的基本原理。

（2）了解红外光谱仪的构造。

（3）掌握各种物态的样品制备方法。

（4）初步学会对红外吸收光谱图的解析。

实验原理

红外光谱是由于分子的振动能级的跃迁（同时伴随转动能级跃迁）而产生

的。当用一定频率的红外光照射某物质时,若该物质的分子中某基团的振动频率与之相同,则该物质就能吸收此种红外光,使分子由振动基态跃迁到激发态。若用不同频率的红外光通过待测物质时就会出现不同强度的吸收现象。由于各种化合物具有其特征的红外光谱,可以用红外光谱对物质进行结构分析。同时,根据分光光度原理,若选定待测物质的某特征波数吸收峰也可以对物质进行定量测定。

红外光谱定性分析,一般采用两种方法:一种是用已知标准物对照;另一种是标准图谱查对法。

一般图谱的解析步骤如下:

(1) 先从特征频率区入手,找出化合物所含主要官能团。

(2) 指纹区分析,进一步找出官能团存在的依据。因为一个基团常有多种振动形式,确定该基团不能只依靠一个特征吸收,必须找出所有的吸收带才行。

(3) 对指纹区谱带位置、强度和形状的仔细分析,确定化合物可能的结构。

(4) 对照标准谱图,配合其他鉴定手段,进一步验证。

仪器与试剂

仪器　红外光谱仪;油压式压片机;玛瑙研钵;盐片;红外干燥灯;干燥器。

试剂　溴化钾(AR);无水乙醇(AR);三氯甲烷(AR);乙酸乙酯(AR);苯甲酸(AR);聚甲基丙烯酸甲酯;未知物。

实验步骤

1) 固体样品苯甲酸的红外光谱测定

取约 2 mg 苯甲酸样品于干净的玛瑙研钵中,加约 100 mg 的 KBr 粉末在红外灯下研磨成细粉,粒度约 2 μm 比较合适,然后移入压片模中,将模子放在压片机上,加压力,在 $600\sim650$ kg·cm^{-2}压力下,维持 5 min,放气去压,取出模子进行脱模,可获得一片直径为 13 mm 的半透明片子,将片子装在样品架上,检查红外线是否经过样品,进行 $4000\sim600$cm^{-1}波数扫描,得到红外吸收光谱。

2) 液体样品乙酸乙酯的红外光谱测定

取两片 NaCl 盐片,用无水乙醇清洗其表面并晾干,在一块 NaCl 盐片上滴加一滴乙酸乙酯样品,压上另一块盐片,将它置于池架上固定,然后将池架插入红外光谱的试样安放处,从 $4000\sim600$ cm^{-1}进行波数扫描,得到红外吸收光谱。

3) 聚甲基丙烯酸甲酯的红外光谱测定

取 $1\sim2$ 滴聚甲基丙烯酸甲酯三氯甲烷溶液滴在 NaCl 盐片上,用玻璃棒摊匀,于红外灯下烘去溶剂,为避免产生气泡,溶剂挥发速度不宜太快,待溶剂挥发后,即可测谱。

4) 未知物红外光谱测定

根据教师提供的未知物,确定样品制备方法并测谱。

以上红外吸收光谱测定时的参比均为空气。

注意事项:固体样品经研磨(红外灯下)后仍应防止吸潮。盐片应保持干燥透明,每次测定前均应用无水乙醇及滑石粉抛光(红外灯下),切勿水洗。制得的晶片必须无裂痕,局部无发白现象,透明或半透明;否则,应重新制作。晶片局部发白,表示压制的晶片厚薄不均,晶片模糊,表示晶体吸潮,水在光谱图 3450 cm^{-1} 和 1640 cm^{-1}处出现吸收峰。

结果与讨论

(1) 对苯甲酸、乙酸乙酯及聚甲基丙烯酸甲酯的特征谱带进行归属。

(2) 根据教师给定的未知物的分子式及红外谱图推测未知物可能的结构。

思考题

1. 固体样品有哪些制样方法,它们分别适用于哪一种情况?

2. 测试红外光谱时,样品容器一般常用氯化钠和溴化钾,它们适用的波数范围各为多少?

3. 为什么红外光谱是连续的曲线图谱?

4. 在制液体样品时,样品质量通过什么来控制?对红外制备液体样品的溶剂有什么要求?常用的溶剂是什么?

5. 红外光谱测试时为何特别需要注意防潮脱水?

参考文献

1. 殷学锋. 新编大学化学实验. 北京:高等教育出版社,2002

2. 张剑荣,戚苓,方惠群. 仪器分析实验. 北京:科学出版社,1999

(张培敏)

实验 9 分光光度法测定天然水及污水中阴离子表面活性剂的浓度

实验导读

长链烷基磺酸钠(LAS)等阴离子表面活性剂是造成水体污染的主要化学物质之一。受污染的河水中阴离子表面活剂的浓度一般为 $0.1 \sim 10$ mg·L^{-1},国家环境质量指标规定一类水体中 LAS 的量不能超过 0.03 mg·L^{-1}。

阴离子表面活性剂的测定,通常采用亚甲基蓝萃取分光光度法(GB 7494-87)。测定时在水样中加入带正电的离子对试剂如亚甲基蓝,与阴离子表面活性剂结合形成疏水性较强的离子对化合物,然后用三氯甲烷等有机溶剂萃取,在一定波长下用分光光度法进行测定。这种测定方法最大的问题是如何提高选择性。为了提高离子对化合物的摩尔吸光系数,通常选用带有多个芳香环的阳离子染料作为离子对试剂,如亚甲基蓝等。然而,这些离子对试剂水溶性较差,与阴离子形成离子对化合物的能力太强,甚至能与 Cl^{-}、SCN^{-}、ClO$_4^{-}$、NO$_3^{-}$ 等小体积阴离子结合,使这些离子与阴离子表面活性剂同时被萃取入有机相,从而对分光光度测定造成干扰。为提高萃取光度法测定阴离子表面活性剂的选择性,可以采用阳离子金属配合物作为离子对试剂的新方法。本实验采用二乙二胺合铜作为离子对试剂萃取十二烷基苯磺酸钠,该方法可直接测定天然水或污水试样中阴离子表面活性剂的浓度。

实验目的

(1) 熟悉分光光度计的使用方法和分光光度定量方法。

(2) 学习萃取分光光度法测定阴离子表面活性剂的原理。

(3) 了解分光光度分析中常见的干扰以及提高测定选择性的方法。

实验原理

二乙二胺合铜分子体积较小,电荷密度较大,疏水性较小,因而该阳离子配合物与水体中的小体积阴离子形成离子对化合物的能力较小,它只能将分子体积较大的长链阴离子表面活性剂定量萃取入有机相中,因而受到的干扰大大减小。但由于该配合物不含有离域 π 键,其与阴离子表面活性剂形成的离子对化合物摩尔吸光系数很小,测定的灵敏度较小。为了克服这一缺点,本实验用二乙二胺合铜将阴离子表面活性剂萃取入有机相后,在有机相(三氯甲烷)中加入 1-(2-吡啶偶氮)-2-萘酚(PAN)试剂作为显色剂,该试剂能与铜离子形成更稳定的且摩尔吸光系数较大的黄色配合物,在三氯甲烷溶液中该 PAN-Cu 配合物的 $\varepsilon = 4.1 \times 10^4$, $\lambda_{max} = 560$ nm,因而方法的灵敏度也大为提高。由于铜离子的浓度与阴离子表面活性的浓度存在定量关系,因而测得了铜的浓度也即间接测定了阴离子表面活性剂的浓度。

仪器与试剂

仪器　分光光度计;250 mL 分液漏斗;200 mL 量筒;移液管;分析天平;离心机。

试剂　阴离子表面活性剂标准溶液(1000 mg·L^{-1}十二烷基苯磺酸钠标准储备液);二乙二胺合铜试剂:称取 62.3 g 硫酸铜晶体和 49.6 g 硫酸铵溶解于蒸馏水中,加入 45.1 g(50 mL)乙二胺,然后用蒸馏水稀释至 1 L,该试剂可以稳定数个月;1-(2-吡啶偶氮)-2-萘酚(PAN,AR)。

实验步骤

(1) 用量筒量取 150 mL 含有阴离子表面活性剂的水样,置于 250 mL 分液漏斗中,将水样的 pH 调至 5～9。加入 10 mL 乙二胺合铜试剂及 20 mL 三氯甲烷,振荡约 1 min,在分液漏斗中静置,直至有机相与水相分离。吸取约 13 mL 的三氯甲烷层至 15 mL 的离心管中,盖上盖后,2500 r·min^{-1}的转速下,离心分离 5 min,用移液管吸取 10 mL 上层清液于 20 mL 比色管中(注意溶液必须澄清)。离心管中残留的水珠可用吸水纸擦干。在比色管中加入 1 mL PAN 试剂,盖上比色管塞子后,振荡,然后将显色后的溶液用 1 cm 比色皿在 560 nm 下测定吸光度,参比液用10:1的三氯甲烷乙醇混合液。

（2）标准曲线的制作。取 1.00 mL 1000 mg·L^{-1}的 LAS 标准储备液置于100 mL 容量瓶中。用蒸馏水稀释至刻度，得 10 mg·L^{-1} LAS 标准溶液。分别吸取 4.00 mL、8.00 mL、12.00 mL、16.00 mL、20.00 mL 该标准溶液于 100 mL 容量瓶中，得 0.4 mg·L^{-1}、0.8 mg·L^{-1}、1.2 mg·L^{-1}、1.6 mg·L^{-1}、2.0 mg·L^{-1} LAS 标准溶液。分别将上述标准溶液置于 250 mL 分液漏斗中，并用 50 mL 蒸馏水洗涤各容量瓶，与分液漏斗中的标准溶液合并，按上述水样测定同样方法进行分析测定。测得吸光度后，以吸光度对 LAS 浓度作标准曲线。

（3）空白值的测定。用 150 mL 蒸馏水代替水样，按步骤 1～2 同样方法测定空白值。空白值的吸光度值应在 0.000～0.001 之间。

（4）将样品的吸光度值减去空白值后，所得的吸光度值与标准曲线对照，计算水样中阴离子表面活性剂的浓度。

（5）方法的选择性试验。用蒸馏水分别配制 150 mL 含有 10 mg·L^{-1} Cl$^-$ 及 NO$_3^-$ 的水样，按上述同样方法测定三氯甲烷萃取液的吸光度，记录吸光度值，判断上述离子是否对该方法产生干扰。

结果与讨论

（1）实验数据记录（表2.10）。

表 2.10　实验数据记录表

试液/(mg·L^{-1})	0.4	0.8	1.2	1.6	2	水样	Cl$^-$	NO$_3^-$
吸光度								

将标准溶液吸光度值与浓度拟合，线性方程为_____，线性相关系数为_____。

水样中 LAS 的浓度为_____。

（2）实验讨论。水样中常见的 Cl$^-$ 和 NO$_3^-$ 是否对阴离子表面活性剂浓度的测定产生干扰？用实验数据加以说明。

思考题

1. 为什么萃取阴离子表面活性剂之前需将溶液的 pH 调至 5～9？

2. 除了用 PAN 测定萃取在有机相的铜离子浓度外，是否有其他方法测定有机相中的 Cu^{2+} 浓度？

3. 为什么用乙二胺合铜作萃取剂，方法的选择性比较高？

参考文献

1. Standard methods for the examination of water and wastewater, 14th Ed. Washington D. C. : American Public Health Association. 1976, Section 512A

2. Taylor C G, Fryer B. Analyst, 1969, 94:1106; Taylor C G, Waters J. Analyst, 1973, 97:533

3. Le Bihan A. Courtot-Coupez. Anal Lett,1977,10:759

4. Crisp P T,Eckert J M,Gibson N A. Anal Chim Acta,1975,78:391

5. Crisp P T,Eckert J M,Gibson N A. Anal Chim Acta,1976,87:97

6. Rama Bhat S,Crisp P T,Eckert J M,Gibson N A. Anal Chim Acta,1980,116: 191

（邬建敏）

实验 10　荧光分析法测定牛血清蛋白的含量

实验导读

　　蛋白质是生命现象的物质基础,其定量测定是生命科学、临床检验及生化研究领域的重要课题。20 世纪 60 年代兴起的染料结合定量分析蛋白质是一种较为灵敏而特效的方法,最早报道的有溴酚蓝、溴甲酚绿、间溴酚蓝、亮绿等。1976年 Bradford 提出了考马斯亮蓝法。考马斯亮蓝(CBB) G2250 在酸性溶液中呈红棕色,与蛋白质结合呈蓝色,最大吸光度从 465 nm 移至 595 nm,在一定条件下蛋白质的浓度在波长 595 nm 处与吸光度成正比。但以上的方法在碱性范围应用中不十分稳定,重现性较差。20 世纪 80 年代以后,人们开始将荧光染料应用于蛋白质的定量测定。荧光分析法由于其高灵敏度而在蛋白质定量分析中倍受关注。Saito 报道用四(4-羧基苯) 卟啉(TCPP) 测定血清白蛋白,利用反应产物的荧光强度随蛋白的浓度增加而增加的现象进行测量。20 世纪 90 年代,人们发现了有些荧光染料在表面活性剂的存在下自聚为二聚体,这种二聚体结构随蛋白质的加入而逐渐解聚。能自聚反应的染料可以作为蛋白质测定的荧光探针,可对系统微环境等因素的变化做出响应,在核酸的定量测定和构象分析方面的应用也很广泛。

实验目的

　　(1) 了解用荧光法对蛋白质进行定量分析的基本原理和方法。

　　(2) 掌握二聚体荧光染料探针测定蛋白质的原理。

　　(3) 熟悉荧光分光光度计的构造、工作原理及操作方法。

实验原理

　　耐尔蓝(Nile blue,NB)是一种吩嗪类强荧光染料,在 pH 为 1.2 的溶液中耐尔蓝在 634 nm 处有一最大吸收峰,摩尔吸光系数为 6.18×10^{4} L·mol^{-1}·cm^{-1},在十二烷基苯磺酸钠(SDBS)存在下,吸收光谱发生了变化。当 SDBS 的浓度小于 2.53×10^{-5} mol·L^{-1}时,最大吸收波长处的吸光度随着溶液中 SDBS 浓度的增大而逐渐降低,表明在这一阶段,NB 分子主要与 SDBS 分子形成了离子缔合物而导致吸光度的减弱;当 SDBS 的浓度大于 2.53×10^{-5} mol·L^{-1}时,吸收光谱发生蓝移,在 595 nm 处出现新的吸收峰。这表明随着阴离子表面活性剂浓度的逐渐增大,表面活性剂分子自相接触,憎水基靠拢形成胶束前的预聚集,水分子在表面活性剂分子或胶束预聚集分子周围形成有序的区域,导致溶剂的性质向着有利于 NB 二聚体形成的方向变化,系统中二聚体的比例增加,此浓度接近"预胶束"的生成浓度,表明在此阶段形成了微小分子集合体,并且主要以二聚体的形式存在,这种二聚体具有弱荧光,在此弱荧光二聚体系统中加入蛋白质后,蛋白质分子将同时与系统中的 NB、NB 二聚体及 SDBS 发生结合作用,破坏了染料二聚体赖以形成的微环境条件,导致系统荧光强度的回升(图 2.5),且荧光强度改变量与蛋白质浓度在一定范围内有良好的线性关系,据此可以对蛋白质进行定量分析。

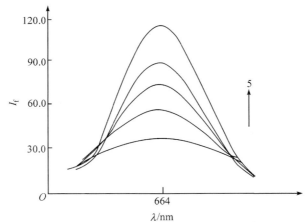

图 2.5　NB 二聚体荧光强度随蛋白浓度增加而上升示意图

仪器与试剂

　　仪器　荧光分光光度计;酸度计;电热恒温水浴锅;容量瓶;移液管。

　　试剂　牛血清白蛋白(BSA);耐尔蓝(NB);十二烷基苯磺酸钠(SDBS)。蛋白质以 0.5 %(质量分数)NaCl 溶液配成 100 mg·L^{-1} 的储备液,置 1~4 ℃保存,使用时稀释至 40 mg·L^{-1};耐尔蓝配成 0.1 mmol·L^{-1} 的储备液,置 1~4 ℃保存。用 0.05 mol·L^{-1} 的 KH_2PO_4-H_3PO_4 配制 pH 为 1.2 的缓冲液,含未知 BSA 浓度的试液(由实验室配制)。

实验步骤

　　(1) 配制 5 mL 浓度分别为 2.0 μg·mL^{-1}、6.0 μg·mL^{-1}、10 μg·mL^{-1}、14 μg·mL^{-1}、18 μg·mL^{-1} 的 BSA 标准溶液,在缓冲溶液中配制。并以缓冲液作为空白试剂。

　　(2) 在 10 mL 比色管中,分别依次加入 1.5 mL NB 溶液、1.0 mL 浓度为 3.0×10^{-4} mol·L^{-1} 的 SDBS 溶液、1.0 mL pH 为 1.2 的缓冲溶液,然后加入 1 mL 的空白溶液和蛋白质标准溶液,用水稀释至刻度,在 30 ℃恒温槽中恒温 15 min。

先测定空白溶液加入后溶液的荧光激发光谱和荧光发射光谱,并测定在最大荧光发射波长(λ_{max}^{em})处的空白溶液荧光强度。然后测定不同浓度的标准蛋白加入后在λ_{max}^{em}处的荧光强度,与空白溶液比较,观察荧光强度是否上升。记录各数据,作荧光强度的增量 ΔF 与 BSA 浓度的线性回归分析。

(3) 按上述同样方法测定未知试样加入后,溶液系统的荧光强度比空白值的增量,并根据上述线性回归方程求出试样中的 BSA 浓度。

结果与讨论

将实验数据填入表 2.11 中并作计算:

表 2.11　荧光强度增量与 BSA 浓度变化数据表

BSA 浓度/($\mu g \cdot mL^{-1}$)	0(空白)	2.0	6.0	10	14	18	试样
F(664 nm)							
ΔF							

ΔF 与 BSA 浓度的线性回归方程为 _____,线性相关系数为 _____。

试样中的 BSA 浓度为_____。

思考题

1. SDBS 浓度不同时,系统中 NB 二聚体形式的量也会发生变化,对于蛋白质的测定,在加入蛋白质前,应保持系统中 NB 二聚体的量最大,那么,你可以通过什么方法研究二聚体的量与 SDBS 浓度的关系,从而确定 SDBS 的最佳浓度?

2. 本实验在给定的系统下荧光响应信号 ΔF 除了与蛋白质浓度有关外,是否会与蛋白质种类有关? 采用本实验的方法能否分辨出试样中不同种类的蛋白质?

3. 如果蛋白质试样中一些氨基酸共存,是否会干扰测定,试设计一实验方案明确这一问题。

4. 为何在测定荧光强度前溶液要恒温?

参考文献

1. Bradford M M. Ana Biochem,1976,72:248

2. Wei A P,Blumenthal D K,Herron J N A. Anal Chem,1994,66:1500

3. 何睿,刘绍璞. 分析化学,2001,29 (2):232

4. 郭祥群,李芳,赵一兵,王冬缓,许金钩. 高等学校化学学报,1996,17 (9):1361

（邹建敏）

实验 11 分子荧光法测定水杨酸和乙酰水杨酸

实验导读

分子荧光光谱法具有高的灵敏度和好的选择性。一般而言,与紫外-可见分光光度法相比,其灵敏度可高出 2~4 个数量级,工作曲线线性范围宽,已成为一种重要的痕量分析技术。荧光分析法的应用广泛,不仅能直接、间接地分析众多的有机物,利用与有机荧光试剂间的反应还能进行许多无机元素的测定。此外,还可作为高效液相色谱及毛细管电泳的检测器。

随着计算机技术、电视技术、激光技术和显微镜技术等发展,荧光检测的仪器和方法有了重要拓展,使该方法的操作更为简便,检测灵敏度迅速提高,应用范围不断拓宽,现在已是生命科学研究中不可或缺的重要检测手段之一,可用于核酸研究、DNA 测序、蛋白质结构、氨基酸检测等领域。

实验目的

(1) 学习荧光分析法的基本原理和仪器的操作方法。

(2) 学习荧光分析法进行多组分含量的原理及方法。

基本原理

某些具有 π-π 电子共轭系统的分子易吸收某一波段的紫外光而被激发,如该物质具有较高的荧光效率,则会以荧光的形式释放出吸收的一部分能量而回到基态。在稀溶液中,荧光强度 I 与入射光的强度 I_0、荧光量子效率 φ_F 以及荧光物质的浓度 c 等有关,可表示为

$$I_F = K\varphi_F I_0 \varepsilon bc$$

式中:K 为比例常数,与仪器性能有关;ε 为摩尔吸光系数;b 为液层厚度。

所以,当仪器的参数固定后,以最大激发波长的光为入射光,测定最大发射波长光时的荧光强度 I_0 与荧光物质的浓度 c 成正比。

乙酰水杨酸(ASA,即阿司匹林)水解能生成水杨酸(SA),而在乙酰水杨酸中,或多或少都存在着水杨酸。由于两者都有苯环,也有一定的荧光效率,因而在以三氯甲烷为溶剂的条件下可用荧光法进行测定。从乙酰水杨酸和水杨酸的激发光谱和荧光光谱图 2.6 中可以发现:乙酰水杨酸和水杨酸的激发波长和发射波长均不同,利用此性质,可在各自的激发波长和发射波长下分别测定。

乙酰水杨酸和水杨酸的最佳溶剂是 1%(体积分数)乙酸-三氯甲烷,在系统中加入少许乙酸可以增加二者的荧光强度。使用一台简单的荧光计,对于乙酰水杨酸溶液浓度高达 5 $\mu g \cdot mL^{-1}$[在 1%(体积分数)乙酸-三氯甲烷中],水杨酸溶液浓度高达 7.5 $\mu g \cdot mL^{-1}$(在 1%乙酸-三氯甲烷中),可以获得一条线性工作曲线后来测定样品。

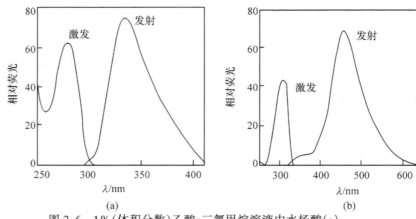

图 2.6 1%(体积分数)乙酸-三氯甲烷溶液中水杨酸(a)
与乙酰水杨酸(b)的激发光谱和荧光光谱

为了消除药片与药片之间的差异,将一些药片(5~10 片)一起研磨成粉末,然后取一定量的粉末试样(相当于 1 片的量)用于分析。

仪器与试剂

仪器 荧光光度计;50 mL 容量瓶 4 只;25 mL 容量瓶 10 只;10 mL 吸量管 5 支。

试剂 400 μg·mL^{-1}乙酰水杨酸储备液:称取 0.4000 g 乙酰水杨酸溶于 1%(体积分数)乙酸-三氯甲烷溶液中,并定容于 1000 mL 容量瓶中;750 μg·mL^{-1}水杨酸储备液:称取 0.750 g 水杨酸溶于 1%(体积分数)乙酸-三氯甲烷溶液中,并定容于 1000 mL 容量瓶中;乙酸、三氯甲烷,均为 AR 级,配成 1%(体积分数)乙酸的三氯甲烷溶液;阿司匹林药片。

实验步骤

1) 4.00 μg·mL^{-1}乙酰水杨酸和 7.50 μg·mL^{-1}水杨酸使用液的配制

在两只 100 mL 容量瓶中分别准确移取 400 μg·mL^{-1}乙酰水杨酸和 750 μg·mL^{-1}水杨酸储备液 1.00 mL,用 1%(体积分数)乙酸-三氯甲烷溶液定容至 100 mL。

2) 激发和荧光光谱的绘制

分别绘制 4.00 μg·mL^{-1}乙酰水杨酸和 7.00 μg·mL^{-1}水杨酸溶液的激发光谱和荧光光谱曲线,并确定其最大激发波长和最大发射波长。

3) 标准曲线的制作

分别吸取 4.00 μg·mL^{-1}乙酰水杨酸标准溶液 2.00 mL、4.00 mL、6.00 mL、8.00 mL、10.00 mL 于 25 mL 容量瓶中,用 1%(体积分数)乙酸-三氯甲烷溶液稀释至刻度,摇匀,在选定的激发波长和发射波长下分别测定其荧光强度。

分别吸取 7.50 $\mu g \cdot mL^{-1}$ 水杨酸标准溶液 2.00 mL、4.00 mL、6.00 mL、8.00 mL、10.00 mL 于 25 mL 容量瓶中,用 1%(体积分数)乙酸-三氯甲烷溶液稀至刻度,摇匀,在选定的激发波长和发射波长下分别测定其荧光强度。

4)样品的分析

将 5 片阿司匹林药片称量后研磨成粉末,从中准确称取 400.0 mg 粉末(相当于 1 片),用 1%(体积分数)乙酸-三氯甲烷溶液溶解后转移至 100 mL 容量瓶中,用 1%(体积分数)乙酸-三氯甲烷溶液稀至刻度。然后用定量滤纸迅速干过滤。取滤液在与标准溶液同样条件下测量水杨酸的荧光强度。

将上述滤液稀释 1000 倍(分 3 次完成),在与标准溶液同样条件下测量乙酰水杨酸的荧光强度,阿司匹林药片溶解后必须在 1 h 时内完成测定;否则,ASA 的含量将会降低。

结果与讨论

(1)从绘制的水杨酸和乙酰水杨酸激发光谱和荧光光谱曲线上,确定它们的最大激发波长和最大发射波长。

水杨酸:最大激发波长_____ nm;最大发射波长_____ nm。

乙酰水杨酸:最大激发波长_____ nm;最大发射波长_____ nm。

(2)分别绘制水杨酸和乙酰水杨酸标准曲线,并从标准曲线上确定试样溶液中乙酰水杨酸和乙酰水杨酸的浓度,并计算每片阿司匹林药片中乙酰水杨酸和水杨酸的含量(mg),并将乙酰水杨酸测定值与说明书上的值比较。

(3)根据实验数据(表 2.12),确定阿司匹林药片质量是否合格。

表 2.12 标准溶液及样品溶液的分析结果

加入试剂量/mL	2.00	4.00	6.00	8.00	10.00	线性方程
水杨酸荧光强度						
乙酰水杨酸荧光强度						
样品中水杨酸荧光强度			水杨酸含量			
样品中乙酰水杨酸荧光强度			乙酰水杨酸含量			

(4)简单讨论乙酰基对荧光光谱的影响。

思考题

1. 在荧光测定时,为什么激发光的入射与荧光的接收不在一条直线上,而是呈一定的角度。

2. 从乙酰水杨酸和水杨酸的激发光谱和发射光谱曲线,解释本实验可在同一溶液中分别测定两种组分的原因。

3. 荧光光度计与分光光度计的结构及操作有何异同?

4. 溶液环境的哪些因素影响荧光发射?

参考文献

1. [美]D T 索耶,W R 海纳曼,J M 毕比.仪器分析实验.方惠群等译.南京:南京大学出版社,1989
2. 方惠群,于俊生,史坚.仪器分析.北京:科学出版社,2002

（张培敏）

实验 12　气相色谱法测定苯、甲苯和乙醇的含量

实验导读

　　色谱动力学理论认为,气相色谱填充柱相当于一束涂有固定液的毛细管,而毛细管的内径约等于固定液的颗粒直径。由于这些毛细管是弯曲的、多径的,致使气流运动过程中涡流扩散严重,传质阻力很大,因此柱效较低。理论是实践经验的总结和升华。1957 年,Golay 根据自己的理论推断毛细管的内径既决定毛细管对气流的阻力,也决定理论塔板高度,并用一根长 1 m 内径 0.8 mm 内涂固定液的柱子进行了试验,结果发明了效能极高的色谱柱——毛细管柱。

　　气相色谱是一种广泛、实用、快速的分析技术,在化工、医药、食品、环境、卫生、商检、公安等领域广泛应用。为了保证分析结果的可靠性,职能部门制订了一些气相色谱通用方法,如 ISO 7609-1985,GB/T 9722-1988,GB 115389-1989 等。

实验目的

　　(1) 掌握气相色谱仪的组成和工作原理。

　　(2) 掌握校正因子的测定方法。

　　(3) 掌握气相色谱中保留值定性与归一化法定量的分析方法。

实验原理

　　气相色谱分析中,色谱柱的选择十分重要,在用于气体及低沸点烃类分析的气-固相色谱中使用硅胶、分子筛等固体吸附剂。在气-液色谱中使用液态的固定相,填充柱中是将选定的固定液涂布于载体上,而在毛细管柱中则是将固定液直接涂布或通过化学交联键合于通过处理的毛细管管壁上。

　　典型的固定液如 SE30、SE54、OV101、DNP、PEG20M 等。分离非极性物质一般选用非极性的固定液,组分按沸点顺序流出;分离极性物质选用极性固定液,极性小的先流出。

　　装填色谱柱是一项技术性很强的工作,通常采用真空抽吸填充的方法。新装填好的色谱柱在使用前必须经老化处理除去残留的溶剂和低沸点的杂质,并使固定液液膜牢固、均匀地附着在担体表面。方法是将色谱柱与气相色谱仪的进样口相连,出口不接入检测器,以免检测器被污染。通入载气,老化时柱温应比分析样品时的柱温高 20~30 ℃,但绝不能高于所用固定液的最高使用温度。在上述条件下老化 6~8 h,然后接入检测器,基线平直说明老化完毕。

　　柱效参数以理论塔板数 N 和理论塔板高度 H 表示

理论塔板数

$$N = 16\left(\frac{t_R}{W_b}\right)^2 = 5.54\left(\frac{t_R}{W_h}\right)^2 \tag{2.1}$$

理论塔板高度

$$H = \frac{L}{N} \tag{2.2}$$

分离度

$$R = \frac{t_{R_2} - t_{R_1}}{\frac{1}{2}(W_{b_1} + W_{b_2})} \tag{2.3}$$

式中:t_R 为保留时间;W_b 为峰底宽;W_h 为半峰宽;L 为柱长。计算时要注意单位。

灵敏度是评价检测器性能的重要指标,它是指单位质量样品进入检测器时产生的电信号的大小。不同类型的检测器的灵敏度有不同的表示方法。氢火焰离子化检测器为质量型检测器,响应值与单位时间内进入检测器的样品质量成正比

$$S_{FID} = \frac{\Delta R}{\Delta m / \Delta t} = \frac{峰面积}{溶液质量} \tag{2.4}$$

式中:ΔR 是以电压或电流表示的电信号的变化;$\Delta m / \Delta t$ 是单位时间内样品质量的变化。

定性分析:在气相色谱条件不变的情况下,每一种可气化的物质都有各自确定的保留值,故可用保留值进行定性分析。对于多组分混合物,若色谱峰均能分开,则可以将各峰的保留值,与各相应的标准样品在相同条件所测定的保留值进行对照,这是气相色谱最常用的定性分析方法。

定量分析:定量分析是建立在检测信号 A_i(峰面积)的大小与进入检测器的被测组分的量 W_i(浓度或质量等)成正比的基础上的,即

$$W_i = f_i A_i \tag{2.5}$$

式中:校正因子 f_i 表示单位峰面积所代表的某种物质的质量,它与物质的性质有关。

称取一定量的纯待测物质 W_i 与纯标准物质 W_s,混合均匀后取适量进样,从色谱仪得到的峰面积分别为 A_i 和 A_s,这样 i 物质相对于 s 物质的相对校正因子可按式(2.6)求得

$$f_i = \frac{W_i A_s}{W_s A_i} \tag{2.6}$$

标准物质 $f_s = 1$。

当待测样品中所有组分都能流出色谱柱并在检测器上产生信号,则可采用归一化法定量,i 组分的含量可从式(2.7)求得

$$P_i = \frac{f_i A_i}{\sum f_i A_i} \times 100\% \tag{2.7}$$

仪器与试剂

仪器　气相色谱仪(含色谱工作站或积分仪),填充柱或毛细管柱,固定相: SE-30、SE54、DB-17、DNP 或 PEG20M 之一,氢火焰检测器或热导检测器;微量进样器;天平;真空泵。

试剂　6201 载体;邻苯二甲酸二壬酯或其他色谱固定液;乙醚(AR);苯(AR); 甲苯(AR);无水乙醇(AR);苯、甲苯、无水乙醇三组分混合标准溶液,质量比为 1:1:1;苯、甲苯、无水乙醇三组分混合溶液,各组分含量未知。

实验步骤

1) 色谱柱的制备

(1) 5%～10%(质量分数)的热 NaOH 溶液抽洗不锈钢柱数次,以除去内壁污物,再以水洗净后烘干备用。

(2) 将市售载体过筛,称取 8 g 载体于 50 mL 量筒内。称取 0.4 g DNP 于烧杯内,然后加入相当于载体体积的无水乙醚使 DNP 完全溶解,将载体加入并迅速摇匀,使乙醚淹没全部载体。于通风橱内轻轻拍打烧杯,帮助载体翻转至挥干乙醚。

(3) 在柱的一端塞入少许玻璃棉,用数层纱布包住并与真空泵相连,另一端接漏斗。启动真空泵,边抽气边从漏斗慢慢加入已涂布好的载体,轻敲柱壁至载体不再下沉,另一端也塞上玻璃棉。

(4) 将色谱柱一端与气相色谱仪的进样口相连,老化数小时至基线平直为止。

2) 数据测试

(1) 按仪器操作说明书使仪器正常运转。柱温 80 ℃,检测室温度 160 ℃,气化室温度 160 ℃,载气氮气流量 30 mL·min⁻¹(填充柱),氢气流量 30 mL·min⁻¹, 空气流量 400 mL·min⁻¹,毛细管柱柱流量 1 mL·min⁻¹,尾吹气 30 mL·min⁻¹。

(2) 仪器稳定后,用微量进样器分别迅速注入适量的苯、甲苯、无水乙醇,在记录仪上可得到色谱峰。记录各色谱峰保留时间及苯的峰宽。

(3) 在完全相同的条件下,用微量进样器分别迅速注入适量的标准溶液与未知含量溶液,记录各峰的峰面积和保留时间。并记录一组峰宽数据。重复操作 2～3 次。

结果与讨论

(1) 根据公式以苯的实验数据计算理论塔板数 N、理论塔板高度 H 和氢火焰

离子化检测器的灵敏度 S_{FID}。

（2）比较各纯试剂与混合溶液中的保留值,确定各峰是什么物质。

（3）计算甲苯和乙醇以苯为标准的相对校正因子。

（4）计算未知物中苯、甲苯与乙醇的含量。

（5）计算分离度。

思考题

1. 在求取理论塔板高度时,若计算中 W_h 用毫米计,则保留值应用何单位?

2. 影响分离度的因素有哪些? 提高分离度的途径有哪些?

3. 配制混合标准溶液时为什么要准确称量? 测量校正因子时是否要严格控制进样量?

4. 什么叫色谱柱的老化? 有何重要性?

参考文献

1. ISO 7609-1985

2. GB/T 9722-1988

3. GB 115389-1989

4. Zhang Z, Yang M J. Pawliszyn J Anal Chem, 1994, 66: 844-853

（邹建凯）

实验 13　气相色谱内标法测定白酒中己酸乙酯的含量

实验导读

气相色谱分析的主要目的是要对物质进行定量分析,即求出混合物中待定组分的含量。气相色谱常用的定量方法主要有归一化法、内标法和校正曲线法。

内标法是通过测量内标物及分析组分的相对峰面积来计算的,操作条件变化而引起的误差将同时表现在该两个峰的峰面积上而得以抵消,因此该法的优点是定量较准确,但每次分析都要准确称量,不宜作快速控制分析。

实验目的

（1）学习并掌握内标法定量的原理。

（2）掌握相对校正因子的测定方法。

（3）学习并了解气相色谱法在工业生产、产品控制中的应用。

实验原理

不同组分在气液两相中具有不同的分配系数,当两相做相对运动时,组分在两相间多次分配达到完全分离,从色谱柱尾流出进入氢焰离子化检测器中进行检测。

内标法定量的原理是,准确称取一定量的样品,加入一定量的内标物,根据被测物和内标物的质量及其在色谱图上的峰面积比,求出被测组分的含量。计算公式如下

$$P_i = \frac{A_i f_i W_s}{A_s f_s W_m} \times 100\%$$

式中：W_s、W_m 分别为内标和样品的质量；A_i、A_s 分别为被测组分和内标的峰面积；f_i、f_s 分别为被测组分和内标的质量校正因子。

仪器与试剂

仪器　气相色谱仪(含色谱工作站或积分仪)；氢焰检测器；填充柱或毛细管柱(DNP 或 PEG 固定相)。

试剂　己酸乙酯(色谱纯)；乙酸正丁酯(色谱纯)(DNP 固定相内标)；乙酸正戊酯(色谱纯)(PEG 固定相内标)。以上均配成 2%(体积分数)溶液[以 60%(体积分数)乙醇水溶液稀释]。

实验步骤

(1) 按操作说明书开启仪器,使仪器正常运转。气化室温度 220 ℃,检测室 220 ℃柱温 60 ℃,保留 2 min,以 10 ℃·min^{-1}升至 220℃,保留 3 min。载气为氮气,填充柱流量 30 mL·min^{-1},毛细管柱流量 1 mL·min^{-1},毛细管柱尾吹气 30 mL·min^{-1},氢气流量 30 mL·min^{-1},空气流量 300 mL·min^{-1}。

(2) f 值测定。吸取 2%(体积分数)己酸乙酯 1.0 mL,2%(体积分数)内标 1.0 mL,用 60%(体积分数)乙醇稀释至 50 mL,己酸乙酯及内标均为 0.04%(体积分数)。待基线稳定后,用微量进样器进样,进样量随仪器灵敏度而定。记录己酸乙酯及内标的保留时间及峰面积。用其峰面积比计算己酸乙酯的相对校正因子。取三次结果平均值。

(3) 样品的测定。吸取 10.0 mL 酒样,加入 2%(体积分数)内标 0.20 mL,混合均匀后,在 f 值测定相同的条件下进样。根据保留时间确定己酸乙酯的位置。并测定己酸乙酯峰面积与内标的峰面积。计算酒样中己酸乙酯的含量。

结果与讨论

计算

$$f = \frac{A_1 d_1}{A_2 d_2}$$

$$X = \frac{0.4 d_2 f A_3}{A_4}$$

式中：X 为酒样中己酸乙酯的含量,g·L^{-1}；f 为己酸乙酯相对重量校正因子；A_1 为标样 f 值计算时内标峰面积；A_2 为标样 f 值计算时己酸乙酯峰面积；A_3 为酒样中己酸乙酯的峰面积；A_4 为酒样中内标的峰面积；d_1 为己酸乙酯的密度；d_2 为内标的密度。

思考题

1. 气相色谱定量分析中,与归一法、外标法相比较,内标法有何优缺点？

2. 校正因子有几种表示方法,它们之间有什么关系?

参考文献

1. Ferreira V, Sharman M, Cacho J F, Dennis J. J Chromatogr A,1967,31:247~259

2. Hardy P J. J Agric Food Chem,1969,17:656~658

(邹建凯)

实验 14 食品中苯甲酸、山梨酸的气相色谱测定

实验导读

苯甲酸和山梨酸是食品特别是饮料中最常见的防腐剂,它们的含量对防腐效能和对人体的毒性关系密切,是食品卫生检验常测指标,过量的苯甲酸和山梨酸直接影响人们的身体健康,因此准确地测定其含量是食品分析经常遇到的问题。对它们的测定已有多种分析方法,如气相色谱法、液相色谱法和离子色谱法,可以快速、方便地对它们进行检测,结果比较理想。

实验目的

(1)掌握色谱分析样品处理的原理与方法。

(2)学习并掌握色谱分析定量方法。

实验原理

外标法是在一定操作条件下,用已知浓度的纯物质配成不同含量的标准溶液,定量进样,用峰面积或峰高对标准溶液含量做标准曲线,待测样品在相同色谱条件下进样,由所得的待测组分的峰面积或峰高从标准曲线上查出待测组分的含量。

外标法的优点是不加内标物,不必用相对校正因子,操作、计算方便。但要求操作条件稳定、进样重复性好。

本实验通过样品酸化后,用乙醚提取苯甲酸、山梨酸,用氢火焰离子化检测器的气相色谱仪进行分离测定,与标准系列比较定量。

仪器与试剂

仪器 气相色谱仪:具有氢火焰离子化检测器。

试剂 乙醚;石油醚(沸程 30~60℃);盐酸(AR);无水硫酸钠(AR);盐酸(1+1):取 100 mL 盐酸,加水稀释至 200 mL;40 g·L^{-1}氯化钠酸性溶液:氯化钠溶液(40 g·L^{-1})中,加少量盐酸(1+1)酸化;苯甲酸标准溶液:准确称取 500 mg 苯甲酸,加入丙酮溶解,定容至 100 mL,该溶液苯甲酸浓度为 500 μg·mL^{-1};山梨酸标准溶液:准确称取 500 mg 山梨酸,加入丙酮溶解,定容至 100 mL,该溶液山梨酸浓度为 500 μg·mL^{-1};苯甲酸、山梨酸混合标准溶液:分别准确吸取 1.00 mL、2.00 mL、3.00 mL、4.00 mL、5.00 mL 的苯甲酸、山梨酸标准溶液,以丙酮定容至 10 mL,配成苯甲酸、山梨酸浓度分别为 50 μg·mL^{-1}, 100 μg·mL^{-1}, 150 μg·mL^{-1}, 200 μg·mL^{-1}, 250 μg·mL^{-1}的混合标准溶液。

实验步骤

1）样品提取

称取 2.5 g 样品，置于 25 mL 带塞量筒中，加 0.5 mL 盐酸（1+1）酸化，用 15 mL、10 mL 乙醚提取 2 次，每次振摇 1 min，将上层乙醚提取液吸入另一个 25 mL 带塞量筒中。合并乙醚提取液。用 3 mL 氯化钠酸性溶液（40 g·L^{-1}）洗涤 2 次，静置 15 min，用滴管将乙醚层通过无水硫酸钠滤入 25 mL 容量瓶中。加乙醚至刻度，混匀。准确吸取 5 mL 乙醚提取液于 10 mL 带刻度试管中，置 40 ℃ 水浴上挥发至干，加入 2 mL 丙酮溶解残渣，备用。

2）色谱参考条件

玻璃柱，内径 3 mm，长 2 m，内涂 5% DEGS + 1% H$_3$PO$_4$ 固定液的 60～80 目 Chromosorb WAW。或毛细管柱 HP INNOWAX 30 m×0.25 mm×0.25 μm（毛细管柱应分流进样，适当减少进样量）。气流速度毛细管柱 1 mL·min^{-1}，填充柱 50 mL·min^{-1}。进样口温度 230 ℃，检测器温度 230 ℃，柱温 170 ℃。

3）测定

进样 2 μL 各浓度标准溶液，测定其峰面积，以浓度为横坐标，相应峰面积为纵坐标，绘制标准曲线。

进样 2 μL 样品溶液。测定峰面积与标准曲线比较定量。

结果与讨论

$$x = \frac{m_1 \times 1000}{m_2 \times 5/25 \times V_2/V_1 \times 1000}$$

式中：x 为样品中苯甲酸的含量，g·kg^{-1}；m_1 为测定用样品液中苯甲酸的质量，μg；V_1 为加入丙酮的体积，mL；V_2 为测定时进样的体积，mL；m_2 为样品的质量，g。

由测得苯甲酸的量乘以 1.18，即为样品中苯甲酸钠的含量。同样计算山梨酸及山梨酸钾的含量。

思考题

1．食品中苯甲酸、山梨酸含量测定还可以用哪些仪器分析方法？写出两种。

2．用气相色谱测定食品中苯甲酸、山梨酸含量时，如果用非极性柱样品制备时有什么不同？

3．气相色谱定量分析中，与归一法、内标法相比较，外标法有何优缺点？

（邹建凯）

实验 15　饮料中食品添加剂的 HPLC 分析

实验导读

近年来，HPLC 已经成为食品添加剂分析的常用方法。食品中常含有防腐剂、甜味剂、抗氧化剂、色素等食品添加剂。由于这些食品添加剂对健康会产生不同程度的影响,如甜味剂天冬甜素经人体新陈代谢后会产生对糖尿症患者有害的苯丙氨酸。因此,各国均制定相关食品安全标准,限制食品中添加剂的加入量。可见,对食品添加剂的分析是食品生产企业质量控制以及进出口商检的重要任务。饮料中常见的添加剂主要有苯甲酸、咖啡因、甜味剂天冬甜素或糖精等。Smyly 已在 1976 年开始采用 HPLC 技术对饮料中的糖精、苯甲酸钠及咖啡因进行分离和分析,可在 35 min 内完成。Delaney 等进一步发展了该技术,采用反相液相色谱,以乙腈为流动相,一次分析能测定包括天冬甜素在内的 4 种食品添加剂。

本实验以甲醇-乙酸混合溶液为流动相,对糖精、咖啡因、苯甲酸、天冬甜素等 4 种添加剂进行 HPLC 分析,并对实际饮料试样进行食品添加剂的定性和定量分析。

实验目的

(1) 掌握高效液相色谱仪的基本构造。

(2) 理解反相液相色谱的工作原理,了解流动相 pH 对组分保留时间的影响。

(3) 掌握利用 HPLC 对组分进行定性和定量的方法。

(4) 了解高效液相色谱技术在食品中常用添加剂分析中的应用。

实验原理

四种常用食品添加剂糖精、咖啡因、苯甲酸、天冬甜素均带有离子化的基团,—NH_2 或—COOH,它们的质子化程度或解离程度会随流动相的 pH 变化而改变,所以,在反相色谱中,它们的保留时间也会随流动相的 pH 变化而改变,但不同物质因疏水性及电离情况不同,只要选择合适的 pH,在反相柱上一定有不同的保留时间,从而产生色谱分离,所以本实验中,流动相 pH 的选择是关键点之一。另外,这四种化合物均带有芳香环,因此采用 UV 检测,可用 254 nm 通用波长。图 2.7 是这四种常用食品添加剂的化学结构式。

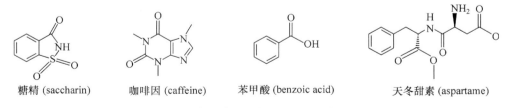

糖精 (saccharin) 咖啡因 (caffeine) 苯甲酸 (benzoic acid) 天冬甜素 (aspartame)

图 2.7 四种常用食品添加剂的化学结构式

仪器与试剂

仪器 高效液相色谱系统(包括高压输液泵、进样阀、紫外吸收检测器、色谱工作站)μBondapak C_{18} 高效液相色谱柱(3.9×150 mm),在色谱柱与进样阀间装一过滤膜(防止不溶物堵塞流路及色谱柱入口处的微孔垫片);pH 计。

　　试剂　用乙酸-甲醇混合液溶解 40 mg 的糖精、苯甲酸、20 mg 咖啡因、200 mg 天冬甜素并定容至 100 mL 制得混合标准溶液;乙酸-甲醇混合溶剂(体积比为 80∶20,均为色谱纯试剂配制);50%(质量分数)NaOH;乙酸;二次重蒸水;可乐饮料。

实验步骤

　　1) 流动相最佳 pH 选择

　　(1) 将 5.26 mL 的乙酸用蒸馏水稀释至 100 mL 配成 5 个相同的乙酸溶液,分别在上述乙酸溶液中逐滴加入 50%(质量分数)NaOH 调节 pH,使配制的溶液的 pH 依次为 3.0,3.5,4.0,4.2,4.5。滴加过程中的 pH 变化用 pH 计监测,(NaOH 加入量为 1~2 mL)。

　　(2) 将 80 mL 上述不同 pH 的乙酸溶液分别与 20 mL 甲醇溶液混合,配制成约 100 mL 的不同 pH 的乙酸/甲醇[80∶20(体积比)]混合液。流动相随用随配(若储存可能有乙酸甲酯生成,会影响各组分的保留时间)。

　　(3) 开启 HPLC 仪,调节流动相流速为 1.5 mL·min⁻¹,检测器波长设定在 254 nm。分别以上述混合液为流动相进行 HPLC 分析(注意:每次更换流动相时要达到充分平衡),混合标准液的进样量为 20 μL,记录 5 次实验的色谱图。给定 pH 下,以上述相同的色谱条件注入 10 μL 的单一标准样获取谱图与混合标样的色谱图对照,确定各组分的保留时间。

　　(4) 将 4 种添加剂成分的色谱保留时间对流动相 pH 作图,确定流动相的最佳 pH。

　　2) 添加剂的定量分析

　　(1) 在同样色谱条件下,依次注入 2 μL、5 μL、10 μL、15 μL、20 μL 的混合标样溶液,得相应色谱图。重复 3 次,将各组分平均峰高或峰面积对质量或注射体积作各组分的标准曲线。组分质量或注射体积应与峰高或峰面积成线性关系。

　　(2) 饮料试样分析前应先放在超声波中脱气 10 min 或敞口放气过夜。用 0.8 μm 的过滤膜过滤。按上述同样色谱条件进样 15 μL。记录色谱图,并根据保留时间、峰面积或峰高对饮料试样中食品添加剂进行定性和定量计算。

　　(3) 实验结束后,用 10 mL 80∶20(体积比)的水/甲醇混合液清洗色谱柱以保证柱效。注意:柱子不能保存在酸性流动相中。

　　3) 附加实验

　　(1) 不依靠保留时间鉴定各峰,而是以尿嘧啶的保留时间作为死时间,加入到标样与样品中,求 k 值,利用 k 值鉴定各个峰。选用几种流速进行分析从中选取最佳流速。

　　(2) 检测咖啡、茶、果汁等饮料中的添加剂。

结果与讨论

　　1) 流动相 pH 对食品添加剂色谱分离的影响

(1) 在反相色谱分离中,pH 影响可电离物质的电离度及组分的保留时间(表2.13)。依据 pH 变化进行添加剂的分离技术主要着眼于保留时间与分离度的最优化。同时,还应考虑总分离时间及各组分在不同 pH 下的稳定性。本实验中,天冬甜素是酸式水解,故在高 pH 时较稳定。

表 2.13 不同 pH 下各组分的保留时间

pH	保留时间/min			
	糖精	咖啡因	苯甲酸	天冬甜素
3.0				
3.5				
4.0				
4.2				
4.5				

(2) 记录定量分析记录表(表 2.14)。

表 2.14 定量分析记录表

组分的量	保留时间/min			
	糖精	咖啡因	苯甲酸	天冬甜素
饮料试样				

2) 饮料试样中食品添加剂的定性与定量

选择合适的标准液浓度,使饮料中添加剂的峰高在校准范围内,得到的校准图有较好的线性关系。若样品浓度较高,需要先稀释样品后分析。定量计算饮料中的添加剂含量时要注意样品的稀释倍数。

注意:在部分饮料的色谱图中可能会观察到与糖精的保留时间相对应的峰时,不能直接断定该饮料中含有糖精。与糖精保留时间相对应的峰可能是某种未知化合物。有两种方法可对糖精进行鉴定。一种是通过比较同条件下含糖精的标样与试样的谱图。pH 对糖精保留时间影响不大,改变流动相中甲醇浓度观察糖精的峰形和保留时间是否改变。另一种是用光电二极管阵列(DAD)检测器比较样品峰与糖精的紫外-可见光谱,或者洗脱后组分经质谱分析可知是否含有未知物而不含糖精。

　　饮料中含有的天然物质可能会干扰人工添加剂的色谱测定。可以通过改变HPLC中流动相的组成提高分离效果。

思考题

　　1．确定流动相最佳pH时，应考虑哪些因素？

　　2．分离上述四种添加剂时，为何不用偏碱性的流动相？

　　3．用色谱保留时间进行实验样品中被测组分的定性有何缺点？比较可靠的定性方法有哪些？

参考文献

1．Smyly D S，Woodward B B，Conrad E C. Anal Chem，1976，59：14～19

2．Grayeski M L，Woof E J，Straub T S. Liq Chromatogr，1985，62：618～620

3．Delaney M F. J Chem Educ. 1985，62：618～620

（邬建敏）

实验16　常见阴离子的离子色谱分析

实验导读

　　离子色谱（ion chromatography，IC）是20世纪70年代中期发展起来分析无机和有机阴、阳离子态化合物的色谱技术，其原理与常规高效液相色谱相似，但由于它具有独特的应用范围，成为独立的一个分支。它已经广泛应用于环境、卫生防疫、半导体、食品和化学工业，除了分析常规的阴、阳离子外，还应用于药物、糖类、氨基酸及农药等大量生物、医学的分析；越来越多的标准分析方法采用了离子色谱。

　　离子色谱一般采用低浓度的盐水溶液作为淋洗液，使成本大大降低且不易造成环境污染；采用抑制器后可以大大降低背景电导率，使其可以检测每升纳克级水平的阴、阳离子，这是其他离子分析技术无法相比的。离子色谱已经有抑制型（又称双柱型）和非抑制型（又称单柱型）两种，分离方法可以用离子交换、离子排斥及流动相离子色谱等多种，检测又可以分为电导率、安培法、脉冲安培法及光度法等，这使离子色谱具有多种选择和更广泛的应用范围。

实验目的

　　（1）学习离子色谱仪的基本使用方法及与计算机联机处理分析数据的过程。

　　（2）了解离子色谱的特点，并比较其与高效液相色谱的不同。

　　（3）了解并学会几种色谱定量方法，比较各自优缺点。

实验原理

　　采用低交换容量阴离子交换柱，其固定相为季铵盐功能基的聚合物填料，以碳酸盐（$Na_2CO_3/NaHCO_3$）为淋洗液，对常规阴离子（F^-、Cl^-、NO_2^-、Br^-、NO_3^-、

PO_4^{3-} 及 SO_4^{2-})进行洗脱,根据不同被测阴离子保留时间不同,采用保留时间对被
测离子进行定性分析,而通过对被测离子与标准物质峰高或峰面积对照(外标法)
实现定量分析。

　　检测采用抑制电导率方式,由于淋洗液具有很高的背景电导率,分离柱后接上
抑制器,将全部淋洗液和被测阴离子的阳离子转化为氢,从而使淋洗液转化为碳
酸,而被测阴离子转化为对应的酸,由于碳酸是一种弱酸,具有很弱的电离,从而使
背景电导率大大降低,对应酸转化为强酸,完全电离,而氢的极限摩尔电导率比一
般阳离子的要大得多,使被测离子电导率值大大提高,从而被测离子的灵敏度大大
提高。这就是典型的抑制型(双柱型)离子色谱。

　　这种阴离子测定的方法,可以直接测定废水、河水、饮用水、雨水等物质中的阴
离子,但对含盐量比较高的水溶液如海水,应处理后再测定。该分析方法已经被美
国国家环境保护局(U.S.EPA)和我国环境监测标准和水质监测标准列为标准分
析方法。

　　抑制性阴离子色谱仪的结构简图见图 2.8。

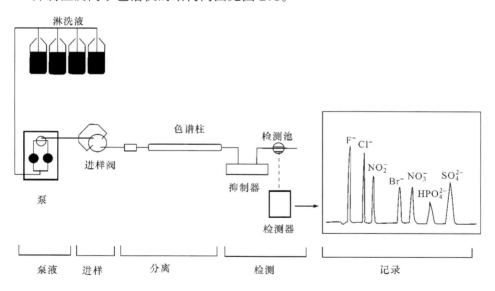

图 2.8　抑制性阴离子色谱仪的结构简图

仪器与试剂

　　仪器　离子色谱仪,配以电导率检测器,Dionex IonPac AS14 阴离子色谱柱,
Dionex AMMS-Ⅲ 自再生抑制器,进样量为 25 μL,以色谱工作站联机控制仪器和
处理实验数据,最后打印输出实验结果;超声波清洗机(流动相脱气用)。

　　试剂　Na_2CO_3、$NaHCO_3$、NaF、$NaCl$、$NaNO_2$、$NaBr$、$NaNO_3$、NaH_2PO_4、Na_2SO_4

(均为 AR)；二次去离子水；淋洗液为 4.8 mmol·L^{-1} Na$_2$CO$_3$ 和 0.6 mmol·L^{-1} NaHCO$_3$；1000 mg·L^{-1}F$^-$、Cl$^-$、NO$_2^-$、Br$^-$、NO$_3^-$、PO$_4^{3-}$ 和 H$_2$SO$_4$ 储备液，测定时稀释；混合标准溶液含有 2 mg·L^{-1} F$^-$、3 mg·L^{-1} Cl$^-$、5 mg·L^{-1} NO$_2^-$、5 mg·L^{-1} Br$^-$、5 mg·L^{-1} NO$_3^-$、10 mg·L^{-1} PO$_4^{3-}$ 和 10 mg·L^{-1} SO$_4^{2-}$ 的水溶液，测定时配制。

实验步骤

(1) 打开计算机和离子色谱主机，启动工作站，调整好流动相的流量，打开抑制器电流，等待仪器稳定，背景电导率小于 20 μS，工作站上色谱流出曲线的基线平直。

(2) 用微量注射器取大于定量管体积的各个阴离子标准样品分别进样，注射器应事先用蒸馏水洗 3 次后，再用标准样品溶液洗 3 次，并注意不要吸入气泡（如吸入气泡，可以将注射针头朝上，小心排出气泡），待峰全部出完后，计算标准样品中各阴离子的保留时间、峰高及峰面积，并储存文件在电脑中。

(3) 取混合阴离子标准样品，按步骤 2 直接进样，从步骤 2 的各阴离子的保留时间可确认混合标准样品的中峰所对应的阴离子。

(4) 取未知试样进样，由色谱峰的保留时间定性，峰高和峰面积与标准样品（一点法）对照定量。

(5) 按开机的逆次序关机。

(6) 建议同学自带不同水样，最好有真假纯净水，以便识别。

结果与讨论

(1) 数据记录及处理（表 2.15 和表 2.16）。

表 2.15　标准溶液各组分的分析结果

组分名称	浓度/(mg·L^{-1})	保留时间/min	峰面积/(min·μS)	峰高/μS

① 标准混合阴离子：

检测器＿＿＿＿＿＿＿＿＿；抑制电流＿＿＿＿＿＿＿＿＿ A。

② 样品号＿＿＿＿＿＿＿＿＿；计算方法＿＿＿＿＿＿＿＿＿。

表 2.16　样品溶液中各组分的分析结果

组分名称	保留时间/min	峰面积/(min·μS)	峰高/μS	浓度/(mg·L^{-1})
				.

（2）比较峰高和峰面积计算结果，并说明用哪一种计算结果更为准确。

（3）抑制电流的大小对离子色谱测定结果是否会有影响？为什么？

思考题

1. 抑制器的作用和它对离子色谱检测结果的影响。

2. 能否用归一化计算离子色谱的分析结果？为什么？

3. 能否用离子色谱法测定碳酸根和硼酸根等弱酸的含量？为什么？

参考文献

1. 朱岩.离子色谱原理及其应用.杭州:浙江大学出版社,2002.133

2. 牟世芬,刘克纳.离子色谱方法及应用.北京:化学工业出版社,2000.83

（张培敏）

实验 17　离子色谱法测定酸雨中的常见阳离子

实验导读

在 101.325 kPa,25 ℃时,大气中 CO_2 在水滴中所产生的最低 pH 为 5.6,所以雨水的 pH 在 6～7 之间。通常,酸雨是指 pH 小于 5.6 的酸性降雨,此时对自然生态将产生不利影响。酸雨问题在世界各国已引起广泛重视,围绕酸雨问题的很多争论,是由于分析数据(酸度和组成)的可靠性问题而引起的。

酸雨中的常见阳离子有 K^+、NH_4^+、Na^+、Mg^{2+}、Ca^{2+} 五种,对于它们的监测,国家环保局编写的《空气和废气监测分析方法》中规定,对 NH_4^+ 分析采用分光光度法,其他金属离子采用原子吸收法,以上方法都是对单个离子进行测定。离子色谱法以保留时间定性,峰面积定量,可以在 10 min 内完成五种阳离子的测定,大大提高分析速度,节省了人力,而且方法的检出限、准确度、精密度均能达到环境监测的要求。本实验的分析方法也适用于饮料、注射液等样品中一些常见阳离子的分析。

实验目的

（1）进一步学习离子色谱仪的操作。

（2）了解离子色谱法分离钠、钾、钙、镁离子的原理。

（3）掌握利用外标法进行色谱定量分析的原理和步骤。

实验原理

　　环境和食品等一些样品中通常含有 Na^+、K^+、NH_4^+ 等一些一价阳离子和 Ca^{2+}、Mg^{2+} 等二价阳离子。这些离子可用阳离子交换柱分离。洗脱液是能够提供 H^+ 作淋洗离子的物质(一般为无机酸的稀溶液、有机酸溶液)。当样品随着流动相通过柱子时,样品离子(X^+)、流动相离子(H^+)与阳离子交换树脂之间发生如下交换反应

$$X^+ + H^+R^- \longrightarrow H^+ + X^+R^-$$

随着流动相不断流过柱子,样品离子又被流动相从树脂上交换下来,即

$$H^+ + X^+R^- \longrightarrow X^+ + H^+R^-$$

与阳离子交换基团作用力小的阳离子在色谱柱中的保留时间短,先流出色谱柱,于是,不同性质的阳离子得到分离。不同离子的保留时间不同,在色谱图上出现为在不同的出峰位置。

　　分离柱的类型将影响阳离子的分离。采用乳胶型的离子交换功能是磺酸基的阳离子分离柱,二价的碱土金属离子对磺酸型阳离子交换树脂的亲和力大于一价碱金属离子,因此在磺酸型阳离子交换树脂上不梯度淋洗,很难一次进样同时分离碱金属和碱土金属。本实验中的 CS12A 型分离柱,是接枝型的阳离子交换树脂,离子交换功能基主要是弱酸性的羧基(—COOH),只用简单的 H^+ 即可有效淋洗一价和二价的阳离子。

　　本实验采用峰面积和峰高标准曲线法(1 点)定量。

仪器与试剂

　　仪器　离子色谱仪,配以电导率检测器,Dionex IonPac CS12A 分离柱,CSRS-ULTRA 自动再生抑制器,进样量为 25 μL,流速为 1.0 mL·min^{-1},以色谱工作站联机控制仪器和处理实验数据,最后打印输出实验结果;超声波清洗机(流动相脱气用)。

　　试剂　$NaNO_3$、NH_4NO_3、KNO_3、$Mg(NO_3)_2$、$Ca(NO_3)_2$(均为 AR);二次去离子水;淋洗液为 20 mmol·L^{-1} 甲烷磺酸;1000 mg·L^{-1} K^+、NH_4^+、Na^+、Mg^{2+}、Ca^{2+} 储备液,测定时稀释;单个标准溶液:10 mg·L^{-1} Na^+、NH_4^+、K^+、Mg^{2+}、Ca^{2+} 标准溶液;混合标准溶液:含 5 mg·L^{-1} K^+、NH_4^+、Na^+,15 mg·L^{-1} Mg^{2+}、Ca^{2+} 的单个标准溶液和混合标准溶液,测定时配制(在使用单点校正法时,应注意混合标准溶液中各离子的浓度尽量与样品浓度接近,标样浓度不能与样品浓度相差一个数量级)。酸雨样品。

实验步骤

　　(1) 打开计算机和离子色谱主机,启动工作站,按操作规程设定好其他分析条件,调整好流动相的流量,打开抑制器电流,等待仪器稳定,进样。

　　(2) 标样分析。分别注入五种阳离子的标准溶液,分别记录色谱图,确定各种

阳离子的保留时间。

（3）取混合阳离子标准样品直接进样,从步骤(2)的各种阳离子的保留时间可确认混合标准样品中的峰所对应的阳离子并记录对应的峰高和峰面积。

（4）样品前处理。测定样品前应选用中性滤纸过滤,再将滤液用 0.45 μm 有机滤膜过滤,取滤出液进样,由色谱峰的保留时间定性,峰高和峰面积与标准样品对照定量。

（5）按开机的逆次序关机。

结果与讨论

（1）数据记录及处理(表 2.17 和表 2.18)。

① 标准混合阳离子:

检测器_____;抑制电流_____。

表 2.17 标准溶液中各组分的分析结果

组分名称	浓度/(mg·L^{-1})	保留时间/min	峰面积/(min·μS)	峰高/μS

② 样品号_____;计算方法_____。

表 2.18 样品溶液中各组分的分析结果

组分名称	保留时间/min	峰面积/(min·μS)	峰高/μS	浓度/(mg·L^{-1})

（2）比较峰高和峰面积计算结果,并说明用哪一种计算结果更为准确。

思考题

1. 单点外标法与多点外标法相比,其优缺点如何?

2. 离子色谱分析阳离子有何优点?

参考文献

1. 朱岩. 离子色谱原理及其应用. 杭州:浙江大学出版社,2002

2. 牟世芬,刘克纳.离子色谱方法及应用.北京:化学工业出版社,2000.109

（张培敏）

实验 18　离子色谱法测定饮料中的防腐剂

实验导读

　　苯甲酸和山梨酸是食品,特别是饮料中最常见的防腐剂,是食品卫生检验常测指标,过量的苯甲酸和山梨酸直接影响人们的身体健康,因此准确地测定其含量是食品分析经常遇到的问题。对它们的测定已有多种分析方法,如气相色谱和高效液相色谱,但采用离子色谱可以快速、方便地对它们进行检测,结果也比较理想。

　　离子色谱法(IC)作为一种新的分析方法目前已经从环境分析领域扩大到食品分析领域,并且运用越来越广。由于苯甲酸和山梨酸的 pK_a 均小于 7,从理论上讲,都可以用抑制型离子色谱检测。

实验目的

　　(1)了解离子色谱的分离机理和抑制型电导率检测的特征。

　　(2)进一步掌握离子色谱仪的操作。

实验原理

　　苯甲酸和山梨酸是常用的防腐剂,它们在水溶液中都是弱酸,可部分电离成阴离子,因此,可在阴离子交换柱子上进行交换后,用抑制电导率的方法进行检测。

　　在本实验的色谱条件测定下,苯甲酸和山梨酸的检测下限分别为 $0.5\ \mu g \cdot L^{-1}$ 和 $0.8\ \mu g \cdot L^{-1}$,线性范围从检测下限起一直到 $250\ \mu g \cdot L^{-1}$,苯甲酸和山梨酸的保留时间分别为 $8.50\ min$,$4.00\ min$,分析速度较快,且能与其他离子较好地分辨。本方法可适合汽水、可乐和口服液等饮料样品的测定。

仪器与试剂

　　仪器　Dionex4000i 离子色谱仪,配以电导率检测器,Dionex HPIC-AG 保护柱两根,Dionex AMMS 阴离子微膜抑制器。

　　试剂　山梨酸(AR);苯甲酸(AR);二次去离子水配制;$25\ mmol \cdot L^{-1}\ H_2SO_4$,$1.5\ mmol \cdot L^{-1}\ Na_2CO_3$;市售饮料样品。

实验步骤

　　1)标准溶液的配制

　　(1)山梨酸储备液和苯甲酸储备液。准确称取 $0.1250\ g$ 山梨酸,用水溶解,转移到 25 mL 容量瓶中,并稀释到刻度。此溶液含山梨酸 $5\ mg \cdot L^{-1}$。准确称取 $0.1250\ g$ 苯甲酸,用水溶解,转移到 25 mL 容量瓶中,并稀释到刻度。此溶液含苯甲酸 $5\ mg \cdot L^{-1}$。

　　(2)山梨酸、苯甲酸混合储备液。准确称取 $0.1250\ g$ 山梨酸和 $0.1250\ g$ 苯甲酸,用水溶解后,全部转移到 25 mL 容量瓶中,并稀释到刻度。此溶液含山梨酸、苯甲酸分别为 5 mg·L^{-1}。

（3）混合标准系列的配制。准确吸取 0.05 mL、0.10 mL、0.20 mL、0.30 mL、0.40 mL、0.50 mL 山梨酸、苯甲酸混合储备液,定容于 25 mL 容量瓶中,配成含山梨酸、苯甲酸分别为 10 μg·mL^{-1}、20 μg·mL^{-1}、40 μg·mL^{-1}、60 μg·mL^{-1}、80 μg·mL^{-1}、100 μg·mL^{-1}的混合标准溶液。

（4）单个标准溶液。在两个 25 mL 的容量瓶中分别吸取 0.20 mL 的山梨酸、苯甲酸储备液,定容,配成浓度为 40 μg·L^{-1}的山梨酸、苯甲酸单个标准溶液。

2）标准溶液测定

（1）打开计算机和离子色谱主机,启动工作站,按操作说明书设定好分析条件,色谱条件为:淋洗液 1.5 mmol·L^{-1} Na$_2$CO$_3$,流速 1.5 mL·min^{-1};再生液 25 mmol·L^{-1} H$_2$SO$_4$,流速 1.0 mL·min^{-1};电导率检测量程 60 μS·V^{-1};进样体积 50 mL。

（2）待基线稳定后,分别对山梨酸和苯甲酸的标准溶液进样。计算标准样品中山梨酸和苯甲酸的保留时间、峰高及峰面积。

（3）取山梨酸和苯甲酸的混合标样,按步骤（2）直接进样,从步骤（2）的山梨酸和苯甲酸的保留时间可确认混合标样的中峰所对应的防腐剂,并相应的峰面积和峰高。

3）样品溶液的测定

饮料用超声波脱气 5 min,稀释 50 倍或 25 倍后,用 0.45 μm 的微孔滤膜过滤后进样测定。由色谱峰的保留时间定性,峰高和峰面积与标准样品对照定量。

4）关机

按开机的逆次序关机。

结果与讨论

（1）根据山梨酸和苯甲酸标准系列溶液的色谱图,绘制山梨酸、苯甲酸的峰高（峰面积）与浓度的关系曲线。

（2）根据样品中山梨酸、苯甲酸的峰高（或峰面积）,由工作曲线计算饮料中山梨酸、苯甲酸的含量（mg·L^{-1}）。

思考题

1. 气相色谱、高效液相色谱、离子色谱都可以测定山梨酸和苯甲酸,它们各有什么特色?

2. 若要知道本实验的回收率,应怎么计算?

参考文献

1. 朱岩.分析化学,1991,19（3）:313～316

2. 朱岩.离子色谱原理及其应用.杭州:浙江大学出版社,2002.167

（张培敏）

实验 19　　电位滴定法测定混合碱

实验导读

　　电位分析法分为直接电位法和电位滴定法。电位滴定法是利用电极电势的变化来确定终点的容量分析方法,测定的是物质的总量。电位滴定法与指示剂滴定法相比,基本过程一致,从消耗的滴定剂的体积及其浓度来计算待测物质的含量;其主要区别在于确定终点方法的不同,电位滴定是根据滴定过程中电极电势的"突跃"代替指示剂指示终点的到达。电位滴定终点的确定并不需要知道终点电势的绝对值,仅需要在滴定过程中观察指示电极电势的变化,在等当点的附近,由于被滴定的物质浓度发生突变,根据指示电极电势产生突跃来确定滴定终点的体积(V_{SP})。电位滴定具有以下几个优点:①能用于难以用指示剂判断终点的滴定,如终点变色不明显、有色溶液的滴定;②能用于非水溶液的滴定;③能用于连续滴定和自动滴定,并适合微量分析。

　　值得注意的是,滴定时,应根据不同的反应选择合适的指示电极,常用的指示电极有:玻璃电极适合酸碱反应、铂电极适合氧化还原反应、银电极可用于测定卤素与硝酸银的沉淀反应、pM 电极(铜离子选择性电极,测定时在试液中加入 Cu-EDTA 配合物)可指示以 EDTA 为滴定剂的滴定过程中,被测金属离子的浓度。

实验目的

　　(1) 掌握电位滴定法的原理及数据处理方法。

　　(2) 学会使用 pH 计。

实验原理

　　在容量分析中,混合碱($NaOH$、Na_2CO_3 或 $NaHCO_3$、Na_2CO_3)的分析一般采用双指示剂法。由于 Na_2CO_3 滴定至 $NaHCO_3$ 这一步采用酚酞为指示剂,终点不明显,使结果产生较大的误差。电位滴定法是通过测量滴定过程中 pH 的变化来确定滴定终点,可适用于突跃范围较窄的滴定过程,结果准确可靠。当用标准 HCl 溶液滴定混合碱($NaOH$、Na_2CO_3 或 $NaHCO_3$、Na_2CO_3)时,用玻璃电极测量滴定过程中溶液的 pH 变化,绘制电位滴定曲线,确定滴定终点,也可用一级或二级微商曲线来确定终点体积。以标准 HCl 溶液滴定某一元碱溶液为例,实验数据及其处理见表 2.19。

表 2.19　用 HCl($0.1105\ mol \cdot L^{-1}$)滴定某一元碱($25.00\ mL$)

V_{HCl}/mL	ΔV	pH	ΔpH	$\Delta pH/\Delta V$	$\Delta^2 pH/\Delta V^2$
0.00		10.52			
2.00	2.00	10.02	-0.50	-0.25	
4.00	2.00	9.50	-0.52	-0.26	

续表

V_{HCl}/mL	ΔV	pH	ΔpH	ΔpH/ΔV	Δ^2pH/ΔV^2
6.00	2.00	8.94	-0.56	-0.28	
8.00	2.00	8.31	-0.63	-0.315	
10.00	2.00	7.63	-0.68	-0.34	
12.00	2.00	6.91	-0.72	-0.36	
14.00	2.00	6.15	-0.76	-0.38	
15.00	1.00	5.74	-0.41	-0.41	
15.10	0.10	5.68	-0.06	-0.60	
15.20	0.10	5.61	-0.07	-0.70	
15.30	0.10	5.51	-0.10	-1.0	
15.40	0.10	5.38	-0.13	-1.3	
15.50	0.10	5.22	-0.16	-1.6	
15.60	0.10	5.02	-0.20	-2.0	
15.70	0.10	4.78	-0.24	-2.4	-4.0
15.80	0.10	4.44	-0.34	-3.4	-10.0
15.90	0.10	4.16	-0.28	-2.8	6.0
16.00	0.10	3.92	-0.24	-2.4	4.0
17.00	1.00	2.90	-1.02	-1.02	
18.00	1.00	1.94	-0.96	-0.96	

根据表 2.19 数据分别绘制以下曲线:

(1) 电位滴定曲线(pH-V)。以 pH 为纵坐标,加入的 HCl 体积为横坐标,绘制电位滴定曲线,见图 2.9(a)。pH-V 曲线上的突跃[斜率 d(pH)/d(V)最大的地方]为终点。

(2) 一级微商曲线(ΔpH/ΔV-V)。以 ΔpH/ΔV 为纵坐标,加入的 HCl 体积为横坐标,绘制一级微商曲线,见图 2.9(b)。曲线上的极大值点(外推得到)所对应的体积即为计量点时 HCl 的体积。

(3) 二级微商曲线(Δ^2pH/ΔV^2-V)。以 Δ^2pH/ΔV^2 为纵坐标,加入的 HCl 体积为横坐标,绘制二级微商曲线,见图 2.9(c)。曲线上 Δ^2pH/ΔV^2 = 0 处所对应的体积即为计量点时的 HCl 体积;该体积也可以从刚刚改变正负号的两个相邻二级微商值计算而得,从表 2.19 中可见,在 HCl 体积从 15.70 mL 增加到 15.80 mL 时,二级微商值改变符号,终点时 HCl 的体积为

$$V_{SP} = 15.70 + \frac{10}{10+6} \times 0.10 = 15.76(mL)$$

或

$$V_{SP} = 15.80 - \frac{6}{10+6} \times 0.10 = 15.76 \text{(mL)}$$

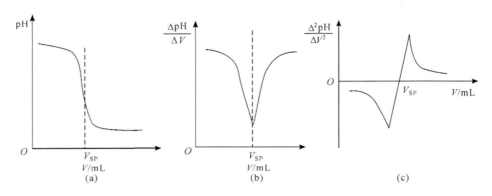

图 2.9　HCl 溶液滴定某弱碱溶液的各曲线

(a) 滴定曲线;(b) 一级微商曲线;(c) 二级微商曲线

式中,0.10 为两次滴定体积之差。

仪器与试剂

　　仪器　数字式 pH 计;复合玻璃电极;磁力搅拌器;小烧杯;滴定管;移液管;洗耳球。

　　试剂　0.05 mol·L^{-1}盐酸溶液;碳酸钠(基准物质);混合碱未知液;0.2%(质量分数)甲基橙指示剂;标准 pH 缓冲溶液。

实验步骤

　　1)准备工作

　　接通 pH 计的电源,预热 10~15 min 后,用标准 pH 缓冲溶液对 pH 计进行校正。

　　2)HCl 溶液的标定

　　准确称取 0.2~0.3 g 基准碳酸钠于 250 mL 锥形瓶中,加入 20~30 mL 水溶解后,滴入 1~2 滴 0.2%(质量分数)甲基橙指示剂,用待标定的 HCl 滴至橙色为终点,平行滴定 3 次,计算 HCl 的浓度。

　　3)电位滴定

　　准确移取 25 mL 混合碱未知溶液于一清洁干净的 150 mL 小烧杯中,加入 25 mL 蒸馏水,安装好滴定装置后,开启搅拌器,从酸式滴定管中逐步滴加 0.1 mol·L^{-1} HCl 溶液。开始时,每滴 2 mL 测一次 pH,接近第一等当点时每隔 0.1 mL 测一次 pH,终点突跃过后,又每隔 2 mL 测一次 pH,接近第二等当点时每隔 0.1 mL 测一次,突跃过后,每隔 2 mL 测一次直至 pH 出现平台为止。电位滴定结束后,关机,清洗并放妥电极。

结果与讨论

　　(1)计算 HCl 标准溶液的浓度。

（2）分别画出滴定曲线（pH-V）、一级微商曲线（$\Delta pH/\Delta V$-V）和二级微商曲线（$\Delta^2 pH/\Delta V^2$-V），并分别确定 V_{SP_1}、V_{SP_2}。

（3）用二级微商计算法求出 V_{SP_1} 和 V_{SP_2}。

（4）判断未知液的组成，并求出其浓度。

思考题

1．怎样用酸碱电位滴定法区别下列物质？

HCl，H_3PO_4，$HCl + H_3PO_4$，$H_3PO_4 + NaH_2PO_4$，$NaH_2PO_4 + Na_2HPO_4$，$NaH_2PO_4 + Na_3PO_4$

试图示以 NaOH 作标准溶液滴定上述各组溶液的滴定曲线（假定每种组分物质的量浓度都相等）。

2．计算未加 HCl 标准溶液时，混合碱溶液的 pH，并与实验值比较。

参考文献

1．朱明华.仪器分析.第 3 版.北京:高等教育出版社,2000

2．张济新,孙海霖,朱明华.仪器分析实验.北京:高等教育出版社,1994

（张嘉捷）

实验 20　氟离子选择性电极测定自来水中的氟含量

实验导读

直接电位法是利用专用的指示电极（如离子选择性电极）测得电极电势，根据能斯特方程计算出该物质的含量。离子选择性电极主要是通过其特殊材质的敏感膜对某一离子有选择性响应而对该离子进行测定，测到的是被测物质的游离形态的活度。通常，测定系统由离子选择性电极、参比电极和待测液组成，以磁力搅拌器搅拌试液，用高输入阻抗测试仪表测量电池电势，借助电动势和待测浓度的对数的线性关系，通过标准曲线法或内标法定量。离子选择性电极的分析特点主要有：能用于测定许多阳、阴离子以及有机离子、生物分子，特别是用其他方法难以测定的碱金属离子及一价阴离子，并能用于气体分析；浓度线性范围宽，能达几个数量级；电位法反映的是离子的活度，因此适用于测定化学平衡的活度常数，如解离常数、配合物稳定常数、溶度积常数、活度因子等，是热力学、动力学和电化学等研究的常用手段；离子选择性电极可制成微型电极，用于单细胞分析及活体监测；还可以作为传感器，应用于工业流程的自控和环保监测设备。

实验目的

（1）掌握电位法测定物质浓度的原理。

（2）了解氟离子选择性电极的基本结构和工作原理。

（3）学会标准曲线法、标准加入法以及连续加入法等处理数据的方法。

实验原理

　　饮用水中氟含量的高低对人的健康有一定的影响,氟的含量太低易得龋齿,过高则会发生氟中毒现象,比较合适的含量为 $1.0\sim1.5$ mg·L^{-1}。采用比色法测定水中痕量氟麻烦费时,干扰因素多,样品要做预处理;用氟离子选择性电极测定快速简便,该测定系统由氟离子选择性电极、甘汞电极和待测溶液组成,氟离子选择性电极由 LaF$_3$ 单晶制成,测试时组成如下电池:

　　　　Hg|Hg$_2$Cl$_2$,KCl(饱和) ‖ 测试液(F$^-$)|氟离子选择性电极

当温度一定时,氟离子选择性电极电势为

$$E = 常数 - S\lg a_{F^-} \tag{2.8}$$

式中:$S(=2.303RT/F)$称为电极能斯特响应斜率。

　　离子选择性电极的电极电势与多种因素有关,实验时必须选择合适的条件。用氟离子选择性电极测试水样时,加入总离子强度调节缓冲剂(total ionic strength adjustment buffer,TISAB)以固定离子强度,使得离子的活度系数为一常数,则该电极电势为

$$E = 常数 - S\lg c_{F^-} \tag{2.9}$$

即 E 与 $\lg c_{F^-}$ 成线性关系,式(2.9)也是标准曲线法的基本关系式。另外,TISAB 还具有调节 pH 和释放配合态氟的作用。因为当溶液 pH 过低,氟离子会与 H$^+$ 形成 HF 或 HF$_2^-$,pH 过高,OH$^-$ 会产生干扰,因此测定时必须控制溶液的 pH,最合适的 pH 范围为 $5\sim5.5$;氟电极只对游离的氟离子有响应,所以要加入掩蔽剂,如 EDTA、柠檬酸等,使铁氟配合物或铝氟配合物中的氟离子释放成为可检测的游离形态。

仪器与试剂

　　仪器　pH 计;磁力搅拌器;容量瓶;塑料烧杯;氟离子选择性电极;饱和甘汞电极;移液管;吸量管。

　　试剂　0.1000 mol·L^{-1} F$^-$ 标准储备液:准确称取 NaF (120 ℃烘 1 h) 4.109 g 溶于蒸馏水中,并稀释至 1 L;总离子强度调节缓冲剂(TISAB):称取氯化钠 58 g,柠檬酸钠 10 g 溶于 800 mL 蒸馏水中,再加乙酸 57 mL,在冷水浴中插入玻璃复合电极,用 40%(质量分数)的 NaOH 调节至 pH=5,然后用水稀释至 1 L。

实验步骤

　　1) 氟离子选择性电极的准备

　　将氟离子选择性电极放在含 1.00×10^{-3} mol·L^{-1} F$^-$ 溶液中浸泡 0.5 h 左右,然后再用蒸馏水清洗至电池电势值为 -300 mV 左右,若氟电极暂不使用,宜干放。

　　2) 标准系列溶液配制

　　在 5 个 50 mL 容量瓶中分别配制内含 5 mL 离子强度缓冲剂的 1.00×10^{-2} mol·L^{-1}、1.00×10^{-3} mol·L^{-1}、1.00×10^{-4} mol·L^{-1}、1.00×10^{-5} mol·L^{-1}、$1.00\times$

10^{-6} mol·L^{-1}的 F$^-$溶液:①分别移取 5.00 mL 0.100 mol·L^{-1} F$^-$标准储备液和 5.00 mL TISAB 于 50 mL 容量瓶中,稀释至刻度后摇匀,得 1.00×10^{-2} mol·L^{-1}的 F$^-$标准溶液;②分别移取 5.00 mL 1.00×10^{-2} mol·L^{-1} F$^-$标准溶液和 4.50 mL TISAB 于另一 50 mL 容量瓶中,稀释至刻度后摇匀,得到 1.00×10^{-3} mol·L^{-1}的 F$^-$标准溶液;③同上依次配制 $1.00\times10^{-4}\sim1.00\times10^{-6}$ mol·L^{-1}的 F$^-$标准溶液。

3）标准曲线的绘制

分别将标准系列溶液转入 50 mL 烧杯中(浓度由稀到浓依次测定),放入电极,在磁力搅拌下,每隔 0.5 min 读取一次 E,直至 1 min 中内读数基本不变,再记录。以 $\lg c_{F^-}$为横坐标,E 为纵坐标,绘制标准曲线,并由此求得电极能斯特响应斜率 S。

测试完毕,为消除电极在接触浓 F$^-$溶液后产生迟滞效应,应将电极清洗至空白电势 -300 mV 左右,待用。

4）水样中氟含量的测定

准确移取水样 10.00 mL 于 50 mL 容量瓶中,再加入 5 mL 离子强度缓冲剂,用蒸馏水稀释至刻度,摇匀。全部倒入一洗净干燥的烧杯中,插入氟离子选择性电极和甘汞电极,测定其电势值 E_0,用上述标准曲线计算水样中的氟含量 c_x。

5）标准加入法

在上述未知溶液中,再准确加入 1.00×10^{-3} mol·L^{-1}(可视水样中 F$^-$的含量而定)的标准 F$^-$溶液 1.00 mL,然后再测其电势值 E_1。按式(2.10)计算水样中氟含量 c_x,即

$$c_x = \Delta c / (10^{\Delta E/S} - 1) \tag{2.10}$$

式中:$\Delta c = c_s V_s / V_x$,其中 c_s 为加入的标准 F$^-$溶液的浓度,V_s 为加入的标准 F$^-$溶液体积,V_x 为被测溶液的体积;S 为电极能斯特响应斜率;$\Delta E = E_0 - E_1$。

6）连续加入法

在上述标准加入法测得电势 E_1 以后,继续加入 1.00×10^{-3} mol·L^{-1}的标准 F$^-$溶液 4 次,每次各 1.00 mL,分别测得电势值 $E_2\cdots E_5$,以 $(V_x + V_s)10^{E/S}$ 为纵坐标,V_s 为横坐标,绘制标准曲线,当直线与 V_s 轴相交时,$c_x V_x + c_s V_s = 0$,则

$$c_x = - c_s V_s / V_x$$

结果与讨论

分别用标准曲线法、标准加入法和连续加入法求算水样中的氟含量 c_x,并比较三种方法的差异及原因。

思考题

1．简述离子选择性电极测定氟离子含量的基本原理。

2．试比较标准曲线法、标准加入法、连续加入法的优缺点。

3．在实验时为什么要加入离子强度缓冲剂?

参考文献

1. 殷学锋. 新编大学化学实验. 北京:高等教育出版社,2002
2. 林树昌,曾泳淮. 分析化学(仪器分析部分). 北京:高等教育出版社,1994

（张嘉捷）

实验 21　单扫描示波极谱法测定海水中的镉、铜、锌

实验导读

　　极谱分析是一种特殊形式的电解分析方法。它以小面积的液态电极(如滴汞电极)作为工作电极,其电极表面作周期性的连续更新,根据工作电极与参比电极组成的电解池,电解被分析物质的稀溶液,最终得到电流-电压曲线来进行分析。

　　极谱分析法创建于 1922 年,经过几十年的发展,在理论、仪器设备和分析方法上已形成了一系列较为成熟完善的仪器分析系统,成为一种常用的分析方法和研究手段。极谱分析的实际应用相当广泛,凡能在电极上被还原或被氧化的无机离子和有机物质,一般都可以用极谱法测定。经典极谱法测定物质的浓度范围为 $10^{-2} \sim 10^{-5}$ mol·L^{-1},灵敏度不高,但采用近代极谱法的新技术,如极谱催化波法、溶出伏安法、单扫描极谱法和脉冲极谱法可将灵敏度提高至 $10^{-7} \sim 10^{-10}$ mol·L^{-1}。极谱法常用来研究化学反应机理及动力学过程,测定配合物的组成及化学平衡常数等。

实验目的

　　(1) 掌握极谱分析法基本原理。

　　(2) 学习示波极谱仪的测量技术。

实验原理

　　传统极谱法中,极谱扩散电流 I_d 和半波电位 $E_{1/2}$ 分别是定量和定性分析的依据。单扫描极谱法的原理与其基本相同,但波形不同,单扫描极谱图呈峰形,以图 2.10 为例,极谱曲线中的峰电流 $I_P \propto c$ 是定量分析的依据,峰电位 E_P 是定性分析的依据。

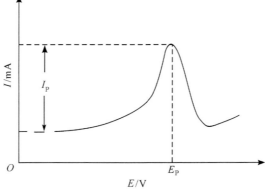

图 2.10　峰电流与峰电位的关系曲线

一般的仪器分析书上都有常见的金属离子在不同介质的 $E_{1/2}$ 表供查阅,请注意 E_P 和 $E_{1/2}$ 之间的换算关系

$$E_P = E_{1/2} - 1.1(RT/nF) \tag{2.11}$$

当实验条件(温度、汞柱高、辅助电解质等)固定时,I_d 或 I_P 与物质的浓度 c 成正比。可测量一系列标准溶液极谱曲线(极谱波),作出波高对浓度的标准曲线,再由未知溶液的波高在标准曲线上求得相应的浓度。

单扫描极谱法是用阴极射线示波器作为电信号的检测工具,汞滴的滴下时间一般为 7 s,考虑到汞滴的表面在汞滴成长的初期变化较大,故在最后约 2 s 区间,才加上一次扫描电压,扫描的起始电压可通过原点电位控制。为了使汞滴滴下的时间与扫描同步,滴汞电极上有敲击装置,当扫描结束时把汞滴敲落。相同的仪器条件下,每一次扫描屏幕上就重复描绘一次极谱图,谱图中峰高的大小可以通过电流倍率调节,$I_P(mA) =$ 屏幕上的峰高×电流倍率。

在 $0.1 \text{ mol·L}^{-1} \text{ NH}_3·\text{H}_2\text{O} \sim 0.1 \text{ mol·L}^{-1} \text{ NH}_4\text{Cl}$ 介质中,镉、铜、锌都能形成氨的配合离子,在滴汞电极上被还原,得到很好的极谱波形,而且三个还原波的峰电位相差都远大于 0.1 V,示波极谱的分辨率可满足同时进行三组分分析的要求。实验时,通入 N_2 气 10~15 min 以除去氧,也可以用无水亚硫酸钠来除氧,以消除氧的极谱还原波对测定的影响,在单扫描极谱法中,因氧波为不可逆波,其干扰作用很小,往往可不除去溶液中的氧。在极谱测定时,随着外加电压的增加,会在电流电压由线上出现一个不正常的电流峰称为极谱极大或畸峰,它妨碍扩散电流及半波电位的测量,实验时可加入聚乙烯醇(PVA)、明胶等表面活性物质加以抑制。

仪器与试剂

仪器　JP-2 示波极谱仪;容量瓶;滴汞电极;吸量管;饱和甘汞电极或银-氯化银电极;烧杯。

试剂　标准混合液:Cd^{2+}、Cu^{2+}、Zn^{2+} 的浓度都为 $5.00 \times 10^{-2} \text{ mol·L}^{-1}$;氨混合液:$1 \text{ mol·L}^{-1} \text{ NH}_3·\text{H}_2\text{O}$-$1 \text{ mol·L}^{-1} \text{ NH}_4\text{Cl}$;明胶:0.5%(质量分数);海水(采集、储存和预处理按 GB 12763.4-91 和 HY003-91 的有关规定执行)。

实验步骤

1)开机

打开极谱仪,预热。

2)Cd^{2+}、Cu^{2+}、Zn^{2+} 峰电位 E_P 的测定

在 10 mL 烧杯(作电解池用)中,加入 $1 \text{ mL } 1 \text{ mol·L}^{-1} \text{ NH}_3·\text{H}_2\text{O}$-$1 \text{ mol·L}^{-1} \text{ NH}_4\text{Cl}$,加入浓度为 $5.00 \times 10^{-2} \text{ mol·L}^{-1} \text{ Cd}^{2+}$、$\text{Cu}^{2+}$、$\text{Zn}^{2+}$ 标准混合液 2 滴,加入 3 滴 0.5% 的明胶,加 8 mL 水稀释。

将处理好的电极放入溶液中,调节不同的原点电位,分别观察各个离子的极谱曲

线,读取各峰电位 E_P。使用滴汞电极时,为防止水溶液的倒吸,先提高汞瓶,见汞滴下后,再放入溶液中;用完后,先将电极离开溶液,用水洗净,滤纸吸干电极上的水珠,再降低汞瓶。汞瓶不宜过高,当滴汞速度小于 7 s 每滴时,将引起极谱波的跳动。

3) 水样中 Cd^{2+}、Cu^{2+}、Zn^{2+} 的测定

取 6 个 25 mL 容量瓶,依次加入 1.00 mL、2.00 mL、3.00 mL、4.00 mL、5.00 mL $5.00 \times 10^{-3} mol \cdot L^{-1}$ 的 Cd^{2+}、Cu^{2+}、Zn^{2+} 标准混合液,最后一瓶 10.00 mL 海水水样。每个容量瓶中再加入 2.5 mL 1 $mol \cdot L^{-1}$ $NH_3 \cdot H_2O$-1 $mol \cdot L^{-1}$ NH_4Cl 溶液,0.5 mL 0.5% 的明胶,用水稀释至刻度,摇匀。(注意:在稀释之前不可摇动溶液;否则,会产生气泡,不易稀释至刻度。)

将溶液若干毫升倒入小烧杯(电解池)中,放入电极进行扫描,根据步骤 2) 中所得的 E_P 值,调节原点电位,分别读取 Cd^{2+}、Cu^{2+}、Zn^{2+} 极谱波的 I_P,注意极谱波的测绘应从浓度低的溶液开始,依次进行,最后测定未知样。以 c 为横坐标,I_P 为纵坐标,分别绘制三个离子的标准曲线,并求得海水中 Cd^{2+}、Cu^{2+}、Zn^{2+} 的浓度。

测定完毕,将滴汞电极抬高离开溶液,洗净电极,并将电极表面的水吸干,然后降低汞瓶;将极谱仪各旋钮复原,最后关闭总电源。

结果与讨论

(1) 峰电位 E_P(表 2.20)。

表 2.20　峰电位 E_P 值

项目	Cd^{2+}	Cu^{2+}	Zn^{2+}
E_P/V			

(2) 标准曲线法(表 2.21)。

表 2.21　标准曲线法实验结果

瓶号		1	2	3	4	5	海水
Cd^{2+}	最高值						
	最低值						
	I_P/mA						
Cu^{2+}	最高值						
	最低值						
	I_P/mA						
Zn^{2+}	最高值						
	最低值						
	I_P/mA						

思考题

1. 实验中,除被测离子外,所加的各试剂分别起什么作用?

2. 测定时为什么电解池所取的试液体积不需要很准确?

3. 极谱仪中设置原点电位和电流倍率的意义是什么?

参考文献

1. 华中师大,陕西师大,东北师大. 分析化学. 下册. 北京:高等教育出版社,2002

2. 武汉大学化学系. 仪器分析. 北京:高等教育出版社,2001

（张嘉捷）

实验 22 示波极谱法同时测定胱氨酸和赖氨酸

实验导读

极谱分析法广泛用于测定无机和有机化合物。极谱分析法可测定的典型无机离子有 $Cu(\text{II})$、$Cu(\text{I})$、$Tl(\text{I})$、$Pb(\text{II})$、$Cd(\text{II})$、$Zn(\text{II})$、$Fe(\text{II})$、$Fe(\text{III})$ 等。对许多在滴汞电极上还原产生有机极谱波的有机化合物,如共轭不饱和化合物、羰基化合物、有机卤化物、含氮化合物、亚硝基化合物、偶氮化合物、含硫化合物,也可以进行分析。

蛋白质是一切生命现象的物质基础,而氨基酸则是构成蛋白质的原料。大多数氨基酸可以在体内合成,但蛋氨酸、色氨酸、赖氨酸、亮氨酸、异亮氨酸、苏氨酸、缬氨酸和苯丙氨酸等八种人体必需氨基酸只能从食物中摄取,如果食物或饲料中缺乏这些氨基酸,就会影响机体的正常生长和健康,这些氨基酸也广泛用于医疗。因此,这些氨基酸的含量是评价食品营养价值的重要指标。分析食品、饲料、种子以及药物中这些氨基酸的含量非常重要。分析方法除少数用红外反射法、化学发光法、同位素法外,主要用色谱法、吸光法、荧光法、滴定法。本实验介绍示波极谱同时测定胱氨酸和赖氨酸的方法。

实验目的

（1）了解示波极谱同时测定胱氨酸和赖氨酸的方法。

（2）熟悉使用单扫描极谱仪测定的方法特点。

实验原理

胱氨酸和赖氨酸是蛋白质的重要成分,它们在 pH 为 10 的 $Na_2B_4O_7$-CH_3CHO-NaOH 系统中,在滴汞电极上,峰电位分别为 -0.75 V 和 -1.45 V 的条件下,可分别获得一幅相当清楚的示波极谱图, 胱氨酸和赖氨酸浓度分别为 $0.5\sim100$ $\mu g\cdot mL^{-1}$ 和 $0.5\sim80$ $\mu g\cdot mL^{-1}$ 范围内时与峰电流成线性关系,因此可利用它进行极谱测定。

赖氨酸量大于胱氨酸量 10 倍时,50 μg 组氨酸、100 μg 谷氨酸、150 μg 氨基丙酸、500 μg 酪氨酸共存下,对测量影响不大;20$\sim$28 ℃之间为最佳测量温度;测量溶液可在 8 h 内稳定。

用示波极谱同时测定胱氨酸和赖氨酸的方法,其分析结果的可靠性和灵敏度均相当于价格昂贵的进口氨基酸分析仪,分析方法简单快速。但由于工作电极是滴汞电极,在做实验时要注意安全,防止汞的污染。

仪器与试剂

仪器　JP-2 型示波极谱仪;三电极系统;参考电极(Ag-AgCl 电极);容量瓶;移液管。

试剂　①极谱底液的配制:称取 15 g $Na_2B_4O_7 \cdot 10H_2O$ 于 250 mL 烧杯中,加入少许蒸馏水溶解后,加 10 mL CH_3CHO,摇匀,以 4%(质量分数)NaOH 溶液调节 pH=10,然后移入 1000 mL 容量瓶中,用蒸馏水稀至刻度,摇匀备用;②标准胱氨酸和赖氨酸储备液的配制:分别准确称取 0.5000 g 胱氨酸和赖氨酸于 50 mL 烧杯中,用 4%(质量分数)NaOH 溶液 25 mL 溶解后移入 1000 mL 容量瓶中,并以极谱底液稀释至刻度,摇匀备用,即得 500 $\mu g \cdot mL^{-1}$ 胱氨酸和赖氨酸;③含胱氨酸和赖氨酸的未知溶液。

实验步骤

1) 准备

将电极插头插入"电解液"插座,Pt 电极插头插入"辅助电极"插孔,Ag|AgCl 电极插头插入"电解池"插孔。接通电源,将储汞瓶升高。选择好原点电位值,极性开关转到"-"。

2) 标准溶液制作

准确移取含 500 $\mu g \cdot mL^{-1}$ 胱氨酸和赖氨酸的标准溶液 0.00 mL、0.20 mL、0.40 mL、0.80 mL、1.60 mL 于 10 mL 容量瓶中,以极谱底液稀释至 10 mL,摇匀后倒入电解池,于 JP-2 型示波极谱仪上,从 -0.50~-0.10 V 和 -1.20~-1.70 V 扫描测定极谱波,峰电位分别为 -0.70 V 和 -1.40 V 处测量胱氨酸和赖氨酸的峰电流,导数开关置于常规"I_P"挡,峰高值(μA)等于峰高与电流倍率的相应倍数的乘积,(波)峰电位读数(荧光屏横坐标)等于原点电位与波峰在示波屏横坐标上对应读数(负数)的代数和。

3) 样品中胱氨酸和赖氨酸的测定

取样品 5.00 mL,用极谱底液稀释至 10 mL,摇匀后倒入电解池,于 JP-2 型示波极谱仪上,在同样条件下测定峰高,平行测定 3 次。加入约 1 倍高浓度的胱氨酸和赖氨酸标准溶液,搅匀。同前方法测定它们的波高。

4) 结束

仪器使用完毕,移开电解池,将电极开关转到"双电极",再关电源。然后冲洗电极,用滤纸擦干,让毛细管汞滴继续自由滴落几滴后,再把储汞瓶缓缓降到预置高度,让毛细管静置在大气中保存。

结果与讨论

（1）将步骤1)所测量的结果填入表2.22,用Excel或Origin计算其线性方程和相关系数。

表 2.22　实验数据记录表

标准样品号	1	2	3	4	5	实际样品
浓度/$(\mu g \cdot mL^{-1})$						
峰高/μA						

（2）用标准曲线法和标准加入法分别计算样品中被测物质的含量。

思考题

1.示波极谱定量分析有哪些方法? 它们各有何特点?

2.测量过程中,如果扫描波形起点出现跳动、基线倾斜,为提高测定准确度,应如何处理?

3.用极谱法分析氨基酸与其他方法分析氨基酸各有什么优缺点?

参考文献

黄玉秀,林伦民,陈金兰.分析测试通报.1992,11(1):72～86

（张培敏）

实验 23　库仑分析法测定砷

实验导读

库仑分析方法是常见的电化学分析方法之一,它用外加电源电解试液,根据电解过程中所消耗的电量,通过法拉第定律来求物质的含量。库仑分析方法不需要基准物质和标准溶液,可用于痕量物质的分析,且具有很高的准确度。

库仑分析方法分为控制电位库仑分析法和控制电流库仑分析法(又称库仑滴定法)两种。控制电位库仑分析法,其测定体系由三电极(工作电极、对电极、参比电极)组成电位测量与控制系统,在电解的过程中,保持工作电极的电位恒定,使被测物质以100%的电流效率进行电解,当电解电流趋于零时,表明该物质已被电解完全。该方法不要求被测物质在电极上沉积为金属或难溶化合物,特别适合有机物的分析,灵敏度和准确度均较高,最低能测定至 0.01 μg。库仑滴定法是用恒定的电流,以100%的电流效率进行电解产生的物质与被测化合物进行定量的化学反应,终点可用化学指示剂或其他电化学方法来确定;其主要的特点是滴定剂边产生边滴定,可使用不稳定的滴定剂,如 I_2、Cl_2、Br_2 等,扩大了应用范围。

实验目的

（1）掌握恒电流库仑滴定的基本原理和法拉第定律。

（2）了解双铂电极安培法指示终点的原理和方法。

实验原理

库仑滴定借助于恒定的电流,以 100% 的电解效率电解某一溶液,使产生一种物质(滴定剂),然后此物质与被分析物质进行定量的化学反应,反应的终点可用指示剂、电位法或电流法来指示。因为一定量的被分析物质需要一定量的试剂与之作用,而此一定量的试剂又是被定量电解出来的,故根据电解所消耗的电量,即可按法拉第定律求得被分析物质的含量。这种滴定方法所需要的滴定剂不是由滴定管加入,而是借助于电解方法产生出来,滴定剂的量与电解所消耗的电量(库仑数)成正比,所以称为"库仑滴定"。

用 45 V 以上的干电池或恒压直流电源作为电解电源,采用高压电源(辅之以一个高电阻)的目的,是为了减小由于电解过程中电解池反电动势的变化而引起的电解电流的变化,也就是使电解电流在应用过程中保持恒定,这样才能准确计算滴定过程中所消耗的电量。为了防止各种干扰反应,必须用隔膜将电解池的阳极与阴极分开,实验时,被分析溶液用磁力搅拌器搅拌。

本实验用恒电流电解碘化钾缓冲溶液,使碘离子在铂阳极上氧化为碘,然后与试液中的砷(Ⅲ)作用,电极反应为

阳极 $\qquad\qquad\qquad 3I^- \mathop{=\!=\!=} I_3^- + 2e$

阴极 $\qquad\qquad\qquad H_2O + 2e \mathop{=\!=\!=} H_2 + 2OH^-$

为了使电解产生碘的电流效率达到 100%,要求电解液的 pH 小于 9。但是要使砷(Ⅲ)快速完全氧化到砷(Ⅴ),又要使电解液的 pH 大于 7,为此,采用 $NaHCO_3$ 溶液控制溶液的 pH。滴定反应式为

$$I_3^- + H_3AsO_3 + H_2O \mathop{=\!=\!=} 4H^+ + 3I^- + HAsO_4^{2-}$$

滴定终点用双铂电极安培法来指示,采用两个双铂片作指示电极,在两个电极之间加上一个较低的恒电压,如 150 mV。由于砷(Ⅲ)和砷(Ⅴ)电对的不可逆性,不会在这两个电极上反应。在滴定的等当点前,由于溶液中没有过量的碘存在,阴极处于理想极化状态,所以通过的电流极小;在等当点后,砷(Ⅲ)全部被氧化为砷(Ⅴ),过量的碘将在指示电极上析出,则指示电极便发生了下列反应

阳极 $\qquad\qquad\qquad 3I^- \mathop{=\!=\!=} I_3^- + 2e$

阴极 $\qquad\qquad\qquad I_3^- + 2e \mathop{=\!=\!=} 3I^-$

指示电流明显上升,停止电解。根据电解产生碘时所消耗的电量,可按法拉第定律计算溶液中砷的含量;本实验也可用淀粉指示剂指示终点,当溶液出现蓝色,停止电解。

仪器与试剂

仪器　通用库仑仪;磁力搅拌器;四电极电解池。

试剂　H_3AsO_3 溶液:约 10^{-4} mol·L^{-1}(用硫酸酸化以之稳定);KI 缓冲溶液:

溶解 60 g KI,10 g NaHCO₃,然后稀释至 1 L,并加入上述 H₃AsO₃ 溶液 2~3 mL,以防止 I⁻ 被空气氧化。

实验步骤

1) 准备工作

(1) 将电极浸入 1:1(体积比)热硝酸数分钟,取出用蒸馏水冲净,开启库仑仪,预热 10 min。

(2) 量取碘化钾溶液 50 mL,置于电解杯中,放入搅拌磁子。将烧杯放在磁力搅拌器上。

(3) 将指示电极对和工作电极对的电线插头插入机后相应的插孔中,其中工作电极对的阳极接双铂片,阴极接铂丝;指示电极对的两极各接两指示铂片的任意一头。

2) 测量

(1) 溶液的调零。该步骤是为了除去在配制碘化钾缓冲溶液过程中,防止碘离子的氧化而加入少量亚砷酸(KI 溶液也有可能已经氧化,此时溶液发黄,应再补加少量的亚砷酸)。

在电解杯中加入碘化钾缓冲液 50 mL,加入搅拌磁子,选择"电流,上升"挡,作为终点指示方式,指示终点;或加入 0.1%(质量分数)淀粉 3 mL,指示终点。开始电解,终点时仪器读数为消耗的库仑数(不必记录,为什么?),复零。

(2) 移取亚砷酸试液 10.00 mL(由试液含砷量决定),置于电解杯中,开始电解。电解至终点,记下所消耗的库仑数。

(3) 重复测量一次。

结果与讨论

根据实验结果和法拉第定律,计算亚砷酸试液的浓度:亚砷酸的物质的量 $N = Q/(nF)$,其物质的量浓度 $c = N/V$,其中 Q 为电解过程所消耗的库仑数,n 为电极反应中的电子数,F 为法拉第常量,V 为移取亚砷酸试液的体积。

思考题

1. 简述电解分析方法与库仑分析方法的主要区别。

2. 实验中 I⁻ 不断再生,可否使用 KI 浓度极低的缓冲溶液?

参考文献

1. 赵藻藩,周性尧,张悟铭. 仪器分析. 北京:高等教育出版社,1988

2. 朱明华. 仪器分析. 第三版. 北京:高等教育出版社,2000

(张嘉捷)

实验 24 乙酰氨基酚的电化学反应机理及其浓度的测定——循环伏安法

实验导读

伏安分析法是在一定电位下测量系统的电流,得到伏安特性曲线,根据伏安特性曲线进行定性定量分析的一种电化学方法。所加电位称为激励信号，如果电位激励信号为线性，则所获得的电流响应与电位的关系称为线性伏安扫描；如果电位激励信号如图 2.11(a)所示的三角波激励信号，所获得的电流响应与电位激励信号的关系称为循环伏安扫描。图 2.11(b)中的曲线 2 即为典型的循环伏安图。其中 $E_{\mathrm{P}}^{\mathrm{c}}$，$E_{\mathrm{P}}^{\mathrm{a}}$ 分别为阴极峰值电位与阳极峰值电位；$I_{\mathrm{P}}^{\mathrm{c}}$，$I_{\mathrm{P}}^{\mathrm{a}}$ 分别为阴极峰值电流与阳极峰值电流。曲线 1 为背景扫描曲线。

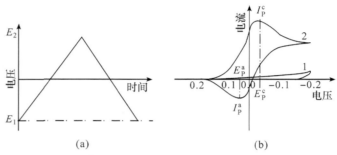

图 2.11　循环伏安扫描中的激励信号(a)与响应信号(b)

循环伏安法可以测定电活性物质的浓度，能够提供较多的有关电活性物质与电极表面发生电子转移的信息量，是研究电化学反应机理的最佳手段之一。例如，阳极扫描峰值电位 $E_{\mathrm{P}}^{\mathrm{a}}$ 与阴极扫描峰值电位 $E_{\mathrm{P}}^{\mathrm{c}}$ 的差值(ΔE_{P})可以用来检测电极反应是否是能斯特反应。当一个电极反应的 ΔE_{P} 接近 $2.3\,RT/nF$(或 $59/n$ mV，25℃)，以及氧化峰与还原峰电流值之比接近于 1 时，可以判断该反应为能斯特反应，即可逆反应。当电极反应不可逆时，氧化峰与还原峰的峰值电位差值相距较大，相距越大，不可逆程度越大。氧化峰电流与还原峰电流值的差距也反映了电极反应的可逆性。一般地，利用不可逆波来获取电化学动力学的一些参数，如电子传递系数以及电极反应速率常数 k，电化学反应中的质子参与情况以及电催化问题等。

实验目的

(1) 采用循环伏安法测定小儿泰诺(tylnol)糖浆中对乙酰氨基酚的浓度。

(2) 学习用循环伏安法研究乙酰氨基酚的电化学氧化机理的方法。

实验原理

乙酰氨基酚(APAP)是许多抗感冒药物中的主要成分之一，其主要作用是抑制前列腺素的合成而产生解热镇痛的作用。本实验采用循环伏安法测定小儿泰诺糖浆中乙酰氨基酚的浓度，并通过该手段证实 APAP 在电极表面的氧化机理。APAP 的氧化机理可用图 2.12 所示的反应过程表示。

上述机理可通过在循环伏安法实验中改变底液的 pH 及扫描速率来加以证实。在 pH＝6 的缓冲溶液中，APAP 可在电极表面被迅速氧化，每分子 APAP 在电化学氧化过程中失去 2 个电子和 2 个质子生成产物 N-乙酰-对醌胺(NAPQI)，如图 2.12 中的步骤 1。由于 H^+ 参与电化学氧化，因此 APAP 的氧化峰电位应随溶液 pH 的改变而变化。在溶液 pH 不小于 6 的情况下，NAPQI 能稳定地以去质子化的形式存在于溶液中。因而在该 pH 范围内，APAP 的循环伏安图中应只出现一个氧化峰，没有还原峰。该氧化峰的高度在一定条件下与 APAP 的浓度呈线性关系，这也是循环伏安法定量分析乙酰氨基酚的依据。

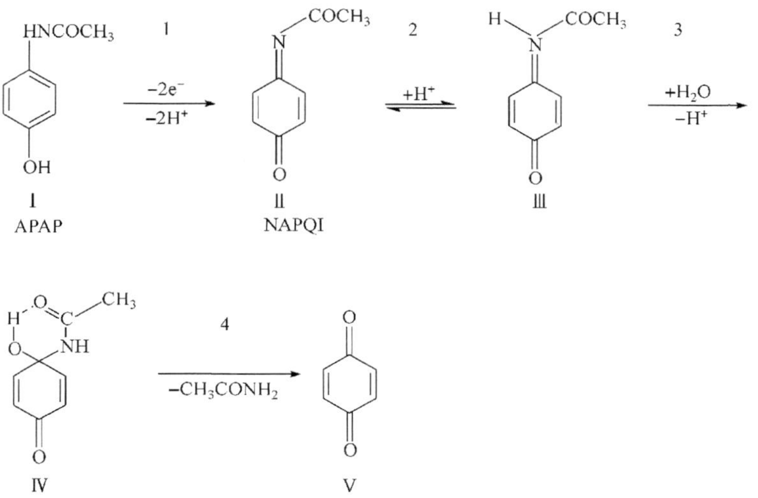

图 2.12　乙酰氨基酚在电极表面的反应机理

在酸性条件下(如 pH＝2.2)，NAPQI 很容易被质子化产生物质Ⅲ，该物质不太稳定，但具有电活性，只要扫描速率足够快，能在循环伏安图中观察到一个还原峰。物质Ⅲ能较迅速地转化成为物质Ⅳ，该物质在实验所采用的电位范围内不具有电活性。因而如果电位扫描速率较慢，则不能观察到物质Ⅲ的还原峰。在极高酸度的溶液中，物质Ⅳ可转化成苯醌(物质Ⅴ)，所以在极高酸性条件下，在循环伏安图中可以观察到一个苯醌的还原峰。

仪器与试剂

仪器　循环伏安仪；三电极系统电解池；玻碳电极；铂辅助电极；Ag｜AgCl 参比电极。

试剂　离子强度为 0.5，pH＝2.2 和 pH＝6.0 的 Mcllvaine 缓冲液(用 0.2 mol·L^{-1} Na_2HPO_4 及 0.1 mol·L^{-1} 柠檬酸按比例配制并各加入 NaCl 至 0.5 mol·L^{-1})；1.8 mol·L^{-1} 硫酸溶液；0.07 mol·L^{-1} 对乙酰氨基酚溶液；小儿泰诺糖浆；二次重蒸水。

实验步骤

(1) 各配制 10 mL 底液分别为 pH＝2.2、pH＝6.0 的 Mcllvaine 缓冲液及 1.8 mol·L^{-1}硫酸的 3 mmol·L^{-1}APAP 溶液,并配制底液为 pH＝2.2 乙酰氨基酚浓度分别为 0.1 mmol·L^{-1}, 0.4 mmol·L^{-1},1 mmol·L^{-1}, 5 mmol·L^{-1}的标准溶液,包括 3 mmol·L^{-1}标准溶液,共为 5 个标准溶液。

(2) 装上三电极系统,将电极引线分别接入循环伏安仪,并接上记录仪等。

(3) 按浓度从低到高顺序分别将三电极系统插入 5 个 pH＝2.2 的 APAP 标准溶液中,以 40mV·s^{-1}的速率作循环伏安扫描。分别记录氧化峰的峰电位及峰高值。将峰高值对浓度作线性回归分析,得标准曲线方程及相关系数。

(4) 按上述相同实验方法测定小儿泰诺糖浆的 5 倍稀释液(用 pH＝2.2 的 Mcllvaine 缓冲液稀释),记录氧化峰高值,查标准曲线,计算样品中的 APAP 的浓度,并与药品包装盒中 APAP 的标示值对照。

(5) 将底液各为 pH＝2.2 及 pH＝6.0 的 Mcllvaine 缓冲液及 1.8 mol·L^{-1}硫酸溶液的 3mmol·L^{-1}APAP 溶液分别以 40 mV·s^{-1}和 250 mV·s^{-1}的速率作循环伏安扫描,记录循环伏安图,观察在不同 pH 下,不同扫描速率下的氧化峰及还原峰情况。证实实验原理中提出的 APAP 电化学氧化机理。

结果与讨论

(1) APAP 定量分析实验数据记录(表 2.23)。

表 2.23　APAP 定量分析实验数据

试液	0.1 mmol·L^{-1}	0.4 mmol·L^{-1}	1 mmol·L^{-1}	3 mmol·L^{-1}	5 mmol·L^{-1}	泰诺糖浆
氧化峰高值						

氧化峰高值与 APAP 浓度的线性回归方程是＿＿＿＿＿＿＿＿＿＿,相关系数 ＿＿＿＿＿＿＿＿。

小儿泰诺糖浆中,APAP 的浓度是＿＿＿＿＿＿＿＿,标示值是＿＿＿＿＿＿。

(2) APAP 在不同 pH 及扫描速率下的氧化峰及还原峰电位(表 2.24)。

表 2.24　APAP 在不同 pH 及扫描速率下的氧化峰及还原峰电位

试液	pH＝6.0		pH＝2.2		1.8 mmol·L^{-1}硫酸	
扫描速率/(mV·s^{-1})	40	250	40	250	40	250
氧化峰峰电位						
还原峰峰电位						

根据循环伏安分析结果,解释乙酰氨基酚的电化学氧化机理是否与图 2.12 所示的机理吻合。

思考题

1. 如何通过实验方法证实图 2.12 步骤(1)中,APAP 的电化学氧化为失去两个电子和 2 个氢离子的反应?

2. 实验研究 APAP 的电化学氧化机理时,为什么要变换电极扫描速率?

3. 测定试样中的 APAP 浓度时采用了标准曲线法,用该方法测定是否会存在基体效应? 如果存在,用什么定量方法更好?

4. 循环伏安法用于电化学反应机理研究和定量分析时,哪方面更具有优势? 为什么?

5. 如果试样中 APAP 的浓度很低,用哪种伏安分析法更合适?

6. 伏安分析法测定试样中的 APAP 时,有可能会遇到哪些干扰?

参考文献

1. A J 巴德,L R 福克纳.电化学方法原理与应用.林谷英译.北京:化学工业出版社,1986

2. 北京大学化学系仪器分析教研组.仪器分析教程.北京:北京大学出版社,1997

3. Kissinger P T.J Chem Edu,1983,60:772

(邬建敏)

实验 25　　阳极溶出伏安法测定痕量铜、锌、铅的浓度

实验导读

伏安分析法对于解决生命、环境及材料科学中的痕量分析问题以及研究化学物质在界面上的电子转移机理问题具有重要的价值。阳极溶出伏安分析法是伏安分析法中灵敏度最高的一种分析方法,其检测限约为 10^{-10} mol·L^{-1}。它还具有同时测定多种元素的能力,而且分析成本较低。金属阳离子的阳极溶出伏安分析包括两个步骤:一是在适当的负电位下电解沉积被分析的金属阳离子,此过程实际上是一个预浓缩过程;二是工作电极向阳极方向扫描,使被沉积的金属离子氧化溶出,产生溶出峰。在一定条件下,溶出峰的大小与试样中对应离子浓度的大小呈正比,这是阳极溶出伏安分析的定量依据。不同的离子其溶出峰的峰电位不相同,因此阳极溶出伏安分析法也可以用于定性。在阳极溶出伏安分析中,为了提高分析的灵敏度和选择性,有许多实验条件需要选择,如不同离子在电沉积过程中的沉积电位选择,沉积时间的选择,氧化溶出过程中电压扫描方式的选择(如线性扫描方式、脉冲扫描方式等)。另外,工作电极也有一个选择的问题,常用的工作电极有悬汞电极、玻碳电极、石墨电极、汞膜电极、碳糊电极等,有时工作电极还可以进行一定的修饰。溶出伏安法除了测定金属离子外,还可用于一些非金属离子及有机物的测定。

实验目的

(1)掌握阳极溶出伏安法测定金属离子的原理及方法。

(2) 了解影响溶出峰电流大小的因素。

实验原理

阳极溶出伏安法,是将电化学富集与测定方法有机地结合在一起的一种方法。先将被测物质通过阴极还原富集在一个固定的电极上,再由负向正电位方向扫描溶出,根据溶出极化曲线来进行分析测定。用于电解富集的电极有悬汞电极、汞膜电极和固体电极。悬汞电极的面积不能过大,大的悬汞易于脱落。用悬汞电极测定的灵敏度并不太高,但再现性好。汞膜电极面积大,其电极表面积比悬汞大得多,电沉积效率高、溶出峰尖锐、分辨能力高,其灵敏度比悬汞电极高出 1～2 个数量级。本实验采用玻碳汞膜电极,在 -1.0 V 电位下将试样中的 Cu^{2+}、Zn^{2+}、Pb^{2+} 在搅拌状态下电沉积于汞膜内,溶出时以一定速度向正电位方向扫描电压,得到阳极溶出极化曲线,由于三种离子溶出峰电位各不相同,因而可分别对 Cu^{2+}、Zn^{2+}、Pb^{2+} 三种离子同时进行定量分析。各离子在汞膜电极上的溶出峰电流遵循以下公式

$$I_P = Kn^2 D_0^{2/3} \omega^{1/2} \eta^{-1/6} A\upsilon c_0 t$$

式中:n 为各离子参与电极反应的电子数;D_0 是被测物质在溶液中的扩散系数;ω 为电解富集时的搅拌速度;η 是溶液的黏度;A 是汞膜电极表面积;υ 是扫描速率;t 是电解富集时间;c_0 是被测物质在溶液中的浓度。在实验条件一定时,各离子的溶出峰电流 I_P 与该离子浓度 c_0 成正比。

仪器与试剂

仪器　多功能伏安分析仪;X-Y 记录仪;磁力搅拌器;秒表;100 mL 烧杯(加塑料盖,开三个孔,可插入电极);玻碳电极;Ag│AgCl 参比电极;铂丝电极。

试剂　碳化硅抛光纸;氧化铝抛光粉;1×10^{-3} mol·L^{-1} Cu^{2+},Zn^{2+},Pb^{2+} 标准溶液;2.5×10^{-3} mol·L^{-1} 硝酸汞溶液;0.1 mol·L^{-1} 硝酸钾;6 mol·L^{-1} 硝酸。

实验步骤

1) 汞膜电极的制备

在电解池中加入 98 mL 0.1 mol·L^{-1} 硝酸钾支持电解质,另加入 2 mL 硝酸汞溶液,通入氮气除氧 8 min,插入三电极系统,连上伏安分析仪后,将工作电极的电位置于 -0.9 V(Ag│AgCl 作参比),同时开启磁力搅拌器搅拌溶液,此时汞被沉积在玻碳电极表面,持续 8 min。然后将工作电极电位置于 0.0 V 保持 1 min,使一些与汞共沉积的杂质金属离子溶出。注意将工作电极电位不能大于 0.0 V,否则汞膜有可能也被溶解。

2) 底液背景电流的测定

将镀好汞膜的工作电极置于 -1.0 V,并搅拌溶液,3 min 后停止搅拌,15 s 后快速电位扫描到 0.0 V(50 mV·s^{-1}),如果底液可有杂质金属离子,则在记录图中会产生较小的溶出伏安峰(铜离子峰电位约为 0.1 V,铅离子峰电位约为 -0.45 V)。

3）影响溶出峰电流的因素考查

为考查不同实验条件对溶出峰电流大小的影响,本实验选择单一 Pb^{2+} 作为对象,观察沉积时间,沉积电位,Pb^{2+} 浓度等因素对溶出峰高的影响。按表 2.25 进行实验,将所得数据填入表 2.25 中,总结影响溶出电流峰高的规律。

注意:做溶出时间影响时,固定沉积电位在 -0.9 V,浓度固定为 1.5×10^{-7} mol·L^{-1};做沉积电位影响时,固定沉积时间为 3 min,浓度仍固定为 1.5×10^{-7} mol·L^{-1};做浓度关系时,电位固定在 -1.0 V,时间固定为 2 min。

4）样品中 Cu^{2+}、Pb^{2+}、Cd^{2+} 离子浓度的同时测定

上述实验结束后,将玻碳电极上的汞膜清除,电极抛光,电解池用 1∶1(体积比)硝酸清洗,再用蒸馏水洗净。取 98 mL 的天然水样,加入 2 mL 的镀汞液,通 N_2 除氧,按上述步骤 1)介绍的方法镀汞膜,然后在 -1.0 V 电位下沉积富集金属离子 8 min,以 50 mV·s^{-1} 的扫描速率向阳极线性扫描至 0.0V,如果试样中存在上述三种离子,会出现如图 2.13 所示的 3 个溶出峰,记录溶出峰的峰高。向阳极扫描时,也可以采用微分脉冲扫描方法(5 mV·s^{-1},脉冲幅度 50 mV),比较两种扫描方法的灵敏度。定量时,采用标准加入法(在微分脉冲扫描模式下进行),该方法的检测限可以通过 2 倍的信噪比加以确定。

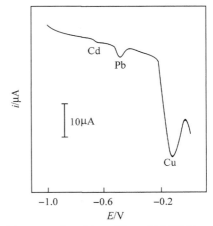

图 2.13　含 Cu^{2+}、Pb^{2+}、Cd^{2+} 试样的
阳极溶出伏安图

沉积电位:-1.0V,沉积时间:8min,
搅拌速率:700r·min^{-1},扫描速率:50mV·s^{-1}

按上述同样方法测定 5 次,对数据进行统计分析。

注意:由于本实验是痕量金属离子的测定,因此所有使用器皿必须保持高度干净,并在实验过程中防止污染,所有蒸馏水必须为二次重蒸水。另外,重金属离子有较高的毒性,操作时要做好防护工作。

结果与讨论

（1）根据实验数据,总结影响溶出峰的峰电流大小的因素填入表 2.25。

表 2.25　影响溶出峰峰高的因素试验表

	沉积时间/min					沉积电位/V				Pb^{2+} 浓度/(mol·L^{-1})			
	1	2	3	4	5	-0.4	-0.6	-0.8	-1.0	1×10^{-7}	5×10^{-7}	1×10^{-6}	5×10^{-6}
峰电流/μA													

（2）将标准加入法所得数据填入表 2.26。

表 2.26　Cu²⁺、Pb²⁺、Cd²⁺定量分析实验数据

测定次数	加入前峰电流/μA			加入后峰电流/μA		
	Cu^{2+}	Pb^{2+}	Cd^{2+}	Cu^{2+}	Pb^{2+}	Cd^{2+}
1						
2						
3						
4						
5						

根据溶出伏安分析标准加入法公式,计算试样中 Cu^{2+}、Pb^{2+}、Cd^{2+} 的平均浓度:

$c_{Cu^{2+}}$ ＿＿＿＿＿＿＿,$c_{Pb^{2+}}$ ＿＿＿＿＿＿＿,$c_{Cd^{2+}}$ ＿＿＿＿＿＿＿。

思考题

1．条件试验的实验结果与理论表达式是否吻合？

2．如果不断延长沉积富集的时间,测定的灵敏度是否会不断的提高？为什么？

3．如果要用溶出伏安法同时测定三种离子的含量,沉积电位选择不正确（偏正或偏负）时可能会造成什么后果？

4．在伏安分析法中,除了用电沉积富集的方法提高测定的灵敏度外,还能采用什么样的方法？

5．如果试样中有两种金属离子的溶出峰相近,造成测定的干扰,可以采用什么方法克服？

6．本实验除了用镀汞膜的玻碳电极作为工作电极外,可以用悬汞电极吗？用两者有何区别？

参考文献

1．Ellis W D. J Chem Soc,1973,50:131

2．Copeland T R,Skogerboe R K. Ana Chem,1974,46:1257

3．Wang J. Environ Sci Technol,1982,9(6):104

（邬建敏）

实验 26　可见、紫外激光拉曼光谱的应用

实验导读

拉曼光谱和红外光谱都是分子光谱,所得到的信息都是关于分子的振动、转动以及结晶点阵振动情况的反映。对于一个给定的化学键,红外吸收频率与拉曼位移相等,均代表第一振动能级的能量,对某一给定的化合物,某些峰的红外吸收波数与拉曼位移完全相同。拉曼光谱是一种散射现象,它是由于分子的极化度在外界入射光电场作用下发生变化而感生电偶极矩所引起的;红外光谱是一种吸收现

象,它是由于分子固有偶极发生瞬间变化而引起的。拉曼散射依赖于分子的极化系数,它可以发生在异核分子中,也可以发生在同核分子中;红外吸收则依赖于分子的固有偶极矩,不能在同核分子中观察到。

拉曼光谱是重要的现代光谱技术,广泛应用于化学、物理、生物和材料科学等领域,是鉴定物质分子结构的有力工具。拉曼光谱法是一种无损检测法,常用于法医鉴定、文物鉴定和商品鉴定。遥感拉曼光谱仪还可以进行遥感监测,适合自动化连续监测,常用于环境监测、地质勘探等领域。在测试固体催化剂样品拉曼光谱时,如果只用可见激光光源,往往会遇到较严重的荧光干扰,用紫外激光光源可以避开荧光干扰,得到清晰的拉曼信号。近年来,拉曼光谱成为反应条件下原位表征固体催化剂的强有力手段之一。

实验目的

（1）了解激光拉曼光谱的基本原理。

（2）了解拉曼光谱的适用范围,以及它与红外光谱互补的关系。

（3）了解并初步掌握激光拉曼光谱的实验技术。

实验原理

分子产生拉曼散射的现象可以用量子理论来加以解释。频率为 ν_0 的入射光具有能量为 $h\nu_0$ 的光子束。当光子与分子相碰撞时,若是弹性碰撞,光子与分子没有能量交换,只是光子运动方向改变,这就是瑞利散射。若是非弹性碰撞,光子与分子既有方向改变,又有能量交换。如果分子原来处于低能级 E_1 状态,非弹性碰撞时分子吸收光子跃迁到一个虚态 E' 后再跃回到一个较高的能级 E_2 状态。那么分子将获得能量 $E_2 - E_1$,而光子损失这部分能量,频率变为:$\nu_s = \nu_0 - (E_2 - E_1)/(h/c)$,这就是斯托克斯线。其中 h 为普朗克常量;c 为光速。

反之,如果原来分子处于高能级 E_2 状态,非弹性碰撞使分子跃迁到虚态 E'' 再回到低能态 E_1,那么,分子就要损失能量 $E_2 - E_1$,而光子将获得这部分能量,这时光子的频率变为:$\nu_s = \nu_0 + (E_2 - E_1)/(h/c)$,这就是反斯托克斯线。

如果以 $\Delta\nu$ 来表示斯托克斯线或反斯托克斯线的频率与入射光的频率之差,显然有

$$\Delta\nu = \nu_0 - \nu_s = (E_2 - E_1)/(h/c) = \nu$$

在常温条件下,处于低能量 E_1 的分子比处于高能量 E_2 的分子数目大得多,所以斯托克斯线要比反斯托克斯线强得多。

拉曼散射频率位移只与分子结构本身有关,而与入射光频率无关,这就允许我们随意地选择合适频率的光作入射光源。因此,通常根据所选入射光源的不同把相应拉曼光谱分为傅里叶变换拉曼光谱、可见拉曼光谱、紫外拉曼光谱。傅里叶变换拉曼光谱的特点有:①可以避开荧光干扰,这使它可以测量许多荧光效应很强的带生色团的有机化合物以及杂质很难除尽的高分子及生物大分子试样;②避免试

样受激光辐射分解,由于采用了近红外激光(一般为 1064 nm),它的辐射能量较低,可以在较高功率下工作;③高频率精度,由于迈氏干涉仪采用激光频率为基准,使光谱频率精度大大提高,而且可以对光谱进行数字化处理;④高分辨率,迈氏干涉仪的动镜距离长短决定傅里叶变换光谱的分辨率,增加动镜移动距离可以提高分辨率。不足之处为:散射界面较小,影响仪器的信噪比;升高温度时检测样品,有荧光背景干扰,因此不利于催化剂样品在反应条件下的原位测试。

可见拉曼光谱仪中可选的激光器以光源的波长来分类,如氩离子激光器,常用波长为 488 nm 和 514 nm,He-Ne 激光器(633 nm),另外还有 442 nm、532 nm 激光器。在近红外区有 785 nm、830 nm 激光器。从图 2.14 可以看到,在可见区范围某些样品常会发生荧光干扰,选用近红外区激光器有可能可以避开,但是与紫外激光器相比灵敏度偏低。由于可见激光器成本较紫外激光器低而且使用寿命长,因此在测试样品时通常先选用可见激光器,如果出现样品的荧光现象严重或灵敏度低的情况下,再选用紫外激光器。为了测试块状固体样品中某些组成在其体相中的立体分布情况,近年来广泛采用显微共聚焦拉曼光谱仪。

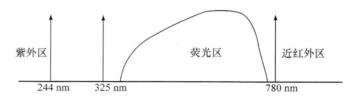

图 2.14 荧光干扰区域示意图

紫外拉曼光谱激发光源:常用 244 nm、325 nm 激光器。一般有以下优势:由于荧光主要出现在近紫外和可见区,将激发波长向深紫外波段移可以有效地避开荧光干扰(图 2.14,图 2.15);由于散射强度与频率的四次方成正比,将激发波长向紫外区移可以提高灵敏度;很多化合物的电子吸收带在紫外区,可以进行共振拉曼的研究使仪器灵敏度提高几个数量级,以检测低浓度的试样。

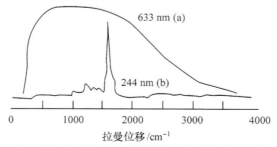

图 2.15 同一样品在可见入射光源照射下得到的荧光干扰(a)
和在紫外入射光源照射下得到的清晰拉曼光谱(b)示意图

　　共聚焦激光拉曼光谱仪的主要组成部分:激光光源(514 nm 或 325 nm);光路部分(包括透镜、光栅、滤光片等);共焦显微部分[包括样品架(池)、接收、放大和记录系统(CCD、计算机和打印机)]。激光拉曼光谱仪的结构见图 2.16。光谱仪测定散射光示意图见图 2.17。

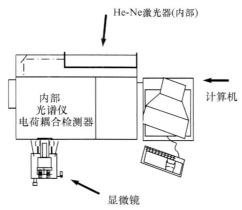

图 2.16　激光拉曼光谱仪的结构示意图

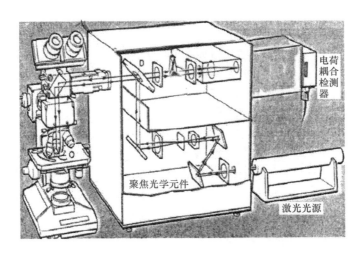

图 2.17　光谱仪测定散射光示意图
以 LabRAM HR 小型高分辨率激光拉曼光谱仪为例

仪器与试剂

　　仪器　LabRAM HR800 小型高分辨率激光拉曼光谱仪(法国 Jobin Yvon 生产);He-Cd 激光器(IK3301R-G 30mW,日本)。

　　试剂　高纯硅片;高分子薄膜;阿司匹林粉末;丙酮;Nafion NR50。

实验步骤

1）开机

开机顺序为：开 UPS→开计算机→开 CCD 电源→开白光光源→开激光器。

（1）执行计算机软件（LabSpec-4.08），点击图标 LabSpec-4.08 进入其子目录，然后运行 Int 使软件初始化，计算机提示：Warning: Configuration File was removed。点击 OK 确认。点击 LabSpec 进入控制软件的主菜单。

（2）氩离子激光器（514 nm）开机。先打开主电源开关，然后打开钥匙开关，设置一个合适的电流或功率（如 10 mW）。关机时顺序相反，将功率值调至最小，关钥匙开关，待激光器风扇自动停止后关主电源开关。

（3）He-Cd 激光器（325 nm）开机。打开主电源开关预热一定时间后仪器稳定即可进行测试；关机时关主电源即可。注意：He-Cd 激光器开机后必须稳定 20～30 min 后才可以用于测试样品。关机后不能立即再开机，必须过 0.5 h 等激光器完全冷却后才可以重新开机，否则将会使激光器的功率降低，从而缩短其使用寿命。另外，He-Cd 激光器的寿命大约为 3000 h，所以为了保证使用效率和保护激光器，样品测试时必须集中时段使用。

2）装样

将样品放在载玻片上，固定在显微镜的 x-y 平台上。

3）调焦

通过 x-y 平台上 x 轴和 y 轴方向调整旋钮调整样品的位置，使激光直接射到样品上。选择物镜（一般地，薄膜样品用 100× 物镜，粉末样品用 50× 物镜）通过调焦旋钮调整焦距，使计算机屏幕上白色光斑最小。用可见激光光源（514 nm）时，选 1800 $g \cdot mm^{-1}$ 光栅，用紫外激光光源（325 nm）时选 2400 $g \cdot mm^{-1}$ 光栅。

4）摄谱（记录）

将光路调节杆拉起，使得散射信号进入 CCD 检测器，设置好有关的仪器参数（如扫描时间和次数、扫描波数区间、样品名、存盘文件名等）。摄取拉曼光谱图，有关数据和图像存盘保存。

5）关机

与开机相反的顺序逐一关机。

注意事项：①保护光学元件（如镜头、滤光片、反射镜等），防尘、防霉、防碎。未经管理人员许可不得随意拆卸；②可见激光光源换成紫外激光光源时必须同时更换相应波长下的滤光片、光栅和物镜并进行光路切换（可见激光光源和紫外激光光源分别从两个不同的光路进入，但是样品在一固定的光路位置上，因此必须进行切换）；③在仪器经常使用的情况下，CCD 电源和计算机一般不关，使 CCD 保持在 −80 ℃ 温度。若仪器长时间不用，必须先使 CCD 温度恢复至室温才可以关 CCD 电源。关计算机时，如果 CCD 温度未恢复至室温，计算机会跳出一个提示窗口确认 CCD 温度是否恢复至室温。如果强制关计算机而 CCD 温度未恢复至室温,仪器会发出报警声,这时只要将计算机重新打开报警声即停止。

结果与讨论

1) 拉曼光谱仪波数重复性、波数精度、分辨率、灵敏度的测试

以高纯硅片为样品,用 514 nm 可见激光光源,选取三个不同的激光功率和其他条件相同情况下,分 3 次记录其拉曼光谱图(表 2.27),比较其拉曼特征峰位置的波数重复性以及不同激光功率的影响并和文献标准值做比较。

表 2.27　不同条件下高纯硅片的拉曼光谱实验结果

样品	硅片					
激光功率/mW						
次数	峰位/cm^{-1}	峰高	峰位/cm^{-1}	峰高	峰位/cm^{-1}	峰高
1						
2						
3						

以高分子薄膜为样品,用 514 nm 可见激光光源,固定激光功率,通过调节共聚焦孔的大小来观察几个重叠的特征峰的分辨情况。

2) 拉曼光谱和红外光谱比较

选固体样品(如阿司匹林)和液体样品(如丙酮)分别测定其拉曼光谱,并和标准的红外光谱图进行比较。

3) 荧光对拉曼光谱的影响

分别用 514 nm 可见激光光源和 325 nm 紫外激光光源测试高分子酸性树脂 Nafion NR50 样品的拉曼光谱,比较两者的差异。

思考题

1. 拉曼光谱和红外光谱均属于分子光谱,两者的异同点是什么?

2. 对于一些容易产生荧光的样品如何避开荧光对拉曼光谱的影响?

参考文献

1. 复旦大学等.物理化学实验.北京:高等教育出版社,1986

2. 尹元根.多相催化剂的研究方法.北京:化学工业出版社,1997,607~619

3. Stair P C. Advances in Raman spectroscopy methods for catalysis research. Current Opinion in Solid State and Materials Science,2001,5:365~369

4. Stencel J M. Raman Spectroscopy for Catalysis. New York:Van Nostrand Reinhold,1990

5. Mestl G. *In situ* Raman spectroscopy-a valuable tool to understand operating catalysts. J Mol Catal A:Chem, 2000,158:45~65

6. 李灿,李美俊.拉曼光谱在催化研究中应用的进展.分子催化,2003,17(3):213~240

(毛建新)

实验 27　　电子顺磁共振参数的测定

实验导读

电子顺磁共振(EPR),也称电子自旋共振(ESR)和电子磁共振(EMR),是直接检测和研究含有未成对电子的顺磁性物质的现代仪器分析方法。自从 Zavoisky 于 1945 年首次提出检测 EPR 信号的实验方法,EPR 的理论、实验技术和仪器结构性能等诸方面都有了很大的发展。

EPR 主要用于研究包括自由基、双基或多基、三重态分子、过渡金属离子和稀土离子、固体中的晶格缺陷、具有奇数电子的原子和含有单电子的分子等几类含有未成对电子的物质。对于化学活性高、寿命极其短暂的自由基,采用自旋捕获(spin trapping)技术等特殊方法,将其转化为较稳定的顺磁性物质,再用 EPR 检测;对于原来不能直接用 EPR 测量的非顺磁性物质,如高分子化合物、生物细胞膜等,可通过自旋标记(spin label)法和自旋探针(spin probe)法把一种稳定的顺磁性基团以共价结合或非价键结合的方式引入逆磁性的被研究系统,利用顺磁性物质的 EPR 信号及其变化来研究逆磁性物质的物理和化学性质。

EPR 技术可以确定样品中是否具有顺磁性物质的存在,并根据对 EPR 实验谱图的线宽、线形、g 因子、超精细偶合和自旋浓度等波谱参数的分析,获得样品中未成对电子以及分子结构信息。同时 EPR 还是研究化学反应机理和反应动力学等方面的重要方法和手段。

EPR 波谱学发展的主要趋势是在生物学、医学和材料科学领域中的应用。在生物学中尤其在分子生物学,有许多课题如在揭示酶的结构与功能之间的关系,以及其作用机理等,EPR 技术有独到之处,并使 EPR 技术得到进一步发展,特别是脉冲技术的发展,在电子自旋回波(ESE)基础上,发展了电子自旋回波包络调制(ESEEM)。把 EMR、ENDOR 和 ESEEM 结合起来,研究光合作用的反应中心及其反应机理;在频率上采用极高频和多频 EMR 技术;二维谱(2D-EMR)和电子磁共振成像(EMRI)正应用于生物学、医学和材料科学。

实验目的

(1) 理解 ESR 线宽、线形、g 因子和自旋浓度的基本概念。

(2) 掌握 ESR 参数的测定方法。

实验原理

1) 线宽和线形

任何 ESR 谱线都具有一定的形状和宽度。通常,ESR 谱的线宽是指一次微分谱线两峰值(即两极端值)间的全宽度,用 ΔH_{PP} 表示,以 $10^{-4}T$ 为单位,不同样品的谱线宽度有很大的差异。从理论上分析,ESR 线形有两种:Lorentzian 线形和 Gaussian 线形。稀溶液顺磁系统的线形是 Lorentzian 线形,而许多 Lorentzian 线形谱线的叠加结果趋于 Gaussian 线形。实际情况往往是两种线形的中间情况。微分谱线斜率法是通用的线形判别的简单方法。在一次微分谱线两侧最大斜率处作直线交于横轴,从交点处得到 a 和 b,根据微分谱线的最大斜率比:斜率 A/斜率 B,即 a/b,来判断线形,对于 Gaussian 线形 $a/b = 2.2$,Lorentzian 线形 $a/b = 4$。现代波谱仪有记录二次微分谱线的装置,在一次微分谱线中不容易看出两种线形的差别,而在二次微分谱线中二者的差别就十分明显,因此用记录二次微分谱的装置可以从实验上直接判别线形。

2) g 因子

g 因子是 ESR 波谱中的一个重要参数,它表征顺磁离子激发态通过旋轨偶合对基态的掺和程度,g 因子(g 值)的计算既与基态有关,也与该激发态掺和有关,也就是说,g 值与分子的电子组态,原子的化合价以及顺磁中心周围的环境有关,所以通过 g 值的测量可以得到许多关于物质结构和存在状态的信息。另外,g 因子在本质上也反映局部磁场的特征,对大多数分子激发态的掺和是与取向有关的,从而使 g 因子具有各向异性,即 g 值的大小与分子相对于外静磁场的方向有关。对轴对称晶体,g 值分为 $g_{/\!/}$ 和 $g_\perp$,对非轴对称晶体,g 值必须用 g_x, g_y, g_z 三个分量来描述。

g 因子的测定方法有两种。一种方法是其有效值可精确到小数点以后第 4 位以上,由共振条件 $h\upsilon = g\beta H$ 导出

$$g = \frac{h\upsilon}{\beta H_0} = 0.714\,484\,\frac{\upsilon}{H} \tag{2.12}$$

其中普朗克常量 $h = 6.626\,20 \times 10^{-34} \text{J·s}$;玻尔磁子 $\beta = 9.274\,10 \times 10^{-24} \text{J·T}^{-1}$。

求出测谱时的共振频率 υ 和磁场 H_0,即可由式(2.12)算出 g 值。这种方法没有技术上的问题,只要有微波频率计和测场仪即可。但是,这两种仪器比较贵。因此,求有机自由基的 g 值,广泛地采用以下的简便方法,即在测定未知样品的同时,也测定一个已知 g 值的样品,如 MgO 中的 Mn^{2+} 和 DPPH, TCNQ-Li(四腈基对苯醌二甲烷锂)等。

使用 Mn^{2+} 标来测 g 值,Mn^{2+} 有 6 条超精细结构谱线。其中,一般采用从低场开始的第三条线和第四条线。这两条谱线的 g 值分别是 2.034 和 1.981,另外的四条谱线由于其 g 值随测定频率而改变,一般情况下不使用。此外,Mn^{2+} 的第三条线和第四条线之间的间隔是 (86.9 ± 0.1)G。使用这种简便方法求 g 值的办法如下。首先取已知样品的 g 值为 g_s,未知样品的 g 值为 g_x,由于两个样品在同一条件(同一频率)下测定,因此,有如下的共振条件成立

$$h\upsilon = g_s\beta H_0 \tag{2.13}$$

$$h\upsilon = g_x\beta(H_0 - \Delta H) \tag{2.14}$$

$(H_0 - \Delta H)$ 可以通过当未知样品和已知样品的共振磁场(H_0)不同时,由 H_0 和两者之间的差(ΔH_0)来求。于是,未知样品的 g 值如式(2.15)所示

$$g_x = \frac{g_s H_0}{(H_0 - \Delta H)} \tag{2.15}$$

对于过渡金属离子,由于它的 g 值各向异性大,用 Mn^{2+} 标求 g 值是一个很好的方法。

3）自旋浓度

在自由基化学中,自由基浓度(自旋浓度)的定量测定是许多研究工作者所感兴趣的,同时是最重要也是最难精确测量的 ESR 波谱数据之一。自旋浓度可用绝对测量法和比较测量法,常用的是比较法测量。

如果取 ESR 测定的未成对电子数(自旋浓度)记为 N,未知样品的自旋浓度为 N_x 与 ESR 谱线参数及其测试条件有如下关系

$$N_x = \frac{H_{ms}\sqrt{P_s}G_s\Sigma_x}{H_{mx}\sqrt{P_x}G_x\Sigma_s}N_s \tag{2.16}$$

式中: N 为自旋浓度; P 是测定时的微波输出功率; G 是测定时放大器的放大倍数; H_m 是测定时的调制幅度; Σ 是 ESR 吸收线下的面积,有 s 为下标的是表示标准样品,x 为下标表示未知样品。

若测定标准样品和未知样品时,仪器的测定条件保持不变,式(2.16)可表示为

$$N_x = \frac{\Sigma_x}{\Sigma_s}N_s \tag{2.17}$$

也就是说,如果已经准备好了已知自旋浓度为 N_s 的标准样品,则未知样品的自旋浓度 N_x,可以通过分别测定未知样品和标准样品,求出他们 ESR 吸收谱线下的面积后,利用式(2.17)即可求得 N_x。

在用比较法测量自旋浓度时需要注意样品中水分的影响、标准样品的处理方法、由微波造成的饱和现象、测试条件、谱线波形是否相同以及温度的影响等因素。

仪器与试剂

仪器　JES-FE1XG 型电子自旋共振波谱仪。

试剂　固体 DPPH(diphenyl picricryl hydroazyl);无烟煤粉末样品;锰标样品。

实验步骤

1）线宽和线形的测量

将 DPPH 样品插入谐振腔记录其 ESR 谱图(1#)。

2）g 因子的测量

把已知 g 值的标准 DPPH 样品和待测的煤样品分别插入样品谐振腔,分别记录两个样品的 EPR 谱图(2#);再把锰标作为待测 g 值的未知样品代替煤粉样品插入谐振腔,分别记录两个样品的 EPR 谱图(3#)。

3）自旋数的测量

（1）用已知自旋数的煤粉样品（N_s）测量未知自旋数的煤粉样品（N_x），分别记录两个样品的 ESR 谱图（4#）。

（2）用 DPPH 固体样品作为未知自旋数的样品（N_x），记录其 ESR 谱图（5#）。

结果与讨论

（1）测量 1#ESR 谱图中 DPPH 的线宽 ΔH_{PP}，并用微分谱线斜率法判别其线形。

（2）已知 DPPH 样品的 g 因子 $g = 2.0037$，根据 2# 和 3#ESR 谱图计算煤粉样品和锰标样品的 g 值。

（3）利用煤粉样品的已知自旋数数据，根据 4# 和 5#ESR 谱图，分别计算煤粉样品 N_x 和 DPPH 样品 N_x。

思考题

1．简述 ESR 与 NMR 的区别。

2．g 值的概念和物理意义是什么？

3．对自由电子而言，采用 9.5 GHz 的微波频率，试计算产生 ESR 信号所对应的外磁场大小。

参考文献

1．徐广智.电子自旋共振波谱基本原理.北京：科学出版社，1978

2．裘祖文.电子自旋共振波谱.北京：科学出版社，1980

3．石津和彦.实用电子自旋共振简明教程.王者福等译.天津：南开大学出版社，1991

4．Brodbeck C M, Iton I E. J Chem Phys, 1985, 83: 4285

5．Wang G P, Zhu L G. EPR Properties of Novel Quaternary Mixed Anion Complexes of Gadolinium（III）, Acta Phys-Chim Sin, 2001, 17(1): 87～90

6．胡英.物理化学参考.北京：高等教育出版社，2003

（王国平）

实验 28　X 射线粉末衍射法物相定性分析

实验导读

自然界中固态物质多数以多晶形式存在，每一种晶态物质都有其特定的结构，原子的种类、数目及其在空间的排列组合方式都各不相同。P. Debye 和 P. Scherrer 等继 M. V. Laue 发现单晶对 X 射线衍射（XRD）后发明了粉末衍射法。实验中得到的各种晶态物质的粉末衍射图都有不同的特征，其衍射线的位置（θ）和强度（I）的分布都不相同，而且混合晶体的衍射图谱为其各自晶体衍射峰的叠加，互不影响，据此便可以对任意组合的晶体样品进行定性分析；样品中某一物相的 X 射线衍射强度，与其在样品中的含量成比例，但并不成正比，在众多的 XRD 定量分析中，最为简捷的是 F. H. Chung 提出的基体冲洗法（matrix flushing method），也称 K 值法，该法只对所测物相进行分析，不考虑其他物相的含量，适用于任何混合物相的研究。

XRD 分析已渗透到化学、生命、材料等各个专业领域,可以测定平衡相图、结晶度、晶体粒度大小及表面积,测定高分子相对分子质量、生物组织结构、层错和有序度、生物大分子中金属配位体间距等,随着工业生产和研究工作的不断深入,XRD 发展异常迅速,其应用必将日益广泛。

实验目的

(1) 了解 X 射线衍射仪的基本构造。

(2) 掌握 X 射线衍射实验方法的原理和技术。

(3) 掌握利用粉末衍射卡片(PDF)的计算机检索方法定性分析多晶样品的物相。

实验原理

自伦琴在 1895 年研究阴极射线时发现 X 射线之后,基于 X 射线与物质的相互作用(吸收、激发、散射)而发展起来的分析方法不断出现。现在,X 射线分析成为结晶学、矿物学、金属学等经典学科和结构生物学、药物学、高分子学等新兴学科的最重要分析方法之一。

X 射线是一种电磁波,入射晶体时与晶体中周期排列的原子相互作用,原子中电子和原子核受迫振动。原子核质量很大,振动可忽略不计,振荡中的电子成为次生 X 射线波源,其波长、周相和入射光相同。由于晶体结构的周期性,晶体中电子的散射波可以相互干涉叠加,形成相干散射(衍射),散射波一致增强的方向成为衍射方向。不同物相由于其化学组成和几何结构的区别,在不同衍射方向上光的强度是唯一的,这就构成 X 射线粉末衍射分析的基础。

任何一个结晶的固体化合物都给出一套独立的 X 射线衍射图谱,其衍射峰的位置和强度完全取决于这种物质自身的内部结构特点。产生衍射的充分必要条件是

$$2d_{hkl}\sin\theta_{hkl} = \lambda \tag{2.18}$$

$$I_{hkl} = KMPLTA\left| F_{hkl} \right|^2 \tag{2.19}$$

$$F_{hkl} = \sum_{j=1}^{n} f_j \exp[2\pi i(hx_j + ky_j + lz_j)] \tag{2.20}$$

式中:λ 为入射 X 射线波长;d_{hkl} 为 hkl 平面点阵族的衍射面间距;θ_{hkl} 为 hkl 平面衍射之掠射角;I_{hkl} 为 hkl 面衍射之积分强度;M 为多重因子;T 为温度因子;A 为吸收因子;K 为比例系数,与入射光强度及其实验条件有关;P 为偏极化因子,L 为洛伦兹因子,P、L 值均仅与衍射角有关;F_{hkl} 为 hkl 衍射面之结构因子;f_j,第 j 个原子的散射因子,其值与原子种类有关;x_j、y_j 和 z_j,第 j 个原子的分数坐标。

式(2.18)为布拉格(Bragg)方程,决定衍射方向,如图 2.18。不同的物相具有不同的数组,反映在谱图上就是衍射线的位置不同。式(2.19)说明衍射线的积分强度和结构因子 F 的模的平方成正比,从式(2.20)可知结构因子与原子种类及位置有关,即衍射强度 I 与构成晶体的原子种类、数量及相对位置有关。也就是说,

一张衍射图谱上衍射线的位置和强度完整地反映了晶体结构的两个特征——原子排列的周期性特征及原子的种类、数量和相对位置。当一种物质含有若干种物相时,这些物相都会出现各自的衍射图,互不相干,即由几个物相组成的固态晶体的衍射图是各个物相的衍射图按照物相间的比例简单地叠加的。

多晶粉末样品是由无数取向随机的小晶粒组成,其晶面的取向全方位都是等概率的。这样,在此粉末样品中将随机出现由相同晶面取向的小晶粒组成的统计晶面。根据布拉格方程,这些统计晶面的衍射方向一致,结构如图 2.19 所示的粉末衍射仪便是根据上述原理设计而成。F 为入射 X 射线焦点;D 为平板样品;O 为样品台中心;C 为光电管;DS,SS,RS 分别为入射狭缝,防散射狭缝,接受狭缝,实验过程中联合转动。

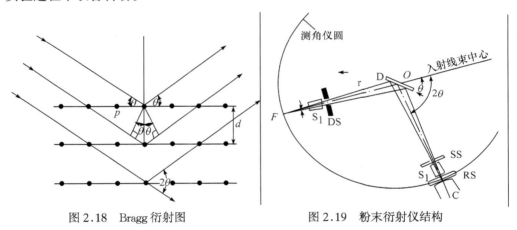

图 2.18 Bragg 衍射图 　　　　图 2.19 粉末衍射仪结构

根据晶体结构学说,晶体的 d 值由晶体几何结构决定,而强度 I 值依赖于晶体的元素组成及其排列,所以每一种晶体的粉末图,几乎同人的指纹一样,记录着晶体的独特信息。因此,每一种物质的每一种相都有独一无二的粉末衍射图。

PDF(powder diffraction file)是由国际衍射数据中心维护并发行的粉末物相 X 射线衍射图谱标准数据库,其数据文件的原始粉末图样以特征数据 d-I 数据形式储存,并包括相应的晶体物理性质及实验条件信息。物相定性分析就是根据样品粉末衍射图谱与已知物相的标准衍射图谱(PDF)对照来确定物相的方法。主要分为两种方法:①图谱直接对照法。即直接将待测样品的衍射图谱同 PDF 卡片进行对比匹配。适用于已知可能物相且样品比较单一的情况;②计算机自动检索匹配。把 PDF 存入计算机,建立数据库,并配合相应的数据库检索程序,计算机自动地将样品衍射图同数据库中相似图谱进行筛选、匹配,从而确定物相组成。此方法适用于样品未知或成分复杂的情况。

仪器与试剂

仪器　BRUKER D8 ADVANCE X射线粉末衍射仪;玛瑙研钵;样品板。

试剂　NaCl(AR);CaCO$_3$(AR)。

实验步骤

(1) 按照操作规程开启衍射仪。打开冷却水循环系统,设定温度22℃,开主机电源,打开计算机进入系统,主机初始化完毕,将安全锁拨至 I 位,开灯丝进行预热1～2 min,按"ON"按钮连通电路,开始加电压,计算机调整电压电流至所需值,并稳定。

(2) 粉末样品制备。用玛瑙研钵研磨待测的混合样品至300～500 目(NaCl和 CaCO$_3$ 的质量比约为 1:4)。

(3) 将样品板、平板玻璃、金属药匙用无水乙醇擦洗,晾干。将样品板平放于桌面上,把样品均匀加入样品板内,用载玻片轻压,使样品足够紧密,表面光滑平整。

(4) 将做好的样品板插入样品台,中心对齐。

(5) 设定实验测定参数。X 光靶为 Cu 靶,波长 K$_{a_1}$ 1.540 65 Å,K$_{a_2}$ 1.544 39 Å;工作电压为 40 kV,工作电流为 40 mA,扫描速率每秒为 0.01°～0.05°。

(6) 开始扫描。结束后保存数据。

(7) 按照操作规程关机。

注意事项:①X 射线属于高能射线,直接照射到人体局部组织将引起组织局部灼伤或坏死。全身过剂量,将发生射线病如头晕、精神萎靡、脱反血液组成变化,严重者将影响生殖。但如果采取适当防护措施即可防止,无需存有畏惧心理。近代X 射线衍射仪都有含铅玻璃保护罩和各种安全保护电路,当某些突然事故发生时,安全保护电路将自动切断高压或电源以起到保护作用。但是,为确保仪器和人员安全,务必严格遵守操作规程;②择优取向的减少,多晶 X 射线的基本假定是样品中包含有无数小晶粒,它们取向是随机的,而择优取向的存在破坏了上述晶面的取向随机性,也破坏了相对强度的正常,针状和片状晶体更为严重。解决的方法是认真研磨,尽量改变其形状。制样时,使用粗糙面为底面的压片板来压片能减少择优取向。

结果与讨论

(1) 利用 Bruker 仪器配套软件对得到的谱图自动扣除背景、平滑、寻峰,并大致标出各衍射峰强度。

(2) 计算各衍射峰相对衍射强度,以最强峰为100,其他峰的强度为与他的比值。根据未知样品的信息(化学元素,分类)进行搜寻,找出最符合的标准图谱。从而推断未知样品的化学式及其相态。

思考题

1. 总结仪器使用时需要注意的问题。

2. 通过查阅文献,简述 XRD 定量分析的基础。

参考文献

1. 张婉静. 石油化工,2001,30(7): 571

2. 祈景玉. X 射线结构分析. 上海：同济大学出版社，2003

3. 马礼敦. 高等结构分析. 上海：复旦大学出版社，2002

4. 梁敬魁. 粉末衍射法测定晶体结构. 北京：科学出版社，2002

5. Jenkins R, Smith D. The Powder Diffraction File, IUCR Data Base Commission Report, August, 1987

（王国平）

实验 29　有机分子结构的核磁共振氢谱测定

实验导读

核磁共振（NMR）是 1946 年由美国斯坦福大学布洛赫（F. Block）和哈佛大学珀赛尔（E. M. Purcell）各自独立发现的，两人因此获得 1952 年诺贝尔物理学奖。50 多年来，核磁共振已形成为一门有完整理论的新学科。迄今为止，已有 14 位科学家因对核磁共振、磁共振成像的杰出贡献而获得诺贝尔奖。核磁共振适合液体、固体。如今的高分辨技术，还将核磁用于固体及微量样品的研究。核磁谱图已经从过去的一维谱图（1D）发展到如今的二维（2D）、三维（3D），甚至四维（4D）谱图，陈旧的实验方法被放弃，新的实验方法迅速发展，它们将分子结构和分子间的关系表现得更加清晰。核磁双共振、二维核磁共振及多维核磁共振、NMR 成像技术、魔角旋转技术、极化转移技术、固体高分辨 NMR 技术、HPLC-NMR 联用技术等是近年来发展起来的新技术和新方法。核磁共振可深入物质内部而不破坏样品，具有迅速、准确、分辨率高等优点而得以迅速发展和广泛应用，已经从物理学逐渐深入到化学、生物化学、生物物理、地质、医学药物以及材料等学科，在科研和生产中发挥了巨大作用，如用核磁共振法对蛋白质、多肽、核酸、多核苷酸多糖等生物大分子进行了大量的研究，研究了细胞膜、生物组织中的水以及钠、钾离子的状态等。NMR 在蛋白质分子构象研究中取得重要进展，但迄今 NMR 只能解析 250kD 以下的蛋白质分子，遇到相对分子质量更大的蛋白质分子，即使像 ^{15}N 这样分辨率很高的峰都会出现严重的重叠现象，因此提高 NMR 的分辨率非常重要，最新的 TROSY（transverse relaxation optimized spectroscopy）实验技术在这一方面取得了一定的进展。

实验目的

（1）了解 NMR 波谱仪的基本原理。

（2）学习仪器采样参数的设置及数字信号处理方法。

（3）解析简单的有机分子 ^{1}H-NMR 谱。

实验原理

^{1}H-核磁共振（^{1}H-NMR）也称为质子核磁共振，是研究化合物中 ^{1}H 原子核（也即质子）的核磁共振。可提供化合物分子中氢原子所处的不同的化学环境和它们之间相互关联的信息，从而可确定分子的组成、连接方式及其空间结构等。

1）化学位移及自旋-自旋分裂

依照核磁共振产生的条件,由于^{1}H 核的核旋比是一定的,所以当外加磁场一定时,所有的质子的共振频率应该是一样的,但在实际测定化合物中处于不同化学环境中的质子时发现,其共振频率是有差异的。产生这一现象的主要原因是由于原子核周围存在电子云,在不同的化学环境中,核周围电子云密度是不同的。当原子核处于外磁场中时,核外电子运动要产生感应磁场,就像形成了一个磁屏蔽,使外磁场对原子核的作用减弱了,即实际作用在原子核上的磁场为 $H_0(1-\sigma)$ 而不是 H_0,其中 σ 称为屏蔽常数,它反映了核所处的化学环境。在外磁场 H_0 的作用下核的实际共振频率为

$$\nu = \frac{\gamma H_0(1-\sigma)}{2\pi} \tag{2.21}$$

也就是共振频率发生了变化,在谱图上反映出谱峰的位置移动了,这称为化学位移,图 2.20 所示为 CH_3CH_2OH 的高分辨^{1}H-NMR 谱图。由于甲基和次甲基中的质子所处的化学环境不同,σ 值也就不同,在谱图的不同位置出现两组峰,所以在核磁共振中,可用化学位移的大小来测定化合物的结构。

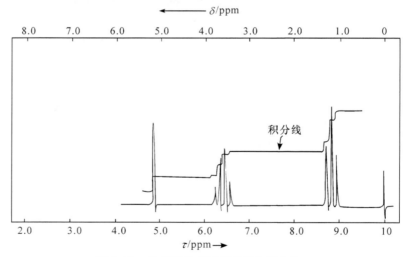

图 2.20　含有痕量 HCl 的乙醇^{1}H-NMR

CH_3CH_2OH 的低分辨^{1}H-NMR 谱图,在谱图的不同位置出现两个峰,而其高分辨^{1}H-NMR 谱图则为两组峰,谱峰发生分裂,这种现象称为自旋-自旋分裂。分子内部相邻碳原子上氢核自旋也会相互干扰,通过成键电子之间的传递,形成相邻质子之间的自旋-自旋耦合(图 2.21),而导致自旋-自旋分裂。分裂峰数是由邻碳原子上的氢原子数决定的。若邻碳原子氢数为 n,则分裂峰数为 $n+1$。其峰面积之比为二项展开式系数。分裂峰之间的距离称为耦合常数,一般用 J 表示,单位

为 Hz。J 是核之间耦合强弱的标志,它说明了它们之间相互作用能量,因此是化合物结构的属性,与外磁场强度的大小无关。

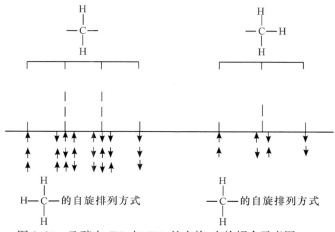

图 2.21 乙醇中 CH_3 与 CH_2 的自旋-自旋耦合示意图

2) 谱图表示方法

用核磁共振分析化合物分子结构,化学位移和耦合常数是两个很重要的信息。在核磁共振波谱图上,横坐标表示的是化学位移和耦合常数,而纵坐标表示的是吸收峰的强度。

在核磁共振测定中,外磁场强度一般高达几个特斯拉,而屏蔽常数不到万分之一特斯拉。依照 $\Delta E \Delta t \approx h/2\pi$ 知,由于屏蔽效应而引起质子共振频率的变化量是极小的,很难分辨,因此,采用相对变化量来表示化学位移的大小。在一般情况下选用四甲基硅烷(TMS)为标准物,把 TMS 峰在横坐标的位置定为横坐标的原点(一般在谱图右端)如图 2.20 右上端所示。

$$\delta = \frac{\Delta v / \text{Hz}}{振荡器工作频率 / \text{MHz}} \tag{2.22}$$

式中:Δv 为各吸收峰与 TMS 吸收峰之间共振频率的差值;δ 是一个比值,用 ppm 计量,与磁场强度无关,各种不同仪器上测定的数值就是一样的。有时也用 τ($\tau = 10 - \delta$)作为化学位移的参数。

3) 核磁共振谱仪

核磁共振谱仪是检测和记录核磁共振现象的仪器。用于有机物结构分析的谱仪需要检测不同化学环境磁核的化学位移以及磁核之间自旋耦合产生的精细结构,所以必须具有高的分辨率。高分辨核磁共振谱仪的型号、种类很多,按照产生磁场的来源不同。可分为永久磁铁、电磁铁、核超导磁体三种,按照外磁场强度不同而所需的照射频率不同可分为 60 MHz、200 MHz、300 MHz、500 MHz、900 MHz

等型号,但最重要的一种分类是根据射频的照射方式不同,将仪器分为连续波核磁共振谱仪(CW-NMR,见图2.22)和脉冲傅里叶变换核磁共振谱仪(PFT-NMR,见图2.23)两大类。

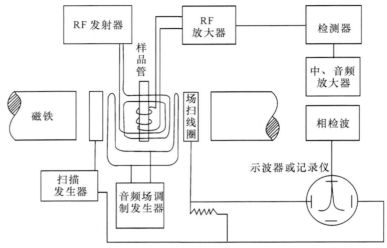

图 2.22　CW-NMR 谱仪基本结构示意图

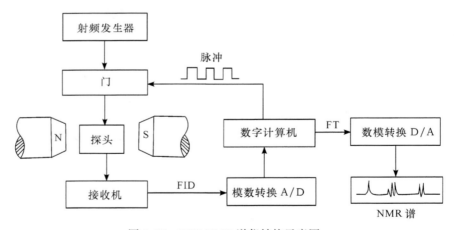

图 2.23　PFT-NMR 谱仪结构示意图

　　CW-NMR 谱仪主要由磁体、射频(RF)发生器、射频放大和接收器、探头、频率或磁场扫描单元以及信号放大和显示单元等部件组成;PT-NMR 谱仪和 CW-NMR 不同的是该类仪器不用扫描磁场或频率的方式来收集不同化学环境的磁核的共振信号,而是在外磁场保持不变的条件下,使用一个强而短的射频脉冲照射样品,所有的同类磁核同时被激发,从低能级跃迁到高能级,然后通过弛豫逐步恢复玻耳兹曼平衡,在此过程中,射频接收线圈可以接收到一个随时间衰减的信号,称为 FID(free induction decay)信号,将 FID 信号通过傅里叶变换将时间域信号转化为我们熟悉的频率域信号,即频率域谱图。

仪器与试剂

仪器 高分辨核磁共振波谱仪(CW-NMR 或 PFT-NMR),NMR 样品管。

试剂 标准乙基苯 5% 样品;TMS(四甲基硅烷)。

实验步骤

(1)样品制备。一般采用 5 mm 的标准样品管,样品量为几个毫克至几十个毫克,对 PFT-NMR 而言,^{1}H-NMR 谱一般只需 1 mg 左右甚至更少。根据样品性质,选择好氘代试剂,溶解后加入样品管,塞好样品塞,擦拭干净后,放入转子中,用量管调整好转子位置,即可放入磁场中心的样品腔中,打开气流开关,使样品管旋转。

(2)按照具体实验仪器的操作说明,进行匀场、锁场。

(3)设置合适的参数,采集信号,相位调整,确定化学位移,积分,得到^{1}H-NMR 谱图。

(4)打印谱图。

结果与讨论

将实验得到的乙基苯^{1}H-NMR 谱图与标准谱图对照,分析 NMR 谱图中信号的数目,化学位移,积分高度,计算相应的质子数目和耦合常数。

思考题

1. 用 60 MHz 的 NMR 谱仪测得乙醇的—CH—的 Δv 为 215 Hz,则其化学位移是多少? 如用 900 MHz 的 NMR 谱仪测试,则其 Δv 为多少?

2. PT-NMR 相对于 CW-NMR 有哪些优点?

3. 总结 NMR 谱仪操作时应注意的问题。

参考文献

1. 赵藻藩,周性尧等.仪器分析.北京:高等教育出版社,1990

2. 苏克曼,潘铁英,张玉兰.波谱解析法.上海:华东理工大学出版社,2002

3. Ernst R R,Bodenhausen G, Wokauu A. Principles of Nuclear Magnetic Resonance in One and Two Dimensions, Oxford University Press, 1987

(王国平)

实验 30 有机化合物气相色谱-质谱测定

实验导读

有机质谱仪按其质量分析器的类型可分为磁质谱仪、四极质谱仪、离子阱质谱仪、飞行时间质谱仪、傅里叶变换离子回旋共振质谱仪;按仪器分辨率可分为高分辨质谱仪(分辨率≥50 000)、中分辨质谱仪(分辨率 10 000~50 000)和低分辨质谱仪(分辨率≤1000),双聚焦磁质谱仪的分辨率为 10 000~100 000,傅里叶变换离子回旋共振质谱仪的分辨率可达 10 000 000,四极质谱仪、离子阱质谱仪和飞行时间质谱仪属于低分辨质谱仪。

气相色谱-质谱(GC-MS)联用仪以气相色谱为分离手段、质谱为检测器分离与鉴定有机化合物。一个多组分混合物样品通过气相色谱分离,按不同的保留时间逐一进入质谱的离子源,在 70 eV 的电子轰击下,产生离子,离子经过加速与聚焦进入质量分析器,并通过快速扫描,计算机采集并处理可得到总离子色谱图及有机化合物各个组分相应的质谱图。

实验目的

(1) 掌握 GC-MS 仪器构造原理及操作方法。

(2) 学习 GC-MS 分离与鉴定有机化合物的方法。

实验原理

质谱离子源中各类化合物的裂解都有一定的规律。饱和脂肪烃裂解时易产生质荷比为 15、29、43、57 等一系列符合 C_nH_{2n+1} 的正离子峰,且 m/e 为 43、57 峰最强,烯烃有明显的 $41+14n$ 峰,烷基芳烃易形成 m/e 为 91($C_7H_7^+$)的基峰,脂肪醇分子离子峰弱,易失去一分子水并失去一分子乙烯,生成 $(M-18)^+$ 和 $(M-46)^+$ 峰,酮类化合物分子离子峰强,易在 α 断裂产生 RCO^+ 峰,当存在 γ-H 时,会产生 McLafferty 重排。羧酸、酯和酰胺主要发生 α 断裂,分别产生 $HOCO^+$($m/e=45$)、RCO^+ 和 NH_2CO^+($m/e=44$),也易出现分子重排峰。

在含 Cl、Br、S 等高同位素的化合物中,M^+ 和 $(M+2)^+$ 的峰强度比是十分重要的信息。

仪器与试剂

仪器　色谱-质谱联用仪(GC-MS);EI 源;弹性石英毛细管柱。

试剂　包含烃、醇、酮、醛、卤代烃、酯、含氮化合物等的样品溶液。以乙醇为溶剂,每种组分含量为 10 ng·μL^{-1}。

实验步骤

(1) 认真阅读 GC-MS 操作说明。

(2) 在教师指导下开启 GC-MS 仪器,设置仪器条件。色谱条件:HP-5MS 30 m×0.25 mm×0.25 μm 弹性石英毛细管柱,载气为高纯氦气,流量 1 mL·min^{-1},进样量为 1 μL,溶剂延迟 2 min。进样口温度 250 ℃,接口温度 280 ℃,柱温 60 ℃,保持 2 min,以 10 ℃·min^{-1} 速率升至 220 ℃,保持 2 min。质谱条件:离子源为 EI 源,电子能量 70 eV,离子源温度 230 ℃,四极杆温度 150 ℃,扫描范围 30~400 amu。

(3) 以全氟三丁胺(PFTBA)作质量定标,注意 69、219 质谱峰相对比例,以及 H_2O、N_2、CO_2 等峰相对强度。

(4) 对样品进行 GC-MS 分析,得到样品总离子色谱图。

结果与讨论

（1）分析各化合物 Abundance-m/e 图,分辨芳香族、乙酯、氯化物、含氮化合物特征离子,分辨各化合物。

（2）利用谱库检索,确定样品中的有机化合物。

（3）按教师要求,分辨几个典型化合物的分子离子,碎片离子,重排离子及同位素峰。

思考题

1．简述 McLafferty 重排,并从所分析的样品中一典型化合物说明。

2．如果将电子能量从 70 eV 变成 20 eV,质谱图会有什么变化?

3．据你所知,质谱仪离子原有哪些?

4．如何用 GC-MS 进行定量分析?

参考文献

1．邹建凯.分析化学,2002, 30(4):428～431

2．Tomislav S,Mary C B,Evadne E S.J Agric Food Chem,2000, 48:5802～5807

（邹建凯）

2.2　物性测试

实验 31　恒温槽的性能测试

实验导读

温度控制在中级化学实验与研究中有重要的作用,也是一些生产过程的关键。许多测量,如物性测量、化学平衡及动力学实验等都要求在恒定的温度条件下进行。

所谓恒温,即利用某种方法使温度在所要求的温度范围内保持相对稳定,仅允许很小的波动。欲控制被研究系统在某一温度,通常采取两种办法:①一种是利用物质的相变点温度来实现,如液氮（−195.9℃）、冰－水（0℃）、干冰－丙酮（−78.5℃）、沸点水（100℃）、沸点硫（444.6℃）、沸点萘（218.0℃）、$Na_2SO_4 \cdot 10H_2O$（32.38℃）等。这些物质处于相平衡时,温度恒定而构成一个恒温介质浴,将需要恒温的测定对象置于该介质浴中,就可以获得一个高度稳定的恒温条件,但是对温度的选择性却有一定的限制;②另一种方法是利用电子调节系统,对加热器或致冷器的工作状态进行自动调节,使被控对象处于设定的温度之下。实验室中所用的恒温装置一般分成高温恒温（>250℃）、常温恒温（室温约 250℃）和低温恒温（室温约−218℃）三大类。

实验目的

（1）了解恒温槽的构造及恒温原理,初步掌握装配和调试技术。

（2）学会分析恒温槽的性能。

（3）掌握电接点水银温度计的调节及使用。

实验原理

本实验讨论一种常用的控温装置——恒温槽。恒温槽一般由浴槽、温度调节器、温度控制器、加热器、搅拌器和温度指示器等部件组成，见图 2.24。它通过温度控制器对加热器自动调节来实现恒温目的。当恒温槽因热量向外扩散等原因使系统温度低于设定值时，控制器迫使加热器工作，当系统再次达到设定温度时，则自动停止加热。这样周而复始，可以使系统温度在一定范围内保持恒定。一般恒温槽都用水作为恒温介质，使用温度为 20～50℃。若需要更高恒温温度（不超过 90℃）时，可在水面上加少许白油以防止水的蒸发，90℃以上则可用甘油、白油或其他高沸点物质作为恒温介质。

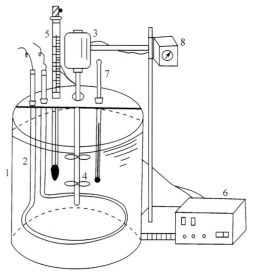

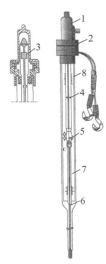

图 2.24　恒温槽装置简图

1.浴槽；2.加热器；3.马达；4.搅拌器；5.温度调节器；6.恒温控制器；7.精密温度计；8.调速变压器

图 2.25　温度调节器（电接点水银温度计）

1.调节帽；2.磁钢；3.调温转动铁芯；4.定温指示标杆；5.上铂丝引出线；6.下铂丝引出线；7.下部温度刻度板；8.上部温度刻度板

常用电接点水银温度计（即水银导电表）作温度调节器，它相当于一个自动开关，用于控制浴槽达到所要求的温度。控制精度一般在 ±0.1℃。其结构见图 2.25。它的下半部与普通温度计相仿，但有一根铂丝引出线 6（下铂丝）与毛细管中的水银相接触；上半部在毛细管中也有一根铂丝引出线 5（上铂丝），借助顶部磁钢 2 旋转可控制其高低位置。定温指示标杆 4 配合上部温度刻度板 8，用于粗略调节所要求控制的温度值。当浴槽内温度低于指定温度时，上铂丝与汞柱（下铂丝）不接触；当浴槽内温度升到下部温度刻度板 7 指定温度时，汞柱与上铂丝接通。原则上依靠这种"断"与"通"，即可直接用于控制电加热器的加热与否。但由于电接点水银温度计只允许约 1 mA 电流通过(以防止铂丝与汞接触面处产生火花),而通过电热棒的电流却很大,所以两者之间应配继电器作为过渡。

一般采用 1/10℃ 玻璃温度计作为测温元件,也可采用电阻温度计并配合相应的仪表显示系统温度。系统温度的变化值(ΔT)可用贝克曼温度计(见图 2.26,详细操作见本书第 1 章 1.4.3 节)测量,用放大镜可以读到 ±0.002℃,但它不能显示系统温度的绝对值。因贝克曼温度计操作较为困难且使用大量汞,目前逐步淘汰。本实验中,采用精密温差测量仪来测量系统温度的变化值。

除上述的普通玻璃缸恒温槽外,实验室中还常用超级恒温槽,见图 2.27。其原理和普通恒温槽相同,所不同之处是它附有循环水泵,能将恒温槽中的恒温介质循环输送给所需恒温的系统(如折光仪棱镜),使之恒温。

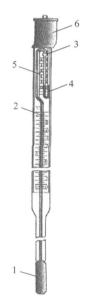

图 2.26 贝克曼温度计

1. 水银柱;2. 刻度板;3. 毛细管尖口;
4. 汞储器;5. 小刻度板;6. 金属帽

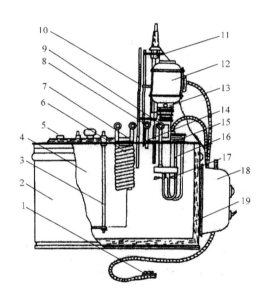

图 2.27 超级恒温槽

1. 电源插头;2. 外壳;3. 恒温筒支架;4. 恒温筒;
5. 恒温筒加水口;6. 冷凝管;7. 恒温筒盖子;8. 水泵进水口;9. 水泵出水口;10. 温度计;11. 电接点温度计;12. 电动机;13. 水泵;14. 加水口;15. 加热元件线盒;16. 两组加热元件;17. 搅拌叶;
18. 电子继电器;19. 保温层

装配和使用恒温槽时,应注意各元件在恒温槽中的布局是否合理,注意各元件的灵敏度,注意感温、温度传递、控制器、加热器等的滞后现象等。通常,灵敏度越高,恒温槽内温度波动越小,各区域温度越均匀。灵敏度是恒温槽恒温好坏的一个

主要标志。为了提高恒温槽的灵敏度,在设计恒温槽时要注意以下几点:恒温槽介质的热容量要大些,传热效果要好些,尽可能加快电热器与接触温度计间传热的速率,感温元件的热容尽可能小,感温元件与电加热器间距离要近一些,搅拌器效率要高,作调节温度用的加热器功率要恰当。

仪器与试剂

　　仪器　玻璃缸 1 个;温度调节器(导电表)1 支;精密电子温差测量仪 1 台;温度计(1/10℃)1 支;搅拌器(连续可调变压器)1 套;温度控制器(继电器)1 台;加热器 1 只。

实验步骤

　　(1) 将蒸馏水灌入浴槽至容积的 4/5 处,然后将恒温槽所需元件按你认为最合理的排布组装成一套恒温槽,并接好所有线路。请老师检查,待老师许可后才能接上电源插头,开始升温。

　　(2) 将温度升到室温以上约 10℃(夏天可取 35～40℃,冬天可取 20～25℃),调节温度调节器,使恒温槽恒温。观察电接点水银温度计标铁上端面所指的温度和触针下端所指的温度是否一致。旋开电接点水银温度计上部的调节帽紧固螺丝,旋转调节帽一周观察触针(或标铁)移动的度数。然后,旋转调节帽使标铁上端面所指的温度稍低于25℃处(通常低于 0.2～0.3℃,为什么?),固定调节帽。接通电源,打开搅拌器开关,并加热。当继电器指示停止加热时,注意观察 1/10℃ 温度计读数。当 1/10℃ 温度计达 25℃ 时,使铂丝与水银处于刚刚接通与断开状态(这一状态可由继电器的衔铁与磁铁接通或断开判断,也可由继电器的红绿指示灯来判断,一般说来, 绿灯表示加热,红灯表示加热停止),然后固定调节帽。需要注意:在调节过程中,必须以 1/10℃ 的温度计读数为准(为什么?)。

　　(3) 在老师指导下学习使用精密温差测量仪,并用精密温差测量仪测量已达设定温度的恒温槽的温度波动值,测定点可分别选择恒温槽纵向(恒温槽中心)上、中、下三点,恒温槽径向左、中、右三点。

　　(4) 测定加热器在两种不同加热电压下恒温槽的温度波动曲线,如用 220 V 和 110 V 加热电压分别测定,每隔 0.5 min 读一次温度,连续记录 15 min。

结果与讨论

　　(1) 温度波动值测定(表 2.28)。

表 2.28　温度波动测定结果

测温元件位置		上	中	下	左	中	右
温度波动值/℃	最高						
	最低						
	温差						
	平均温差						

（2）记录温度随时间的变化，画出恒温槽温度波动曲线。

（3）画出你认为最合理的恒温槽元件装配位置图（俯视图）。解释为什么这样布局最合理。

（4）结合温度波动曲线，讨论加热器功率对恒温槽温度波动的影响。

思考题

1．影响恒温槽灵敏度的因素有哪些？如何提高恒温槽的灵敏度？

2．从能量守恒的角度来讨论，应该如何选择加热器的功率大小？

3．你认为可以用哪些测温元件来测量恒温槽温度波动？

4．如果所需恒定的温度低于室温，如何装备恒温槽？

参考文献

1．殷学锋．新编大学化学实验．北京：高等教育出版社，2002

2．古风才，肖衍繁．基础化学实验教程．北京：科学出版社，2000

（王国平）

实验 32　CO_2 的 pVT 关系测定和临界状态观测

实验导读

物质的分子热运动和分子间作用力使其呈现气体、液体和固体三种主要聚集状态，并表现出不同的宏观性质，其中之一就是 pVT 关系，即一定数量物质的压力、体积和温度间的依赖关系。R. Boyle 于 1662 年和 E. Mariotte 于 1676 年分别根据实验现象，归纳得出低压气体恒温下压力与体积呈反比关系，100 年后 J. L. Gay-Lussac 得出恒压下体积与温度呈正比关系。1869 年，T. Andrews 对 CO_2 液化进行系统测定。1881 年，van der Waals 提出著名的范德华（van der Waals）状态方程，使人们对物质的状态及其变化有了比较全面的认识，从此 pVT 关系的实验和理论研究不断深入发展。总体上，pVT 关系可以由三种方法得到：①直接实验测定。将一定量的物质置于容器中，控制一定的温度和压力，平衡后测定体积，或控制一定的温度和体积，平衡后测量其压力。②经验半经验方法。建立具有一定理论基础或物理意义的各种状态方程（EOS），如范德华方程、维里（Virial）方程、侯虞钧（Martin-Hou）方程等。③理论方法。直至目前，pVT 关系仍然是研究的重点之一，超临界状态、电解质和高聚电解质溶液、高分子物质等的 pVT 关系受到格外注意。

实验目的

（1）学习流体 pVT 关系的实验测定方法，加深理解流体 $p\text{-}V$ 状态图和不同类型等温线的特征。

（2）掌握实际气体液化的条件和气-液相变、饱和蒸气压的意义。

（3）通过对 CO_2 临界现象的感性认识，理解临界点和超临界流体的重要意义。

（4）学习活塞式压力计的正确使用。

实验原理

对于物质的量确定的系统,当处于平衡状态时,其状态函数 p、V_m、T 之间存在关系: $f(p, V_m, T) = 0$,该方程描述的物质状态图是以 p、V_m、T 为坐标的立体曲面。在不同温度下截取恒温剖面,相交曲线投影在 p-V_m 平面上,可以得到由一族恒温线组成的 p-V_m 图,如图 2.28 所示。它直观地表达了物质的 pVT 关系。

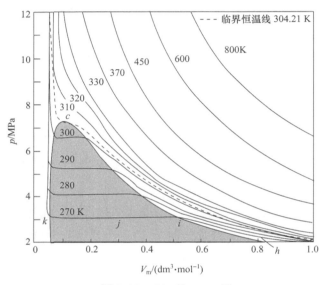

图 2.28 CO_2 的 p-V_m 图

温度较高时,等温线是一条光滑曲线;温度较低时,等温线上有一水平线段,反映气-液相变化的特征,水平线段的两个端点(如 i 和 k 两点)分别代表互为共轭的饱和气体和饱和液体。饱和气体和饱和液体的体积随温度的变化在 p-V_m 图上构成气液共存区的边界线,称双节线。随着温度升高,水平线段不断缩短,饱和气体线和饱和液体线最后汇于一点(c 点),即临界点(critical point)。临界点的温度、压力和体积分别称临界温度 T_c、临界压力 p_c 和临界体积 V_c,是物质固有的特征参数。温度低于 T_c 是气体液化的必要条件。温度、压力高于临界点的流体称超临界流体,其应用技术是目前研究的热点。

本实验测定 CO_2 的一系列等温线,观测气-液相变和临界现象。实验装置如图 2.29 所示,由活塞式压力计、超级恒温槽和试验台本体及其防护罩等几部分组成。试验台本体如图 2.30 所示。

实验中由活塞式压力计送来的压力油进入高压容器和玻璃杯上半部,迫使水银进入预先装了 CO_2 气体的承压玻璃管中,CO_2 被压缩,其压力和容积通过活塞式压力计上的活塞杆的进、退来调节。温度由超级恒温槽供给的水套里的水温来

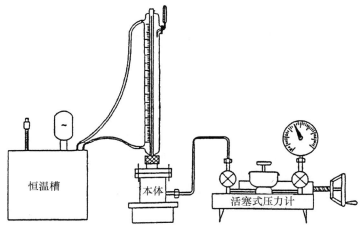

图 2.29 实验装置图

调节。CO_2 的压力由压力表读出。温度由插在恒温水套中的温度计(温度计应该事先校正)读出。CO_2 体积由承压玻璃管内柱的高度变化来测量。

由于充进承压玻璃管内的 CO_2 质量和玻璃管截面积不易测量,实验中采用间接办法来确定 CO_2 的比体积。假设 CO_2 的比体积 v 与其高度呈线性关系。已知 CO_2 液体在 20℃,9.8 MPa 时的比体积 v(20℃,9.8 MPa)= 0.001 17 $m^3 \cdot kg^{-1}$,若实际测得在 20℃,9.8 MPa 时的 CO_2 液柱高度 Δh_o(m),则

v (20℃,9.8 MPa)= $\Delta h_o A/m$

$\qquad$ = 0.001 17($m^3 \cdot kg^{-1}$)

$m/A = \Delta h_o / 0.001\ 17 = K$($kg \cdot m^{-2}$)

K 为玻璃管内 CO_2 的质面比常数($kg \cdot m^{-2}$)。所以,实验温度、压力下 CO_2 的比体积为

$$v = \Delta h /(m/A) = \Delta h / K$$

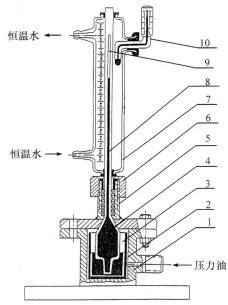

图 2.30 试验台本体示意图

1. 高压容器;2. 玻璃杯;3. 压力油;4. 水银;
5. 密封填料;6. 填料压盖;7. 恒温水套;
8. 承压玻璃管;9. CO_2;10. 温度计

式中:$\Delta h = h - h_0$,其中 h 为实验温度、压力下水银柱高度;h_0 为承压玻璃内管顶端刻度。

仪器与试剂

仪器　pVT 关系测定实验装置 1 套,如图 2.29 所示,由活塞式压力计、超级恒温槽和试验台本体及其防护罩等几部分组成。试验台本体如图 2.30 所示。

试剂　实验工质 CO_2(一般在仪器安装时事先充入);压力油。

实验步骤

1) 加压前的准备

因为活塞式压力计的油缸容量比主容器容量小,需要多次从油杯里抽油,再向主容器充油,才能在压力表上显示压力读数。活塞式压力计抽油、充油的操作过程非常重要,若操作失误,不但加不上压力,还会损坏实验设备。所以,要非常小心,必须在老师指导下认真掌握操作。其步骤如下:

(1) 关压力表及其进入本体油路的两个阀门,开启活塞式压力计上油杯的进油阀。

(2) 摇退活塞式压力计上的活塞螺杆,直至螺杆全部退出。这时,活塞式压力计油缸中抽满了油。

(3) 先关闭油杯阀门,然后开启压力表和进入本体油路的两个阀门。

(4) 摇进活塞螺杆,使本体充油。如此反复,直至压力表上有压力读数为止。

(5) 再次检查油杯阀门是否关好,压力表及本体油路阀门是否开启。若均已调定后,即可进行实验。

2) 测定气-液相变等温线

(1) 将超级恒温槽调定在 $t=20℃$,并保持恒温。

(2) 压力记录从水夹套管上有刻度开始,当玻璃管内水银升起来后,应足够缓慢地摇进(退)活塞螺杆,以保证平衡。

(3) 平衡后,记录该温度下的压力与水银高度。按照适当的压力间隔取 h 值,直至压力 $p=9.8$ MPa。将测得的实验数据及观察到的现象一并填入表 2.29。实验过程中,要注意加压后 CO_2 的变化,仔细测试和观察 CO_2 最初液化和完全液化时的压力和水银高度。特别要注意观察饱和气体与饱和液体之间的变化和液化、气化等现象。

(4) 重复实验,测定 $t=23℃$,$t=25℃$,$t=27℃$,$t=29℃$ 时的实验数据。

3) 测定临界等温线,观察临界现象

(1) 按上述方法和步骤测出临界等温线,并在该曲线的拐点处找出临界压力 p_c 和临界比体积 v_c,并将数据填入表 2.29。

(2) 观察临界现象。

① 观察临界乳光现象。保持临界温度不变。摇进活塞杆至压力达 p_c 附近,然后突然摇退活塞杆(注意:勿使实验本体晃动!)降压。在此瞬间玻璃管内将出现圆锥状的乳白色的闪光现象,即临界乳光现象。这是由于 CO_2 分子受重力场作用

沿高度分布不均匀和光的散射所造成的。可以反复几次来观察这一现象。

② 整体相变现象。由于在临界点时,饱和气体线和饱和液体线合于一点,气化热等于零,所以这时气液的相互转变不是像临界温度以下时那样逐渐积累,需要一定的时间,表现为渐变过程,而这时当压力稍有变化时,气、液是以突变的形式相互转化的。

③ 气、液两相模糊不清现象。处于临界点的 CO_2,不能区别此时是气态还是液态。如果说它是气体,那么,这个气体是接近液态的气体;如果说它是液体,那么,这个液体又是接近气态的液体。因为这时是处于临界温度下,如果按等温线过程来进行,使 CO_2 压缩或膨胀,那么,管内看不到气、液变化现象。现在,我们按绝热过程来进行。首先在压力等于 7.64 MPa 附近,突然降压,CO_2 状态点由等温线沿绝热线降到液相区,管内 CO_2 出现了明显的液面。这就是说,如果这时管内的 CO_2 是气体的话,那么,这种气体离液相区很接近,可以说是接近液态的气体;当在膨胀后,突然压缩 CO_2 时,这个液面又立即消失了。这就告诉我们,这时 CO_2 液体离气相区也是非常接近的,可以说是接近气态的液体。这就是临界点附近饱和气、液相模糊不清现象。

4) 测定高于临界温度时的等温线

调节温度 $t = 35℃$,$45℃$,将数据填入原始记录表 2.29 中。

表 2.29 CO_2 等温实验测定 p-V 关系的原始数据记录示例

$t = 20℃$				$t = 31.1℃$(临界温度)				$t = 35℃$			
p	Δh	v	现象	p	Δh	v	现象	p	Δh	v	现象
…											
…											
…											
…											

结果与讨论

(1) 按表 2.29 中的数据,在 p-V_m 坐标系中画出等温线。

(2) 将实验测得的与文献上的等温线比较,并分析它们之间的差异及其原因。

(3) 将实验测得的饱和温度与饱和压力的对应值、表 2.30 所列的温度-饱和蒸气压数据同时画在一张图上,比较并分析产生误差的原因。

表 2.30 CO_2 的饱和蒸气压数据

温度/℃	20.0	22.0	24.0	25.0	26.0	27.0	28.5	29.4	30.0	30.5	31.0
蒸气压/MPa	5.730	6.001	6.285	6.432	6.581	6.734	6.945	7.113	7.271	7.294	7.376

(4) 将实验测定的临界比体积 v_c,按理想气体状态方程和范德华方程理论计

算值一并填入表 2.31,并分析它们之间的差异及其原因。

表 2.31　临界比体积 v_c(单位:$m^3 \cdot kg^{-1}$)

v_c(文献值)	v_c(实验值)	$v_c = RT_c/P_c$	$v_c = \dfrac{3}{8}\dfrac{RT_c}{P_c}$
0.002 16			

思考题

1. 使用活塞式压力计的过程中应注意哪些问题?
2. 等温线可以分为几种类型? 各有怎样的特征?
3. 如何测得准确的相变点和临界点?
4. 临界点上是否存在气-液相界面? 为什么会产生临界乳光现象?
5. 使实际气体液化的条件是什么?
6. 查阅资料,举例说明临界点的重要意义和超临界流体的应用。

参考文献

1. 胡英 . 物理化学(上册). 第四版 . 北京:高等教育出版社,1999
2. 朱自强 . 超临界流体技术——原理和应用 . 北京:化学工业出版社,2000
3. 胡英 . 物理化学参考 . 北京:高等教育出版社,2003
4. Reid C,Prausnitz J M,Poling B E.The Properties of Gases and Liquids.4th ed.New York:Mcgraw-Hill,1987

(方文军)

实验 33　燃烧热的测定

实验导读

燃烧热是热化学中的重要数据,可用于计算化合物的生成热、反应热、键能及评价燃料品质的优劣等。燃烧热的测定有很多应用,蕴涵着许多问题值得我们去思考和实践。例如,可以在获得测定固体燃烧热的经验基础上去测定液体的热值,探索实验技术上的特殊性及难点;通过测定燃烧热,判断汽油、煤油、柴油等燃料的质量;测定食糖、奶粉、营养乳剂等食品和营养制品的燃烧热,判断某些制品的开发价值;采用测热值用的氧弹法来测定燃料、固体废弃物中的硫含量;测定不同淤泥的热值,了解污染的严重性,有助于寻求淤泥利用和污染防治的措施等。可见,燃烧热测定在能源、生物、环境等学科中起着重要作用。燃烧热随测定条件不同,分为两种:恒容燃烧热 Q_V 和恒压燃烧热 Q_p。测量热效应的仪器称为热量计,本实验采用体积确定的氧弹热量计,测得的是 Q_V,经计算可得到 Q_p。氧弹热量计分为恒温型和绝热型两类。前者设备简单,在外套中盛有恒温水,只要做好热漏校正,准确度仍然很高;后者外桶由绝热壁构成,无需进行温差校正,测量结果精确且重复性好,但仪器昂贵。本实验采用恒温式氧弹热量计测定有机物的燃烧热。

实验目的

(1)熟悉氧弹热量计的原理、构造及使用方法。

(2)明确恒压燃烧热与恒容燃烧热的差别及相互关系。

(3)掌握温差测量的实验原理和技术。

(4)学会雷诺图解法校正温度的方法。

实验原理

1)燃烧热与量热

1 mol 物质完全燃烧时的热效应称为该物质的燃烧热。完全燃烧是指 C $\longrightarrow$ $CO_2(g)$,$H_2 \longrightarrow H_2O(l)$,$S \longrightarrow SO_2(g)$,而 N、卤素、银等元素变为游离状态。若将参与反应的所有气体看成为理想气体,则恒容燃烧热 Q_V 与恒压燃烧热 Q_p 之间有下列关系式

$$Q_p = Q_V + \Delta nRT \tag{2.23}$$

式中:Δn 为反应前后产物与反应物中气体的物质的量之差;R 为摩尔气体常量;T 为反应的热力学温度。化学反应的热效应(包括燃烧热)通常用恒压热效应 ΔH 来表示。

2)氧弹热量计

本实验采用恒温式氧弹热量计。图 2.31 为氧弹剖面结构图。图 2.32 为氧弹热量计。图 2.32 中的贝克曼温度计 9 和外筒温度计 8 在本实验中用 Pt-1000 铂电阻温度计代替。

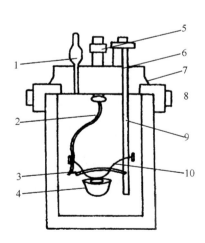

图 2.31 氧弹剖面结构图

1.放气孔;2.金属支架;3.燃烧挡板;

4.坩埚;5.电极;6.进气孔;7.橡皮垫圈;

8.弹盖;9.进气管;10.燃烧丝

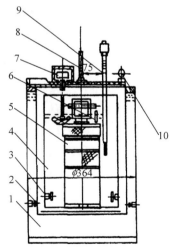

图 2.32 氧弹热量计

1.外筒;2.定位圈;3.定位圈;

4.内筒;5.氧弹;6.点火插头;

7.内筒搅拌器;8.外筒温度计;

9.贝克曼温度计;10.外筒搅拌器

样品在纯氧气氛中完全燃烧放出的能量使氧弹及周围介质温度升高,若已知仪器常数,测量其温差即可求算样品的恒容燃烧热。一般用已知燃烧热的标准物质苯甲酸来标定氧弹热量计的仪器常数,苯甲酸的恒容燃烧热 $Q_V = -26\ 460$ $J\cdot g^{-1} \times 122.12\ g\cdot mol^{-1} = -3231.3\ kJ\cdot mol^{-1}$。实验过程中外水套保持恒温,内水桶与外水套之间以空气隔热。内水桶连同其中的氧弹、测温器件、搅拌器和水可近似看成绝热系统。可用式(2.24)计算物质的恒容燃烧热 Q_V。

$$Q_V W + q_1 x + q_2 = Ca\Delta h = K\Delta h \tag{2.24}$$

式中:Q_V 为被测物质的恒容燃烧热,$J\cdot g^{-1}$;W 为被测物质的质量,g;q_1 为点火丝的燃烧热;x 为烧掉的点火丝质量,g;q_2 为氧弹内的 N_2 生成硝酸时放出的热量,J;C 为热量计包括水、水桶等的总热容,$J\cdot ℃^{-1}$;K 为仪器常数,$J\cdot mm^{-1}$;Δh 为记录纸上曲线的峰高,mm。

为了保证样品的完全燃烧,氧弹中必须充足高压氧气。因此要求氧弹必须耐高压、密封、耐腐蚀,同时粉末样品必须压成片状(液体样品应该灌装在小玻泡或胶囊中及其他能引燃的容器中),以免充气时冲散样品,使样品燃烧不完全。必须使燃烧后放出的热量尽可能传递给介质,使水温升高,因此应尽量避免和减小由于辐射、对流以及传导等引起的能量散失,但漏热是无法完全避免的,因此测量值一般需用雷诺作图法进行校正。

3) 热敏电阻测量温度原理

氧弹热量计中常以热敏电阻或贝克曼温度计等作为测温元件(见本书第 1 章 1.4.3 节)。热敏电阻是半导体电阻材料,一般具有较大的负温度系数,即其电阻值随温度的升高而降低,其电阻温度特性可用式(2.25)表示

$$R_T = Ae^{B/T} \tag{2.25}$$

式中:A、B 是两个经验常数,由热敏电阻的材料、形状、尺寸和物理特性所决定。

热敏电阻的优点是体积小、灵敏度高、热容量小、响应时间快。用它测量温度时,可利用电阻电桥原理,当热敏电阻值随系统温度发生变化时,电桥产生不平衡电势,只要测量电桥不平衡电势的大小即可知道系统的温度改变大小,可用记录仪表自动、连续地记录。当温度变化不大时,热敏电阻的阻值变化与温度变化成正比关系,而不平衡电势又与热敏电阻值的变化成比例,因而不平衡电势反映在记录仪上就是量热曲线峰的高低。本实验用铂电阻温度计作测温元件。

4) 雷诺温度校正

燃烧时的升温曲线见图 2.33,A 表示样品燃烧前期的温度变化,ADF 段表示样品燃烧时主期温度升高,FB 段表示样品燃烧结束即末期的温度变化,C 点温度为室温,过 C 点作平行于纵轴的直线与主期温度变化曲线相交于 D 点。过 D 点作水平线交 A 和 B 延长线于 E、F 点,EF 的长度(格数)即表示量热曲线的峰高 Δh(即校正后的温度变化值)。

　　若以贝克曼温度计来直接测量温差 Δt，则温差校正式为

$$\Delta t = -\frac{r+r_1}{2}n - r_1 n_1 \quad (2.26)$$

式中：r 为初期温度变化率；r_1 为末期温度变化率；n 为主期内每 0.5 min 温度上升不小于 0.3℃ 的时间间隔（点火后的第一个时间间隔不管温度升高多少，都计入 n 中）；n_1 为主期内每 0.5 min 温度升高小于 0.3℃ 的时间间隔。系统温升 Δt 的校正可参照图 2.34，主期时间间隔数为

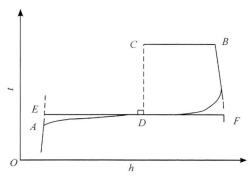

图 2.33　然烧时的升温曲线

20，其中 n 为 3，n_1 为 17，这两部分分别称为温度跃升区和高温区。在高温区，即 n_1 部分，温升平稳。因为此时系统温度已高于环境温度，系统散热是主要的，其温度变化率由 CD 线的斜率 r_1 决定，所以由散热引起温度变化为 $n_1 r_1$。在温度跃升区，即 n 部分，由开始低于环境温度到后来高于环境温度，因此这个区域包括了开始吸热及后来散热的综合影响，引起系统的温度变化可看成由两部分组成，即 $nr/2$ 和 $nr_1/2$，所以整个主期由于热交换引起的温度变化为以上两个区域的总和。

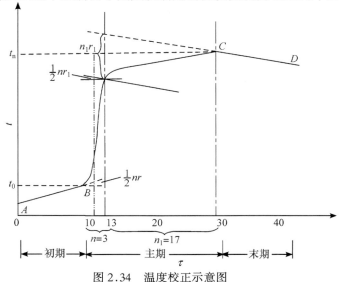

图 2.34　温度校正示意图

仪器与试剂

　　仪器　氧弹热量计 1 套，Pt-1000 温度计或热敏电阻 1 支（2 kΩ 左右），点火器 1 台；接触调压器（0.5 kW）1 台；SunyLAB200 实验数据分析记录仪 1 台（或其他型

号记录仪);工业天平和电子天平各 1 台;氧气钢瓶 1 只,充气装置 1 台,压片机 1 台;铜丝或铁丝;万用电表 1 只;2000 mL、1000 mL 容量瓶各 1 只。

试剂　苯甲酸(AR);蔗糖(或萘)(AR)。

实验步骤

(1) 压片。先在工业天平上称 0.8~0.9 g 苯甲酸,在压片机上压成片状,将片上黏附的粉末用毛刷轻轻刷去或在一张白纸上轻轻摔打,然后放在电子天平上准确称量并记录。

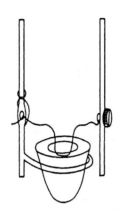

图 2.35　燃烧丝
安装示意图

(2) 装样。取一根点火丝准确称量并记录,将点火丝中间绕成螺圈型,把两端缚牢在氧弹燃烧皿两侧的电极上,点火丝中间螺圈部分放在燃烧皿中间,用万用表检查电极是否接通,若电极通路则把已准确称量的苯甲酸片放入燃烧皿中,注意放在紧贴点火丝的下面(图 2.35)。用移液管移取 20 mL 去离子水,放入弹体内,然后盖上弹盖并拧紧弹盖。

(3) 充氧。往氧弹中细心充入 1.2 MPa 氧气,再次检查电极是否通路,若通路则将氧弹轻轻放入内水桶中。

(4) 样品燃烧和温度测量。用容量瓶量取已被调节到低于室温 0.5~1.0℃的自来水 3000 mL,倒入内水桶中,装好搅拌马达及铂电阻温度计,将连接点火器电路两端的夹子与氧弹的两个电极相连。开动马达,打开记录仪,待基线走成直线约 3 min,即可点燃样品。样品点燃后,记录仪立即自动画出升温曲线,待升温曲线升至最高且走一段直线后即可停止搅拌,并按 STOP 停止记录。进入《中级化学实验》数据控制系统,读取原始数据并保存,观察曲线趋势图是否合理,然后继续下面实验。也可使用台式记录仪记录,调节电桥电位器,使记录笔指在近左边 5 格附近,走纸速率 8 mm·min^{-1};待记录笔走成直线约 5 min,即可点燃样品。迅速合上点火开关进行通电点火,样品点燃后,记录笔立即自动画出升温曲线,待升温曲线转变且走一段直线后(约 5 min),即可停止搅拌和记录。

(5) q_2 的测量。取出氧弹,用毛巾擦干,拧松放气阀,缓慢放出废气,旋开弹盖,检查样品燃烧是否完全,氧弹中应没有明显的残渣。将剩余点火丝取下称量并记录,倾出内水桶中的水,将内水桶及氧弹擦干;将弹内溶液倒入 250 mL 烧杯中,并用少量水洗涤,合并后煮沸 1 min,用酚酞作为指示剂,用 0.100 mol·L^{-1} NaOH (每毫升碱液相当于 5.98 J 的热值)滴定至终点。

(6) 重复步骤(1)~(5),求得仪器常数平均值 K。

(7) 重复上述操作,测定蔗糖(请同学们自行估算质量)的燃烧热。需要注意:二次实验中的内水桶水的初始温度应相差不大。

(8) 待老师检查好数据,然后整理仪器,打印记录曲线,写实验报告用。

结果与讨论

填写表2.32。

表 2.32

室温：＿＿＿℃，大气压：＿＿＿kPa

称量样品	样品质量/g	铜丝质量/mg	剩余铜丝质量/mg	烧掉铜丝质量/mg	NaOH 消耗量/mL	峰高/mm
苯甲酸						
蔗糖						

计算蔗糖的恒容燃烧热 Q_V 和恒压燃烧热 Q_p，并与文献数据比较。

思考题

1．燃烧热测定中什么是系统？什么是环境？

2．实验中引起系统和环境进行热交换的因素有哪些？如何避免热损失？

3．应如何正确使用氧气钢瓶？

4．在计算蔗糖的燃烧热时，没有用到3000 mL水的数据，为什么在实验中需要量准水的体积呢？若水体积量得不准，对测量结果有怎样的影响？

5．如何判断氧弹内的样品已点燃？如何判断样品已经燃烧完全？

6．如果内水桶的水温不加以调整，则有什么影响？

7．该实验引起误差的主要因素有哪些？为什么？

8．如何测定挥发性液体样品的燃烧热？

9．若期望通过燃烧热测定获取苯的共振能，那应该如何安排实验？

参考文献

1．李森兰,杜巧云,王保玉．燃烧热测定的研究,大学化学,2001,16(1):51
2．刘天晴．液体燃烧热测定方法的改进,大学化学,1994,9(4):51
3．钟爱国．测定燃烧热实验条件的改进,大学化学,2000,15(6):43
4．北京大学．物理化学实验．第三版．北京:北京大学出版社,1995
5．罗澄源．物理化学实验．第三版．北京:高等教育出版社,1991

附录：液体燃烧热的测定

对于液体可燃物，若沸点高，挥发度小（如重油类），可直接放于坩埚中测定。具体步骤是：先准确称量坩埚质量，装入液体至坩埚体积的2/3，再次称量，将点火丝中间部位绕成螺旋，两端紧束于电极上，螺旋部分插入坩埚所盛的液体中，小心冲氧，注意不要过分倾斜氧弹，以免液体溅到外面，同法测定燃烧热。若所测液体的沸点低、挥发度大（如有机物），则应盛于药用胶囊中，再用小玻璃泡密封，置于引燃物如铁丝或棉线（热值为 -16.7 kJ·g^{-1}）上点燃测定。计算时应将引燃物和胶囊放出的热量（胶囊热值需预先测定）扣除。也可将液体密封于玻璃泡内，点燃时用先打破再燃烧的方法，来测定液体的燃烧热，该方法主要存在以下问题：一是将液体装于玻璃泡后密封时，液体受高温而部分分解和炭化，导致物质质量难以准确计量;二是密封的玻璃泡置于压力大于 2×10^6 Pa 的氧弹中,要在打碎的同时立即燃烧,此步骤不易进行,且用其他方法引爆也较难。采用塑料袋代替玻璃泡盛装液体可解决上述问题,且适用范围广,操作简便,准确度和精密度都较高,误差小于 2%。

具体步骤:①先测定塑料(如聚氯乙烯塑料膜)的燃烧热,方法同固体燃烧热测定方法;②用塑料封口机制成 2.2 cm×3.5 cm 的小塑料袋,袋口留下约 2 mm 宽的小口,以便用滴管滴加待测液体。将液体加好后,只需在 2 mm 的小口处用热的铁丝轻轻烫一下即可封口;③封口后的盛液体塑料袋放进氧弹中,用与固体燃烧热测定相同的方法测取(塑料袋 + 液体)温度上升的准确数值。根据塑料袋和液体的质量,经计算即可得到液体的燃烧热。

(滕启文)

实验 34　差热分析法研究 $CuSO_4 \cdot 5H_2O$ 的热稳定性

实验导读

热分析是在程序控制温度下,测量物质的物理性质与温度关系的一类技术。其中程序温度一般采用线性程序,也可使用温度的对数或倒数程序。在加热或冷却的过程中,随着物质的结构、相态和化学性质的变化,通常伴有相应的物理性质变化,包括质量、温度、热量以及声学、机械、电学、光学和磁学等性质,依此形成了相应的各种热分析测试技术,如热重分析法(TG)、差热分析法(DTA)、差示扫描热量热法(DSC)、热释电流法和热释光法等。其中 TG、DTA 和 DSC 是最常见的热分析技术。TG 是在程序升温的环境中,测量试样的重量对温度(或时间)依赖关系的一种技术;DTA 是使试样和参比物在程序升温或降温的相同环境中,测量两者的温度差随温度(或时间)的变化关系的一种技术;DSC 则是使试样和参比物在程序升温或降温的相同环境中,用热量补偿器测量使两者的温度差保持为零所必需的热量对温度(或时间)的变化关系的一种技术。目前热分析技术广泛应用于化学、材料、石油、矿物学和地质学等各个学科领域。

实验目的

(1) 掌握差热分析原理,并了解定性处理差热曲线的方法。

(2) 了解差热分析仪的构造,掌握其基本操作方法。

(3) 分析 $CuSO_4 \cdot 5H_2O$ 试样,判断它们的热稳定性。

实验原理

DTA 是广义热分析法的一种,即利用待测物质在加热或冷却过程中发生变化时与外界环境间出现温度差,同时测量温度差曲线(差热曲线)和升或降温的温度曲线构成差热谱图来研究物质变化的。从差热图上可以清晰地看到差热峰的数目、位置、方向、高度、宽度、对称性以及峰面积等。峰的数目是指试样在测定中发生物理或化学变化的次数,峰的位置标志试样发生变化的温度范围,峰的方向表明系统发生热效应的正负性,峰面积说明热效应的大小,相同条件下,峰面积越大,表示热效应也越大。由于在完全相同的条件下,许多物质的热谱图表现出一定的特征,即一定的物质就有一定的差热峰的数目、位置、方向、峰温等。因此就有可能通过与已知物的差热图进行对比,从而来定性地鉴别试样的种类,可能变化的次数。DTA 常与 X 射线衍射、质谱、色谱、热重法等方法配合,可用于鉴别物质并考查其组成结构以及相变温度、热效应等物理化学性质和反应动力学的研究。

DTA 法即把试样和热稳定的参比物(在加热过程中不发生任何化学或物理变化或者说不会产生热效应的物质)一起放在导热良好的样合中,并将样合置于控制一定升温速率的电炉内,用差热热电偶分别测定系统的温度以及试样与参比物间的温度差,随着时间的进行,就可得到一张差热图,见图 2.36。

在差热图中,以时间为横坐标,温度或温度差为纵坐标(由记录仪记录得到)。图 2.36 中两条曲线,其中 T 是由插在参比物中的热电偶所反映的温度曲线;AH 线反映试样与参比物间的温差曲线。如试样无热效应发生,则试样与参比物间的 $\Delta T = 0$,在曲线上 AB、DE、GH 是平滑的曲线;当有热效应发生而使试样的温度高于参比物,则出现如 BCD 峰顶向下的放热峰,反之,出现峰顶向上的 EFG 吸热峰。

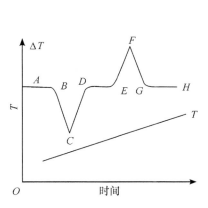

图 2.36 理想差热分析图

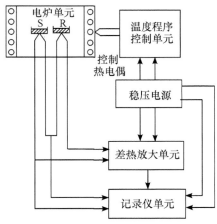

图 2.37 差热分析仪简单原理图

一般差热分析仪的简单原理如图 2.37 所示。主要包括下列部件:①放试样和参比物的坩埚;②加热炉;③温度程序控制单元;④差热放大单元;⑤记录仪单元;⑥两对相同材料热电偶并联而成的热电偶组,两对热电偶分别置于试样(S)和参比物(R)的中心,测量它们的温度 T 和温度差 ΔT。

差热分析仪操作要求:①升温速率的选择。一般认为,若升温速率小,则基线飘移小,差热峰分辨率高,峰变低且平坦,实验时间长;反之基线容易飘移,差热峰分辨率低,峰变高变狭,峰顶温度偏高,实验时间短。因此要根据不同样品要求选择升温速率。升温速率一般为 $2\sim20℃\cdot min^{-1}$,在特殊情况下最慢可以 0.1 $℃\cdot min^{-1}$,最快可达 $200℃\cdot min^{-1}$,而常用 $8\sim12℃\cdot min^{-1}$。如样品发生化学或物理变化的温度低或差热峰相互靠得近,为了提高分辨率则可降低升温速率;②参比物选择。要求参比物在加热或冷却过程中,在所研究的温度范围内都没有物理或化学变化,而且比热容和样品差不多,最好其传热系数也和样品接近。这样样品和参比物在同一条件下加热或冷却时,若样品不发生变化则二者的温差应该是非常微弱的,也就是说基线基本上为一直线,参比物一般可选用 α-$A1_2O_3$,煅烧过的 MgO、SiO_2 以及金属镍粉等;③保持器(样合)。一般可用铜、生铁、不锈钢、镍等材料制成,它必须是一个不起反应的良好热导体,有利于保持整个系统温度均匀。

仪器与试剂

仪器　电炉(800 W)2 只;调压变压器(1 kV·A)1 只;镍铬-镍铝热电偶;小杜瓦瓶(或小热水瓶)1 只;铜样盒 1 只;小玻璃试管(ϕ3 mm×60 mm)3 支;记录仪 1 台。也可以采用其他不同型号的仪器进行实验,具体操作可参见仪器的使用说明。

试剂　$CuSO_4\cdot5H_2O$(AR);活性氧化铝。

实验步骤

(1) 取玻璃小试管 2 支,分别装入活性氧化铝和 $CuSO_4\cdot5H_2O$(试样约高 15 mm,若试样颗粒不均匀,应事先粉碎),装样要求松紧均匀。

(2) 将热电偶分别插入试管中,要求插入深度一致,不能太浅。必须将测量系统温度的热电偶插在参比物这一边,然后将小试管放入铜样盒小孔中。为了预先知道被测物质吸热还是放热,在热电偶插入前可用手握住热电偶的热端,看记录指针移动方向来进行判断。将热电偶冷端插入盛有冰水的杜瓦瓶中。

(3) 检查线路是否正确,调节记录仪调零旋钮,将记录系统温度的红笔调节至相当于室温温度位置上(以后不能再调节该旋钮;否则,仪器零点将变化)。待一切正常后,开始加热电炉,要求加热速率保持在 $5\sim8℃\cdot min^{-1}$ 之间。一般将调压变压器放在 150 V 附近即可。

(4) 升温 $2\sim3$ min 后,即可打开记录仪,开始记录,调节走纸速率为 4 mm·min^{-1},同时记录升温和差热曲线。并密切地注意观察系统升温速率及差热曲线的变化情况,保持升温速率曲线基本上是一条直线。当差热峰出现时随时记录峰的起始、峰顶和终了温度。

(5) 记录到 500℃,即可停止加热,并停止记录,从电炉中取出样盒,拿出小试管。为了使样盒迅速冷却,可将它放入冷水中急冷,但水不得进入样盒中间的小孔中。

(6) 实验完毕后,切断电源,使变压器降到零,取出热电偶,提出样合,将试样从试管中倒出,洗刷干净,放烘箱中烘干,同时取下记录纸。

结果与讨论

室温:_____℃ , 大气压:_____ kPa。

根据记录结果(表 2.33),对差热曲线进行定性讨论,并写出可能的化学反应方程式。

表 2.33　差热分析实验记录

样品 名　称	平均升温速率 /(℃·min⁻¹)	差热峰温度			纸　速 /(mm·min⁻¹)
		峰号	起始	峰顶	终了	
CuSO₄·5H₂O		1 2 3 4 5				

思考题

1. 差热分析的特点是什么? 它能分析什么样的试样?

2. 为什么要用参比物? 对它有什么要求?

3. 引起基线飘移的原因有哪些? 若既有吸热又有放热的试样,则要求记录笔开始放在什么位置? 如何判别是吸热还是放热峰?

4. 为什么要控制一定的升温速率? 过快过慢对结果有什么影响?

5. 根据差热曲线峰的大小,能否定量知道每次变化的热效应大小? 如何定量测定变化的热效应?

参考文献

1. 汪昆华,罗传秋,周啸.聚合物近代仪器分析.第二版.北京:清华大学出版社,2000

2. 宗汉兴.化学基础实验.杭州:浙江大学出版社,2000

2. 殷学锋.新编大学化学实验.北京:高等教育出版社,2002

(王国平)

实验 35　液体饱和蒸气压的测定

实验导读

一定温度下,气液两相达到平衡时的压力称为液体的饱和蒸气压,简称蒸气压。蒸气压是液体的基本 pVT 性质之一,在相平衡计算中特别有用,由蒸气压也可以获得实验上难以测定的蒸发焓和蒸发熵等重要热化学性质。测量蒸气压的方法可分为动态法和静态法两大类,具体的测定方法很多,如沸点计法、等压计法、流逸法、隙透法等,其适用范围各有不同,选择何种方法主要取决于测定对象和测压范围。静态法主要用于测定中、高压蒸气压,测压下限约为 1 kPa;沸点计法可用于相对低些的蒸气压测定,但最好不低于 0.5 kPa;流逸法的测压下限为 0.05 Pa;努森扭矩隙透法、努森质量隙透法和复合隙透法的测压下限分别为 10^{-5} Pa、10^{-6} Pa 和 10^{-8} Pa,是目前较好的测定低微蒸气压的方法。对于多组分系统,必须同时维持稳定的相平衡和组成恒定不变,一般宜采用静态法或拟静态法。静态法(等压计法 ASTM D2879-85)采取液氮冷冻法脱气,可以较准确地测量包括石油馏分等复杂组分的蒸气压,但操作比较繁琐。近年发展的拟静态法具有测定速率快、较为准确方便等优点。本实验分别用等压计法(静态)和沸点计法(动态)测定纯水(或乙醇)和硝酸钙饱和溶液在不同温度下的饱和蒸气压。

实验目的

(1) 加深理解饱和蒸气压、活度和渗透系数等概念。

(2) 学习测定液体饱和蒸气压的方法,了解蒸气压数据的应用。

(3) 理解蒸气压降低、沸点升高等溶液性质及稀溶液的依数性。

(4) 熟悉温度计的露茎校正方法。

(5) 了解数字式真空测压仪,熟悉福廷式气压计的使用及校正方法,初步掌握真空实验技术。

实验原理

在某一温度下,封闭系统中的液体,有动能较大的分子从液相跑到气相,也有动能较小的分子由气相回到液相,当二者的速率相等时,就达到了动态平衡。此时,气相中的蒸气密度不再改变,因而具有一定的饱和蒸气压。当液体饱和蒸气压与液体上方压力相等时,液体就会沸腾,此时温度就是沸点。

纯液体和定组成溶液的饱和蒸气压是温度的单值函数(如单组分处于气液平衡状态时,由相律计算自由度 $f = 1 - 2 + 2 = 1$),蒸气压 p 随温度 T 的变化可用 Clausius-Clapeyron 方程表示

$$\frac{\mathrm{d}\ln p}{\mathrm{d}T} = \frac{\Delta_{\mathrm{vap}}H_{\mathrm{m}}}{RT^2} \qquad (2.27)$$

式中:$\Delta_{\mathrm{vap}}H_{\mathrm{m}}$ 是液体的摩尔气化焓;R 是摩尔气体常量。

假定 $\Delta_{\mathrm{vap}}H_{\mathrm{m}}$ 与温度无关,积分式(2.27),有

$$\ln p = \frac{-\Delta_{\mathrm{vap}}H_{\mathrm{m}}}{RT} + C \qquad (2.28)$$

式中:C 为积分常数,与压力 p 的单位选择有关。若以 $\ln p$ 对 $1/T$ 作图得一直线,由直线的斜率可求出该液体的摩尔气化焓,实现由易测量数据(蒸气压)求算难测量数据(蒸发焓和蒸发熵,一般需采用复杂的量热学方法测定)的目的,这正是热力

学原理起作用的重要方面。

相平衡计算和工业应用中常用 Antoine 方程描述饱和蒸气压与温度的关系

$$\ln p = A - \frac{B}{T - C} \tag{2.29}$$

式中:A,B,C 均为 Antoine 常量。

此时可以估算不同温度时的摩尔气化焓和气化熵

$$\Delta_{\text{vap}}H_{\text{m}} = \frac{BRT^2}{(T - C)^2} \tag{2.30}$$

$$\Delta_{\text{vap}}S_{\text{m}} = \frac{\Delta_{\text{vap}}H_{\text{m}}}{T} = \frac{BRT}{(T - C)^2} \tag{2.31}$$

当一种难挥发的溶质溶解于溶剂后,溶液表面的溶剂分子数目由于溶质的存在而减少,使相同温度下溶液蒸发出的溶剂分子数目比纯溶剂要少,即同一温度下溶液的饱和蒸气压比纯溶剂的低,这就是溶液的蒸气压降低。蒸气压降低是沸点升高、凝固点下降、产生渗透压的根本原因。某些固体物质,如氯化钙($CaCl_2$)、五氧化二磷(P_2O_5)等,常用作干燥剂,是由于它们的强吸水性使其在空气中易潮解成饱和水溶液,因蒸气压比空气中水蒸气的压力小,从而使空气中的水蒸气不断凝结进入"溶液"。

由电解质溶液的蒸气压 p 测定,还可以计算一定温度下溶剂的活度 a_{s} 和电解质溶液的渗透系数 ϕ

$$\ln a_{\text{s}} = \ln\left(\frac{p}{p^*}\right) + \frac{(B - V_{\text{s}}^*)(p - p^*)}{RT} \tag{2.32}$$

$$\phi = -\frac{\ln a_{\text{s}}}{\nu m M_{\text{s}}} \tag{2.33}$$

式中:p^* 为溶剂的饱和蒸气压;B 为溶剂的第二维里系数;V_{s}^* 为溶剂的摩尔体积;M_{s} 为溶剂的摩尔质量;m 为电解质的质量摩尔浓度;ν 为电解质正负离子计量总数。

仪器与试剂

仪器　沸点计 1 台;恒温装置 1 套;数字式真空测压仪 1 台;真空泵及附件 1 套;气压计 1 套;等压计 1 支;温度计(分度值 0.1℃和 1℃)各 1 支;放大镜 1 只。

试剂　蒸馏水或乙醇(AR);蒸馏水或乙醇的硝酸钙溶液。

实验步骤

本实验同时提供测定液体蒸气压的静态法和动态法装置。静态法(等压计法)直接测定待测液体在指定温度时的蒸气压,即固定 T 测定 p 得到蒸气压方程 $p = f(T)$。动态法(沸点计法)是测定待测液在指定压力下的沸点,即固定 p 测定 T 得到蒸气压方程 $p = f(T)$。静态法测定液体蒸气压所用等压计如图 2.38 所示,装置流程示于图 2.39 中。图 2.39 所示中,恒温槽和等压计部分改为如图 2.40 所示的沸点计即为动态法实验装置。

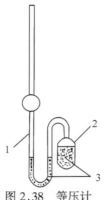

图 2.38　等压计

1.平衡柱;2.储液球;3.试样

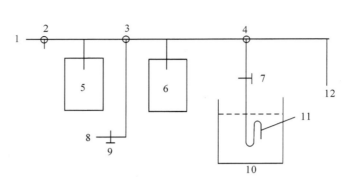

图 2.39　等压计法实验装置流程示意

1.接真空泵;2,3,4.三通活塞;5,6.缓冲瓶;8.接氮气钢瓶(必要时);7,9.活塞;10.恒温槽;11.等压计;12.接压力计

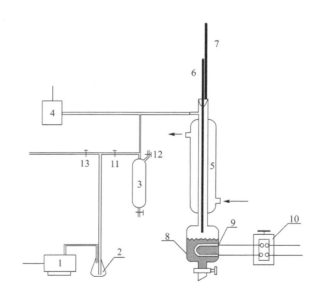

图 2.40　沸点计法实验装置流程示意

1.真空泵;2.干燥瓶;3.缓冲瓶;4.数字真空计;5.冷凝管;6.主温度计;7.辅助温度计;8.待测液;9.加热丝;10.电压调压器;11,12,13.玻璃旋塞阀门

对于化学系学生,建议用动态法测定纯液体在不同温度下的蒸气压,用静态法测定某一温度下(25℃)不同浓度硝酸钙溶液的蒸气压;对于工科学生,建议用动态法分别测定纯液体和饱和硝酸钙溶液在不同温度下的蒸气压。

1）静态法——等压计法

（1）装样。往等压计中注入液体试样，使储液球中装有约 2/3 的液体试样。

（2）检漏。将装有液体的等压计，按图 2.39 接好，仔细检查活塞和气路（各活塞应处在何状态？）。开启真空泵，使数字式真空测压仪上显示压差为 4～5 kPa（30～40 mmHg）。关闭活塞 2，注意观察压力测量仪的数字变化。如果系统漏气，则压力测量仪的显示数值逐渐变小。这时应分段仔细检查，寻找出漏气部位，设法消除。

（3）测量。调节恒温槽至 25℃，打开活塞 2 缓缓抽气，使储液球中液体内溶解的空气和等压计管中气体排出（有条件的话，把储液球置于干冰或液氮中冷冻→抽气（打开活塞 7）→解冻（关闭活塞 7）→再冷冻→再抽气，反复操作几次，可以将溶解在液体中的气体脱得比较干净）。抽气若干分钟后，调节 2，使空气缓慢进入测量系统（若空气与被测试样会作用，应关闭 2，调节 9，通入氮气），直至等压计 U 形管中双臂液面等高，从压力测量仪上读出压力差。同法，再抽气，调节等液面，读压力差，直至与前一次的压力差读数相差无几，则表示气体已被脱尽，储液球液面上的空间被蒸气充满。此时，记下压力测量仪上的读数。

（4）调节气压计，从气压计读取当时的大气压（真空表常以 0 表示常压，以表上读数表示系统的真空度，系统实际压力等于大气压减去真空表上读数）。

改变试样浓度或改变温度，继续用上述方法测定蒸气压。

2）动态法——沸点计法

（1）装样。在动态法仪器装置的沸点计（图 2.40）中加入适量的液体试样（该步骤一般实验室已事先完成）。

（2）检漏。检查活塞和气路，开启真空泵，抽气至系统达到一定真空度（请思考：系统内压力多少合适？），关闭活塞 11，停止抽气。观察数字式压力测量仪的读数，判断系统是否漏气，如果在数分钟内压力计读数基本不变，表明系统不漏气。若有漏气，则应从泵至系统分段检查，并用真空油脂封住漏口，直至不漏气为止，才可进行下一步实验。

（3）测量。检漏后，通冷却水入回流冷凝器。慢慢调节变压器使沸点仪中的加热丝变红（注意！以防电阻丝烧断），至液体试样沸腾。沸腾时若测量温度计上水银柱读数还在系统内，则应慢慢调节活塞 12，使进入少许空气，系统内压力增加，直到温度计水银柱读数露出沸点仪外适宜读数为止。待温度恒定后，记下测量温度计、辅助温度计及压力计读数。

调节活塞 12 泄入空气，使系统内压力增加若干。同理测定温度和压力数据，连续测定 10～12 组数据，直至与大气完全相通。（为使作图时实验点分布比较均匀，从第一个实验点的压力至系统压力为大气压力，测定 10～12 个数据，每次系统内压力应改变多少？）

(4) 调节气压计,读取当时大气压。

(5) 改用硝酸钙饱和溶液,重复实验步骤(1)~(4)。

注意事项:

(1) 静态法实验难度较大,应特别仔细。测定前必须将等压计内的空气驱赶干净;否则,对结果影响很大。

(2) 抽气的速率要合适,必须防止等压计内的液体剧烈沸腾,以致管内液体被抽走。

(3) 实验过程中,要严防空气倒灌;否则,实验要重做。为了防止空气倒灌,在每次读数(平衡温度和平衡压力)后,应立即加热同时缓慢减压。

(4) 在停止实验时,应缓慢将三通活塞打开,使系统通大气,再使真空泵通大气(防止泵中的油倒灌),然后切断电源,使实验装置复原。

(5) 温度对蒸气压影响很大,必须严格控制恒温槽的温度。

(6) 动态法中注意调节加热电压,使液体能够达到稳定的气-液两相平衡。

结果与讨论

室温:_____℃,大气压:_____ kPa。

(1) 自行设计数据记录表,要求既能正确记录全套原始数据,又可填入演算结果。

(2) 进行压力校正(杭州纬度为 30°)。

(3) 计算蒸气压 p 时:$p = p' - E$,其中 p' 为室内大气压(由气压计读出后并加以校正得到的值);E 为压力测量仪上的读数。

(4) 温度计露茎校正,校正公式:$t = t_1 + 0.000\ 156\ h\ (t_1 - t_2)$,其中 t_1 为测量温度计读数;t_2 为辅助温度计读数;h 为测量温度计露出部分汞柱高(以℃表示);0.000 156 是水银对玻璃的相对膨胀系数。

(5) 在同一图上,作出水(或乙醇)及其硝酸钙饱和溶液的 p-T 曲线。从附录或手册中查出相应饱和蒸气压,将文献数据用不同符号标在图中。比较纯液体和溶液的饱和蒸气压曲线关系、比较实验值与文献值的差异,并分析原因。

(6) 作 $\ln p$-$1/T$ 图,计算摩尔气化焓和不同温度的气化熵,并与文献值比较。比较 Trouton 规则与实验值的偏差。

(7) 尝试用 Antoine 方程关联饱和蒸气压与温度的关系。作图和数据关联可以在计算机上采用 Excel 或 Origin 进行。

(8) 对于化学系学生,还要求计算不同浓度电解质溶液中溶剂的活度 a_s 和溶液的渗透系数 ϕ。

思考题

1. 为什么要检查装置是否漏气? 系统漏气或脱气不干净对实验结果产生什么影响?

2．使用真空泵时应注意哪些问题？

3．为什么要进行细致的温度和压力校正？怎样校正？

4．怎样保证实验中温度和压力能够测准？

5．对比分析静态法与动态法的优缺点和适用对象。

6．怎样实现用 Antoine 方程关联饱和蒸气压-温度数据？

7．相同压力下,纯液体和相应溶液的沸点有什么不同？为什么会产生这一现象？

8．检验一下本实验结果是否符合依数性公式？若不符合,那是为什么？

参考文献

1．梁英华,马沛生,陈军．天然气化工,1996,21(5):49

2．聂丽,雷群芳,宗汉兴,林瑞森．石油化工,1997,26(9):626

3．Gracia M,Sanchez F,Perez P.J Chem Thermodyn,1992,24:463

4．Zafarani-Moattar M T,Jahanbin-Sardroodi J．Fluid Phase Equilibria,2000,172：221

5．Wenjun Fang,Qunfang Lei,Ruisen Lin.Fluid Phase Equilibria,2003,205:149

6．陈小立,李国维．实验室研究与探索,1999,(3):40

7．房鼎业,乐清华,李福清．化学工程与工艺专业实验．北京:化学工业出版社,2000

（方文军）

实验36 二组分完全互溶系统的气-液平衡相图

实验导读

相平衡数据是平衡分离过程的基础,化工工艺设计的流程模拟中,热力学物性和相平衡数据的查找、选择约占工时 30%,其计算量几乎占总计算量的 50%～80%。工程上常用的主要有气-液平衡（VLE）、液-液平衡（LLE）和固-液平衡（SLE）等,其中 VLE 应用最普遍。许多国家都有庞大的计划收集、评价相平衡数据,建立数据库。Gmehling 等编撰的大型 VLE 数据手册是常用工具书。VLE 实验以二组分系统为主,借助热力学模型可以从二组分系统推算多元系统的 VLE。*Fluid Phase Equilibria*、*J Chem Eng Data* 和 *J Chem Thermodynamics* 等重要国际刊物均有大量实验和理论研究成果报道。VLE 数据包括温度 T、压力 p、气相组成 y_i 和液相组成 x_i,它们不是互相独立的(怎样用相律来说明?),而存在一定内在关系,可以相互推算。实验研究时一般 T、p、y_i 和 x_i 均同时测定,一套数据是否合理,必须通过热力学一致性检验。实验中,取样分析是引起 VLE 实验误差的关键,也是难点,需特别注意。温度和压力的测量对 VLE 结果影响也很大,一般地,若测温精度达 0.05℃,则要求压力测量误差为 0.2%。VLE 数据有等温和等压数据之分,前者固定 T 测 p、y_i 和 x_i,后者固定 p 测 T、y_i 和 x_i。实验测定方法有直接法(蒸馏法、循环法、静态法、流动法等)和间接法(露点法、泡点法、总压法等)。

实验目的

(1) 学习测定气-液平衡数据及绘制二组分系统相图的方法,加深理解相律和相图等概念。

(2) 掌握正确测量纯液体和液体混合物沸点的方法。

(3) 熟悉阿贝折光仪的原理及操作,熟练掌握超级恒温槽的使用和液体折射率的测量。

(4) 了解运用物理化学性质确定混合物组成的方法。

实验原理

两种液态物质若能以任意比例混合,则称为二组分完全互溶液态混合物系统。当纯液体或液态混合物的蒸气压与外压相等时就会沸腾,此时的温度就是沸点。在一定的外压下,纯液体的沸点有确定的值,通常说的液体沸点是指 101.3 kPa 下的沸点。对于完全互溶的混合物系统,沸点不仅与外压有关,还与系统的组成有关。

在一定压力下,二组分完全互溶液态混合物系统的沸点与组成关系可分为三类:①液态混合物的沸点介于两纯组分沸点之间,如苯-甲苯系统;②液态混合物有沸点极大值,如丙酮-氯仿系统;③液态混合物有沸点极小值,如水-乙醇、苯-乙醇系统。

对于第①类,在系统处于沸点时,气、液两相的组成不相同,可以通过精馏使系统的两个组分完全分离。第②、③类是由于实际系统与拉乌尔定律产生严重偏差导致。正偏差很大的系统,如第③类,在 $T\text{-}x$ 图上呈现极小值,负偏差很大时如第②类,则会出现极大值。相图中出现极值的那一点,称为恒沸点,恒沸点温度和组成都是非常重要的相平衡数据。具有恒沸点组成的二组分混合物,在蒸馏时的气相组成和液相组成完全一样,整个蒸馏过程中沸点恒定不变,因此称为恒沸混合物。对有恒沸点的混合物进行简单蒸馏,只能获得某一纯组分和恒沸混合物,如要获得两纯组分,则需采取其他方法。

液态混合物组成的分析是相平衡实验的关键。组成分析常采用折射率法、密度法等物理方法和色谱分析法等。本实验采用折射率法。一定温度下的折射率是物质的一个特征参数,液态混合物的折射率与组成有关,一般呈简单的函数关系。因此,测定一系列已知浓度的液态混合物在某一温度下的折射率,作出该液态混合物的折射率-组成工作曲线,根据未知液态混合物的折射率值,可按内插法得到这种未知液态混合物的组成。

折射率是温度的函数,测定时必须严格控制温度。本实验采用配置超级恒温槽的阿贝折光仪来测量平衡气、液相的组成。阿贝折光仪的原理及使用方法见本书 3.1.3 节。

仪器与试剂

仪器　沸点仪、阿贝折光仪、超级恒温槽、电子天平各 1 台;调压变压器(0.5 kVA)1 只;温度计(50～100℃,1/10℃)1 支;普通温度计(0～100℃)1 支;250 mL 烧杯 1 只;针筒 2 只;电吹风 1 只;滴管若干支;擦镜纸。

试剂　环己烷(AR);无水乙醇(AR)。

实验步骤

1) 制作环己烷-乙醇液态混合物的折射率-组成工作曲线(对于工科专业,该步骤已由实验室完成)

(1) 配制溶液。取清洁而干燥的称量瓶,用称量法配制环己烷的质量分数分别为 0.1、0.2、0.3、0.4、0.5、0.6、0.7、0.8、0.9 的环己烷-乙醇溶液各 5 mL 左右。质量用电子天平准确称取,精度应达 ±0.0001 g。配制与称量时,要防止样品挥发。

(2) 测定折射率。调节通入阿贝折光仪的超级恒温槽的恒温水温为 25℃ ± 0.1℃(夏天气温高时视情况设温度为 30℃ 或 35℃)。用阿贝折光仪分别测定纯环己烷、纯乙醇及上面配制的各组成混合物在该温度下的折射率(纯组分的折射率必须测!)。把测量数据填入表 2.34 中。

(3) 工作曲线(方程)制作。将环己烷-乙醇液态混合物的折射率与组成作图,即得折射率-组成工作曲线。或通过计算机回归得到折射率-组成工作方程。

2) 安装沸点仪

将干燥的沸点仪如图 2.41 安装好,检查带有温度计的软木塞是否塞紧及温度计的位置。加热用的电热丝 3 要靠近容器底部的中心。

3) 测定沸点

自液体取样口 2 加入纯乙醇 20～25 mL,开冷却水,接通电源,缓缓加热,使沸腾时玻璃提升管喷溢的沸腾液能不断冲在水银球上,且蒸气能在冷凝管中凝聚。如此沸腾一段时间,使冷凝液不断淋洗小球 5 中液体,直到温度计的读数稳定为止。分别记录温度计和辅助温度计(图 2.41 未画出)的读数。

4) 取样分析

切断电源,停止加热,用 250 mL 烧杯盛冷水套在沸点仪底部,冷却容器内液

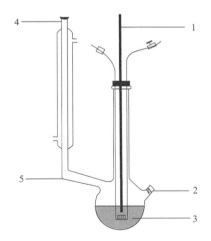

图 2.41　沸点仪装置的结构简图
1. 温度计;2. 加料口;3. 加热丝;4. 冷凝液取样口;5. 盛冷凝液的小球

体,用干燥吸管吸取蒸气冷凝液和残留液,供测定折光率用。

　　5) 测定折射率

　　调节通入阿贝折光仪的超级恒温槽水温与制作工作曲线的温度一致,然后分别测定蒸气冷凝液和残留液的折射率。每个样品要平行测定 3 次折射率值。测毕后由加料口中逐次加入 1 mL、3 mL、3 mL、5 mL、…环己烷,重复实验,分别测定其沸点和折射率,至沸点几乎不再下降以及冷凝液和残留液的折射率近似相等为止,停止加入环己烷。然后将液态混合物倒入回收瓶中,吹干仪器,再加入 30 mL 环己烷。如前操作,不过逐次加入的乙醇量为 0.2 mL、0.3 mL、0.5 mL、1 mL、1 mL、3 mL、3 mL、…直至沸点几乎不再下降以及冷凝液和残留液的折射率近似相等为止。把相关数据填入表 2.35 和表 2.36 中。

结果与讨论

　　室温:_____℃,大气压:_____ kPa。

　　(1) 制作环己烷-乙醇液态混合物的折射率-组成工作曲线,作图或回归方程。

表 2.34　已知组成的环己烷(1)-乙醇(2)液态混合物的折射率(实验温度:_____℃)

质量分数 W_1		0.0	0.1	0.2	0.3	0.4	0.5	0.6	0.7	0.8	0.9	1.0
质量/g	(1)											
	(2)											
摩尔分数 x_1												
折射率												

　　(2) 由平衡气相和液相试样的折射率数据,从折射率-组成的工作曲线上用内插法查得相应的组成,或从工作方程计算组成。

表 2.35　环己烷(1)-乙醇(2)液态混合物的气-液平衡数据(一)

环己烷加入量 /mL	混合物沸点 /℃	校正后沸点 /℃	气相(冷凝液)		液相(残留液)	
			折射率	组成	折射率	组成
1						
3						
3						
5						
5						
7						
7						
…						
恒沸温度:　　℃		恒沸组成:			实验压力:　　kPa	

表 2.36 环己烷(1)-乙醇(2)液态混合物的气-液平衡数据(二)

乙醇加入量 /mL	混合物沸点 /℃	校正后沸点 /℃	气相(冷凝液)		液相(残留液)	
			折射率	组成	折射率	组成
0.2						
0.3						
0.5						
1						
1						
3						
3						
…						
恒沸温度: ℃		恒沸组成:			实验压力: kPa	

(3) 温度计的露茎校正：$\Delta t = 0.000\ 156\ h(t_1 - t_2)$。

(4) 以温度为纵坐标,摩尔分数为横坐标作环己烷-乙醇二组分系统的沸点-组成图,并从绘制的相图上查出该二组分系统的恒沸温度和恒沸混合物组成。

(5) 将测定的恒沸温度和恒沸组成与文献数据进行对比,讨论偏差的原因。

思考题

1. 沸点仪中盛气相冷凝液的小球体积过大或过小,对测量有何影响?

2. 实验时,若所吸取的气相冷凝液挥发掉了,是否需要重新配制溶液?

3. 测定纯环己烷或纯乙醇的沸点时,为什么必须将沸点仪吹干,而测定混合物的沸点和组成时不必将沸点仪进行干燥?

4. 测定纯组分的沸点时,蒸气冷凝液和残留液的折射率是否应该相等? 若不等,说明什么问题? 应该怎样处理?

5. 该系统用普通蒸馏办法能否同时得到两种纯组分? 为什么?

6. 实验过程中你发现液态混合物的沸点、组成、折射率变化有什么规律?

7. 为了保证取样分析准确,应注意哪些环节?

8. 试从相律分析:一定压力下二元液态混合物的恒沸点温度和组成是确定的。

9. 使用折射率仪应注意哪些问题?

参考文献

1. 朱自强,姚善泾,金彰礼 . 流体相平衡原理及其应用. 杭州:浙江大学出版社,1990

2. Gmehling J, Onken U A, Grenzheuser P, Weidlich U, Kolbe B. Vapor-Liquid Equilibrium Data Collection. DECHEMA Chemistry Data Series. DECHEMA, Frankfurt, 1977~1984

(方文军)

实验 37　二组分简单共熔系统相图的绘制

实验导读

　　钢铁和合金冶炼生产条件的控制、硅酸盐(水泥、耐火材料等)生产的配料、盐湖中无机盐的提取等,都需要相平衡知识和相图的指导。对物质进行提纯(如制备半导体材料)、配制各种不同低熔点的金属合金等,都需要考虑到有关相平衡的问题。化工生产中用于产品分离和提纯的诸多单元操作与溶解和结晶、冷凝和熔融、气化和升华等相变过程密切相关。由于相变过程和相平衡问题普遍存在,因而利用相图研究和掌握相变过程的规律,用以解释有关的自然现象和指导生产很重要。

　　绘制固-液平衡相图的方法主要有溶解度法和热分析法。溶解度法是指在确定的温度下,直接测定固、液二相平衡时溶液的浓度,然后依据测得的温度和相应的溶解度数据绘制成相图,此法适用于常温下易测定组成的系统,如水盐系统;热分析法是观察被研究系统的温度变化与相变化关系的一种方法。其中热分析技术除了本实验的步冷曲线法外,还包括差热分析(DTA)、差示扫描量热(DSC)、热重(TG)、微分热重(DTG)以及近年发展的新技术——控制转化速率热分析(CRTA)等。热分析技术应用领域广泛,除了制作相图外,还可以用于鉴别物质、测求热效应、化学反应动力学参数等。

实验目的

　　(1) 用热分析法测绘 Pb-Sn 相图。

　　(2) 熟悉热分析法的测量原理。

　　(3) 掌握热电偶的制作、标定和测温技术。

实验原理

　　本实验采用热分析法中的步冷曲线方法绘制 Pb-Sn 系统的固-液平衡相图。将系统加热熔融成一均匀液相,然后使其缓慢冷却,每隔一定时间记录一次温度,表示温度与时间的关系曲线,称为冷却曲线或步冷曲线。当熔融系统在均匀冷却过程中无相变化时,其温度将连续下降,得到一条光滑的冷却曲线,如在冷却过程中发生相变,则因放出相变热,使热损失有所抵偿,冷却曲线就会出现转折点或水平线段。转折点或水平线段所对应的温度,即为该组成合金的相变温度。对于简单共熔合金系统,具有下列形状的冷却曲线[图 2.42(a)],由这些冷却曲线,即可绘出合金相图[图 2.42(b)]。如果用自动记录仪连续记录系统逐步冷却的温度,则记录纸上所得曲线,就是冷却曲线。

　　在冷却过程中,常出现过冷现象,步冷曲线在转折处出现起伏[图 2.42(c)]。遇此情况可延长 FE 交曲线 BD 于点,G 点即为正常转折点。

　　用热分析法测绘相图时,被测系统必须时时处于或接近相平衡状态,因此,系统的冷却速度必须足够慢,才能得到较好的结果。

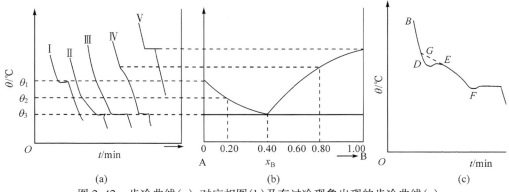

图 2.42 步冷曲线(a)、对应相图(b)及有过冷现象出现的步冷曲线(c)

仪器与试剂

仪器 镍铬-镍硅热电偶 1 支;UJ-36 电位差计 1 台;小保温瓶 1 只;盛合金的硬质玻璃管 7 只;高温管式电炉 2 只(加热炉、冷却炉);调压器(2 kW)1 只;坩埚钳 1 把;二元合金相图计算机测试系统 1 套。

试剂 铅、锡、铋(均为 AR);石墨粉。

实验步骤

1) 热电偶的制作

取一段长约 0.6 m 的镍铬丝,用小瓷管穿好,再取两段各长 0.5 m 的镍硅丝,参阅本书 1.4 节制作热电偶(此步骤一般已事先做好)。

2) 配制样品

在 7 只硬质玻璃管中配制各种不同质量分数的金属混合物:100% Pb;25% Sn + 75% Pb;45% Sn + 55% Pb ;61% Sn + 39% Pb;75% Sn + 25% Pb;100% Sn;100% Bi。为了防止金属高温氧化,表面放置石墨粉(此步骤可由教师事先做好)。

3) 安装

安装仪器并接好线路,见图 2.43。

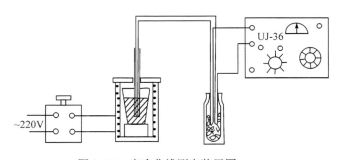

图 2.43 步冷曲线测定装置图

4）加热熔化样品，作步冷曲线

依次测 Pb100%，Bi100%，Sn100%；Sn25% + Pb75%，Sn45% + Pb55%，Sn61% + Pb39%，Sn75% + Pb25%等样品的步冷曲线。

装了样品的玻璃管放在加热炉中，接通电炉电源，调节变压器，待样品完全熔化后，再升高40℃，停止加热，然后把样品从加热炉中拿出放在冷却炉中（冷却炉温度可视实际情况控制在比样品最低凝固点低20℃左右缓慢冷却，冷却速度不能太快，最好保持降温速度在8℃·min^{-1}左右）。

当样品放入冷却炉中后，开始用 UJ-36 电位差计测定热电偶在冷却过程中的热电势，每20 s 读取一次，连续读至热电势不随时间变化后又开始下降之后 2 min 左右即可停止。

若采用计算机测试系统，其操作步骤可由相关实验室提供。

注意事项：冷却速度是本实验成败的关键，冷却速度缓慢，被测系统时时处于或接近平衡状态，实验结果好。冷却速度取决于冷却炉的温度，冷却炉的温度可视样品不同而不同，纯锡和含锡合金可低一些，纯铅要高一些（330℃左右）。依次从高熔点金属到低熔点金属，可减少冷却炉加热次数。金属混合物冷却温度必须开始在转折点以上30℃左右，否则，不易读出第一转折点温度。

结果与讨论

（1）以热电势为纵坐标，时间为横坐标，绘制所有样品的步冷曲线。

（2）绘制热电偶温度校正曲线，纯金属熔点 Pb（327.3℃），Bi（271.3℃），Sn（231.9℃）。

（3）从校正曲线上查出 Sn 75%，Sn 45%，Sn 25%，Sn 61%等样品的转折点温度。

（4）以横坐标表示组成，纵坐标表示温度，作出 Sn-Pb 二组分合金相图（Sn-Pb 合金系统为部分互熔系统，部分数据由实验室提供）。

（5）根据相图找出 Sn-Pb 二元系统低共熔混合物的组成和最低共熔温度，并与文献值比较。

思考题

1. 金属熔融系统冷却时，冷却曲线为什么会出现转折点或水平段？对于不同组成金属混合物的冷却曲线，其水平段有何不同？为什么？

2. 用加热曲线是否也可作相图？作相图还有哪些方法？

3. 试用相律分析最低共熔点、熔点曲线及各区域的相数及自由度。

4. 含20%与80%两个样品的步冷曲线的第一个转折点温度哪一个明显？为什么？

参考文献

1. 殷学锋. 新编大学化学实验. 北京：高等教育出版社，2002
2. 古风才，肖衍繁. 基础化学实验教程. 北京：科学出版社，2000

3. 复旦大学等 . 物理化学实验 . 第二版 . 北京:高等教育出版社,1991

（王国平）

实验 38　氨基甲酸铵分解反应平衡常数的测定

实验导读

当化学反应达到最大限度即正逆转化速率相等时,系统就达到了平衡,测定系统达平衡时各物质的浓度,可以获得平衡常数。测定方法有物理法和化学法,前者通过测定系统的折射率、电导率、颜色、光的吸收、色谱定量图谱及压力或容积的改变等物理性质而求出平衡系统的组成,优点是不干扰平衡态。后者利用化学分析的方法测定平衡系统中各物质的浓度,但加入试剂往往会扰乱平衡,因此需要采用冻结法,即将系统骤然冷却,在较低的温度下进行化学分析,此时平衡的移动受分析试剂的影响较小,可不予考虑。若反应需有催化剂才能进行,则可以除去催化剂使反应停止。对于在溶液中进行的反应,可以通过加入大量溶剂使溶液稀释,以降低平衡移动的速率。如何判断一个化学反应是否达到平衡? 一是在外界条件确定的前提下,各物质浓度不随时间变化;二是平衡位置确定,即无论从反应物开始反应、还是从生成物开始反应,都应到达同一位置(平衡常数相同);三是任意改变反应物的起始浓度,平衡常数保持不变。

实验目的

(1) 熟悉用等压法测定固体分解反应的平衡压力。

(2) 掌握真空实验技术。

(3) 测定氨基甲酸铵分解压力,计算分解反应平衡常数及有关热力学函数。

实验原理

氨基甲酸铵(NH_2COONH_4)是合成尿素的中间产物,白色固体,不稳定,加热易发生如下的分解反应

$$NH_2COONH_4(s) \rightleftharpoons 2NH_3(g) + CO_2(g)$$

该反应是可逆的多相反应。若将气体看成理想气体,并不将分解产物从系统中移走,则很容易达到平衡,标准平衡常数 $K^\ominus$ 可表示为

$$K^\ominus = \left(\frac{p_{NH_3}}{p^\ominus}\right)^2 \left(\frac{p_{CO_2}}{p^\ominus}\right) \tag{2.34}$$

式中:p_{NH_3} 和 p_{CO_2} 分别为反应温度下 NH_3 和 CO_2 的平衡分压;$p^\ominus$ 为 100 kPa。系统的总压 $p_总$ 等于 p_{NH_3} 和 p_{CO_2} 之和,从化学反应计量方程式可知:$p_{CO_2} = \frac{1}{3} p_总$,$p_{NH_3} = \frac{2}{3} p_总$,代入式(2.34),得

$$K^\ominus = \left[\frac{2}{3}\left(\frac{p_总}{p^\ominus}\right)\right]^2 \left[\frac{1}{3}\left(\frac{p_总}{p^\ominus}\right)\right] = \frac{4}{27}\left(\frac{p_总}{p^\ominus}\right)^3 \tag{2.35}$$

系统在一定的温度下达到平衡,压力总是一定的,称为 NH_2COONH_4 的分解压力。测量其总压 $p_总$ 即可计算出标准平衡常数 $K^\ominus$。

温度对平衡常数的影响可用式(2.36)表示

$$\frac{\mathrm{d}\ln K^\ominus}{\mathrm{d}T} = \frac{\Delta_r H_m^\ominus}{RT^2} \tag{2.36}$$

式中:T 是热力学温度;$\Delta_r H_m^\ominus$ 是该反应的标准摩尔热效应;R 为摩尔气体常量。

当温度变化范围不太大时,$\Delta_r H_m^\ominus$ 可视为常数,将式(2.36)积分,得

$$\ln K^\ominus = -\frac{\Delta_r H_m^\ominus}{RT} + C \tag{2.37}$$

式中:C 为积分常数。以 $\ln K^\ominus$ 对 $1/T$ 作图,应为一直线,从斜率可求得 $\Delta_r H_m^\ominus$。

反应的标准摩尔吉布斯函数变化 $\Delta_r G_m^\ominus$ 与标准平衡常数 $K^\ominus$ 的关系为

$$\Delta_r G_m^\ominus = -RT\ln K^\ominus \tag{2.38}$$

用 $\Delta_r H_m^\ominus$ 和 $\Delta_r G_m^\ominus$ 可近似地计算该温度下的标准熵变 $\Delta_r S_m^\ominus$

$$\Delta_r S_m^\ominus = (\Delta_r H_m^\ominus - \Delta_r G_m^\ominus)/T \tag{2.39}$$

因此,由实验测出一定温度范围内不同温度 T 时氨基甲酸铵的分解压力(即平衡总压),可分别求出标准平衡常数 $K^\ominus$ 及热力学函数 $\Delta_r H_m^\ominus$、$\Delta_r G_m^\ominus$ 及 $\Delta_r S_m^\ominus$。

等压法测氨基甲酸铵分解压装置如图 2.44 所示。等压计中的封闭液通常选用邻苯二甲酸二壬酯、硅油或石蜡油等蒸气压小且不与系统中任何物质发生化学作用的液体。若它与 U 形汞压力计连用时,由于硅油的密度与汞的密度相差悬

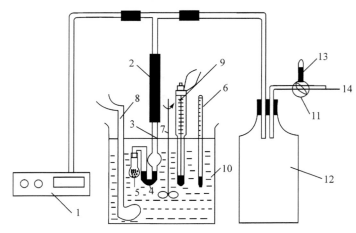

图 2.44　等压法测氨基甲酸铵分解压装置图

1. 数字式低真空测压仪;2. 真空胶管;3. 等压计;4. 封闭液;5. 氨基甲酸铵;
6. 水银温度计;7. 搅拌器;8. 电加热器;9. 接触温度计;10. 玻璃水槽;
11. 三通活塞;12. 缓冲瓶;13. 毛细管放空阀;14. 真空泵

殊,故等压计中两液面若有微小的高度差,则可忽略不计。本实验中采用数字式低真空测压仪测定系统总压。

仪器与试剂

　　仪器　等压法测分解压装置;数字式低真空测压仪(DPC-2C)。

　　试剂　氨基甲酸铵(自制);邻苯二甲酸二壬酯或硅油。

实验步骤

　　1)检漏

　　将烘干的小球泡或特制容器(装氨基甲酸铵用)与真空胶管接好,开动真空泵,检查旋塞位置并使系统与真空泵相连接,几分钟后,关闭旋塞停止抽气,检查系统是否漏气。10 min 后,若数字式低真空测压仪或水银压力计读数基本不变,则表示系统不漏气。

　　2)装样品

　　放空气到系统中,然后取下小球泡,用特制的小漏斗将氨基甲酸铵粉末装入另一只盛样小球泡中,乳胶管连接小球泡和等压计,并用金属丝扎紧乳胶管两端。

　　3)测量

　　将等压计小心与真空系统连接好,并固定在恒温槽中。调节恒温槽的温度为25℃,开动真空泵,将系统中的空气排出,约 15 min(或抽气至水银压力计基本水平),关闭旋塞,停止抽气。缓慢开启旋塞接通毛细管,小心地将空气逐渐放入系统,直至等压计 U 形管两臂硅油齐平,立即关闭旋塞,观察硅油面,反复多次地重复放气操作,直至 10 min 内硅油面齐平不变,即可读数(25℃时平衡时间约需30 min)。

　　4)重复测量

　　为了检验盛氨基甲酸铵的容器内空气是否置换完全,可再使系统与真空泵相连,在开泵 1~2 min 后,再打开旋塞(为什么?)。继续排气,约 10 min 后,如上操作重新测定氨基甲酸铵分解压力。如两次测定结果压力差相差小于 200 Pa,可进行下一步实验。

　　5)升温测量

　　调节恒温槽的温度 30℃,在升温过程中逐渐从毛细管缓慢放入空气,使分解的气体不致于通过硅油鼓泡。恒温 10 min。最后至 U 形管两臂硅油面齐平且保持 10 min 不变,即可读测压仪读数及恒温槽温度。同法测定 35℃、40℃、45℃、50℃的分解压。

　　6)复原

　　实验完毕后,将空气慢慢放入系统,使系统解除真空。关闭测压仪。

　　注意事项:用毛细管将空气放入系统时,一定要缓慢进行,小心操作。若放气速度太快或放气量太多,易使空气倒流,即空气将进入到氨基甲酸铵分解的反应瓶中,此时实验需重做。用水银压力计测量系统压力时,应对测得的压力差即分解压进行校正。

结果与讨论

室温:_____℃;大气压_____ kPa。

(1)将所测得的不同温度下氨基甲酸铵的分解压(表 2.37)进行校正后,计算分解反应的平衡常数 $K^{\ominus}$。

(2)作 $\ln K^{\ominus}$-$1/T$ 图,应为一直线,并由斜率计算氨基甲酸铵分解反应的等压反应热效应 $\Delta_r H_m^{\ominus}$。

(3)计算 25℃时氨基甲酸铵分解反应的 $\Delta_r G_m^{\ominus}$ 及 $\Delta_r S_m^{\ominus}$。

表 2.37　不同温度时的氨基甲酸铵分解压

温度			测压仪读数/kPa	分解压/kPa	$K^{\ominus}$	$\ln K^{\ominus}$
$t/℃$	T/K	$\dfrac{1}{T}/K^{-1}$				
…	…	…	…	…	…	…

思考题

1. 如何检查系统是否漏气?

2. 什么叫分解压? 氨基甲酸铵分解反应是属于什么类型的反应?

3. 怎样测定氨基甲酸铵的分解压力?

4. 为什么要抽净小球泡中的空气? 若系统中有少量空气,对实验结果有何影响?

5. 如何判断氨基甲酸铵分解已达平衡? 没有平衡就测数据,将有何影响?

6. 根据哪些原则选用等压计中的密封液?

7. 当使空气通入系统时,若通得过多有何现象出现? 怎样克服?

8. 将测量值与文献值相比较,分析引起误差的主要原因。

参考文献

1. 东北师范大学 . 物理化学实验 . 第二版 . 北京:高等教育出版社,1989

2. 崔献英,柯燕雄,单绍纯 . 物理化学实验 . 合肥:中国科学技术大学出版社,2000

3. 陈大勇,高永煜 . 物理化学实验 . 上海:华东理工大学出版社,2000

4. 复旦大学等 . 物理化学实验 . 第三版 . 北京:高等教育出版社,1993

5. 武汉大学 . 物理化学实验 . 武汉:武汉大学出版社,2000

（滕启文）

实验 39　电导的测定及其应用

实验导读

电导率是电解质溶液的特性。溶液电导的测定在化学领域中应用广泛,不仅可评价电解质溶液的导电能力,检验水的纯度,还能计算水的离子积、弱电解质的解离度、解离平衡常数、难溶盐的溶解度和溶度积等;在化学反应动力学中,常测定反应系统的电导随时间的变化来建立转化速率方程;分析化学中常用电导测定确定滴定的终点,即电导滴定。测定电解质溶液电导的方法有平衡电桥法、电阻分压法、高电压或高频率法等。常用的是电桥平衡法;电阻分压法用在电极反应可逆的场合,对于导电性较差的多相系统的电导测量,以及准确度不很高的溶液电导测量也可用电阻分压法;高电压或高频率法只用于特殊的电导研究,如离子氛对离子导电的影响等。

实验目的

(1) 理解溶液的电导、电导率和摩尔电导的概念。

(2) 掌握电导率仪的使用方法。

(3) 掌握交流电桥测量溶液电导的实验方法及其应用。

实验原理

1) 弱电解质电离常数的测定

AB 型弱电解质在溶液中电离达到平衡时,解离常数为 K,浓度为 c 和电离度 α 有以下关系

$$K_c = \frac{c\alpha^2}{1-\alpha} \tag{2.40}$$

在一定温度下 K_c 是常数,因此可以通过测定 AB 型弱电解质在不同浓度时的 α 来求 K_c。乙酸溶液的电离度可用电导法来测定。

将电解质溶液放入电导池内,溶液电导 G 的大小与两电极之间的距离 l 成反比,与电极的面积 A 成正比,即

$$G = \kappa \frac{A}{l} \tag{2.41}$$

式中:l/A 为电导池常数,以 K_{cell} 表示;κ 为电导率。

由于电极的 l 和 A 不易精确测量,因此在实验中用一种已知电导率值的溶液先求出电导池常数 K_{cell},然后把欲测溶液放入该电导池测出其电导值,再根据式(2.41)求出其电导率。

溶液的摩尔电导率是指把含有 1 mol 电解质的溶液置于相距为 1 m 的两平行板电极之间的电导,以 Λ_m 表示,其单位为 $S \cdot m^2 \cdot mol^{-1}$。摩尔电导率与电导率的关系为

$$\Lambda_m = \frac{\kappa}{c} \tag{2.42}$$

式中:c 为该溶液的浓度,$mol \cdot m^{-3}$。

由于电解质溶液的不完全电离和离子间存在着相互作用力,Λ_m 通常称为表观摩尔电导率。在弱电解质溶液中,只有已电离部分才能承担传递电荷的任务。

在无限稀释的溶液中可认为弱电解质已全部电离。此时,溶液的摩尔电导率为 Λ_m^∞,可根据离子独立移动定律,用离子极限摩尔电导率加和得到。对于弱电解质溶液,可以认为

$$\alpha = \frac{\Lambda_m}{\Lambda_m^\infty} \qquad (2.43)$$

将式(2.43)代入式(2.40)中,得

$$K_c = \frac{c\Lambda_m^2}{\Lambda_m^\infty(\Lambda_m^\infty - \Lambda_m)} \qquad (2.44)$$

或

$$c\Lambda_m = K_c(\Lambda_m^\infty)^2 \frac{1}{\Lambda_m} - K_c\Lambda_m^\infty \qquad (2.45)$$

以 $c\Lambda_m$ 对 $1/\Lambda_m$ 作图,其直线的斜率为 $K_c(\Lambda_m^\infty)^2$,如知道 Λ_m^∞ 值,就可算出 K_c。Λ_m^∞ 可以从离子的无限稀释摩尔电导率计算得到,Λ_m 则可以通过电导率的测定得到。

2)CaF_2(或 $BaSO_4$)饱和溶液溶度积(K_{sp})的测定

CaF_2 的溶解平衡可表示为

$$CaF_2 \rightleftharpoons Ca^{2+} + 2F^-$$

$$K_{sp} = c_{Ca^{2+}} c_{F^-}^2 = 4c^3 \qquad (2.46)$$

难溶盐的溶解度很小,饱和溶液的浓度很低,所以溶液的 Λ_m 可以认为就是 $\Lambda_{m盐}^\infty$,c 为饱和溶液中难溶盐的溶解度

$$\Lambda_{m盐}^\infty = \frac{\kappa_盐}{c} \qquad (2.47)$$

式中:$\kappa_盐$ 是纯难溶盐的电导率。

注意在实验中所测定的饱和溶液的电导值为盐与水的电导之和,即

$$G_{溶液} = G_{H_2O} + G_盐 \qquad (2.48)$$

这样,可由测得的难溶盐饱和溶液的电导 $G_{溶液}$ 和所用水的电导 G_{H_2O} 求出 $G_盐$,再求出 $\kappa_盐$,然后求出溶解度及 K_{sp}。

测定电解质溶液电导的方法,基本上与普通物理中用电桥法测定电阻的方法相同,它的基本线路见图 2.45(R_x 为待测溶液的电阻),所不同的是测定时应用音频交流电源。用示波器指示电桥平衡,当示波器屏幕上显示一条直线时,表示电桥已达平衡。

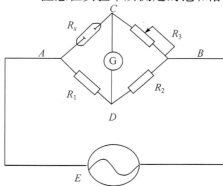

图 2.45　交流电桥测定溶液
电阻的简单线路图

惠斯登电桥是用比较法测定电阻的仪器,它由 4 个桥臂(R_1、R_2、R_3、R_x),检流计(连接在对角线 CD 上)和电源 E 组成,接入检流计的对角线称为"桥",当通过检流计 G 的电流为零时 $I_G = 0$,即 C、D 两点的电势相等,称此电桥达到了平衡状态,此时有

$$\frac{R_1}{R_x} = \frac{R_2}{R_3} \qquad (R_x \text{ 为待测电阻}) \qquad (2.49)$$

仪器与试剂

仪器 音频振荡器 1 台;电导率仪 1 台;电导池 2 只;铂黑电极 1 支;转盘电阻箱 3 只;恒温槽装置 1 套;50 mL 移液管 4 支;100 mL 容量瓶 4 个;示波器 1 台;洗耳球 1 只;废液杯 1 只。

试剂 0.02 mol·L^{-1} 标准 KCl 溶液;0.1 mol·L^{-1} 标准乙酸溶液;饱和 CaF_2 溶液或 $BaSO_4$ 溶液。

实验步骤

(1) 测定电导池常数。调整恒温槽的温度为 25℃ ±0.1℃,电导池和镀铂黑电极用 0.02 mol·L^{-1} 的 KCl 溶液荡洗 3 次,然后在电导池中加入一定量的 0.02 mol·L^{-1} KCl 溶液,并插入电极置于恒温水浴中(其液面低于水浴液面)。按图 2.45 接好线路,恒温 10～15 min 后,接通音频电源,转动转盘电阻箱 R_3,使得示波器显示一条直线为止。也可适当调节 R_2、R_3 进行测定。每种溶液须用不同的 R_2、R_3 值测定 3 次,测定时不时摇动电导池,至 3 次读数接近为止,取其平衡值作为结果。

(2) 测定乙酸溶液的电导。用与测定 KCl 溶液电阻相同的方法从稀到浓测出不同浓度乙酸溶液的电阻(即 $0.1/16 \text{ mol·L}^{-1}$, $0.1/8 \text{ mol·L}^{-1}$, $0.1/4 \text{ mol·L}^{-1}$, $0.1/2 \text{ mol·L}^{-1}$, 0.1 mol·L^{-1})。各种浓度的乙酸溶液可用下列方法稀释得到:用移液管移取 50 mL 0.1 mol·L^{-1} 乙酸溶液于 100 mL 容量瓶中,用电导水稀释至刻度,并摇均匀,即得 $0.1/2 \text{ mol·L}^{-1}$ 的乙酸溶液,再取另一支 50 mL 移液管从配好的 $0.1/2 \text{ mol·L}^{-1}$ 的容量瓶中取 50 mL 到另一只 100 mL 容量瓶中,用电导水稀释至刻度并摇均匀。依此类推,就可得到浓度为 $0.1/2 \text{ mol·L}^{-1}$, $0.1/4 \text{ mol·L}^{-1}$, $0.1/8 \text{ mol·L}^{-1}$, $0.1/16 \text{ mol·L}^{-1}$ 的乙酸溶液。

(3) 测定电导水的电导率。倒去乙酸溶液并用去离子水清洗电导池,再用电导水荡洗 3 次,然后在电导池中加入适量的电导水,用电导率仪测出所用的电导水的电导率(为什么采用电导率仪来测量?)。选择测量频率时,若电导率高于 $300 \times 10^{-4} \text{S·m}^{-1}$,则选择高周,否则选择低周。

(4) 测定难溶盐溶液(饱和 CaF_2 溶液或 $BaSO_4$ 溶液)的电导。

(5) 实验完毕,关闭电源,拆去电路,整理实验台。

注意事项:①普通蒸馏水是电的不良导体,但由于含有杂质,如氨、二氧化碳等,它的电导变得相当大,以致在精密研究中影响测量结果,当测定稀溶液或弱电

解质溶液的电导时,会引起相当大误差,为了得到精确的结果,必须用电导水。电导水,其电导率通常为 10^{-6}S·m^{-1} 或更小。每次测定前,都必须将电导电极及电导池洗涤干净,以免影响测定结果;②所用电导电极通常为镀铂黑的铂电极。镀铂黑是为了减少由交流电所引起的极化效应,因铂黑的表面积大,降低了电流密度,就消除了极化电势,并降低了电容的干扰;③实验中温度要恒定,测量必须在同一温度下进行,恒温槽的温度要控制在 25.0℃ ±0.1℃。

结果与讨论

室温_____℃;大气压_____ kPa。

$c_{KCl}=$ _____ , $c_{HAc}=$ _____。

(1) 计算电导池常数。已知 25℃ 时 0.02 mol·L^{-1} KCl 溶液的电导率为 0.2765 S·m^{-1},而 0.01 mol·L^{-1} 的 KCl 标准溶液在 25℃ 和 30℃ 时的电导率分别为 0.1413 S·m^{-1} 和 0.1552 S·m^{-1}。

(2) 计算各种浓度乙酸溶液的电导率。

(3) 计算乙酸在各浓度的摩尔电导率 Λ_m。

(4) 计算乙酸在各浓度下的电离度 α。已知 25℃ 时乙酸的 $\Lambda_m^{\infty}=390.7\times10^{-4}$ S·m^2·mol^{-1}。

(5) 计算电离平衡常数 K_c。

(6) 将 $c\Lambda_m$ 对 $1/\Lambda_m$ 作图,根据直线的斜率为 $K_c(\Lambda_m^{\infty})^2$,截距为 $-K_c\Lambda_m^{\infty}$,求 Λ_m^{∞}、K_c 和 α。并与按照离子独立移动定律计算 25℃ 时乙酸的 Λ_m^{∞} 值进行比较,求出相对误差。

(7) 计算难溶盐饱和 CaF$_2$ 或 BaSO$_4$ 的 K_{sp}。

思考题

1. 如何定性解释电解质的摩尔电导率随浓度增加而降低?

2. 为什么要用音频交流电源测定电解质溶液的电导? 交流电桥平衡的条件是什么?

3. 电解质溶液电导与哪些因素有关?

4. 为什么要测电导池常数? 如何得到该常数?

5. 测电导时为什么要恒温? 实验中测电导池常数和溶液电导,温度是否要一致?

参考文献

1. 复旦大学. 物理化学实验. 第二版. 北京:高等教育出版社,1991

2. 殷学锋. 新编大学化学实验. 北京:高等教育出版社,2002

　　　　　　　　　　　　　　　　　　　　　　　　　　　　(王国平)

实验 40　原电池电动势的测定及其应用

实验导读

电动势测量方法在物理化学研究中有着广泛的应用,通过电池电动势的测量可以获得平衡常数、电解质活度及活度因子、解离常数、溶解度、配合常数、酸碱度以及某些热力学函数改变量等。有些难以借助于量热法测定热效应的反应可通过电动势法准确测定。原则上,凡是能设计成电池的化学反应的热力学量都可以用电化学方法得到可靠准确的结果。

电池电动势的测量必须在可逆条件下进行,否则就没有热力学价值。所谓可逆,就是要求电池反应可逆和在测量电动势时电池几乎没有电流通过。电池电动势的测量,实质上是一种特定的电池开路电压的测量。但是,任何电动势测量仪测量时均不可避免有电流通过电池,用补偿法原理设计的电位差计以及高输入阻抗或高内阻的电压测量仪表能较好地满足要求。电位差计的测量准确度可达到0.01%或更高。电位差计是精密测量中应用得最广的仪器之一,不但用来精确测量电动势、电压、电流和电阻等,还可用来校准精密电表和直流电桥等直读式仪表。在非电参量(如温度、压力、位移和速度等)的电测法中也占有重要地位。

实验目的

(1) 掌握补偿法测定电池电动势的原理和方法。

(2) 掌握电位差计、检流计与标准电池的使用方法。

(3) 学会电极和盐桥的制备方法。

(4) 掌握通过测量原电池电动势计算热力学函数变化值的原理、方法及其他应用。

实验原理

1) 补偿法测量电动势原理

采用补偿法测定原电池电动势,其原理为:严格控制电流在接近于零的情况下来决定电池的电动势,为此,可用一个方向相反但数值相同的电动势,对抗待测电池的电动势,使电路中无电流通过,这时测出的两极的电势差就等于该电池的电动势 E。电位差计就是根据补偿法原理设计的,它由工作电流回路、标准回路和测量回路组成,如图 2.46 所示。

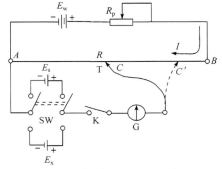

图 2.46　补偿法测量原电池
电动势的原理线路图

工作电流回路:工作电流由工作电池 E_w 的正极流出,经可变电阻 R_p、滑线电阻 R 返回 E_w 的负极,构成一个通路,调节 R_p

使均匀滑线电阻 AB 上产生一定的电势降。

标准回路:将变换开关 SW 合向 E_s,对工作电流进行标定。从标准电池的正极开始,经检流计 G、滑线电阻上的 CA 段,回到标准电池的负极。其作用是校准工作电流以标定 AB 上的电势降。令 $U_{CA} = IR_{CA} = E_s$(借助于调节 R_p 使 G 中的电流 I_G 为零来实现),使 CA 段上的电势降 U_{CA}(成为补偿电压)与标准电势 E_s 相对消。

测量回路:SW 扳回 E_x,从待测电池的正极开始,经检流计 G、滑线电阻上 $C'A$ 段,回到待测电阻负极。其作用是用校正好的滑线电阻 CA 上的电势降来测量未知电池的电动势。在保持标准后的工作电流 I 不变的条件下,在 AB 上寻找出 C' 点,使得 G 中的电流为零,从而 $U_{C'A} = IR_{C'A} = E_x$,使 $C'A$ 段上的电势降 $U_{C'A}$ 与待测电池的电动势 E_x 对消。$E_x = IR_{C'A} = (E_s/R_{CA})R_{C'A} = (R_{C'A}/R_{CA})E_s = kE_s$。如果知道比例($R_{C'A}/R_{CA}$)和 E_s,就能求出 E_x。

图 2.47 面板图中的转换开关旋钮相当于图 2.46 中的开关 SW,当旋钮尖端指在"N"处,即等于 SW 接通 E_N,如指在"x2"即等于 SW 接通未知电池 E_x,面板图的左下角标有"粗""短"的揿钮,相当于原理图中的 K 电钥,"粗"表示 K 通过保护电阻 γ 接通检流计 G;"短"用来将检流计短路,当反电势与待测电势不能对消时,防止检流计的指针被打坏,必须用此电钥。图 2.47 右边的"粗、中、细、微"旋钮相当于原理图中的可变电阻 R_p,调节这四只旋钮,实现工作电流标准化。右上角的两只旋钮是两个标准电池电动势温度补偿旋钮,中间六只旋钮:$\times 10^{-1}$,$\times 10^{-2}$,$\cdots$,$\times 10^{-6}$,其下都有一个小窗孔,被测电池的电动势由此示出。使用 UJ-25 型电位差计测定电动势,可按图 2.46 连接线路。

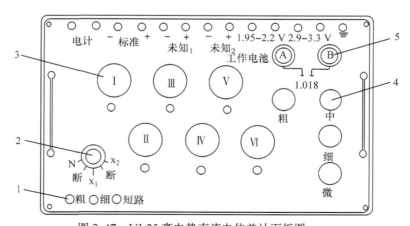

图 2.47　UJ-25 高电势直流电位差计面板图

1. 电计按钮(3 个);2. 转换开关;3. 电势测量旋钮(6 个);4. 工作电流调节旋钮
(4 个);5. 标准电池温度补偿旋钮

2) 电动势与热力学函数的关系

测定某一原电池在不同温度下的电动势 E,即可求得电动势的温度系数 $(\partial E/\partial T)_p$,由 E 和 $(\partial E/\partial T)_p$ 并结合式(2.50)~式(2.52),可计算电池反应的 $\Delta_r G_m$、$\Delta_r S_m$ 和 $\Delta_r H_m$。

$$\Delta_r G_m = -zFE \tag{2.50}$$

$$\Delta_r S_m = zF(\partial E/\partial T)_p \tag{2.51}$$

$$\Delta_r H_m = \Delta_r G_m + T\Delta_r S_m \tag{2.52}$$

式中:z 为反应的电荷数;F 为法拉第常量。

仪器与试剂

仪器 UJ-25 型电位差计 1 台;检流计 1 台;惠斯登标准电池 1 只;1.5 V 干电池 2 节;饱和甘汞电极 1 支;银-氯化银电极 1 支;银电极 1 支;50 mL 棕色容量瓶 5 只;100 mL 容量瓶 5 只;50 mL 酸式滴定管 2 支;洗瓶 1 只;废液搪瓷杯 1 只;0$^\#$ 砂纸(公用);恒温槽 1 套;饱和 KCl 盐桥和饱和 KNO_3 盐桥。

试剂 $0.100 \text{ mol} \cdot L^{-1} AgNO_3$ 溶液;$0.200 \text{ mol} \cdot L^{-1}$ KCl 溶液。

实验步骤

本实验测定下列 4 个电池的电动势:

(1) $Hg \mid Hg_2Cl_2, KCl(饱和) \parallel KCl(c) \mid AgCl \mid Ag$

$c = 0.0100 \text{ mol} \cdot L^{-1}, 0.0300 \text{ mol} \cdot L^{-1}, 0.0500 \text{ mol} \cdot L^{-1}, 0.0700 \text{ mol} \cdot L^{-1}, 0.0900 \text{ mol} \cdot L^{-1}$

(2) $Hg \mid Hg_2Cl_2, KCl(饱和) \parallel AgNO_3(c) \mid Ag$

$c = 0.0100 \text{ mol} \cdot L^{-1}, 0.0300 \text{ mol} \cdot L^{-1}, 0.0500 \text{ mol} \cdot L^{-1}, 0.0700 \text{ mol} \cdot L^{-1}, 0.0900 \text{ mol} \cdot L^{-1}$

(3) $Ag \mid AgCl, KCl(c_1) \parallel AgNO_3(c_2) \mid Ag$

$c_1 = 0.0100 \text{ mol} \cdot L^{-1}, 0.0300 \text{ mol} \cdot L^{-1}, 0.0500 \text{ mol} \cdot L^{-1}, 0.0700 \text{ mol} \cdot L^{-1}, 0.0900 \text{ mol} \cdot L^{-1}$

$c_2 = 0.0100 \text{ mol} \cdot L^{-1}, 0.0300 \text{ mol} \cdot L^{-1}, 0.0500 \text{ mol} \cdot L^{-1}, 0.0700 \text{ mol} \cdot L^{-1}, 0.0900 \text{ mol} \cdot L^{-1}$

(4) $Ag \mid AgNO_3(0.100 \text{ mol} \cdot dm^{-3}) \parallel AgNO_3(c) \mid Ag$

$c = 0.0100 \text{ mol} \cdot L^{-1}, 0.0300 \text{ mol} \cdot L^{-1}, 0.0500 \text{ mol} \cdot L^{-1}, 0.0700 \text{ mol} \cdot L^{-1}, 0.0900 \text{ mol} \cdot L^{-1}$

1) 电极制备

用商品银电极进行电镀,制备成银电极、银-氯化银电极;饱和甘汞电极采用现成的商品,使用前用蒸馏水淋洗干净。

2) 盐桥的制备

制备方法是以琼胶:KNO_3:$H_2O = 1.5:20:50$ 的比例加入到锥形瓶中,于热水浴中加热溶解,然后用滴管将它灌入干净的 U 形管中,U 形管中以及两端不能留有气泡,冷却后待用。(1)、2)两步一般由实验室预先完成)

3) 电动势的测定

(1) 配制溶液。用滴定管和容量瓶,将 $0.100 \text{ mol} \cdot L^{-1} AgNO_3$ 溶液分别稀释

成 0.0100 mol·L^{-1}、0.0300 mol·L^{-1}、0.0500 mol·L^{-1}、0.0700 mol·L^{-1}和 0.0900 mol·L^{-1}各 50 mL，将 0.200 mol·L^{-1} KCl 溶液分别稀释成 0.0100 mol·L^{-1}、0.0300 mol·L^{-1}、0.0500 mol·L^{-1}、0.0700 mol·L^{-1}和 0.0900 mol·L^{-1}各 100 mL。

（2）根据补偿法原理接好测量线路。

（3）校正工作电流。先读取环境温度，根据惠斯登标准电池电动势与温度的关系

$$E_t/V = 1.018\ 625 - [39.94(t/^\circ\!C - 20) + 0.929(t/^\circ\!C - 20)^2 - 0.0090(t/^\circ\!C - 20)^3$$
$$+ 0.000\ 06(t/^\circ\!C - 20)^4] \times 10^{-6}$$

计算出环境温度下的标准电池电动势值，调节标准电池的温度补偿旋钮至计算值；将转换开关拨至"N"处，转动工作电流调节旋钮粗、中、细，依次按下电计旋钮"粗"、"细"，直至检流计指示为零。在测量过程中，经常要检查是否发生偏离，加以校正。

（4）测量待测电池电动势。将转换开关拨向 X$_1$ 或 X$_2$ 位置，从大到小旋转测量旋钮，按下电计按钮，直至检流计指示为零，6 个小窗口内读数即为待测电池的电动势。

4）不同温度下原电池电动势测定

在第一组电池中任选一种浓度，组成原电池，在 25～60℃ 范围内测定至少 5 个温度的电池电动势。

实验完毕，把盐桥放在水中加热溶解，洗净，其他仪器复原，检流计短路放置。

注意事项：① 检查甘汞电极有否气泡，如有，必须排除；②选择盐桥；③测定时，电解质溶液必须从稀到浓；④为了保护检流计不受损坏，除在实验预习时，做好各组电动势值的估算（将指示值调到估算值）外，撤钮时，必须先撤有保护电阻的撤钮"粗"，待检流计指零后，再撤无保护电阻的撤钮"细"。

结果与讨论

（1）数据记录（表 2.38）。

表 2.38　原电池电动势测定的实验记录

室温_____℃；大气压_____ kPa；$E_N=$_____ V

电池　　　浓度/(mol·L^{-1})	0.0100	0.0300	0.0500	0.0700	0.0900
1					
2					
3					
4					

（2）根据测定的电动势值计算并列表（参见表 2.39 示例：电池 1）。

表 2.39　电池电动势测定结果

浓度/(mol·L^{-1})	0.0100	0.0300	0.0500	0.0700	0.0900
E/V					
$E_{(Cl^-/AgCl)}$					
α_{Cl^-}					
$lg\alpha_{Cl^-}$					

饱和甘汞电极的电极电势与温度的关系为
$$E/V = 0.2415 - 7.6 \times 10^{-4}(t/℃ - 25)$$
（3）作图求结果。

① 以 $E_{Cl^-|AgCl}$ 对 $lg\alpha_{Cl^-}$ 作图（或线性回归），外推求原电池（1）中的 $E^{\ominus}_{Cl^-/AgCl}$；以 $E_{Ag^+/Ag}$ 对 $lg\alpha_{Ag^+}$ 作图，外推求原电池（2）中的 $E^{\ominus}_{Ag^+/Ag}$；以 E 对 $lg(1/\alpha_{Ag} + \alpha_{Cl^-})$ 作图外推求原电池（3）中的标准电动势 $E^{\ominus}$。

② 利用推得的 $E^{\ominus}_{Cl/AgCl}$ 和 $E^{\ominus}_{Ag^+/Ag}$，求算 AgCl 水溶液的活度积。

（4）根据电池 $Hg \mid Hg_2Cl_2, KCl(饱和) \parallel KCl(c), AgCl \mid Ag$ 在不同温度下的电动势 E，计算电动势的温度系数 $\left(\dfrac{\partial E}{\partial T}\right)_p$ 以及电池反应的 $\Delta_r G_m$、$\Delta_r S_m$ 和 $\Delta_r H_m$。

思考题

1．补偿法测定电池电动势的装置中，电位差计、工作电源、标准电池和检流计各起什么作用？如何使用和维护标准电池及检流计？

2．测量过程中，若检流计光点总往一个方向偏转，可能是哪些原因引起的？

3．测量电动势时为何要用盐桥？如何选用盐桥以适合不同的系统？

4．根据可逆电池的必备条件，用补偿法测定其电动势，怎样才能测准？

参考文献

1．殷学锋．新编大学化学实验，北京：高等教育出版社，2002
2．复旦大学．物理化学实验．第二版．北京：高等教育出版社，1991

（王国平）

实验 41　界面移动法测定离子的迁移数

实验导读

离子迁移数是电解质溶液的一个重要传递性质。电解质溶液的传递现象与一般系统所不同的是，在电势梯度或电场作用下离子的迁移表现为能传导电流。电流的传导由溶液中的正负离子共同承担。离子迁移数的引入，衡量了正负离子的相对导电能力。

离子迁移数可以直接测定，方法有界面移动法、希托夫法和电动势法等。界面移动法是直接测定电解时溶液界面在迁移管中移动的距离求出迁移数，主要问题是如何获得鲜明的界面以及如何观察界面移动;希托夫法是根据电解前后在两电极区由于离子迁移与电极反应导致极区溶液浓度的变化,此法适用面较广,但需要配置库仑计以及进行繁多的溶液浓度分析工作,并且测得的迁移数为表观迁移数,在计算过程中假定水是不动的,如果考虑到水的迁移对浓度的影响,算出离子实际迁移的数量,则为真实迁移数;电动势法则是通过测量不具有溶液接界电势的浓差电池的电动势来进行的。

实验目的

(1)掌握界面移动法测定离子迁移数的原理和方法。

(2)掌握图解积分测定电荷的方法。

实验原理

当电解质溶液通电时,两极发生化学反应,溶液中正离子和负离子分别向阴极和阳极迁移,正负离子共同担负导电任务。由于正负离子移动的速度不同,电荷不同,它们分担导电任务的分数也不同。某种离子传递的电荷与总电荷之比,称为离子迁移数。若两种离子迁移数传递的电荷分别为 q_+ 和 q_-,则通过的总电荷为:$Q = q_+ + q_-$,正、负离子的迁移数为:$t_+ = q_+/Q$ 和 $t_- = q_-/Q$,$t_+ + t_- = 1$。

在包含数种正、负离子的混合电解质溶液中,一般增加某种离子的浓度,则该种离子的传递电荷的分数增加,其迁移数也相应增加。对仅含一种电解质的溶液,浓度改变使离子间的相互作用力也发生了改变,离子迁移数也会改变,但难有普遍规律。温度改变,离子迁移数也会发生变化,一般温度升高时,t_- 和 t_+ 的差别减小。

本实验采用界面移动法测定 HCl 溶液中 H^+ 离子迁移数,迁移管中离子迁移示意图见图 2.48,装置如图 2.49 所示。

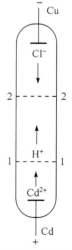 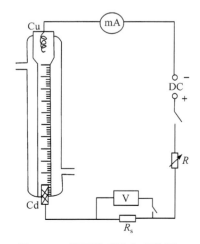

图 2.48　迁移管中离子迁移示意图　　　图 2.49　界面移动法实验装置

界面移动法有两种:一种是选用两种指示离子,形成两个界面;另一种则是选用一种指示离子,只有一个界面。本实验采用后一种方法,即以镉离子作为指示离子测定某浓度的盐酸溶液中氢离子的迁移数。

一垂直安装的带有刻度的管子,称为迁移管,在管子里充满稀 HCl 溶液。通电,当有电荷 Q 通过每个静止的截面时,t^+Q 电荷的 H^+ 通过界面向上走,t^-Q 电荷的 Cl^- 通过界面往下迁移。假定在管的下部某处存在一界面,在该界面以下没有 H^+ 存在,而被其他的正离子(如镉离子)取代,则该界面将随着 H^+ 往上迁移而移动,界面的位置可通过界面上下性质的差异而测定。例如,利用 pH 的不同指示剂显示颜色不同测出界面。

欲使界面保持清晰,必须使界面上下电解质不相混合,这可以通过选择合适的指示离子在通电情况下达到。$CdCl_2$ 溶液能满足这个要求,因为 Cd^{2+} 淌度 $U_{Cd^{2+}}$ 较小,$U_{Cd^{2+}} < U_{H^+}$。

图 2.49 中负极是棒,它安装在管子的顶部,正极是由金属镉做成的,封闭在管子的底部,当在两极间接通电流后,Cd 被氧化为 Cd^{2+},在电场的作用下,H^+ 和 Cd^{2+} 从下向上移动,而 Cl^- 向下移动,在管子的下部不断产生 $CdCl_2$ 溶液,运动速度较低的 Cd^{2+} 永远也不会赶 H^+,而且是紧紧地跟在 H^+ 的后面作为指示离子。由于 HCl 和 $CdCl_2$ 的折光指数不同,因此,在两个溶液之间可以显示出一个明显的界面。如果这两溶液之间的界面经过 t 时间,界面扫过的体积为 V,通过的电荷是 It(其中 I 为电流)。H^+ 输运电荷的数量为该体积中 H^+ 带电的总数,即

$$q_{H^+} = V c_{H^+} F \tag{2.53}$$

所以,H^+ 的迁移数可表示为

$$t_{H^+} = \frac{c_{H^+} VF}{It} \tag{2.54}$$

式中:I 为通过的电流,mA;t 的单位为 s;V 的单位为 mL;c 的单位为 $mol \cdot L^{-1}$。通过的电流可以用电位差计和标准电阻精确测量或用精密的毫安计直接测量,电荷 It 可通过记录仪图解积分获得。

仪器与试剂

仪器 迁移管 1 支(用 1 mL 刻度移液管及恒温回流管和注液小漏斗组成);$-1 \sim +4$ mV 记录仪 1 台;晶体管直流稳压电源 1 台;接线匣 1 只;导线若干;铜电极和镉电极;超级恒温槽 1 台;带尼龙管的 5 mL 针筒 2 只;50 mL 小烧杯 2 个;废液缸 1 个;砂纸若干。

试剂 含甲基紫的 0.1 $mol \cdot L^{-1}$ 盐酸溶液(需标定)。

实验步骤

(1) 按图 2.49 装置仪器,用带尼龙管的针筒吸取蒸馏水洗迁移管两次并检查

迁移管是否漏水,吸取少量的含甲基紫的 HCl 溶液(待测液),直接插入到迁移管的最下端,将迁移管洗涤两次,然后将待测液慢慢加入迁移管中(注意迁移管中不能留有气泡),装入溶液以插入上端铜电极时,能浸过电极为限。

(2)将迁移管垂直固定好,按图 2.49 接好线路,图中 V 为电压表,R_s 为标准电阻,R 为可变电阻,DC 为直流电源。检查无误并经指导教师同意后,接通电源,调节恒温槽的温度为 25℃,待温度恒定后,并调节电流至 3.5 mA 左右。打开记录仪开关,随着电解的进行,阳极不断溶解生成 Cd^{2+},因 Cd^{2+} 的迁移速率比 H^+ 小 5～6 倍,一段时间后,形成一个清晰的界面,并渐渐地向上移动,当界面移到一个适当的刻度时,在记录纸上标上界面迁移的起始刻度,待界面移动到另一刻度时(比如从 0.00 mL 迁移到 0.050 mL),再在记录纸标号,界面每移动 0.05 mL 都在记录纸上标记,直至迁移 0.5 mL 为止。如此重复测定两次,数据记录在表 2.40 中。

(3)调节恒温槽温度分别为 35℃、40℃、50℃,测定 0.1 mol·L^{-1} 盐酸溶液中 H^+ 的迁移数。

(4)实验完毕,将迁移管溶液倒入指定回收瓶中(注意:镉化物极毒!),洗迁移管的初次废液也应注入回收瓶中。迁移管洗净后,装满蒸馏水,放回原处。

结果与讨论

表 2.40　25℃ 时 HCl 溶液 H^+ 离子迁移数测定实验数据

室温_____℃;HCl 浓度_____ mol·L^{-1};标准电阻 R_s _____ Ω

No.	每次界面移动电势读数/mV				I/mA	Q/(mA·S)	t_{H^+}
	V/mL	t /s	E_1	E_2			
1							
2							

(1)根据记录仪记录下来的电势-时间图求积分得到电荷 Q。

$$Q = \int_{t_1}^{t_2} I \mathrm{d}l \qquad (2.55)$$

由测得电压 U 及标准电阻 R_s,求得电流 I,以此电流 I 对相应的时间 t 作图,求出其包围的面积即总电荷 It,如果为直线,可求出梯形的面积。

(2)根据 H^+ 迁移的体积及 H^+ 浓度 c,求 H^+ 所迁移的分电荷 q_+。

(3)根据积分总电荷 Q 及 H^+ 所迁移的分电荷 q_+,求出 H^+ 的迁移数 t_{H^+}。

(4)取迁移数的平均值与文献值比较,求相对误差。

(5)测定并计算各温度下的 H^+ 迁移数值,并作 t_{H^+} 和温度关系图。

(6)讨论并解释实验中观察到的现象。

思考题

1. 离子迁移数与哪些因素有关?

2．保持界面清晰的条件是什么？

3．实验过程中电流值如何变化？迁移管的电极接反将产生什么现象？为什么？

4．如何求得 Cl^- 离子的迁移数？

参考文献

1．复旦大学等．物理化学实验．第二版．北京：高等教育出版社，1991

2．殷学锋．新编大学化学实验．北京：高等教育出版社，2002

（王国平）

实验 42　　恒电位法测定阳极极化曲线

实验导读

　　测定极化曲线是研究电极过程动力学的基本方法之一。通过测定极化曲线，可以求得交换电流密度、传递系数和扩散系数等动力学基本参数，在电镀、电解以及电池工业中应用也很普遍，如在电镀中往往需要提高电镀液的极化能力，以期获得细致光亮的镀层。研究各种配合剂、添加剂对电镀液极化能力的影响，即测定不同条件下的阴极极化曲线，可以选择理想的镀液组成、pH 以及电镀温度等工艺条件，从而提高电镀的效果与水平。另外，阳极极化是防止金属腐蚀的有效方法之一。在电解池中，以被保护金属为阳极，取一辅助电极为阴极，当回路中有电流通过时，阳极发生金属氧化反应，即电化学溶解过程。随着外加电压的增大，溶解过程加快，电流也随之增大。有些金属在特定介质中，当其电极电势增大到某一数值后，电流随电势增加反而大幅度地下降，此时金属表面发生钝化，即在金属表面形成了一层电阻很高且耐腐蚀的钝化膜，导致其溶解速率大为减小。这种利用阳极极化来防止金属腐蚀的方法称为阳极保护。但是在化学电源、电冶金和电镀中，金属作为可溶性阳极时，其钝化是非常不利的。

实验目的

　　（1）测定 Zn 在 $ZnSO_4$ 溶液中的阳极极化曲线。

　　（2）理解极化、超电势等基本概念。

　　（3）掌握三电极系统的测量原理和操作技术。

实验原理

　　当电极上有电流通过时，电极处于不可逆状态。电流越大，电极电势偏离可逆电势越大，这种现象称为电极的极化。极化产生的原因主要有浓差极化和电化学极化。极化作用的大小用超电势来衡量，所谓超电势是指在某一电流密度下的不可逆电极电势 $E_{不可逆}$ 与平衡电势 $E_{可逆}$ 的差值，用符号 η 表示。由于极化作用的产生使阳极及阴极反应均变得困难，即阳极电极电势变大而阴极电极电势变小，为使超电势始终为正值，定义

$$\eta_{阳} = E_{不可逆} - E_{可逆} \tag{2.56}$$

$$\eta_{阴} = E_{可逆} - E_{不可逆} \tag{2.57}$$

测定极化曲线就是测定不同电流密度 i 时的电极电势 $E_{不可逆}$，然后作出 i-E 曲线。一般采用三电极测量系统：辅助电极、研究电极和参比电极。如图 2.50 所示，在带支管的 H 形电池中，放入三个电极，其中参比电极（甘汞电极）放入支管中，与其紧邻的管中应插入研究电极，参比电极与研究电极构成原电池，用来测定研究电极的电极电势；在 H 形电池的另一管中，插入辅助电极(Pt 电极)，辅助电极与研究电极构成电解池，用来施加电流密度。通过调节可变电阻，给予电解池一系列恒定的电势，通过数字电压表测定参比电极与阳极之间的电动势后，从电流表读出各电势下的电流，从而求得对应的电流密度。恒电位仪就是根据此原理提供恒定电极电势的专门仪器。实验中采用 Luken 毛细管，并应尽量靠近研究电极表面。

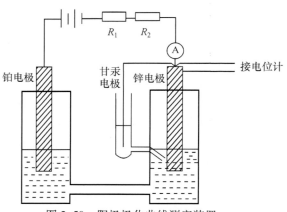

图 2.50　阳极极化曲线测定装置

在测定 i-E 曲线时，可以在一些固定不变的电流密度下，测量相应的电极电势；也可以在一些固定不变的电极电势下，测量相应的电流密度。前者称为恒电流法；后者称为恒电势法。本实验采用恒电势法，即电极电势是主变量，改变电极电势，电流密度随之改变，通过恒电位仪来实现；在实际测量中，常采用的恒电势测量方法有下列两种：一种是静态法，将电极电势较长时间地维持在某一恒定值，同时测量电流随时间的变化，直到电流基本达到某一稳定值，如此逐点地测定各个电极电势下的稳定电流值，以获得完整的极化曲线；另一种方法是动态法，通过恒电位仪和电势扫描信号发生器控制电极电势以较慢的速率连续性地改变，并测量对应电势下的瞬间电流值，同时以瞬间电流对电极电势作图，获得整个的极化曲线。所采用的扫描速率应根据具体系统而定，由于电极表面建立稳态的速率较慢，原则上扫描速率也应与之适应，这样测得的极化曲线就能与静态法测得的相近。本实验采用动态法,测量 Zn 电极在 $ZnSO_4$ 溶液中的阳极极化曲线,用记录仪记录 i-E 曲线。

仪器与试剂

仪器 ZF-3 恒电位仪 1 台;ZF-4 电势扫描信号发生器 1 台;记录仪 1 台;H 形电池 1 支;Zn 电极,Pt 电极,饱和甘汞电极各 1 支;金相砂纸。

试剂 $ZnSO_4$ 溶液$(0.5 \text{ mol} \cdot \text{L}^{-1})$。

实验步骤

1) 调仪器参数

各仪器打开预热数分钟,调恒电位仪在"通","给定"及量程"200 mA";调信号发生器在"准备"状态,上限 1900,初始 1300,下限 -200(上下限待灯亮后用相应的旋钮来调节,初始则用恒电位仪上的旋钮调)。波形调至"减少"(第二个),扫描速率为 $50 \text{ mV} \cdot \text{s}^{-1}$;函数记录仪各键按下,用"POSITION"调记录笔的位置在纸的左下角,Y(电流密度)和 X(电极电势)的灵敏度为 $100 \text{ mV} \cdot \text{cm}^{-1}$。

2) 组装电池

清洗 H 形电池和各电极,用砂纸擦亮 Zn 电极,再用去离子水冲洗后,如图 2.49 组成电池。电池中盛放 $ZnSO_4$ 溶液$(0.5 \text{ mol} \cdot \text{L}^{-1})$,没过电极 1 cm 为宜。

3) 测量

将信号发生器开关扳到"扫描",仪器将自动记录极化曲线。若曲线太陡而超出记录范围或坡度不够,均需调节台式记录仪上的灵敏度;若开始扫描后没有出现水平线段,则说明初始值不够,适当增大后重新测量。

4) 复原

实验完毕后,小心取下各电极,用去离子水冲洗,洗净 H 形电池,放回原处;关闭各仪器电源。

数据记录与处理

(1) 记录实验时的室温和大气压等条件。

(2) 在曲线上取 8~10 个点,求出超电势,然后作 η-$\lg i$ 曲线。

思考题

1. 写出原电池及电解池中的电极反应和电池反应。

2. 三电极系统的测量原理是什么?

3. 分析造成实验误差的主要因素。

参考文献

1. 陈大勇,高永煜. 物理化学实验. 上海:华东理工大学出版社,2000

2. 武汉大学化学与环境科学学院. 物理化学实验. 第一版. 武汉:武汉大学出版社,2000

3. 复旦大学等. 物理化学实验. 第二版. 北京:高等教育出版社,1993

(滕启文)

实验 43　甲酸氧化反应动力学的测定

实验导读

宏观化学动力学将反应速率与浓度、温度等宏观变量联系起来,实验测得速率常数、反应级数、活化能和指前因子等特征参数,建立反应速率方程。历史上,第一个定量研究的动力学问题是 L. F. Wilhelmy 于 1850 年采用旋光仪测定蔗糖在酸催化下的转化速率。1862 年,de Saint 和 L. P. Gilles 研究了乙醇与乙酸的酯化反应以及逆反应乙酸乙酯的水解动力学。它们成了化学动力学的两个经典实验。1836 年,P. Waage 和 C. M. Guldberg 提出了质量作用定律。1889 年,Arrhenius 提出著名的 Arrhenius(阿伦尼乌斯)方程,使化学动力学深入发展。目前,宏观化学动力学的框架和基本规律已趋于完善。结合实验测定和机理研究,对于一般的气相反应、液相反应、聚合反应、爆炸反应、催化反应、生化反应、光化学反应和电化学反应,已经建立了各种与实际情况相适应的反应速率方程和反应机理。在工程应用上,化学动力学结合传递现象形成化学反应工程。向微观发展表现在建立了基元反应理论和分子动态学,李远哲因在研究分子动态学方面做出突出贡献而获得 1988 年的诺贝尔化学奖。化学动力学不断蓬勃发展,其基础仍是各种动力学实验,我们应当逐步了解它。

实验目的

(1) 用电动势法测定甲酸被溴氧化的反应动力学。

(2) 了解化学动力学实验和数据处理的一般方法。

(3) 加深理解反应速率方程、反应级数、速率系数、活化能等重要概念和一级反应动力学的特点、规律。

实验原理

甲酸被溴氧化的反应方程式如下

$$HCOOH + Br_2 \longrightarrow CO_2 + 2H^+ + 2Br^-$$

对该反应,除反应物外,$[Br^-]$ 和 $[H^+]$ 对反应速率也有影响,严格的速率方程非常复杂。在实验中,当使 Br^- 和 H^+ 过量、保持其浓度在反应过程中近似不变时,则反应速率方程式可写成

$$-d[Br_2]/dt = k[HCOOH]^m[Br_2]^n \tag{2.58}$$

如果初始的 $[HCOOH]$ 比 $[Br_2]$ 大得多,可认为在反应过程中 $[HCOOH]$ 保持不变,这时

$$-d[Br_2]/dt = k'[Br_2]^n \tag{2.59}$$

式中,$k' = k[HCOOH]^m$。

因此,只要实验测得 $[Br_2]$ 随时间 t 变化的函数关系,即可确定反应级数 n 和速率系数 k'。如果在同一温度下,用两种不同浓度的 HCOOH 分别进行测定,则可

得两个 k' 值。

$$k'_1 = k \, [\mathrm{HCOOH}]_1^m \tag{2.60}$$

$$k'_2 = k \, [\mathrm{HCOOH}]_2^m \tag{2.61}$$

联立求解式(2.60)和式(2.61),即可求出反应级数 m 和速率系数 k。

本实验采用电动势法跟踪[$\mathrm{Br_2}$]随时间的变化,以饱和甘汞电极(或银|氯化银电极)和放在含 $\mathrm{Br_2}$ 和 Br^- 的反应溶液中的铂电极组成如下电池

$$(-)\mathrm{Hg},\ \mathrm{Hg_2Cl_2}|\,\mathrm{KCl}^- \parallel \mathrm{Br}^-,\ \mathrm{Br_2}|\,\mathrm{Pt}(+)$$

该电池的电动势是

$$E = E_{\mathrm{Br_2/Br}^-}^{\ominus} - (RT/2F)(\ln[\mathrm{Br_2}]/[\mathrm{Br}^-]^2) - E_{甘汞} \tag{2.62}$$

当[Br^-]很大时,在反应过程中[Br^-]可认为保持不变,式(2.62)可写成

$$E = 常数 + (RT/2F)(\ln[\mathrm{Br_2}]) \tag{2.63}$$

若甲酸氧化反应对 $\mathrm{Br_2}$ 为一级,则

$$-\mathrm{d}[\mathrm{Br_2}]/\mathrm{d}t = k'[\mathrm{Br_2}] \tag{2.64}$$

积分,得

$$\ln[\mathrm{Br_2}] = 常数 - k't \tag{2.65}$$

将式(2.65)代入式(2.63),得

$$E = 常数 - (RT/2F)k't \tag{2.66}$$

因此,以 E 对 t 作图,如果得到的是直线,则证实上述反应对 $\mathrm{Br_2}$ 为一级,并可以从直线的斜率求得 $k' = -(2F/RT)(\mathrm{d}E/\mathrm{d}t)$。

上述电池的电动势约为 0.8 V,而反应过程电动势的变化只有 30 mV 左右。当用自动记录仪测量电势变化时,为了提高测量精度而采用图 2.51 的接线法。图 2.51 中用蓄电池或用电池串接 1 kΩ 绕线电位器,于其中分出一恒定电压与电池同极连接,使电池电动势对消一部分。调整电位器,使对消后剩下 20～30 mV,因而可使测量电势变化的精度大大提高。甲酸氧化反应装置示于图 2.52。

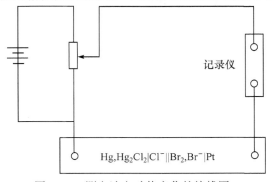

图 2.51　测电池电动势变化的接线图

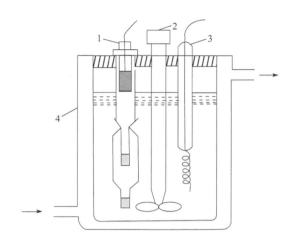

图 2.52　甲酸氧化反应装置示意图

1. 甘汞电极；2. 搅拌器；3. 铂电极；4. 夹套反应器

仪器与试剂

　　仪器　SunyLAB200 无纸记录仪(或 XWT-264 型台式自动记录仪)；超级恒温槽；分压接线匣；饱和甘汞电极(或 Ag|AgCl 电极)；铂电极；电动搅拌器；有恒温夹套的反应池(图 2.52)，移液管 5 mL 4 支、10 mL 1 支、25 mL 1 支、50 mL 1 支；洗瓶；洗耳球；倾倒废液的搪瓷量杯。

　　试剂　$0.02\ mol \cdot L^{-1}$溴水(本实验室是配 $0.0075\ mol \cdot L^{-1}$溴试剂储备液)；$2.00\ mol \cdot L^{-1}$、$4.00\ mol \cdot L^{-1}$HCOOH；$2\ mol \cdot L^{-1}$盐酸；$1\ mol \cdot L^{-1}$KBr；铬酸洗液；去离子水。

实验步骤

　　(1) 调节超级恒温槽至所需温度(25℃)，开动循环泵，使循环水在反应池夹套中循环，并将甲酸试剂瓶放在恒温槽内恒温。

　　(2) 认真处理铂电极表面。具体方法是：用热的铬酸洗液浸泡铂电极，数分钟后取出，用水冲洗，再用去离子水冲洗后，将其用滤纸吸干。(本步骤一般由实验室完成)

　　(3) 用移液管向反应池中分别加入 75 mL 水，10 mL KBr，5 mL 溴试剂，再加入 5 mL 盐酸。

　　(4) 装好电极和搅拌棒，并按图 2.51 接好测量线路，开动搅拌器，使溶液在反应器内恒温，打开记录仪(纸速零)，当记录笔不随时间移动时(为什么?)，取 5 mL 2 mol·L⁻¹甲酸溶液注入反应池，立即调节电位器，使记录仪的记录笔起始位置在标尺满刻度处，选择记录速率(纸速 30 mm·min⁻¹)，开始记录。记录纸(显示屏)上应绘出一条直线。

(5) 使甲酸浓度增大 1 倍,保持温度及其余组分浓度不变,记录速率增大 1 倍(纸速 60 mm·min^{-1}),重复上述步骤再测定一条 E-t 直线。

(6) 将反应温度调至 30℃,所加甲酸浓度仍为 2 mol·L^{-1},其余组分浓度均不变,记录速率不变(纸速 60 mm·min^{-1}),重复上述步骤测定一条 E-t 直线。

(7) 再分别测出 35℃ 和 40℃ 的 E-t 直线。(该步骤化学系同学必做,工科学生选做)

(8) 实验结束后,关闭分压器线路及其他电源。用去离子水冲洗反应池、铂电极,然后放回原处。

结果与讨论

(1) 直接从记录的电势-时间直线,求得斜率(表 2.41)。从直线斜率求出 k',解联立方程,求出反应级数 m。

表 2.41 甲酸氧化反应动力学实验数据记录

室温:_____℃,大气压:_____ kPa

序号	温度/℃	[HCOOH]/(mol·L^{-1})	直线斜率	记录速率	$k' \times 10^3$	$k \times 10^2$	$\ln k$	$1/T \times 10^3$
1								
2								
3								
4								
5								

(2) 计算各温度下的反应速率系数 k。

(3) 根据阿伦尼乌斯方程,由两个不同温度下的速率系数计算该反应的表观活化能 E_a:$\ln(k_2/k_1) = (E_a/R)(1/T_1 - 1/T_2)$。

(4) 根据 $\ln k = -E_a/RT + C$ 作 $\ln k$-$1/T$ 图,由斜率计算反应的表观活化能 E_a。

(5) 查找文献数据,与实验值比较,分析偏差的原因。

思考题

1. 可以用一般的直流伏特计来测量本实验的电势差吗? 为什么?

2. 如果甲酸氧化反应对溴来说不是一级,能否用本实验的办法测定反应速率系数? 请具体说明。

3. 为什么用记录仪进行测量时要把电池电动势对消掉一部分? 这样做对结果有无影响?

4. 写出电极反应和电池反应,估计该电池的理论电动势约为多少?

5. 本实验反应物之一溴是如何产生的? 写出有关反应。为什么要加入 5 mL

盐酸?

参考文献

1. 胡英. 物理化学. 第四版. 上册. 北京:高等教育出版社,1999

2. 殷学锋. 新编大学化学实验. 北京:高等教育出版社,2002

（方文军）

实验 44　蔗糖转化反应速率系数测定

实验导读

　　一级反应即反应速率与反应物浓度一次方成正比的反应,通常有下列几种类型:放射性元素的蜕变,分子重排反应,某些有机物或抗生素的分解等。按照一级反应的特征,以反应物在某一时刻浓度的对数对时间作图,可得直线,由斜率可求速率系数。原则上只要能够找到与浓度相关联且成比例的量,进行物理或化学测量,就能够得到浓度和时间的函数关系。具体测量方法有静态法和动态法,静态法是将反应混合物取出,进行化学分析或物理性质的测量,相当于将反应物冻结;动态法是随着反应的进行,连续不断地对反应混合物的某种性质进行跟踪测试,不破坏反应混合物的组成。蔗糖水解就是采用动态法对反应混合物的旋光度进行测量,考查系统旋光度随时间的递变关系,进而求得速率系数;若同法测量其他温度下的旋光度随时间变化关系,则可求得不同温度下的速率系数,然后求得该反应的活化能。

实验目的

　　(1) 学习测定一级反应的反应速率系数和半衰期的方法。

　　(2) 了解蔗糖转化反应的反应物浓度与旋光度之间的关系。

　　(3) 了解旋光仪的基本原理,掌握旋光仪的操作技术。

实验原理

　　蔗糖转化反应

$$C_{12}H_{22}O_{11} + H_2O \xrightarrow{\ H^+\ } C_6H_{12}O_6 + C_6H_{12}O_6$$
$$\text{（蔗糖）}\qquad\qquad\text{（葡萄糖）}\quad\text{（果糖）}$$

是一个二级反应。在纯水中的反应速率极慢,通常需在 H^+ 的催化作用下进行。由于反应时水大量存在,尽管有部分水分子参加了反应,仍可以认为整个反应过程的水浓度是恒定的,而且 H^+ 是催化剂,其浓度也保持不变,因此蔗糖转化反应可看成是准一级反应。一级反应的速率方程可由式(2.67)表示

$$-\frac{dc_A}{dt} = kc_A \qquad\qquad (2.67)$$

式中:k 为反应速率系数;c_A 为时间 t 的反应物浓度,积分得

$$\ln c_A = \ln c_A^0 - kt \qquad\qquad (2.68)$$

式中：c_A^0 为反应开始时蔗糖的浓度。当 $c_A = \dfrac{1}{2} c_A^0$ 时，t 可用 $t_{1/2}$ 表示，即为反应的半衰期

$$t_{1/2} = \frac{\ln 2}{k} = \frac{0.693}{k} \tag{2.69}$$

蔗糖及其转化产物都含有不对称的碳原子，它们都具有旋光性。但是其旋光能力不同，故可利用系统在反应过程中旋光度的变化来度量反应进程。测量物质旋光度所用的仪器称为旋光仪。溶液的旋光度与溶液中所含物质的旋光能力、溶剂性质、溶液浓度、样品管长度、光源波长及温度等均有关系。当其他条件固定时，旋光度 α 与反应物浓度 c 呈线性关系，即

$$\alpha = mc \tag{2.70}$$

式中：m 为比例系数。物质的旋光能力用比旋光度来度量，用式(2.71)表示

$$[\alpha]_D^{20} = \alpha \times \frac{100}{lc} \tag{2.71}$$

式中：上标 20 为实验温度 20℃；D 指所用钠灯光源 D 线，波长 589 nm；α 为旋光度，(°)；l 为样品管的长度，dm；c 为浓度，$mol \cdot L^{-1}$。蔗糖是右旋物质，其比旋光度 $[\alpha]_D^{20} = 66.6°$，葡萄糖也是右旋物质，其比旋光度 $[\alpha]_D^{20} = 52.5°$，但果糖是左旋物质，其比旋光度 $[\alpha]_D^{20} = -91.9°$。由于生成物中果糖的左旋性比葡萄糖的右旋性大，所以生成物呈现左旋性质。因此，随着反应的进行，系统右旋角不断减小，反应至某一瞬间，系统的旋光度可恰好等于零，而后变成左旋，直至蔗糖完全转化，这时左旋角达到最大值 α_∞。

设最初系统的旋光度为

$$\alpha_0 = m_反 c_A^0 \quad (t = 0, \text{蔗糖尚未转化}) \tag{2.72}$$

最终系统的旋光度为

$$\alpha_\infty = m_生 c_A^0 \quad (t = \infty, \text{蔗糖已完全转化}) \tag{2.73}$$

式中：$m_反$ 和 $m_生$ 分别为反应物与生成物的比例系数。

当时间为 t 时，蔗糖浓度为 c_A，此时旋光度 α_t 为

$$\alpha_t = m_反 c_A + m_生 (c_A^0 - c_A) \tag{2.74}$$

由式(2.72)、式(2.73)、式(2.74)联立，得

$$c_A^0 = \frac{\alpha_0 - \alpha_\infty}{m_反 - m_生} = m'(\alpha_0 - \alpha_\infty) \tag{2.75}$$

$$c_A = \frac{\alpha_t - \alpha_\infty}{m_反 - m_生} = m'(\alpha_t - \alpha_\infty) \tag{2.76}$$

将式(2.75)、式(2.76)代入式(2.68)，得

$$\lg(\alpha_t - \alpha_\infty) = \frac{-k}{2.303} t + \lg(\alpha_0 - \alpha_\infty) \tag{2.77}$$

由式(2.77)可以看出,以 $\lg(\alpha_t - \alpha_\infty)$ 对 t 作图得一直线,从直线斜率可求得速率系数 k。

仪器与试剂

仪器　圆盘旋光仪1台;自制恒温箱1套;玻璃缸恒温槽1套;25 mL 移液管2支;50 mL 移液管1支;50 mL 容量瓶1只;150 mL 锥形瓶3只。

试剂　葡萄糖(AR);蔗糖(AR);HCl 溶液(4.0 mol·L^{-1})。

实验步骤

1) 了解和熟悉旋光仪性能和使用方法。

(略)

2) 用蒸馏水校正仪器的零点

蒸馏水为非旋光物质,可用来校正仪器的零点(即 $\alpha = 0$ 时仪器对应的刻度)。校正时,先洗净样品管,将管一端加上盖子,并向管内注满蒸馏水,使液体形成一凸液面,然后在样品管另一端盖上玻璃片,此时管内不应有空气泡存在,再旋上套盖,使玻璃片紧贴于旋光管,勿使漏水。但必须注意旋紧套盖时不要用力过猛,以免玻璃片压碎。用滤纸将样品管擦干,再用擦镜纸将样品管两端的玻璃片擦净,将样品管放入旋光仪内。打开光源,调整目镜聚焦,使视野清楚,然后旋转检偏镜至观察到的三分视野暗度相等为止。记下检偏镜之旋角 α,重复测量3次取其平均值。此平均值即为零点,用来校正仪器的系统误差。

3) 蔗糖转化反应及反应过程旋光度的测定

将恒温槽和旋光仪外面的恒温套箱都调节至所需的反应温度(可在 20℃、25℃、30℃ 或 35℃ 中任选一温度)。在锥形瓶内称取 10 g 蔗糖,并加蒸馏水 50 mL,使蔗糖溶解,若溶液浑浊则需要过滤,用移液管吸取蔗糖溶液 25 mL,置于干燥锥形瓶内;在另一只锥形瓶内移入 50 mL 4.000 mol·L^{-1} 的 HCl 溶液。将这两只锥形瓶一起浸于恒温槽内恒温 10 min。用移液管吸取 25 mL HCl 溶液加到蔗糖溶液内,并使之均匀混合。注意应从 HCl 溶液由移液管内流出一半时开始计时。迅速用少量反应液荡洗样品管2次,然后将反应液装满样品管,不应有空气泡,盖好盖子并擦净,立即放进已恒温的旋光仪内,测量不同时间的旋光度。第一个数据要求离开反应起始时间 1~2 min,测量时将三分视野调节暗度相等后,先记录时间,再读取旋光度值。反应开始 15 min 内每分钟测量一次,以后由于反应物浓度降低使反应速率变慢,可以将每次测量的时间间隔适当放长(5 min 一次)。从反应开始需连续测量 1 h。

4) α_∞ 的测量

反应完毕后,将样品管内的溶液与在锥形瓶内剩余的反应液合并,放置 48 h,然后在相同温度下恒温后测量其旋光度,即为 α_∞ 值。也可将混合液置于 50~60℃ 水浴内温热 30 min,再冷却至室温,测其旋光度即为 α_∞ 值,但必须注意水浴温度不可过高;否则,将产生副反应,颜色变黄,这是因为蔗糖是由葡萄糖的苷羟基与果糖的苷羟基之间缩合而成的二糖,在 H^+ 催化下,不仅苷键断裂,高温下还有脱水反应发生。同时在加热过程中还要避免溶液蒸发而影响浓度,以致造成 α_∞ 值的偏差。由于反应混合液的酸度很大,因此样品管一定要擦净后才能放入旋光仪,以免管外黏附的反应液腐蚀旋光仪,实验结束后必须洗净样品管。

结果与讨论

(1) 将反应过程所测得的旋光度 α_t 和 t 填入表 2.42,并作 α_t-t 的曲线图。

表 2.42　不同时刻系统的旋光度

T/min	1	2	3	4	5	6	7	8	9	10	11	12
α_t												
T/min	13	14	15	20	25	30	35	40	45	50	55	60
α_t												

(2) 从 α_t-t 的曲线图上,等时间间隔取 8 个或 10 个 α_t 数值,并算出相应的 $(\alpha_t - \alpha_\infty)$ 和 $\lg(\alpha_t - \alpha_\infty)$ 的数值。

(3) 以 $\lg(\alpha_t - \alpha_\infty)$ 对 t 作图,由直线斜率求出反应速率系数 k,并计算反应的半衰期 $t_{1/2}$。

思考题

1. 实验中,我们用蒸馏水来校正旋光仪的零点,蔗糖转化反应过程所测的旋光度 α_t 是否需要零点校正? 为什么?

2. 本实验是将 HCl 溶液加到蔗糖溶液里去,可否把蔗糖加到 HCl 溶液中去?为什么?

3. 旋光管的凸出部位有何用途?

参考文献

1. 崔献英,柯燕雄,单绍纯. 物理化学实验. 合肥:中国科学技术大学出版社,2000
2. 孙尔康,徐维清,邱金恒. 物理化学实验. 南京:南京大学出版社,1998
3. 陈大勇,高永煜. 物理化学实验. 上海:华东理工大学出版社,2000
4. 武汉大学化学与环境科学学院. 物理化学实验. 武汉:武汉大学出版社,2000
5. 复旦大学等. 物理化学实验. 第二版. 北京:高等教育出版社,1993

(陈　平)

实验 45　乙酸乙酯皂化反应速率系数的测定

实验导读

化学动力学实验的基本内容是测定不同温度时反应物或生成物的浓度随时间的变化。获得动力学数据最直接的方法是化学分析法,实验中每间隔一定时间,从反应器取样进行化学分析,得到样品中反应物或生成物的浓度。然而该方法在实用上有较大限制,主要原因是:①不少化合物很难用化学分析的方法定量测定,特别是有机物;②每次都必须从反应器中取出较多的样品;③为防止在取样后反应继续进行,必须对样品做特殊处理,这一点往往不容易。因此,更多地采用物理化学分析法,即测定反应系统的某些物理性质随时间的变化,这些物理性质应与反应物和生成物的浓度有较简单的关系(线性、正比、反比等),且在反应前后有明显改变,最常用的有电导、电动势、旋光度、吸光度、折射率、蒸气压、黏度、气体压力或体积等。测定物理性质要比化学分析法测定浓度简便迅速得多,应用非常广泛。甲酸氧化动力学实验采用电动势法,蔗糖转化实验采用旋光度法,本实验采用电导法。

实验目的

(1) 学习测定化学反应动力学参数的一种物理化学分析法——电导法。

(2) 学习反应动力学参数的求解方法,加深理解反应动力学的特征。

(3) 进一步认识电导测定的应用,熟练掌握电导率仪的使用。

实验原理

对于二级反应

$$A + B \longrightarrow 产物$$

如果 A、B 两物质起始浓度相同,均为 a,反应速率的表示式为

$$\frac{\mathrm{d}x}{\mathrm{d}t} = k(a - x)^2 \tag{2.78}$$

式中:x 为 t 时刻生成物的浓度。式(2.78)定积分得

$$k = \frac{1}{t}\left[\frac{x}{a(a - x)}\right] \tag{2.79}$$

实验测得不同 t 时的 x 值,按式(2.79)计算相应的反应速率系数 k。如果 k 值为常数,证明该反应为二级。通常,以 $\frac{x}{a - x}$ 对 t 作图,若所得为直线,证明为二级反应,并可从直线的斜率求出 k。所以,在反应进行过程中,只要能够测出反应物或生成物的浓度,即可求得该反应的 k。

温度对化学反应速率的影响常用阿伦尼乌斯方程描述

$$\frac{\mathrm{d}\ln k}{\mathrm{d}T} = \frac{E_a}{RT^2} \tag{2.80}$$

式中:E_a 为反应的活化能。假定活化能是常数,测定了两个不同温度下的速率系数 $k(T_1)$ 与 $k(T_2)$ 后可以按式(2.81)计算反应的活化能 E_a

$$E_a = \ln\frac{k(T_2)}{k(T_1)} \times R\left(\frac{T_1 T_2}{T_2 - T_1}\right) \tag{2.81}$$

乙酸乙酯皂化反应是一个典型的二级反应,其反应式为

$$CH_3COOC_2H_5 + OH^- \rightleftharpoons CH_3COO^- + C_2H_5OH$$

反应系统中,OH^-电导率大,CH_3COO^-电导率小。所以,随着反应进行,电导率大的 OH^- 逐渐为电导率小的 CH_3COO^- 所取代,溶液电导率有显著降低。对于稀溶液,强电解质的电导率 κ 与其浓度成正比,而且溶液的总电导率就等于组成该溶液的电解质的电导率之和。若乙酸乙酯皂化反应在稀溶液中进行,则存在如下关系式

$$\kappa_0 = A_1 a \tag{2.82}$$

$$\kappa_\infty = A_2 a \tag{2.83}$$

$$\kappa_t = A_1(a - x) + A_2 x \tag{2.84}$$

式中:A_1、A_2 分别为与温度、电解质性质和溶剂等因素有关的比例常数;κ_0、κ_t、κ_∞ 分别为反应开始、反应时间为 t 时和反应终了时溶液的总电导率。

由式(2.82)~式(2.84),得

$$x = \left(\frac{\kappa_0 - \kappa_t}{\kappa_0 - \kappa_\infty}\right) a \tag{2.85}$$

代入式(2.79)并整理,得

$$\kappa_t = \frac{1}{ak}\left(\frac{\kappa_0 - \kappa_t}{t}\right) + \kappa_\infty \tag{2.86}$$

因此,以 κ_t 对 $\dfrac{\kappa_0 - \kappa_t}{t}$ 作图为一直线即说明该反应为二级反应,且由直线的斜率可求得速率系数 k;由两个不同温度下测得的速率系数 $k(T_1)$ 与 $k(T_2)$,可以求出反应的活化能 E_a。由于溶液中的化学反应实际上非常复杂,如上所测定和计算的是表观活化能。

仪器与试剂

仪器　DDS-11A 型电导率仪 1 台;自动平衡记录仪(或无纸记录仪)1 台;恒温水浴 1 套;DJS-1 型电导电极 1 支;双管反应器 2 只、大试管 1 只;100 mL 容量瓶 1 个;20 mL 移液管 3 支;0.5 mL 刻度移液管 1 支。

试剂　0.0200 mol·L^{-1}NaOH 溶液;乙酸乙酯(AR);新鲜去离子水或蒸馏水。

实验步骤

1) 仪器准备

(1) 了解电导率仪的使用和读数方法,调节表头零点,将"校正测量"开关打到校正位置,打开电源,预热数分钟,将电极常数调节器调到配套电极的相应位置,插入电极,连接记录仪,将"高周、低周"开关打到高周,仪表稳定后,旋动调整旋钮,使指针满刻度。

(2) 将电导率仪的记录输出与记录仪相连。为了选择好电导率仪的量程和记

录笔的合适位置,可先将稀释 1 倍的 NaOH 溶液 20 mL 置于电导管中,插入电极,调节电导率选择开关和校正调节器,使记录笔在 8 mV 左右(记录仪要先调零,量程置于 10 mV),走纸速率为 8 mm·min^{-1},在实验过程中不得再调节旋钮。

2)配制乙酸乙酯溶液

配制 0.0200 mol·L^{-1} 乙酸乙酯溶液。先计算配制 0.0200 mol·L^{-1} 乙酸乙酯溶液 100 mL 所需的分析纯乙酸乙酯(约 0.1762 g)量,根据乙酸乙酯密度与温度的关系式

$$\rho = 924.54 - 1.168t - 1.95 \times 10^{-3}t^2 \tag{2.87}$$

其中 ρ、t 的单位分别为 kg·m^{-3} 和 ℃。

计算该温度下对应的密度并换算成配准 100 mL 0.02 mol·L^{-1} 所需乙酸乙酯的体积,用 0.5 mL 刻度移液管移取所需的体积,加到预先放好 2/3 去离子水的 100 mL 容量瓶中,然后稀释至刻度,加盖摇匀备用。

3)测量

(1)κ_0 的测量。将恒温水浴调至 25℃,用移液管吸取 20 mL 0.0200 mol·L^{-1} NaOH 溶液装入干净的大试管中再加 20 mL H$_2$O,将电导电极套上塞子,电极经去离子水冲洗后,用滤纸吸干(注意不要碰到电极上的铂黑),插入大试管中,注意电极不要碰到试管壁,大试管放入恒温水浴,恒温约 10 min,将电导率仪的“校正测量”开关扳到“测量”位置,记录仪开始记录。在记录纸上做好标记,即为预测的 κ_0 值(用无纸记录仪可省去该步骤)。

(2)κ_t 的测定。将洁净干燥的双管反应器置于恒温水浴中,用移液管取 20 mL 0.0200 mol·L^{-1} 乙酸乙酯溶液,放入粗管。将电极用电导水认真冲洗 3 次,用滤纸小心吸干电极上的水,然后插入粗管,并塞好。用另一支移液管取 20 mL 0.0200 mol·L^{-1} NaOH 溶液放入细管,恒温约 10 min。用洗耳球迅速反复抽压细管两次,将 NaOH 溶液尽快完全压入粗管,使溶液充分混合。记录仪必须在反应前开始记录,大约 30 min 可以停止测量。

(3)重复以上步骤,测定 35℃ 时反应的 κ_0 与 κ_t。

实验结束后,剪下记有测量结果的记录纸,将电极用电导水冲洗后,浸入电导水中,将双管反应器与大试管洗净放入烘箱。

结果与讨论

(1)在本实验中,电导率数据不必从电导率仪上读出,而用与电导率成正比的记录仪的毫伏数或记录纸上的格子数代替(表 2.43)。

(2)在记录纸上将记录曲线外推到 $t = 0$ 处,求取 κ_0 值。检查此值与单独测量 0.0100 mol·L^{-1} NaOH 溶液所得的 κ_0 的差别。

(3)在记录纸上从 $t = 0 \sim 30$ min 之间选取 10～15 个点进行数据处理。

表 2.43　乙酸乙酯皂化反应动力学实验数据记录

$T = \underline{\qquad}$ ℃	$\kappa_0 = \underline{\qquad}$ 格	$a = \underline{\qquad}$ mol·L^{-1}
时间 t/min	格子数 κ_t/格	$(\kappa_0 - \kappa_t)/t$
…		
…		
…		

（4）以 κ_t-$(\kappa_0 - \kappa_t)/t$ 作图，由所得直线的斜率求 k。

（5）由 25℃ 与 35℃ 两个温度下所测的 k 值求表观活化能 E_a。

（6）查找文献数据，比较实验值与文献值的差别。

思考题

1．为什么乙酸乙酯与 NaOH 溶液必须足够稀？

2．被测溶液总的电导率主要是哪些离子的贡献？反应过程中电导率如何变化？

3．用洗耳球压溶液混合时，为什么要反复两次而且动作要迅速？

4．为什么可用记录纸的格子数代替电导率计算反应速率系数？

5．预先单独测定 NaOH 溶液的电导率有何作用？

6．若要确定 κ_∞，可采用哪些方法？

7．反应溶液暴露在空气中放置时间过长，将对反应结果产生什么影响？

8．针对该实验数据，有没有其他数学处理办法来求取 k 值？请具体说明。

参考文献

1．胡英．物理化学．第四版．上册．北京:高等教育出版社,1999

2．陈纪岳．大学化学,2000,15(1):26

3．邹立壮,王晓玲等．化学研究与应用,1997,9:272

4．王晓玲,邹立壮等．日用化学工业,1999,(3):15

（方文军）

实验 46　复杂反应——丙酮碘化反应

实验导读

一般说来，测定一个化学反应在某反应时间所对应的反应物或产物浓度的方法有化学法和物理法两种。理论上，任何物理性质只要它与反应物或产物的浓度有函数关系，便可用来测定反应速率。对物理性质有以下要求：①物理性质和反应物或产物的浓度要有简单的线性关系，最好成正比关系；②在反应过程中，反应系统的物理性质要有明显的变化；③不能有干扰因素。物理方法的优点是不需要从反应系统中取出样品，可直接测定，也可连续地进行分析，方便迅速，同时还可将物理性质转换为电信号进行自动记录等。若反应系统中有副反应或少量杂质对所测量的物理性质影响较灵敏时,将会造成较大的误差。需要注意,对于反应速率很高的反应,如在 10^{-1} s 以下的反应,其速率的测定需用特殊的方法。

实验目的

(1) 测定用酸作催化剂时的丙酮碘化反应的反应速率系数。

(2) 加深对复杂反应特征的理解。

实验原理

大多数化学反应是由若干个基元反应组成的复杂反应,反应速率与反应物浓度(严格说是活度)间的关系不能用质量作用定律预示。用实验测定反应速率和反应物浓度间的计量关系,是研究反应动力学的很重要的一步。对复杂反应,当知道反应速率方程的形式后,就可能对反应机理进行某些推测,如该反应究竟由哪些步骤完成,各个步骤的特征和相互联系如何等。

丙酮碘化反应是一个复杂反应,其反应式为

$$\underset{\text{O}}{H_3C-\overset{\|}{C}-CH_3} + I_2 \rightleftharpoons \underset{\text{O}}{H_3C-\overset{\|}{C}-CH_2I} + I^- + H^+ \tag{2.88}$$

实验表明,反应速率在酸性溶液中随 H^+ 浓度增大而增大。由于反应式中包含产物 H^+,故在非缓冲溶液中,若保持作用物浓度不变,则反应速率将随反应的进行而增大。实验还表明,除非在很高酸度下,丙酮卤化反应的反应速率与卤素的浓度无关,并且反应速率不因卤素(氯、溴、碘)的不同而异(在百分之几的误差范围内)。实验测得丙酮碘化反应的速率方程为

$$\frac{dc_E}{dt} = k_{总} c_A c_{H^+} \tag{2.89}$$

式中:c_E 为 $H_3C-\overset{\overset{\text{O}}{\|}}{C}-CH_2I$ 浓度;c_A 为丙酮浓度;c_{H^+} 为 H^+ 浓度;$k_{总}$ 为反应速率系数。

由以上实验事实,可对丙酮碘化应的机理做如下推测

$$\underset{\textbf{A}}{H_3C-\overset{\overset{\text{O}}{\|}}{C}-CH_3} + H^+ \overset{k}{\rightleftharpoons} \underset{\textbf{B}}{(H_3C-\overset{\overset{\text{OH}}{\|}}{C}-CH_3)^+} \tag{2.90}$$

$$\underset{\textbf{B}}{(H_3C-\overset{\overset{\text{OH}}{\|}}{C}-CH_3)^+} \underset{k_{-1}}{\overset{k_1}{\rightleftharpoons}} \underset{\textbf{D}}{H_3C-\overset{\overset{\text{OH}}{\|}}{C}=CH_2} + H^+ \tag{2.91}$$

$$\underset{\textbf{D}}{H_3C-\overset{\overset{\text{OH}}{\|}}{C}=CH_2} + I_2 \overset{k_2}{\longrightarrow} \underset{\textbf{E}}{H_3C-\overset{\overset{\text{O}}{\|}}{C}-CH_2I} + I^- + H^+ \tag{2.92}$$

因为丙酮是很弱的碱,所以式(2.90)生成中间体 B 是很少的,故有

$$c_B = kc_A c_{H^+} \tag{2.93}$$

烯醇式 D 和产物 E 的反应速率方程是

$$\frac{dc_D}{dt} = k_1 c_B - (k_{-1} c_{H^+} + k_2 c_{I_2}) c_D \tag{2.94}$$

$$\frac{dc_E}{dt} = k_2 c_{I_2} c_D \tag{2.95}$$

合并式(2.93)、式(2.94)、式(2.95),并应用稳态近似法,即令 $\dfrac{dc_D}{dt} = 0$,得

$$\frac{dc_E}{dt} = \frac{k_1 k_2 k c_A c_{H^+} c_{I_2}}{k_{-1} c_{H^+} + k_2 c_{I_2}} \tag{2.96}$$

若烯醇式 D 与卤素的反应速率比烯醇式 D 与氢离子的反应速率大得多,即 $k_2 c_I \gg k_{-1} c_{H^+}$,则式(2.96)取以下简单的形式

$$\frac{dc_E}{dt} = k_1 k c_A c_{H^+} = k_{总} c_A c_{H^+} \tag{2.97}$$

式(2.97)与实验测定结果式(2.90)完全一致,因此上述推测的反应机理有可能是正确的。

本实验用光学方法测定丙酮碘化反应的反应速率系数,由于反应并不停留在一元卤化丙酮上,而要继续进行下去,故应测定反应开始一段时间的反应速率。

由式(2.92)可知: $\dfrac{dc_E}{dt} = -\dfrac{dc_{I_2}}{dt}$,如果测得反应过程中不同时刻的碘的浓度,就可以求出 $\dfrac{dc_E}{dt}$。而碘在可见区中有一个很宽的吸收带,因此可以方便地用分光光度计来测定丙酮碘化反应的反应速率系数。

若在反应过程中,丙酮的浓度($0.1 \sim 0.6$ mol·L^{-1})和酸的浓度($0.05 \sim 0.5$ mol·L^{-1})比碘的浓度($0.001 \sim 0.01$ mol·L^{-1})大得多,则丙酮和酸的浓度可以看成常数,由式(2.97)积分,得

$$c_{E_2} - c_{E_1} = k_{总} c_A c_{H^+} (t_2 - t_1) \tag{2.98}$$

或

$$c_{I_1} - c_{I_2} = k_{总} c_A c_{H^+} (t_2 - t_1) \tag{2.99}$$

按朗伯-比尔定律,某指定波长的光线通过碘溶液后的光强度 I 与通过蒸馏水后的光强度 I_0 及碘浓度间有下列关系

$$T = \frac{I}{I_0} = \frac{I}{100}$$

$$\lg T = -k'lc_{I_2} \tag{2.100}$$

式中：T 为透光率；l 为样品池光径长度；k' 为取 10 为底的对数时的吸收系数，将式(2.100)代入式(2.99)，并整理后得

$$\lg T_2 - \lg T_1 = k_{\text{总}}(k'l)c_A c_{H^+}(t_2 - t_1) \tag{2.101}$$

或

$$k_{\text{总}} = \frac{\lg T_2 - \lg T_1}{t_2 - t_1}\left(\frac{1}{k'l}\right)\frac{1}{c_A c_{H^+}} \tag{2.102}$$

因此，实验时只要求得已知丙酮浓度、酸浓度的丙酮、酸、碘的反应混合溶液在不同时间 t 时对指定波长光的透光率，就可以从式(2.102)求出丙酮碘化反应的反应速率系数 $k_{\text{总}}$ 来。本实验波长取在 520 nm 处，可用已知浓度的 I_2 溶液求出 $k'l$。

仪器与试剂

　　仪器　分光光度计 1 套；镜式微电计；超级恒温槽 1 套；恒温比色槽；100 mL 容量瓶；10 mL、5 mL 移液管；微量注射器；秒表 1 只。

　　试剂　丙酮(AR)；1 mol·L^{-1}盐酸，用硼砂(含 10 个结晶水)标定此盐酸溶液的浓度；碘溶液。

实验步骤

　　(1) 开启微电计电源开关，用"0"位调节器将指示光点准确地调于标尺"0"位上。然后在比色皿中装满蒸馏水(需事先将蒸馏水煮沸除去所溶的气体)，打开分光光度计的电源，预热 30 min，将波长调节到 520 nm 处，再以顺时针方向调节光量调节器，使微电计的指示光点调至标尺为 100 的读数上。

　　(2) 定 $k'l$ 值及丙酮碘化反应的反应速率系数 $k_{\text{总}}$。取 10.0 mL mol·L^{-1} HCl，10.0 mL I_2 至 100 mL 容量瓶中，混匀，用蒸馏水稀释至 100 mL 刻度处，取干燥洁净的 1cm 比色皿，加入 4.0 mL 的上述(HCl + I_2)混合液，放入恒温比色槽中，恒温(25℃)10～15 min 后读出透光率 T，由 T 可求得已知碘液浓度的 $k'l$ 值。接着用微量注射器将 30 μL 纯丙酮注入恒温比色皿中，使其与(HCl + I_2)混合液发生卤化反应，用特制玻璃棒轻轻搅匀反应液，读出透光率，并计时。

　　(3) 反应结束后，调节超级恒温槽，使比色槽中的温度调至 35℃，重复上述测定。

结果与讨论

　　(1) 由已知浓度碘溶液的 $\lg T$，算出 $k'l$ 值。

　　(2) 由每一时间测得的反应液 $\lg T$ 对时间 t 作图，应得一直线，求此直线斜率。

　　(3) 将直线斜率除以 $k'l$ 及丙酮、盐酸浓度，即得反应速率系数 $k_{\text{总}}$。

　　(4) 将 25℃和 35℃的速率系数代入阿伦尼乌斯方程算出丙酮碘化反应的表

现活化能。

思考题

1．本实验中,将反应物开始混合到起算反应时间,中间有一段不算很短的操作时间,这对实验结果有无影响? 为什么?

2．在实验过程中,若钨丝灯光源强度不稳定,对实验结果有何影响?

3．影响本实验结果精确度的主要因素有哪些?

参考文献

1．李瑞英,古喜兰,陈六平．丙酮碘化反应实验的改进.中山大学学报论丛,2003,23(1)
2．宗清文．丙酮碘化反应实验的改进.化学教育,2000,(5)

(陈　平)

实验47　甲醇选择氧化制甲醛催化剂的活性测定

实验导读

催化反应分为均相催化和多相催化。在催化研究中,反应器是至关重要的一部分,实验室常用的催化反应器包括间歇反应器、流动反应器和脉冲反应器三大类。间歇反应器的特征是反应物和催化剂一次性地加入反应器中,反应系统与外界没有物质交换,只有能量交换。在流动反应器和脉冲反应器中,反应系统既可与外界有物质交换,又有能量交换。流动反应器包括:①固定床反应器(积分和微分反应器);②循环流动反应器;③流化床(沸腾床)反应器。脉冲反应器又分催化脉冲反应器和催化色谱反应器两类。因此,每一类催化反应器是具有各自特征的反应器类型。

催化剂的活性是指在一定的反应条件下将原料物转化为产物的速率,即催化反应速率,离开了具体的反应条件,任何定量的催化剂活性比较是毫无意义的。催化剂的活性是衡量催化剂催化效率大小的标准。对于多相催化反应,通常用单位催化剂表面上进行的反应速率系数来表示催化剂活性的大小,并称之为"比活性"。显然,催化剂的比活性与催化剂的表面积、孔结构等表面状态无关,只取决于催化剂的化学组成,因此在催化研究中常用比活性来评价催化剂。但实际上,工业催化剂常用单位质量或单位体积催化剂在流动法装置中对反应物的转化百分率来表示其活性,这种表示活性的方法较为直观。根据使用的目的不同,活性的表示方法也有所不同,最常用的是转化率表示法。催化剂的选择性是生成的目标产物量与已转化的反应物量的比,产率是转化率和选择性的乘积。

实验目的

(1)了解流动法实验技术的一般情况。

(2)掌握催化剂活性的一种测定方法的实际操作。

实验原理

工业上甲醛通过甲醇氧化获得,常用催化剂是银或铁激活的钼。本实验采用后者,是实验室自制的 $Fe_2O_3\text{-}MoO_3$ 型催化剂。氧化剂则直接利用空气中的氧气,甲醇与空气混合物爆炸区的高低限中甲醇的含量分别为 37% 及 55%(体积分数),本实验选择甲醇含量低于爆炸低限。反应温度在 370℃ 左右,由于反应温度较低,副反应较少。

表示催化剂活性的方法很多,本实验选用在确定的反应气流量和恒定温度下,以生成物的产率来表示。测定催化剂活性的具体装置大致有流动和静态法两类。流动法是使反应物不断稳定地流过反应器,在反应器中发生反应,离开反应器后,反应立即停止。然后,分析产物种类与数量。若反应物不是连续地通入反应器,产物也不是连续移去的反应实验方法,称为静态法。

流动法的关键之一是要产生和控制稳定的气流及气流速率大小。太大,反应物在反应器中来不及达到反应温度;太小则气流扩散的影响变得显著。流动法还要求在整个实验时间内,控制整个反应系统各部分实验条件(温度、压力等)稳定。

本实验将净化的空气在一定流量下,通过 3℃ ±1℃ 的甲醇蒸发器,使此温度下含有饱和甲醇蒸气的空气混合气进入装有 $Fe_2O_3\text{-}MoO_3$ 的催化剂的反应器,反应温度控制在 370℃ ±3℃ 发生反应: $2CH_3OH + O_2 \longrightarrow 2HCHO + 2H_2O$。反应产物用吸收器收集。通过实验前后甲醇蒸发器中甲醇量的减少及用化学分析法测定吸收器中甲醛生成的量。

仪器与试剂

仪器　催化剂活性测定装置 1 套(图 2.53),其中包括空压机、稳压管、U 形干燥管、转子流量计、甲醇蒸发器、反应管、管式电炉、热电偶及温度指示器、蛇形管吸收瓶、吸收瓶、智能温度程控仪等;酸式滴定管、25 mL 移液管、10 mL 量筒、500 mL 容量瓶,洗耳球各 1 只;250 mL 锥形瓶 3 只;洗瓶 1 只。

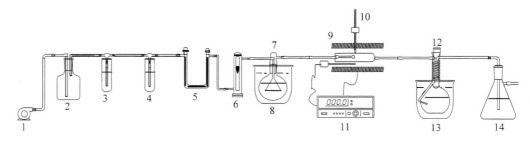

图 2.53　甲醇选择氧化制甲醛催化剂的活性测定装置
1. 无油空压机;2. 缓冲瓶;3. 安全管;4. 稳压管;5. 干燥管;6. 转子流量计;
7. 甲醇气化-空气混合器;8. 冰-水浴;9. 催化管;10. 管式电炉;
11. 智能温度程控仪;12. 甲醛吸收器;13. 冰-水浴;14. 尾气吸收瓶

试剂　甲醇(CP);亚硫酸钠溶液 $0.1\ mol\cdot L^{-1}$;硫酸溶液 $0.1\ mol\cdot L^{-1}$(准确浓

度待标定);甲基橙指示剂。

实验步骤

（1）加热管式电炉,以智能温度程控仪调节和控制炉温。

（2）按图 2.53 装置接好活性测定系统。若干燥管中硅胶已吸潮,必须更换。在每一吸收瓶中放入新的去离子水各约 30 mL,小心地向甲醇蒸发器注入足够量的甲醇。反应管内放入 Fe_2O_3-MoO_3 催化剂,使催化床高度在 50 mm 左右。装置的各部分用橡皮管接好。在甲醇蒸发器的位置上先以一小段玻璃管代之,不要将蒸发器接入。

（3）待炉温升至 300℃ 左右时,即可开启空压机、通入气流、检查系统是否漏气,熟悉稳压管、转子流量计的使用。

（4）甲醇蒸发器的两头以干净的皮头套住,在分析天平上准确称量。记录质量。然后将整个蒸发器浸在冰-水的低温浴中,低温浴的温度要严格控制在 3℃ ± 1℃ 范围内。

（5）当炉温达到 370℃ ±5℃ 时,将甲醇蒸发器接入系统中重新通空气,空气流量在 (150 ± 20) mL·min^{-1},这可以通过控制转子流量计来达到。每 5 min 记录空气流速、蒸发器温度、炉温各 1 次,实验维持 1~1.5 h,实验中必须尽量控制上述记录数据的恒定性。

（6）从系统中卸下蒸发器,擦净蒸发器,在原分析天平上准确称量。此时记录所得质量与反应前蒸发器质量之差便是反应中甲醇的消耗量。

（7）卸下各吸收器,将吸收器内的溶液小心地倒入 250 mL 容量瓶中,特别要注意将反应管出口处凝结水洗入容量瓶中,用去离子水稀释至容量瓶的刻度处。

（8）用化学分析法测定甲醛的量:① 甲醛分析采用亚硫酸钠溶液(已用 0.1 mol·L^{-1} H_2SO_4 滴定到粉红色,每 100 mL 加甲基橙 5~10 滴),取上述溶液 20 mL 置于清洁的 250 mL 锥形瓶中,共取 3 份;②用 25 mL 移液管吸取 2 份待测定的溶液,分别放入上述已有亚硫酸钠溶液的锥形瓶中,此时将发生反应。

$$HCHO + Na_2SO_3 + H_2O \longrightarrow \underset{\substack{| \quad |\\ SO_3Na\ H}}{HCH-O} + NaOH$$

随着反应进行 NaOH 的出现,溶液显黄色;③用 0.1 mol·L^{-1} H_2SO_4 标准溶液滴定到终点橙色,以第 3 只锥形瓶中的溶液颜色作标准。

结果与讨论

1）甲醇消耗量

$$n_{CH_3OH} = \frac{反应前蒸发器的质量 - 反应后蒸发器的质量}{甲醇相对分子质量}$$

2）甲醛生成量

$$M_{HCHO} = \frac{M_{H_2SO_4} V_{H_2SO_4}}{25}$$

$$n_{HCHO} = 1/4 \times M_{HCHO}$$

3）产率

$$产率(\%) = \frac{n_{HCHO}}{n_{CH_3OH}} \times 100$$

思考题

1. 蒸发器为什么要浸在 $3℃ \pm 1℃$ 的低温浴中？已知在 $-10 \sim 80℃$ 间甲醇的蒸气压 p 与温度 T 的关系式为

$$\lg p/kPa = 6.802 - \frac{2002.6}{T/K}$$

你认为我们所控制的蒸发温度合理吗？

2. 当蒸发器从系统中卸下时，除擦干净外，为何还要在室温下放置片刻才进行称量？蒸发器的二头套上橡皮头起什么作用？

3. 在收集吸收器内溶液的同时，为什么要特别注意将反应管末端出口处凝结的水洗入容量瓶中？

参考文献

1. 蔡启瑞，彭少逸等. 碳——化学中的催化作用. 北京：化学工业出版社，1995
2. 袁志珠，曹为，蔡启瑞. 负载型铼催化剂系统与甲醇选择氧化性能的关系，高等学校化学学报，2002，23(5)
3. 赵敏杰. 沸腾床铁钼催化剂甲醇氧化制甲醛研究. 精细石油化工，2002，6
4. 牛玉舒，李保山，全明秀. 发泡银对甲醇空气氧化为甲醛的催化性能研究. 精细化工，2000，17(12)
5. Keley D，朱志华，徐佩若. 甲醇氧化制甲醛中铁钼催化剂的改性研究. 华东理工大学学报，2000，26(2)
6. 李光伦，夏代宽，谢光全. 铁钼催化剂上甲醇氧化制甲醛宏观动力学的研究. 天然气化工，2000，25(3)
7. 李景林，李斌，江丽. Fe-Mo/KZSM-5 上甲醇氧化为甲醛的研究. 催化学报，1999，20(4)
8. 王华明，程极源. 气相色谱法分析甲醇氧化制甲醛的液相组分. 合成化学，1997，5(1)

附录：Fe_2O_3-MoO_3 催化剂制备

(1) 称取苹果酸(化学纯)18.0 g，置于 1000 mL 烧杯中，加去离子水 400 mL 溶解之。

(2) 称取还原铁粉 5.0 g 加到上述烧杯内，加热至沸，溶液由灰黑变至透明的淡绿色。继续沸腾约 20 min，溶液呈透明的黄绿色。

(3) 称取钼酸铵(CP)12.0 g，加热溶解于 200 mL 去离子水中，缓慢加入到步骤 2 的溶液中不断搅拌，溶液由黄绿色变为深棕色。

(4) 用 10%(质量分数)$NH_3 \cdot H_2O$ 氨化(滴加)，使溶液由酸性到略显碱性，溶液变成不透明且有棕黄色沉淀。

(5) 加热沸腾蒸发浓缩。溶液颜色加深，沉淀逐渐消失，时有瀑沸，后变黏稠多泡,停止加热。

(6) 将步骤(5)所得在110℃烘箱中烘干1 h,样品表面结皮光亮。

(7) 将步骤(6)所得送入马弗炉中,炉温控制在370℃±10℃灼烧2 h。停止加热,在炉内自然冷却。灼烧后试样表面呈灰色发亮,内部呈红棕色,疏松多孔。放入干燥器中备用。

(8) 挑选直径1~3 mm的催化剂放入反应管,在370℃下通空气氧化,待催化活性提高到使转化率在50%以上时,即可交实验使用。

(陈　平)

实验48　催化剂制备及沸石铵交换量的测定

实验导读

目前化工生产中85%以上的反应是在催化剂作用下完成的,且大多采用多相催化。研制转化率高、选择性好、使用寿命长的优良催化剂常常是实现化学工业现代化的重要环节之一。因为固体催化剂的性能随活性组分的种类、比例、原材料、制备方法、载体选择及反应条件(原料配比、温度、压力、负载与接触时间等)的改变而改变。寻找一个符合要求的催化剂工作量巨大。筛选最优催化剂的方法从随机选择发展到有记忆地选择,工作仍非常艰巨。

多相催化反应的复杂性及研究时面临的困难,迫使人们重新考虑研究方法的本身。目前采用的研究方法大致分为两类:一类是尽量减少催化剂评价系统的可变量,使问题简化,从简单与确定的系统着手,然后向复杂系统过渡;另一类是把工程设计或科学设计的方法引入到多相催化的研究中去,继承及利用前人在多相催化方面积累的经验,以研制出转化率高、选择性好及使用寿命长的优良催化剂。

实验目的

(1) 了解催化剂的制备方法。

(2) 学习浸渍法制备催化剂的具体操作方法。

实验原理

固体催化剂通常由活性物质、助催化剂和载体组成,活性组分一般以贵金属为主。催化剂的活性主要取决于化学组成和结构,但是即使成分和用量完全一样,由于制备方法不同,所制备的催化剂的活性仍有很大差别。要得到高活性的催化剂,必须掌握合理的制备方法。

目前,常用的催化剂制备方法有浸渍法、沉淀法、热分解法、还原法等。浸渍法:将载体放入含有活性物质的溶液里浸渍,当浸渍平衡后,将多余的液体除去进行干燥、灼烧、活化。沉淀法:此法是制备催化剂最常用的方法,应用于制备单组分的催化剂,一般是在搅拌情况下,把碱类物质(沉淀剂),加入到金属盐类的水溶液中,再将沉淀过滤、干燥、焙烧。

本实验以天然丝光沸石作载体,丝光沸石的化学组成一般为 $Na_2O \cdot Al_2O_3 \cdot 10SiO_2$,是四面体结构,具有离子交换性。因此,可以用阴离子进行交换成氢型、钠型、钾型。把载体放入含有活性物质的溶液中浸渍,然后在电炉上炒干再进行高温活化。

仪器与试剂

仪器　马弗炉 1 台;电加热炉 1 只;沸石铵交换量实验装置 1 套;碱式滴定管 1 支。

试剂　$NH_4Cl(AR)$;$AgNO_3$;$NaOH$;HCl;酚酞。

实验步骤

1）催化剂制备

（1）载体预处理。称取 20 g NH_4Cl 配成 10%（质量分数）的 NH_4Cl 水溶液,称取 2~3 mL 的球形丝光沸石 100 g 加入 NH_4Cl 溶液中,加热回流 2 h。用自来水冲洗至近无氯离子,再用蒸馏水洗至无氯离子(用 $AgNO_3$ 检测),120℃下烘干。

（2）活性组分浸渍。吸取计算量的氯铂酸溶液（H_2PtCl_6）,加 10 mL 水和 2 mL 氨水,在电炉上稍热拌匀,加入经过改性的沸石 20 g,浸渍 2 h 后在电炉上炒干,再在高温下活化。

2）沸石铵交换量测定

实验用的丝光沸石往往含有一定量的杂质。纯丝光的比率对催化剂活性有较大的影响。一般可用铵交换量来推测沸石的含量。

经铵交换所得到的铵型沸石。在强碱作用下逸出氨（NH_3）,用盐酸来吸收逸出的 NH_3。再用 NaOH 滴定剩余的盐酸来确定铵交换量,纯的合成丝光沸石按交换量约 240 mmol · $(100 g)^{-1}$。

具体步骤如下：配制质量分数为 0.40 的 NaOH 溶液 500 mL;配制 0.1 mol·L^{-1}NaOH 和 HCl 各 1000 mL, 并标定其浓度;吸取 25.00 mL 0.1mol·L^{-1}的 HCl 溶液于圆底烧瓶中;称取铵型沸石 1.000 g 于圆底烧瓶中,加 50 mL 40%（质量分数）NaOH 和 60 mL H_2O,加热煮沸 1.0 h,NH_3 用 HCl 吸收;用酚酞作指示剂,用 0.1000 mol·L^{-1}NaOH 溶液对剩余的盐酸进行反滴定,确定铵交换量。

结果与讨论

铵交换量的计算

$$铵交换量 = (c_1V_1 - c_2V_2) \times 100 / w \ [mmol \cdot (100 \ g)^{-1}]$$

式中：w 为沸石质量;c_1、V_1 分别为盐酸的浓度和体积;c_2、V_2 分别为 NaOH 溶液的浓度和体积。

思考题

1. 什么是催化剂? 什么是助催化剂?

2. 催化剂制备有哪些方法?

3．采用浸渍法制备催化剂的主要步骤有哪些？

4．用天然沸石作催化剂载体具有哪些优点？

参考文献

1．蔡惠兰,樊培仁,郑小明．缙云沸石的开发应用．北京:北京地质出版社,1996

2．山中龙雄．催化剂的有效实际应用．周汝忠译．北京:化学工业出版社,1988

3．童志权,陈焕钦．工业废气污染控制与利用．北京:化学工业出版社,1989

4．吴越．催化化学．北京:科学出版社,1998

（蒋晓原）

实验 49　绿色环保催化剂的活性评价

实验导读

催化剂的活性温度是评价催化剂性能的一个重要指标,它表示催化剂氧化能力的大小, 可用有机物在催化剂表面发生完全氧化反应的最低反应温度表示(即转化率达 99％的下限反应温度),也可用转化率达 90％或 50％所需的最低反应温度 $T_{90\%}$ 或 $T_{50\%}$ 表示。不同结构和组成的有机物对催化剂活性中心的要求不同,反应过程中的不同操作条件对催化剂的活性要求不同。空速越大,反应物和催化剂接触的时间越短,要求催化剂的氧化活性要强,活性温度应相应提高。反应物浓度大,单位时间内与催化剂表面接触的反应物分子的数目多,也要求提高活性温度来增加催化剂表面的活性中心数目。为比较催化剂的活性,实验室催化剂的活性评价一般将空速设定为 $4500\ h^{-1}$,反应物浓度设定为 $4\sim6\ g \cdot m^{-3}$。在实际的工业应用中要求空速为 $5000\sim20\ 000\ h^{-1}$,反应物浓度则按反应物的燃烧热来确定,一般反应物的燃烧热控制在燃烧后气体绝热升温 $200\sim300℃$ 为好。

实验目的

（1）学习催化燃烧法处理工业有机物废气的实验原理和方法。

（2）掌握有毒废气的分析和检测方法。

实验原理

工业上,催化剂活性用来衡量生产能力的大小,通常用单位体积(质量)催化剂在一定条件和单位时间内所得到的产品的产量来表示;实验室里,催化剂活性用于催化剂活性物质的筛选或进行理论研究,通常用比活性表示。

本实验所用的催化剂是绿色环境保护催化剂,它在较低的反应温度下能将有机物废气氧化成 CO_2 和 H_2O。催化剂活性是指在一定的压力、催化剂体积、反应物浓度和空速条件下,有机物废气完全燃烧(转化率≥99％)的最低温度。

仪器与试剂

仪器　程序控温仪 1 台;气相色谱仪 1 台;催化剂活性评价实验装置 1 套。

试剂　甲苯;二甲苯(AR)。

实验步骤

（1）实验装置如图2.54所示。将30 g固体催化剂装在固定床催化剂活性评价装置的反应管内，并将热电偶（镍铬-镍铝）插在反应管壁催化剂的合适位置，开启程序控温仪，使反应管温度升至350℃。

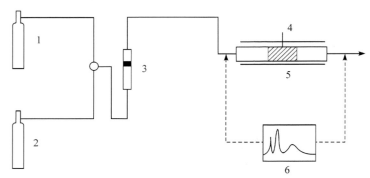

图2.54　催化剂活性评价实验装置

1. 空气;2. 反应物;3. 流量计;4. 催化剂;
5. 固定床反应装置;6. 气相色谱仪

（2）控制反应中的空气总流量为0.3 m³·h⁻¹，用空气携带反应物（甲苯）饱和蒸气进入反应管，待反应稳定后，用气相色谱仪分析该温度点的进出口反应物甲苯浓度。

（3）将反应温度调低20℃（即330℃），分析和评价甲苯的转化率，直到甲苯的转化率小于30%，停止实验，每次反应时间控制在0.5 h。

注意事项：严格控制反应物（甲苯）的进口浓度；注意催化剂的装填方式，防止催化剂在反应过程中出现沟流现象；注意热电偶冷热端的插放位置。

结果与讨论

1）空速计算

$$空速(h^{-1}) = 总流量 / 催化剂体积$$

2）反应物浓度计算

$$反应物浓度(g·m^{-3}) = (w_1 - w_2)/t \times 0.3$$

式中：w_1 和 w_2 分别为反应前和反应后进料器（包括反应物）的质量；t 为反应时间。

3）转化率计算

$$转化率(\%) = (H-h)/H \times 100\%$$

式中：H 和 h 分别为反应前和反应后色谱峰高。

思考题

1. 什么是工业催化剂的活性和选择性?

2．什么是催化剂在反应过程中出现的沟流现象？如何克服？

3．试述实验室制备催化剂的步骤和思路。

4．查阅有关文献，写出和催化加氢、催化脱氢、催化重整、催化异构化和催化裂化等反应相适应的典型催化剂。

参考文献

1．金松寿．有机催化．上海：上海科学出版社，1986
2．李作骏．多相催化反应动力学基础．北京：北京大学出版社，1990
3．刘天齐．三废处理工程技术手册．北京：化学工业出版社，1999
4．朱世勇．环境与工业气体净化技术．北京：化学工业出版社，2001

（蒋晓原）

实验 50　多孔固体物质比表面积的测定

实验导读

孔结构（包括微孔、介孔和大孔）测定的实验方法一直由蒸气物理吸附法和压汞法两种技术主宰。从 20 世纪 40 年代 Washbourn 以 Kelvin 的毛细原理为理论基础，提出压汞测孔的技术，在 20 世纪 80 年代初定型以后没有重大改进。蒸气物理吸附法的研究十分活跃，从提出 Langmuir 方程到 1978 年瑞士召开的第三次国际孔结构学术会议，凝聚理论的发展带动了介孔分析的发展，20 世纪 70 年代末至今，是孔模型-数学分析与微孔分析获得重大进展的时期。20 世纪 70 年代末之前的主要进步，包括：①考虑实际多孔体表面的不均匀性、吸附分子间的相互作用以及吸附层限制，对理想 BET 方程提出多种改进，发表了诸如 Hobson 半经验式、Jaroniec 能量分布式、Kim-Oh 改进式等其他多层吸附等温方程。最重要的是 BET 表面积法被公认为是多孔体表面积测定的标准方法；②IUPAC 定义划分孔宽尺寸为微孔（micropore，<1.5nm）、介孔（mesopore，$1.5\sim50$ nm）和大孔（macropore，>50nm）后，定义多孔体物理吸附有六种类型吸附等温线；③发表了多种孔分布的计算方法；④在吸附实验基础上，实现了静态容量法仪器自动化。20 世纪 70 年代末之后，物理吸附研究进入了新的发展期，在以下方面引起关注：①介孔分析长期未解决的Ⅵ型等温线滞后回线解释；②微孔分析取得了实质性进展；③分子筛材料孔分布分析达到了应用水平。

（Ⅰ）连续流动色谱法

实验目的

（1）理解多孔性固体的表面吸附特性。

（2）掌握连续流动色谱法测定固体比表面积的实验原理和方法。

实验原理

基于物理吸附假设及动力学概念导出的恒温条件下吸附量与吸附质的相对压

力间的关系式——BET 公式为

$$V = \frac{V_m C p}{(p_0 - p)\left[1 + (C - 1)\dfrac{p}{p_0}\right]} \qquad (2.103)$$

式中：V 为相对压力 p/p_0 下的平衡吸附量，$mol \cdot g^{-1}$；V_m 为吸附剂表面上形成一个单分子层时的吸附量，即饱和吸附量，$mol \cdot g^{-1}$；p 为在吸附平衡时吸附质的压力（或分压）；p_0 为在吸附温度下，吸附质的饱和蒸气压；C 为与温度、吸附热、凝聚热等有关的常数。V_m 和 C 可由式(2.103)改写成线性关系式作图求出，即

$$\frac{p}{V(p_0 - p)} = \frac{1}{V_m C} + \left(\frac{C - 1}{V_m C}\right)\frac{p}{p_0}$$

$$\frac{p/p_0}{V(1 - p/p_0)} = \frac{1}{V_m C} + \left(\frac{C - 1}{V_m C}\right)\frac{p}{p_0} \qquad (2.104)$$

由 $\dfrac{p/p_0}{V(1 - p/p_0)}$ 对 p/p_0 作图，所得直线的斜率 $a = \dfrac{C - 1}{V_m C}$，截距 $b = \dfrac{1}{V_m C}$，从而可得单分子层饱和吸附量 V_m 为

$$V_m = \frac{1}{a + b} \qquad (2.105)$$

进一步可算出固体的比表面积 A

$$A = V_m \times L \times \sigma \qquad (2.106)$$

式中：比表面积 A，即单位质量吸附剂所具有的总表面积（外表面加内表面），$m^2 \cdot g^{-1}$；L 为阿伏伽德罗常量；σ 为每一个吸附质分子所占的截面积。

对 N_2 来说，273 K 时每个分子在吸附剂表面上所占有的截面积为 16.2×10^{-20} m^2，代入式(2.106)

$$A = V_m \times 6.023 \times 10^{23} \times 16.2 \times 10^{-20} = 9.76 \times 10^4 \, V_m \qquad (2.107)$$

综上所述，测定固体比表面积的关键是如何控制 p/p_0，并在不同 p/p_0 下测定相应的吸附量 V。本实验采用氮气作为吸附质，微球硅胶为吸附剂。p/p_0 的控制由改变氮气-氢气混合气的流量而达到。V 值则是通过以下原理测得：

按照图 2.55 的仪器装置流程图，当一定比例的氮气-氢气混合气室温下流经液氮冷阱、热导池参考臂、六通阀、样品管、热导池测量臂后放空。由于室温下氮气-氢气分子不被样品吸附，流经热导池参考臂和热导池测量臂的气体成分一样，热导池处于平衡状态，记录仪基线为直线。将液氮杜瓦瓶套在样品管上时（约 -195℃），低温下样品即对混合气中的氮发生物理吸附，而载气则不被吸附。热导池两臂失去平衡，记录仪上出现一吸附峰（图 2.56），待记录仪信号回到基线，表示已达到吸附平衡状态。取下液氮杜瓦瓶后，样品管重新处于室温，吸附的氮又脱附出来，记录仪上便出现与吸附峰方向相反的脱附峰，最后在混合气中注入已知

体积的纯氮可得到一个校准峰(标样峰)。根据校准峰和脱附峰的面积,即可计算出这一相对压力下样品的吸附量。采用脱附峰进行计算的原因是因为它的拖尾通常都没有吸附峰严重。改变不同氮气-氢气的比例即可得到一系列不同的 p/p_0 下的吸附量。

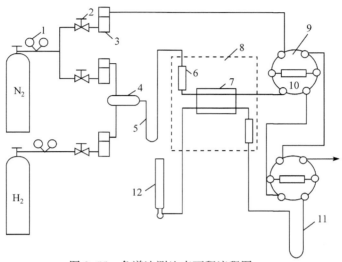

图 2.55 色谱法测比表面积流程图
1.减压阀;2.稳压阀;3.流量计;4.混合器; 5.冷阱;
6.恒温管 7.热导池;8.恒温箱;9.六通阀;
10.定体积管;11.样品吸附管;12.皂膜流量计

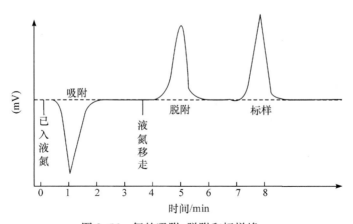

图 2.56 氮的吸附、脱附和标样峰

仪器与试剂

仪器 ST-03 比表面积测定仪 1 台;色谱数据处理器 1 台;样品管 2 只;微量

分析天平 1 台;液氮罐 1 只;杜瓦瓶 1 只;氧气压力表 1 只;氢气压力表 1 只;固定槽式气压计 1 只;氧蒸气压温度计;皂沫流量计。

试剂　微球硅胶(80~100 目);液氮;氮气;氢气。

实验步骤

(1) 准确称取干燥的吸附剂 0.04~0.06 g,装于样品管中,两端塞以少许玻璃棉,接于样品管的接头上,打开氮气钢瓶总阀,使分压阀压力为 0.3 MPa,然后在通气条件下,用加热炉加热至 200℃ 左右,同时用氮气吹扫 30 min 后停止加热,冷却至室温。(注意:一般热处理温度要不使其结构发生变形为宜)

(2) 将加有液氮的杜瓦瓶套到氧蒸气压温度计的小玻璃球上,读下两边水银柱高度差,即为氧的饱和蒸气压,从表 2.44 中读出与此蒸气压相应的温度即为液氮温度,再从表 2.44 中查得此温度下的氮的饱和蒸气压 p_0。

表 2.44　氧饱和蒸气压-氮饱和蒸气压关系表

温度/℃	−190	−191	−192	−193	−194	−195	−196	−197	−198	−199	−200
p_{0O_2}/kPa	45.42	40.02	35.14	30.74	26.78	23.25	20.12	17.32	14.84	12.67	10.76
p_{0N_2}/kPa	190.38	171.85	154.92	139.05	124.39	111.06	98.79	87.59	77.46	77.46	61.19

(3) 打开载气(氢气)钢瓶总阀,使分压阀压力为 0.3 MPa,将液氮杜瓦瓶套在冷阱上,利用稳压阀调节气体流量,用皂沫流量计测量载气流量为 30~50 mL·min^{-1}。载气流速稳定后不再改变,只需改变氮气流量即可调节相对压力。在平衡气中欲测氮气流速 R_{N_2} 时,可将氢气的三通阀拉出使氢气放空。将氢气的三通阀推进去可测得平衡气的总流量 R_t。调节氮气流速使相对压力在 0.05~0.3 范围内,相对压力 $p/p_0 = R_{N_2}/R_t \times p_a/p_0$(其中 p_a 为大气压力),在通载气的情况下,热导池桥流调到 150 mA,衰减比放在 1/4 或 1/8 处,记录仪走基线。打开色谱数据处理器电源。先使六通阀处于“脱附”位置,1 min 后旋至“标定”位置,1 min 左右即出现校准峰(标样峰)。重复几次观察校准峰的再现性,误差应小于 2%(注意定体积管的实际体积需按出厂标定的数值计算)。然后将吸附仪切换阀处于“脱附”挡,调好流量稳定后,将液氮杜瓦瓶套在样品管上,记录仪上将出现一个吸附峰。

(4) 待吸附达平衡后,记录仪的指针将回到原基线上,取下液氮杜瓦瓶,同时按下色谱数据处理器的“start”(开始)键,记录仪上将出现一个与吸附峰方向相反的脱附峰。

(5) 脱附完毕,记录仪的指针又回到基线上,将六通阀转至“标定”位置,记录仪上记下校准峰,这样就完成了一个氮的平衡压力下的吸附量测定。然后按下色谱数据处理器的“stop”(结束)键,计算出脱附峰和校准峰的面积。

(6) 改变氮气的流速(每次较前次增加或减少约 3 mL·min^{-1}),使相对压力保持在 0.05～0.35 范围,重复上述步骤测定,可以得出不同的相对压力之下的一系列色谱峰。

结果与讨论

(1) 数据记录。

样品质量_____ g,大气压_____,室温_____℃,p_0 _____,衰减_____,热导池桥流_____。

(2) 由 $p/p_0 = R_{N_2}/R_t \times p_a/p_0$,求出各 p/p_0 填入表 2.45,表中 $V = \dfrac{A_d}{A_s} \times f(\text{mL})$,其中 f 为定体积进样管相当的标准态气体体积,A_d 为脱附峰的面积,A_s 为校准峰的面积。

表 2.45　固体比表面积测定的实验结果

序号	$R_{N_2}/(\text{mL}\cdot\text{min}^{-1})$	$R_t/(\text{mL}\cdot\text{min}^{-1})$	A_d/cm^2	A_s/cm^2	p/p_0	$\dfrac{p/p_0}{V(1-p/p_0)}$
1						
2						
3						
4						
5						

(3) 以 $\dfrac{p/p_0}{V(1-p/p_0)}$ 对 p/p_0 作图,求出直线斜率和截距,则可按式(2.105)求得饱和吸附量 V_m,由式(2.106)或式(2.107)求出比表面积 A。

(4) 说明。固体物质的比表面积包括颗粒外表面积和微孔的内表面积两部分。测定粒度只能估算出颗粒的外表面积,而内表面积只能用分子吸附法测定。因此,测定比表面积时必须考虑构成比表面积的结构特点,被吸附分子能够到达这些表面的程度,多数吸附剂和催化剂的比表面积主要是由微孔提供的。另外,在比表面积不是太小(不小于 200 m²·g⁻¹),截距不是太大的情况下,可把截距 b 取为零,在 $p/p_0 \approx 0.3$ 处测一点,由该点与原点连成一条直线,即由 B 对 p/p_0 作图,取截距为零,二点(原点与测定点)联成直线。由式(2.105)求出 V_m,或从斜率 a 的倒数直接计算出 V,此法称一点法。实验证明一点法与多点法所得的比表面积数值之比,误差不超过 5%,在对准确度要求不太高的情况下,一点法可大大节省测定时间。

思考题

1. 在应用 BET 等温吸附方程式测定固体比表面积时,相对压力在多大范围内合适? 为什么?

2. 测定中吸附剂的干燥程度对测定结果有什么影响?

3．用液氮冷阱净化气体时能除去什么杂质？

4．应根据什么来确定样品的用量？样品过多过少有何影响？为什么应选择脱附峰与校准峰的峰高大致相等？

参考文献

1．王伯康．综合化学实验．南京:南京大学出版社,2000

2．刘维桥,孙桂大．固体催化剂实用研究方法．北京:中国石化出版社,2000

3．龙中儿,黄运红,蔡昭铃.生物技术,2003,13(4)

4．赵虹,商连弟,刘毅.无机盐工业,2002,34(3)

5．毛东森.石化技术,1995,2(3)

（Ⅱ）液氮容量法测定

实验目的

（1）学习 BET 液氮容量法测定比表面积的原理和方法。

（2）了解自动吸附仪的基本构造和液氮容量法的吸附技术。

实验原理

根据 BET 吸附等温方程,实验测出一系列不同的 p/p_0 对应的吸附量后,以 $p/V(p_0-p)$ 对 p/p_0 作图,得到直线的斜率 $(C-1)/V_mC$ 和截距 $1/V_mC$,由此求出单层饱和吸附量 V_m

$$V_m = 1/(斜率 + 截距) \qquad (2.108)$$

实验表明,多数催化剂的吸附实验数据按 BET 作图时的直线范围,一般 p/p_0 是在 $0.05\sim0.35$。设每一吸附质分子的平均横截面积为 $A_m(nm^2)$,即该吸附质分子在吸附剂表面上占据的表面积,当 V_m 以 $mL\cdot g^{-1}$ 为单位时,S 由式(2.109)求出

$$S = A_m \times L \times V_m/22\,414 \times 10^{-18} \quad (m^2 \cdot g^{-1}) \qquad (2.109)$$

式中：L 为阿伏伽德罗常量。

$77\,K(-195℃)$ 时液态六方密堆积的氮分子横截面积为 $0.162\,nm^2$,则简化得到 BET 氮吸附法比表面积公式

$$S = 4.353\,V_m \quad (m^2 \cdot g^{-1}) \qquad (2.110)$$

实验装置主要包括脱气装置和自动吸附仪。脱气装置对样品进行加热下的抽真空脱气。自动吸附仪采用容量法测定样品在不同压力下的吸附量。自动吸附仪由四部分组成:量取和供给吸附气体的量气管系统;平衡压力的测量和记录系统;液氮冷阱(放置吸附管)的液面控制系统;操作程序的周期控制系统。

（1）量气管系统。量气管系统由柱塞筒(或量气管)、真空泵、高纯 N_2 源,压力调节阀和电磁开合阀等组成。高纯 N_2 钢瓶放出的气体经精细调节阀和精密压力计调节到确定的工作压力供样品吸附用。

（2）平衡压力的测量和记录系统。吸附系统的压力由传感器换成电信号显示

和记录,包括数码管显示,平衡自动记录以及平衡压力的自动打印机。这个系统还包括吸附是否达到平衡的监测装置,当在设定的时间间隔内连续取的 3 个压力值相同时便视已达到平衡,数据被自动打印;否则,为吸附尚未达到平衡。

(3) 液氮冷阱的液面控制系统。这是为使样品浸入液氮的部分保持恒定而设置的。测定过程中因液氮逐渐蒸发而冷却内液面降低,将会影响测定值,液面降低到一定位置,阀门打开,高纯氮通过液氮储瓶上升,压迫液氮进入冷阱。

(4) 操作程序的周期控制系统。这一系统由一组凸轮和微型开关及一个微型马达组成、凸轮组装成一转鼓,由微型马达带动旋转。凸轮转至某一位置接通微型开关,进而使电磁阀启闭,柱塞或升或降。由凸轮的形状(缺口的大小)和相对位置确定阀门的启闭程序和维持时间,以达到程序操作目的。

仪器与试剂

仪器 自动吸附仪 1 台;样品管;电子天平 1 台;液氮罐 1 只;杜瓦瓶 2 只。

试剂 液氮;普通 N_2;高纯 N_2。

实验步骤

1) 样品预处理

(1) 样品管磨口处涂上真空油脂,套上紧闭弹簧,在专门配备的天平上称量。

(2) 称取约 0.2 g 样品。用长颈漏斗将样品装入样品管中,并在样品管上套上与抽气装置相接的金属接头,然后装接到抽气装置上,对样品加热并抽真空进行脱气。真空度应在 5×10^{-2} Pa 左右。

(3) 脱气完毕,关闭样品管上的阀门,保持样品管内真空,然后从脱气装置取下,拆下连接部分。冷却后称量,可算出样品的准确量。

2) 吸附仪的启动

在开始样品脱气的同时便可启动自动仪吸附仪。

3) 吸附测定

吸附测定包括:①工作气源的给定;②关于死体积的空白试验;③样品的吸附操作。

注意事项:开启仪器后,要等仪器的真空度达到仪器可工作的真空度(1~2 h)方可进行样品处理。实验前要在一定的真空度下检查样品管的密闭性,确保样品管在实验进行中不漏气。要根据待测样品的物理化学性质选择不同的预处理条件,严格控制预处理温度,防止温度过高而使样品的比表面积收缩。

结果与讨论

(1) 作空管校正曲线。

(2) 吸附量及比表面积的计算。以 $p/V(p_0-p)$ 对 p/p_0 作图,得到直线的斜率和截距,求出单层饱和吸附量 $V_m = 1/(斜率 + 截距)$,比表面积 = $4.353V_m$。

思考题

　　1. 什么是微孔? 什么是介孔? 什么是大孔?

　　2. 什么是比表面积? 什么是吸附等温线?

　　3. 如何计算多孔固体物质的平均孔径?

　　4. 影响比表面积和孔结构测定的主要因素有哪些?

　　5. 推导理想表面非解离吸附的 Langmuir 吸附等温式。

参考文献

1. 严济民. 吸附和凝聚-固体的表面和孔. 北京:科学出版社,1979

2. 刘希尧. 工业催化剂分析测试表征. 北京:中国石化出版社,1990

(陈　平　蒋晓原)

实验 51　表面活性剂临界胶束浓度的测定

实验导读

　　能显著降低溶液表面张力的表面活性剂可作为渗透剂、润湿剂、乳化剂、分散剂、增溶剂、起泡剂、消泡剂和助磨剂等,广泛应用于石油、煤炭、机械、化工、制药、冶金、材料、食品、环境保护、农业及日常生活中。表面活性剂的表面吸附和胶束形成是两个重要的物理化学性质,临界胶束浓度(CMC)常用作表面活性剂的表面活性的一种量度。CMC 越小,形成胶束所需的浓度越低,达到表面饱和吸附的浓度越低,起润湿、乳化、去污、分散、增溶等作用所需要的量越少。

　　测定 CMC 的方法有电导率法、表面张力法、染料吸附法、增溶法和光散射法等。表面张力法是通过测定不同浓度溶液的表面张力,在 CMC 处表面张力降低变缓,在表面张力对浓度(或浓度的对数)图上有明显的转折点(即 CMC),该方法的标准偏差为 2%～3%。表面张力法还可同时求表面吸附量,此法不受无机盐的干扰,也可用于非离子型表面活性剂。电导法简便可靠,测量偏差约为 2%,但仅适用于离子型表面活性剂。折射率法偏差约为 1%。染料吸附法根据有些染料在水溶液中和有机物中颜色不同的原理,在定量的含染料的水中滴定表面活性剂的浓溶液,在开始形成胶束时,染料从水相转入有机相,从而颜色改变,即滴定终点。此法只要染料选择合适,操作简单。

实验目的

　　(1) 学习表面活性剂溶液 CMC 测定方法。

　　(2) 加深了解表面活性剂的性质与应用。

实验原理

　　在低浓度时,表面活性剂以单体(分子或离子)分布于溶液的表面和内部,当达到一定浓度时,表面活性剂单体会在溶液内部聚集起来,形成胶束。开始形成胶束的浓度称为该表面活性剂溶液的临界胶束浓度(critical micelle concentration,

CMC)。

在形成临界胶束浓度前后,溶液的表面张力、电导率、渗透压、蒸气压、光学性质、去污能力及增溶作用等都发生很大变化,CMC 是表面活性剂溶液的性质发生显著变化的一个"分水岭",如图 2.57 所示。

本实验用电导率法测定十二烷基硫酸钠 $(C_{12}H_{25}SO_4Na)$ 水溶液的 CMC。十二烷基硫酸钠是阴离子表面活性剂,在水溶液中电离为 $C_{12}H_{25}SO_4^-$ 和 Na^+。在极稀的浓度范围内,与一般的无机强电解质一样,溶液的电导率随浓度增大而直线上升。但到达一定浓度后,由于缔合形成胶束。胶束带有很高的电荷,由于静电引力的作用,

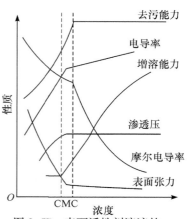

图 2.57 表面活性剂溶液的
性质与浓度的关系

在胶束周围将吸引一些带相反电荷的小离子,相当于有一部分正、负电荷相互抵消。另外,反离子形成的离子氛的阻滞作用也大大增强。因此,溶液的导电能力减弱,电导率增大,斜率变小,出现一转折点。根据转折点的浓度即可确定 CMC。

仪器与试剂

仪器 恒温水浴 1 套;DDS-11C 型电导率仪 1 套;DJS-1 电导电极 1 支;50 mL 容量瓶 10 只;滴定管 1 支。

试剂 $0.05\ mol \cdot L^{-1}$ 十二烷基硫酸钠溶液。

实验步骤

(1) 用 $0.05\ mol \cdot L^{-1}$ 十二烷基硫酸钠溶液配制浓度为 $0.005\ mol \cdot L^{-1}$、$0.007\ mol \cdot L^{-1}$、$0.009\ mol \cdot L^{-1}$、$0.011\ mol \cdot L^{-1}$、$0.013\ mol \cdot L^{-1}$、$0.015\ mol \cdot L^{-1}$ 的溶液各 50 mL。

(2) 调节恒温槽至待测温度(如 30.0℃),各溶液恒温。

(3) 从低浓度到高浓度依次测量已配制的各溶液和水的电导率。每次测量前都必须用待测液荡洗电导池 3 次。

(4) 按浓度次序比较前、后两个溶液的电导率差,在电导率差开始变小的浓度附近,浓度间隔 $0.001\ mol \cdot L^{-1}$(或 $0.0005\ mol \cdot L^{-1}$)再配制 3~4 个溶液,重新测定,以精确确定 CMC。

结果与讨论

(1) 数据记录(表 2.46)。

表 2.46　十二烷基硫酸钠溶液电导率测定结果

室温:_____;大气压:_____;测定温度:_____

序号	$c/(\text{mol·L}^{-1})$	$\kappa/(\text{S·m}^{-1})$	$\sqrt{c}/(\text{mol·L}^{-1})^{1/2}$	$\Lambda_m/(\text{S·m}^2\text{·mol}^{-1})$
1				
2				
…				

（2）以电导率对浓度作图,以低浓度和高浓度的直线部分作延长线,交点对应的浓度即为 CMC。

（3）计算各溶液的摩尔电导率,以摩尔电导率对 $\sqrt{c}$ 作图,转折点即为 CMC。

（4）比较两种方法得到的 CMC 是否一致。

思考题

1. 若表面活性剂是脂肪醇聚氧乙烯醚,能否用电导法测定其 CMC,为什么?

2. 测定各溶液的电导率时,若电导电极插入溶液的深度不同,是否会产生误差? 应如何操作?

3. 解释为什么表面活性剂的电导率在 CMC 处会产生突然变化?

参考文献

1. 陈宗淇. 胶体与界面化学. 北京:高等教育出版社,2001

2. 复旦大学. 物理化学实验. 第二版. 北京:高等教育出版社,1993

（王永尧）

实验 52　溶液表面张力的测定及等温吸附

实验导读

通过溶液表面张力的测定,可以了解系统的界面性质、表面层结构及表面分子之间的相互作用,可计算表面活性剂的有效值、临界胶束浓度等。表面张力的测定也是研究润湿、去污、乳化、消泡、增溶等过程中表面活性剂性质的重要手段。强化采油、泡沫或乳状液的制备,生命过程以及许多发生在气-液界面上的自然现象,在很大程度上都受到表面活性剂吸附和脱附的影响,因此表面张力的测定具有重要意义。测定溶液表面张力的方法主要有:最大气泡法、拉环法、滴重(滴体积)法、毛细管升高法、吊片法、振荡射流法、旋滴法和滴外形法等。最大气泡法是基于测定毛细管内外压力差即附加压力进而求得表面张力的一种常用方法,特别适用于测定熔融金属及窑炉中的液体等不易接近而需远距离操作的液体系统;拉环法用界面张力仪(扭力天平)迅速测定溶液表面张力以及两液体界面张力,操作简单,广泛应用于教学及生产实际中,缺点是难以恒温;毛细管上升法要求溶液对玻璃的接触角为零,不适于测界面张力;吊片法也受固-液接触角的影响;滴重计的毛细管顶端必须是亲水的;滴体积法是一个经验方法,不能测定达到平衡缓慢的系统;振荡射流法用于测定动态表面张力;旋滴法和滴外形法分别用于测定超低表面张力和液体量少的系统。

实验目的

（1）加深理解表面张力、表面吸附等概念以及表面张力与吸附的关系。

（2）掌握最大气泡法测定溶液表面张力的原理和技术。

实验原理

最大气泡法测定表面张力的仪器装置如图 2.58 所示。

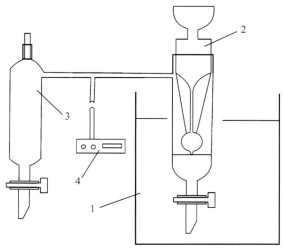

图 2.58　最大气泡法测定表面张力的仪器装置图
1. 精密恒温水槽；2. 带有毛细管的表面张力仪；
3. 滴液漏斗；4. 数字式微压差测量仪

当装置中 2 的毛细管尖端与待测液体相切时，液面即沿毛细管上升。打开滴液漏斗 3 的活塞，使水缓慢下滴而减小系统压力，这样毛细管内液面上受到一个比试管中液面上大的压力，当此压力差在毛细管尖端产生的作用力稍大于毛细管管口液体的表面张力时，气泡就从毛细管口逸出，这一最大压力差可由数字式微压差测量仪测出：$p_{最大} = p_{大气} - p_{系统} = \Delta p$。毛细管内气体压力必须高于大试管内液面上压力的附加压力以克服气泡的表面张力，此附加压力 Δp 与表面张力 γ 成正比，与气泡的曲率半径 R 成反比，其关系式为

$$\Delta p = \frac{2\gamma}{R} \tag{2.111}$$

如果毛细管半径很小，则形成的气泡基本上是球形的，当气泡刚开始形成时，表面几乎是平的，这时曲率半径最大，随着气泡的形成曲率半径逐渐变小，直到形成半球形，这时曲率半径 R 与毛细管内半径 r 相等，曲率半径达到最小值。由式（2.111）可知此时附加压力达最大值，气泡进一步长大，R 变大，附加压力则变小，直到气泡逸出。$R = r$ 时的最大附加压力 $\Delta p_m = \dfrac{2\gamma}{r}$，于是得 $\gamma = \dfrac{r}{2}\Delta p_m$。当使用

同一根毛细管及相同的压差计介质时,对两种具有表面张力为 γ_1,γ_2 的液体而言,γ 正比于 Δp,且同温度下有:$\gamma_1/\gamma_2 = \Delta p_1/\Delta p_2$,若液体 2 的 γ_2 为已知,则

$$\gamma_1 = \gamma_2 \Delta p_1/\Delta p_2 = K\Delta p_1 \tag{2.112}$$

式中:K 为仪器常数,可用已知表面张力的液体 2 来测得,因此,可通过式(2.112)求得 γ_1。本实验通过测定已知表面张力的水的 Δp_2 来求得不同浓度正丁醇溶液的表面张力。

溶质若能降低溶液的表面张力,则表面层中溶质的浓度比溶液内部的大;反之,溶质若使溶液的表面张力升高,则它的表面层中的浓度比在内部的浓度小,这种表面浓度与内部浓度不同的现象叫做溶液的表面吸附。在指定的温度和压力下,溶质的吸附量与溶液的表面张力的变化及溶液的浓度遵循吉布斯吸附方程

$$\Gamma = -\frac{c}{RT}\left(\frac{\partial \gamma}{\partial c}\right)_T \tag{2.113}$$

式中:Γ 为表面吸附量,$mol\cdot m^{-2}$;T 为热力学温度,K;c 为溶液浓度,$mol\cdot m^{-3}$;R 为摩尔气体常量。当 $(\partial \gamma/\partial c)_T < 0$ 时,$\Gamma > 0$,称为正吸附;当 $(\partial \gamma/\partial c)_T > 0$ 时,$\Gamma < 0$,称为负吸附。在水溶液中,表面活性物质具有两亲基团,当浓度达到某一值后,表面活性物质在表面层的吸附量为一定值,而与溶液浓度 c 无关,称为饱和吸附,此时溶质在表面层竖直排列,因而可由饱和吸附量求出溶质分子的横截面积。

在 $\gamma = f(c)$ 的曲线上用镜像法作出不同浓度点的切线,并延长与纵坐标相交,经过切点作一平行于横坐标的直线与纵坐标相交,若令此直线和切线在纵坐标上所截之长度为 Z,则 $Z = -c(\partial \gamma/\partial c)_T$,将 Z 代入式(2.113),则

$$\Gamma = \frac{Z}{RT} \tag{2.114}$$

用这种方法可算出与浓度对应的 Γ 值,将 Γ_1、Γ_2、$\cdots$ 对 c 作图,就可得到吸附等温线。

若在溶液表面上的吸附是单分子层的吸附,则满足 Langmuir 吸附等温式

$$\Gamma = \Gamma_\infty \frac{Kc}{1 + Kc} \tag{2.115}$$

式中:Γ_∞ 为溶液单位表面上盖满单分子层溶质时的饱和吸附量;K 为特性常数,它取决于吸附质的吸附特性。

把 Langmuir 吸附等温式改写成

$$\frac{c}{\Gamma} = \frac{c}{\Gamma_\infty} + \frac{1}{K\Gamma_\infty} \tag{2.116}$$

以 c/Γ 对 c 作图,可得一直线,其斜率为 $1/\Gamma_\infty$,截距为 $1/(K\Gamma_\infty)$,进而可求得 Γ_∞ 和 K。设 N 代表单位溶液表面的分子数,如果溶质是表面活性物质,则得 $N = \Gamma_\infty L$,其中 L 为阿伏伽德罗常量,每个溶质分子在溶液表面上所占的截面积即为

$$q = \frac{1}{L\Gamma_\infty} \qquad (2.117)$$

仪器与试剂

仪器 表面张力测定装置 1 套;精密恒温水槽 1 套;数字式微压差测量仪 1 台;50 mL 容量瓶 8~12 个;50 mL 碱式滴定管 1 支。

试剂 正丁醇(AR);去离子水。

实验步骤

(1) 准备试剂。配制 0.5 mol·L^{-1} 的正丁醇溶液 250 mL。

(2) 配制溶液。将 0.5 mol·L^{-1} 的正丁醇溶液在 50 mL 容量瓶中稀释成浓度分别为 0.02 mol·L^{-1}、0.04 mol·L^{-1}、0.06 mol·L^{-1}、0.09 mol·L^{-1}、0.12 mol·L^{-1}、0.16 mol·L^{-1}、0.2 mol·L^{-1} 和 0.24 mol·L^{-1} 的稀溶液。

(3) 调节恒温槽,使之恒定在所要求的温度(如 25℃)。

(4) 仪器常数测定。用洗液洗净大试管及毛细管内外壁,然后用自来水和去离子水洗之,再将适量去离子水装于洗净的大试管中,盖好带毛细管的标准磨口,防止漏气,并使毛细管尖端刚好与液面接触并保持垂直。恒温 15 min,缓慢打开滴液漏斗旋塞,以使气泡从毛细管尖端尽可能缓慢、均匀地鼓出,读取并记录 Δp_m,连续读 3 次,取其平均值。

(5) 正丁醇溶液表面张力测定。按上述方法由稀到浓测定不同浓度正丁醇溶液的 Δp_m。把实验数据填入表 2.47。

结果与讨论

表 2.47 正丁醇溶液表面张力的测定

室温_____;大气压_____

浓度/(mol·L^{-1})	0.00	0.02	0.04	0.06	0.09	0.12	0.16	0.24
Δp_m/Pa								
γ/(mN·m^{-1})								
Z								
$\Gamma[=Z/(RT)]$/(mol·m^{-2})								
(c/Γ)/m^{-1}								

(1) 计算仪器常数 K。

(2) 求出各浓度正丁醇溶液的表面张力。

(3) 作 γ-c 图,用镜像法或玻璃棒法作每一浓度下 γ-c 曲线的切线(也可用计算机处理),并求得相应的 Z 值(斜率变化大的地方切线要作得密些)。

(4) 由式(2.113)计算不同浓度时的 Γ 值。并计算出 c/Γ 值。

(5) 作 Γ-c 图,得吉布斯吸附等温线。

（6）作 c/Γ-c 图，由直线斜率和截距求得 Γ_∞ 和 K，得 Langmuir 吸附等温式，并计算出溶质分子的截面积 q 值。

思考题

1．毛细管尖端为何要刚好接触液面？

2．为何毛细管的尖端要平整？选择毛细管直径大小时应注意什么？

3．如果气泡出得很快对结果有何影响？

4．用最大气泡法测表面张力时，为什么要取一标准物质？本实验中若不用水作标准物质行不行？最大气泡法的适用范围怎样？

5．在本实验中，有哪些因素将会影响测定结果的准确性？

参考文献

1．于军胜，唐季安．表（界）面张力测定方法的进展．化学通报，1997，（11）：11

2．杨建一，郭子成，刘树彬．表面张力法测固体在溶液中等温吸附实验的改进．大学化学，1996，11（4）：37

3．胡跃华．气泡最大压力法测定液体表面张力实验的改进．大学化学，1991，6（4）：41

4．孙成文，邓勤．电解滴重法测定液态 Na 的表面张力．化学通报，1992，9：50

5．赵国玺．表面活性剂物理化学（修订版）．北京：北京大学出版社，1991

（滕启文）

实验 53　　固体吸附剂在溶液中的等温吸附

实验导读

活性炭、硅胶、分子筛、硅藻土等固体吸附剂大多是高分散度、多孔的物质，具有巨大的比表面积，在溶液中有很强的吸附性，在物质纯化、食品脱色、废水处理等生产和研究中有广泛的应用。固体吸附剂在溶液中的吸附与对气体的吸附相比，吸附规律更复杂。因为在溶液中同时存在吸附剂-溶质、吸附剂-溶剂及溶质-溶剂间的作用力，固体在溶液中的吸附是溶质和溶剂争夺表面的净结果。吸附的速率相对于气体吸附也慢得多，因为吸附质分子在溶液中扩散速率慢，而且要通过表面上形成的液膜，再加上孔的因素，使达到吸附平衡的时间也较长。因此，溶液中的吸附理论也不完全。然而，吸附量的实验测定方法却比较简单，只要将一定量的吸附剂放入溶液中，振荡平衡后测定吸附前、后溶液的浓度，就可求出吸附量。但吸附量与浓度的关系只能"借用"气体吸附的公式，如 Langmuir 等温式、Freundlish 等温式和 BET 公式，但公式中常数的物理意义不再明确，只能当作经验常数，而且只能在稀溶液中适用。

选择合适的吸附质，通过溶液吸附测定可计算吸附剂的比表面积。测定吸附剂比表面积的其他方法：BET 吸附法、气相色谱法、电子显微镜法等，通常要用复杂的仪器装置，而且耗时较长。溶液吸附法装置简单、操作方便，而且可同时测定多个样品，特别可作为大量样品的相对比表面积的测定，只需用其他较准确方法测定其中一个样品。但该方法的准确性不够高，测量误差可达 10% 或更大。

实验目的

（1）了解用溶液吸附法测定吸附剂比表面的原理和方法。

（2）理解 Langmuir 等温式和 Freundlish 等温式。

实验原理

活性炭是常用的吸附剂，能从溶液中吸附溶质。与固体对气体的吸附相似，在一定的温度下，吸附达到平衡时，吸附量和溶液浓度的关系符合 Freundlish 等温式

$$\Gamma = kc^{\frac{1}{n}} \tag{2.118}$$

式中：Γ 为单位质量吸附剂的吸附量；c 为平衡浓度；k、n 均为经验常数。

式（2.118）取对数，得

$$\lg\Gamma = \frac{1}{n}\lg c + \lg k \tag{2.119}$$

测得不同浓度 c 时的吸附量 Γ，以 $\lg\Gamma$ 对 $\lg c$ 作直线，从斜率和截距可求出 k 和 n 值。

对单分子层吸附，可用 Langmuir 等温式来描述

$$\Gamma = \Gamma_{\mathrm{m}} \frac{Kc}{1 + Kc} \tag{2.120}$$

式中：Γ_{m} 为单分子层的饱和吸附量；K 是吸附系数。

在一定温度下，对一定量的吸附剂与吸附质来说，Γ_{m} 和 K 都是常数。式（2.120）可转变为直线方程

$$\frac{c}{\Gamma} = \frac{c}{\Gamma_{\mathrm{m}}} + \frac{1}{K\Gamma_{\mathrm{m}}} \tag{2.121}$$

以 c/Γ 对 c 作图，可得 Γ_{m} 和 K 值。Γ_{m} 表示单位质量的吸附剂吸附满一层溶质分子的物质的量，若每个溶质分子在吸附剂上占据的截面积为 a_{m}，则吸附剂的比表面积 S 为

$$S = L\Gamma_{\mathrm{m}}a_{\mathrm{m}} \tag{2.122}$$

式中：L 是阿伏伽德罗常量。

本实验研究颗粒活性炭吸附亚甲基蓝。在一定浓度范围内，大多数固体对亚甲基蓝的吸附是单分子层吸附，即符合 Langmuir 型。亚甲基蓝具有矩形平面结构

$$\left[\begin{array}{c}H_3C\\H_3C\end{array}N-\underset{S}{\overset{N}{\bigcirc\bigcirc\bigcirc}}-N\begin{array}{c}CH_3\\CH_3\end{array}\right]^+Cl^-$$

阳离子大小为 $170 \times 7.6 \times 3.25 \times 10^{-30}\ \mathrm{m}^3$。亚甲基蓝的吸附有 3 种取向：平面吸附投影面积为 $135 \times 10^{-20}\ \mathrm{m}^2$；侧面吸附投影面积为 $75 \times 10^{-20}\ \mathrm{m}^2$；端基吸附投影面积为 $39.5 \times 10^{-20}\ \mathrm{m}^2$。对于非石墨型的活性炭，亚甲基蓝可能不是平面吸附而是端基吸附。

吸附量可根据吸附前后溶液的浓度变化来计算

$$\Gamma = \frac{V(c_0 - c)}{m} \tag{2.123}$$

式中：V 为溶液体积；m 为吸附剂的质量；c_0 和 c 分别为溶液吸附前后的浓度。

亚甲基蓝在 665 nm 波长处有最大吸收，因此溶液浓度可用可见分光光度计测量。

仪器与试剂

仪器　分光光度计 1 套；振荡器 1 台；0.001 g 天平 1 台；100 mL 容量瓶 10 只；150 mL 碘量瓶 5 只；100 mL 锥形瓶 5 只；滴定管 1 支；玻璃漏斗 5 只；10 mL 刻度移液管 1 支；1 mL 移液管 1 支。

试剂　颗粒状非石墨型活性炭(500℃ 活化 1 h，干燥器保存)；亚甲基蓝溶液：0.2％(质量分数)储备液，2.67×10^{-4} mol·L^{-1} 标准溶液(100 mg 亚甲基蓝配成 1 L 溶液)。

实验步骤

(1) 初始溶液配制。在 5 只 100 mL 容量瓶中分别用滴定管加入 0.2％亚甲基蓝储备液 10 mL、20 mL、30 mL、40 mL、60 mL，定容。

(2) 在 5 只干燥的 150 mL 碘量瓶中分别称 0.100 g 颗粒状活性炭，再分别移入 50 mL 上述 5 个初始溶液，加塞，在振荡器上振荡约 3 h。

(3) 在 5 只 100 mL 容量瓶中分别移取 2 mL、4 mL、6 mL、8 mL、12 mL 2.67×10^{-4} mol·L^{-1}标准亚甲基蓝溶液，定容。再在剩余的 5 个初始溶液中各移取 1 mL，稀释 100 倍成 100 mL。用蒸馏水作空白，在分光光度计上测量这 10 个溶液的吸光度。

(4) 将振荡平衡后的溶液过滤，分别取 1 mL，稀释成 100 mL，测定吸光度。

结果与讨论

(1) 用亚甲基蓝标准溶液的吸光度对浓度作工作曲线，并在工作曲线上查得各初始溶液和平衡溶液的浓度，注意稀释倍数。

(2) 计算吸附量，并作 Γ-c 吸附等温线。

(3) 分别作 c/Γ-c 和 lgΓ-lg$c$ 直线，求出 Γ_m、K 和 k、n 值，并用 Γ_m 计算吸附剂的比表面积 S。

思考题

1. 估计由本实验测得的比表面积 S 比实际的大还是小，为什么？

2. 固体在溶液中对溶质分子吸附和固体对气体分子吸附有何区别？

3. 降低吸附温度会对吸附有什么影响？

4. 从实验结果分析该吸附系统对 Langmuir 等温式和 Freundlish 等温式的符合情况。

5. 在测定吸光度时,为什么要将溶液稀释后测定?

参考文献

1. 陈宗淇.胶体与界面化学.北京:高教出版社,2001
2. 复旦大学等.物理化学实验.第二版.北京:高等教育出版社,1993
3. 沈钟.胶体与表面化学.第二版.北京:化工出版社,1997

(王永尧)

实验 54 沉 降 分 析

实验导读

粒度分布是粉状物生产、处理、使用过程中关注的重要数据。水泥、涂料和油墨等固体物的性能和质量,食品、医药的吸收效果,化工中催化剂的活性,固体物质的溶解、反应能力,废水处理用的吸附剂,污染物在环境中的吸附等都与相关固体物质的粒度分布有关。

大颗粒的固体粒度,如土壤颗粒,常用筛子分级。小颗粒的固体物质常将物质制成分散液,通过测定不同时间的与沉降量相关的某一物理量,作沉降曲线,从而计算粒度分布。测定沉降曲线的方法有:测定分散液中某点的密度随时间的变化;测定分散液中某点的静压随时间的变化;沉降管法;直接称量的沉降分析法等。

沉降分析法所用的样品量少,方法简单,是常用的粒度分析方法,若使用自动沉降分析仪使操作更为方便,适用于测定 $2 \sim 50 \ \mu m$ 的粒子。对于更小颗粒的物质,在重力场中沉降太慢,如半径 $1 \ \mu m$、密度为 $2 \times 10^3 \ kg \cdot m^{-3}$ 的粒子在水中沉降速率仅为 $0.8 \ cm \cdot h^{-1}$,且易受环境因素干扰,不宜用沉降分析法。$0.1 \sim 2 \ \mu m$ 的粒子需用离心沉降法。20 世纪 20 年代发明了超速离心机,目前超速离心机可产生达 $10^5 g$(即 10^5 倍重力场)的力场,可应用于测量胶体和大分子溶液的分散质粒子的粒度分布。超速离心沉降在生物科学中常用于大分子物质的分离、提纯和相对分子质量的测定。

实验目的

(1) 了解沉降分析的工作原理及数据分析方法。

(2) 用沉降分析法测定硫酸铅颗粒半径大小的分布。

实验原理

分散系统通常是由大小不一的颗粒组成,除了要知道总分散质的量,还要测定大小不同的粒子的相对含量,即粒子的分布曲线,用 $f(r) = dS/(w_{\infty}dr)$ 表示半径介于 $r \sim (r + dr)$ 范围内的粒子质量 dS 占总粒子质量 w_{∞} 的分数。通常粒子的分布呈正态分布。利用物质颗粒在介质中的沉降速率来测定粒子分布的方法,称为沉降分析。

根据斯托克斯(Stokes)公式,当一个球形颗粒在均匀介质中匀速下降时,所受

阻力为 $6\pi r\eta u$，其重力为 $\frac{4}{3}\pi r^3(\rho-\rho_0)g$，匀速下沉时两种作用力相等，即

$$6\pi r\eta u = \frac{4}{3}\pi r^3(\rho-\rho_0)g \tag{2.124}$$

$$r = \sqrt{\frac{9\eta}{2g(\rho-\rho_0)}u} \tag{2.125}$$

$$u = h/t \tag{2.126}$$

则

$$r = \left(\sqrt{\frac{9\eta}{2g(\rho-\rho_0)}}\right)\sqrt{\frac{h}{t}} = kt^{-\frac{1}{2}} \tag{2.127}$$

式中：r 为颗粒半径；g 为重力加速度；ρ 为颗粒密度；ρ_0 为介质密度；u 为沉降速率；η 为介质黏度；h 为沉降高度。

测定过程中 g、ρ、ρ_0、η 和 h 都不变，且已知或可测定，合为常数 k。因此，测定沉降时间 t，根据式(2.127)可求颗粒半径。

分散质颗粒在不同时间 t 从介质中沉降的质量为 w，以 w 对 t 所作的曲线称为沉降曲线。沉降的质量 w 可通过称量置于分散液液面下 h 处的收集盘测得，扭力天平是常用的称量仪器，如图 2.59 所示。

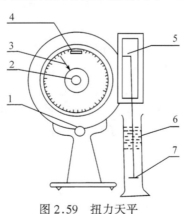

图 2.59　扭力天平
1. 开关；2. 指针转盘；3. 指针；
4. 平衡指示；5. 挂钩；6. 沉降筒；
7. 沉降收集盘

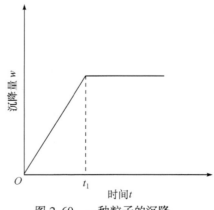

图 2.60　一种粒子的沉降

为了说明从沉降曲线求出粒子分布曲线和数据处理方法，先分析简单的情况：

(1) 假设粒子的大小相等。由于粒子匀速沉降，且粒子在分散液中分布均匀，则离收集盘距离近的粒子先沉降，远的粒子后沉降，依次直到时间 t_1，分散液液面层中的粒子沉降后，沉降量不再变化，如图 2.60 所示为一条过原点直线。t_1 是分

散液液面层(距离为 h)中的粒子沉降所需的时间,则沉降速率 $u_1 = h/t_1$。

(2) 假设由三种大小的粒子 A、B、C 组成。粒子大小为 A>B>C,沉降速率大小为 A>B>C。如图 2.61 所示,a、b、c 分别表示 A、B、C 三种粒子单独存在时的沉降曲线,直线部分的斜率分别为 m_1、m_2、m_3,三种粒子的质量依次为 G_1、G_2、G_3。当它们同时存在时,任一时刻的沉降量应是这三条沉降曲线在这时刻叠加的值,形成沉降曲线 $OABCZ$。从图 2.61 中可知,t_1 是 A 粒子全部沉降所需的时间,代入式(2.127)可求 A 的半径;t_2 是 A、B 粒子全部沉降所需的时间,代入式(2.127)可求 B 的半径;t_3 是 A、B、C 三种粒子全部沉降所需的时间,同理,代入式(2.127)可求 C 的半径。OA、AB、BC、CZ 直线段的方程分别为

OA: $\qquad w = (m_1 + m_2 + m_3)t \qquad t \leqslant t_1$ (2.128)

AB: $\qquad w = (m_2 + m_3)t + G_1 \qquad t_1 \leqslant t \leqslant t_2$ (2.129)

BC: $\qquad w = m_3t + G_1 + G_2 \qquad t_2 \leqslant t \leqslant t_3$ (2.130)

CZ: $\qquad w = G_1 + G_2 + G_3 \qquad t_3 \leqslant t$ (2.131)

AB 线的截距为 $S_1 = G_1$,故 A 粒子的质量可通过 $t_1 \sim t_2$ 时间内沉降曲线的切线(AB 线相当于 $t_1 \sim t_2$ 时间内沉降曲线的切线)的截距确定;BC 线(相当于 $t_2 \sim t_3$ 时间内沉降曲线的切线)的截距为 $S_2 = G_1 + G_2$,B 粒子的质量 $G_2 = S_2 - S_1$;CZ 线的截距为 S_3,同样可求 C 粒子的质量 $G_3 = S_3 - S_2$。

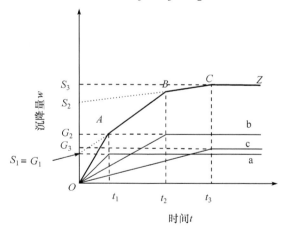

图 2.61 三种粒子的沉降

(3) 实际的分散系统由半径连续的粒子组成,测得的沉降曲线也为光滑的曲线,如图 2.62 所示。图 2.62 中任两个时间 t_i 和 t_{i+1} 所对应的粒子半径 r_i 和 r_{i+1}(半径 $r_i > r_{i+1}$)通过式(2.127)求得,在沉降曲线上所对应点的切线截距 S_i、S_{i+1} 分别表示半径大于 r_i 的粒子质量和半径大于 r_{i+1} 的粒子质量,$\Delta S_i = S_{i+1} - S_i$ 就是半径为 r_i 和 r_{i+1} 间粒子的质量,则分布函数

$$f(r) = \frac{\mathrm{d}S}{w_\infty \mathrm{d}r} \approx \frac{\Delta S_i}{w_\infty \Delta r_i} \tag{2.132}$$

式中：$\Delta r_i = r_i - r_{i+1}$；$w_\infty$是总沉降量，即 $t \to \infty$ 时的沉降量，在实验时间内通常不能得出，可用下面方法推出。以 $w(t)$ 对 $1000/t$ 作图，所得曲线在 $1/t \to 0$ 时近似为直线，延长直线与纵轴相交，交点的值即为 w_∞，如图 2.63 所示。

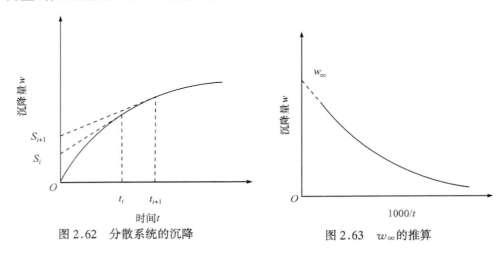

图 2.62　分散系统的沉降　　　　　　　图 2.63　w_∞的推算

仪器与试剂

仪器　JN-A 精密扭力天平 1 台；1000 mL 量筒（沉降筒）1 只；沉降收集盘 1 只；停表 1 只；温度计 1 支；比重瓶 1 只；100 mL 烧杯 1 只；刻度直尺 1 把；0.1 mg 天平 1 台（公用）；乌氏黏度计 1 支。

试剂　粉末 $PbSO_4$（CP）；5%（质量分数）阿拉伯胶水溶液；5%（质量分数）$Pb(NO_3)_2$溶液。

实验步骤

1）扭力天平称量方法

扭力天平如图 2.59 所示，先调节水平。在挂钩 5 上放上一小物体，打开天平开关 1，旋转指针转盘 2（相当于天平加法码），使平衡指示 4 与零线重合，此时指针 3 的读数即为所称的质量。称完后关上开关。

2）称量空沉降盘在沉降液中的相对质量

在沉降筒中加入 10 mL 5%阿拉伯胶水溶液、5 mL 5%硝酸铅水溶液（用为分散剂），加水至总体积为 1000 mL。搅匀。将沉降盘放入沉降筒中，挂在挂钩上，要保证沉降盘处于沉降筒中央，称出空沉降盘在沉降液中的相对质量，并用刻度尺测量沉降盘与液面的距离，用温度计测量水温。

3）调样

称取 5 g $PbSO_4$ 置于表面皿上，用牛角匙背面把聚结在一起的颗粒打散，但不能磨碎样品，以免改变样品颗粒的直径。先倒约 50 mL 沉降液至小烧杯中用于下面调样，在 $PbSO_4$ 中加几滴沉降液，用牛角匙背面将 $PbSO_4$ 仔细地调成糊状，然后将调制好的 $PbSO_4$ 用小烧杯中剩余的沉降液冲洗到沉降筒中。用电动搅拌器搅拌沉降筒中的悬浊液，搅拌均匀。

4）测定沉降曲线

在搅拌结束后立即将沉降盘放到沉降筒内，再把沉降盘上下提动 2～3 次，以便消除搅拌时产生的涡流，与此同时立即将沉降盘挂到挂钩上，打开秒表，开始记录时间（上述操作尽量在短时间内完成，防止被测样品在正式测定前已大量沉降）。立即打开天平开关，旋转指针转盘使平衡指示稍超过零（即砝码质量稍大于沉降盘一侧的质量），随沉降进行，等平衡指示刚指零时，记下第一个时间。将指针转盘加 5 mg，等到平衡指示指零时，再读取第二个时间，依次记录每沉降 5 mg 时的时间。当沉降速度减慢时，指针转盘增加的量适当减小，直至在 0.5 h 内沉降量不足 1 mg 时停止。用温度计再测量沉降液温度，取实验起始和结束时温度的平均值。

5）比重瓶法测定 $PbSO_4$ 的密度

取一个干燥清洁的比重瓶，先称空瓶重 w_1，再注满蒸馏水，塞上带毛细管的塞子，用滤纸擦干毛细管口溢出的水，并擦干瓶外壁，称量为 w_2，倒去水并吹干瓶子，放入适量 $PbSO_4$ 固体，称量为 w_3，再加入少量蒸馏水润湿固体（为了排出固体空隙中的空气，此时最好在真空箱中脱气 5 min），再注满蒸馏水，同样用滤纸擦干毛细管口溢出的水，并擦干瓶外壁，称量为 w_4。

$$\rho = \frac{w_3 - w_1}{(w_2 - w_1) - (w_4 - w_3)} \rho_{H_2O} \qquad (2.133)$$

查得室温下水的密度，用式（2.133）求 $PbSO_4$ 的密度。

6）测定沉降液的黏度

由于沉降液中加入了分散剂，沉降液的黏度与水不一样。用乌氏黏度计测定定量沉降液在黏度计毛细管中的流出时间，以蒸馏水为标准，同法测出蒸馏水的流出时间。

$$\eta = \frac{t}{t_{H_2O}} \eta_{H_2O} \qquad (2.134)$$

查得室温下水的黏度，用式（2.134）计算沉降液的黏度。

结果与讨论

（1）记录沉降量 w 和对应的沉降时间 t 填入表 2.48，作沉降曲线。

表 2.48　PbSO₄ 沉降实验结果

序号	1	2	3	4	5	⋯
w/mg						
t/s						

(2) 根据测定的 PbSO₄ 密度、沉降液黏度和沉降高度,计算式(2.127)中的常数 k。

(3) 用式(2.127)计算半径为 1.5 μm、2.0 μm、2.5 μm、⋯、5 μm 粒子的沉降时间 t_i,在沉降曲线上找出这些时间对应的点。在这些点作曲线的切线,在纵轴上求得切线的截距 S_i,分别求出相邻截距差 $\Delta S_i = S_{i+1} - S_i$。

(4) 作 $w(t)$ 对 $1/t$ 图,外推法求 w_∞。

(5) 用式(2.132)计算各分布函数 $f_i(r)$ 值,并在 $f(r)$-r 图上在对应的 Δr_i 上以 $f_i(r)$ 为高度作一段直线,作出梯形图,再用光滑曲线连接为粒子分布图。

(6) 计算数据列于表 2.49。

表 2.49　沉降分析实验处理结果

r_i/μm	Δr_i/μm	t_i/s	w_i/mg	S_i/mg	ΔS_i/mg	$f(r)$
1.5	—				—	
2.0						
2.5						

思考题

1. 本实验的主要误差来源是什么? 怎样减小误差?

2. 若粒子不是球形,则得出的粒子半径的意义是什么? 如果粒子间有聚集,会对测定结果产生什么影响?

3. 如果在实验过程中有大的温度变化,会对测定产生什么影响?

4. 粒子含量太多或太少,对测定产生什么影响?

5. 扭力天平测得的是否是沉降粒子的真正质量? 如果不是,对数据处理有否影响?

参考文献

1. 北京大学化学系物化组.物理化学实验.第三版.北京:北京大学出版社,1995

2. 李小平.沉降分析实验的一种数据处理方法.大学化学,1991(6):34~35

3. 清华大学化学系物化组.物理化学实验.北京:清华大学出版社,1994

4. 董追传,郑新生.物理化学实验指导.郑州:河南大学出版社,1997

5. 周祖康.胶体化学基础.北京:北京大学出版社,1991

（王永尧）

实验 55 溶胶界面电泳

实验导读

电泳现象的实验测量方法可分为宏观和微观两大类。宏观法是观察胶体与不含胶粒的辅助导电液的界面在电场中的移动速率;微观法则是直接观察单个胶粒在电场中的泳动速率。对于高分散的或过浓的胶体,因不易观察个别胶粒的运动,只能用宏观法;对于颜色太淡或浓度过稀的胶体,则适宜用微观法。胶体溶液是一个多相系统,在相界面上建立了双电层结构。根据扩散双电层模型,胶粒上的板面紧密层电荷相对来说是固定不动的,而液相中的相反电荷离子则受到静电吸引和热运动扩散两种力的作用,因而形成了一个扩散层。在外加电场的作用下,胶体中的胶粒和分散介质反向相对移动时,就会产生电势差,称之为 ξ 电势。ξ 电势是表征胶粒特性的重要物理量之一,在胶体性质研究和实际应用中有着重要的作用。ξ 电势也和胶体的稳定性有着密切的关系。ξ 电势可通过电泳或电渗实验测定,电泳是分散相胶粒对分散介质发生相对移动,电渗是分散介质对静态的分散相胶粒发生相对移动,两者都是荷电粒子在电场作用下的定向运动,电渗研究液体介质的运动,电泳则是研究固体粒子的运动。

实验目的

(1)用电泳法测定氢氧化铁溶胶的 ξ 电势。

(2)验证胶体的带电性质。

(3)掌握界面移动法的电泳技术。

实验原理

任何溶胶颗粒都带有一定电荷。电荷的来源有三种:①胶体颗粒本身的电离;②胶粒在分散介质中选择性地吸附一定量的离子;③在非极性介质中胶粒与分散介质之间摩擦生电。

在胶粒周围的分散介质中,还同时存在电量相等符号相反的离子,而这些离子从胶粒固体表面以玻耳兹曼能量分布形式向溶液内部扩散。在固体表面的溶剂化层和液体介质之间有一移动面,因固体粒子移动时是带着溶剂化层以及部分反离子一起移动的,所以当胶粒移动时,胶粒与分散介质之间会产生电势差,此电势差称电动电势,又称 ξ 电势。

在外加电场的作用下,带电荷的胶粒与分散介质间会发生相对运动,这种现象称为电泳。胶粒的运动方向取决于胶粒所带电荷的正负,而胶粒的移动速率,由 ξ 电势的大小所决定。所以,通过电泳实验可以测定 ξ 电势的大小,还可以确定溶胶的电荷。

测定 ξ 电势的方法有电泳、电渗、流动电势及沉降电势等,实际应用中以电泳法最为方便、广泛。电泳的实验方法也因仪器装置的不同而有多种操作形式,本实验采用的是界面移动法。凡是高度分散的和颜色鲜明的溶胶,都可以用界面移动法来测定其 ξ 电势。

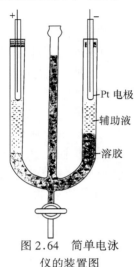

界面移动法的仪器装置如图 2.64 所示,在 U 形管的底部注入有色溶胶,其上为溶胶介电常数或电导相近的介质(一般为极稀的盐溶液)。在外电场的作用下,带电的溶胶颗粒将以一定速度向与其电荷相反的电极移动,ξ 电势可根据亥姆霍兹(Helmholtz)公式计算

$$\xi = \frac{4\pi\eta}{\varepsilon E}u \times 300^2 \quad (\text{V}) \qquad (2.135)$$

式中:E 为电势梯度;ε 为介质的介电常数,若介质为水,$\varepsilon = 81$;η 为水的黏度;V 为外加电场的电压;L 是两电极间的距离;u 为电泳速率。从实验测得电泳速率 u 代入式(2.135)即得 ξ 电势。

图中标注:
- +, −
- Pt 电极
- 辅助液
- 溶胶

图 2.64　简单电泳仪的装置图

仪器与试剂

仪器　电泳仪(图 2.64);酒精灯 1 只;电导率仪;250 mL 锥形瓶 2 只;50～100 V 直流稳压电源;秒表(或定时钟);100 mL 量筒 1 个;250 mL 烧杯 1 只;1000 mL 烧杯 1 只。

试剂　1×10^{-4} mol·L^{-1} KNO$_3$;20%(质量分数)FeCl$_3$;AgNO$_3$ 溶液;KCNS 溶液;胶棉液。

实验步骤

1)氢氧化铁溶胶的制备

在 250 mL 烧杯内加 100 mL 水,加热至沸。用滴管将 2 mL 20%(质量分数)的 FeCl$_3$ 溶液一滴滴地加到水中,可看到红棕色溶胶生成。冷却后待用。

2)氢氧化铁溶胶的净化

(1)半透膜的制备。取 250 mL 的锥形瓶,内壁充分洗净后烘干,在瓶中倒入约 20 mL 的胶棉液,小心转动锥形瓶,使胶棉液均匀地在瓶内形成一薄层。倾出多余的胶棉液,倒置瓶子在铁圈上,并让乙醚挥发完,用手轻轻接触胶棉液膜,以不黏手即可,然后用水逐滴注进胶膜与瓶壁之间使膜与瓶壁分离,并在瓶内加水到满。注意加水不宜太早,若乙醚尚未挥发完,加水后膜呈白色而不适用,但加水也不可太迟,否则膜变干硬不易取出。浸膜于水中约 10 min,膜上剩余的乙醇即被溶出。轻轻取出所成之袋,检验袋上有否漏洞。若有漏洞,可拭干有洞部分,用玻璃蘸少许胶棉液轻轻接触漏洞即可补好。

(2)溶胶的纯化。把制得的 Fe(OH)$_3$ 溶胶置于半透膜袋内,用线缝住袋口,置于 1000 mL 烧杯内用蒸馏水渗析,为加快渗析速度,可微微加热。30 min 换一次蒸馏水,并不断用 AgNO$_3$ 溶液及 KCNS 溶液分别检验渗析用水中的 Cl$^-$ 及

Fe^{3+},渗析应进行到不能检出 Cl^- 和 Fe^{3+} 为止。

3）配制辅助液

将渗析提纯好的 $Fe(OH)_3$ 溶胶用电导率仪测定其电导率。另取 500 mL 蒸馏水,逐滴加入 $0.1\ mol\cdot L^{-1}\ KNO_3$ 溶液并不断搅拌,至此液的电导率正好等于 $Fe(OH)_3$ 溶胶的电导率为止。

用铬酸洗液洗净电泳仪,用自来水冲洗多次,再用蒸馏水冲洗 3 次后取出活塞放在烘箱内烘干。在洗净干燥的电泳仪活塞上涂上一层凡士林。凡士林要离活塞孔远些以免污染溶胶。

用辅助液冲洗电泳仪,将电泳仪和电极固定后,关上活塞,在漏斗中装满溶胶,应避免带进气泡。将辅助液缓缓倒入 U 形管内,到 5 cm 左右高度的位置为止。轻轻打开装溶胶漏斗的活塞,使溶胶缓缓流入 U 形管中,在此过程中应保证溶胶与辅助液之间有清晰界面,要做到这一点,在过程中应避免任何机械振动和其他外界干扰,并往漏斗中不断补充溶胶和防止带入气泡。待液面上升到合适高度,关闭活塞,维持界面清晰,记下两臂界面的位置。接好线路,通电开始实验,在两极上通以稳压直流电,电压 $50\sim100$ V,注意保持电压稳定,通电同时打开秒表,记下 30 min 后两臂中界面移动的距离。切断电源,停止 1 min,再接通电源使电流方向相反,按前述实验步骤重复操作数次。最后精确量出两个铂电极在 U 形管内导电的距离(此数值必须测量多次),可得电势梯度 E,即可算得电泳速率 u 及 ξ 电势。

实验结束,洗净电泳仪,并在 U 形管内充满蒸馏水浸泡。将实验结果填入表 2.50 中。

表 2.50　实验数据记录

电泳时间	电泳液面移动距离	电泳速度/$(m\cdot s^{-1})$

结果与讨论

（1）由多次实验结果计算电泳速率。

（2）计算胶粒的 ξ 电势。

思考题

1．电泳中辅助液的选择依据是什么？

2．电泳仪中不能有气泡,为什么？

3．若电泳仪事先没有洗净,内壁上残留有微量的电解质,对电泳测量的结果将会产生什么影响？

4．电泳速度的快慢与哪些因素有关？

参考文献

1. 程传煊.表面物理化学.北京:科学技术文献出版社,1995
2. 傅献彩,沈文霞,姚天扬.物理化学.第四版.北京:高等教育出版社,1990
3. 山东大学.物理化学与胶体化学实验.第二版.北京:高等教育出版社,1990
4. 沈鹤柏,李波.关于氢氧化铁溶胶电泳实验的几个问题.大学化学,1992,7(2)

（陈　平）

实验 56　黏度法测定高聚物的相对分子质量

实验导读

聚合物相对分子质量及其分布对于它的性能影响很大,如橡胶的硫化程度,聚苯乙烯和醋酸纤维等薄膜的抗张强度,纺丝黏液的流动性等均与其相对分子质量有密切关系。通过相对分子质量的测定,可了解聚合物的性能,指导和控制聚合条件,以获得具有优良性能的产品。聚合物的相对分子质量是一个统计的平均值,因测定方法不同而异,因为不同方法的测定原理和计算方法有所不同,一些测定方法和适用范围见表 2.51。近年来,有报道用脉冲核磁共振仪、红外分光光度计和电子显微镜等实验技术测定聚合物的平均相对分子质量。

表 2.51　各种平均相对分子质量测定法的适用范围

实验方法	适用相对分子质量范围	方法类型
端基分析法	3×10^4 以下	绝对法
沸点升高法	3×10^4 以下	相对法
冰点降低法	5×10^3 以下	相对法
气相渗透压法(VPO)	3×10^4 以下	相对法
膜渗透压法	$2 \times 10^4 \sim 1 \times 10^6$	绝对法
光散射法	$2 \times 10^4 \sim 1 \times 10^7$	绝对法
超速离心沉降速度法	$1 \times 10^4 \sim 1 \times 10^7$	绝对法
超速离心沉降平衡法	$1 \times 10^4 \sim 1 \times 10^6$	绝对法
黏度法	$1 \times 10^4 \sim 1 \times 10^7$	相对法
凝胶渗透色谱法	$1 \times 10^3 \sim 5 \times 10^6$	相对法

上述方法中,除端基分析外,大多需要较复杂的仪器设备和操作技术,而黏度法具有设备简单,操作方便的特点,准确度可达±5%。因此,用黏度法测聚合物相对分子质量,是目前应用较广泛的方法。但黏度法中所用的特性黏度与相对分子质量的经验方程需要用其他方法来确定。聚合物不同,溶剂不同,相对分子质量范围不同,需要采用不同的经验方程。化学实验室常用玻璃毛细管黏度计测量液体黏度。

实验目的

(1) 掌握用乌氏黏度计测定聚合物溶液黏度的原理和方法。

(2) 测定聚合物聚乙二醇的黏均相对分子质量。

实验原理

聚合物溶液的黏度特别大,原因在于其分子链长度远大于溶剂分子,加上溶剂化作用,使其在流动时受到较大的内摩擦阻力。黏性液体在流动过程中,必须克服内摩擦阻力而做功。黏性液体在流动过程中所受阻力的大小可用黏度系数(简称黏度)来表示($kg \cdot m^{-1} \cdot s^{-1}$)。

黏度分绝对黏度和相对黏度。绝对黏度有两种表示方法:动力黏度和运动黏度。动力黏度是指当单位面积的流层以单位速度相对于单位距离的流层流出时所需的切向力,用 η 表示黏度系数(俗称黏度),其单位是 $Pa \cdot s$。运动黏度是液体的动力黏度与同温度下该液体的密度 ρ 之比,用符号 ν 表示,其单位是 $m^2 \cdot s^{-1}$。相对黏度是某液体黏度与标准液体黏度之比。

纯溶剂黏度反映了溶剂分子间的内摩擦力,记为 η_0,聚合物溶液的黏度 η 则是聚合物分子间的内摩擦、聚合物分子与溶剂分子间的内摩擦以及 η_0 三者之和。在相同温度下,通常 $\eta > \eta_0$,相对于溶剂,溶液黏度增加的分数称为增比黏度,记为 η_{sp},即

$$\eta_{sp} = \frac{\eta - \eta_0}{\eta_0} \tag{2.136}$$

溶液黏度与纯溶剂黏度的比值称为相对黏度 η_r,即

$$\eta_r = \frac{\eta}{\eta_0} \tag{2.137}$$

η_r 反映的也是溶液的黏度行为; η_{sp} 则意味着已扣除了溶剂分子间的内摩擦效应,仅反映了聚合物分子与溶剂分子间和聚合物分子间的内摩擦效应。

聚合物溶液的增比黏度 η_{sp} 往往随浓度 c 的增加而增加。为了便于比较,将单位浓度下所显示的增比黏度 η_{sp}/c 称为比浓黏度,而 $\ln \eta_r / c$ 则称为比浓对数黏度。当溶液无限稀释时,聚合物分子彼此相隔很远,它们的相互作用可以忽略,此时有关系式

$$\lim_{c \to 0} \eta_{sp}/c = \lim_{c \to 0} \eta_r / c = [\eta] \tag{2.138}$$

式中:$[\eta]$ 称为特性黏度,它反映的是无限稀释溶液中聚合物分子与溶剂分子间的内摩擦,其值取决于溶剂的性质及聚合物分子的大小和形态。由于 η_r 和 η_{sp} 均是无因次量,所以 $[\eta]$ 的单位是浓度 c 单位的倒数。

在足够稀的聚合物溶液里,η_{sp}/c 与 c 和 η_r/c 与 c 之间分别符合下述经验关系式

$$\eta_{sp}/c = [\eta] + \kappa [\eta]^2 c \tag{2.139}$$

$$\ln \eta_r / c = [\eta] - \beta [\eta]^2 c \tag{2.140}$$

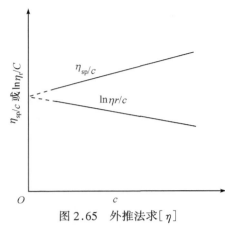

图 2.65　外推法求 $[\eta]$

上两式中 κ 和 β 分别称为 Huggins 和 Kramer 常数。这是两直线方程,通过 η_{sp}/c 对 c 或 $\ln\eta_r/c$ 对 c 作图,外推至 $c=0$ 时所得截距即为 $[\eta]$。显然,对于同一聚合物,由两线性方程作图外推所得截矩交于同一点,见图 2.65。

聚合物溶液的特性黏度 $[\eta]$ 与聚合物相对分子质量之间的关系,通常用带有两个参数的 Mark-Houwink 经验方程式来表示

$$[\eta] = K(\overline{M_\eta})^\alpha \qquad (2.141)$$

式中: $\overline{M_\eta}$ 是黏均相对分子质量; K、α 分别是与温度、聚合物及溶剂的性质有关的常数,只能通过一些绝对实验方法(如膜渗透压法、光散射法等)确定。表 2.52 列出聚乙二醇水溶液在不同温度时的 K、α 值。

表 2.52　聚乙二醇在不同温度时的 K、α 值(水溶液)

$t/℃$	$K\times10^6/(\mathrm{m^3\cdot kg^{-1}})$	α	$\overline{M_\eta}\times10^{-4}$
25	156	0.50	0.019~0.1
30	12.5	0.78	2~500
35	6.4	0.82	3~700
40	16.6	0.82	0.04~0.4
45	6.9	0.81	3~700

本实验采用毛细管法测定黏度,通过测定一定体积的液体流经一定长度和半径的毛细管所需时间而获得。本实验使用的乌氏黏度计如图 2.66 所示。当液体在重力作用下流经毛细管时,遵守 Poiseuille 定律

$$\eta = \frac{\pi p r^4 t}{8lV} = \frac{\pi h\rho g r^4 t}{8lV} \qquad (2.142)$$

式中: η 为液体的黏度,$\mathrm{kg\cdot m^{-1}\cdot s^{-1}}$; p 为当液体流动时在毛细管两端间的压力差(即是液体密度 ρ,重力加速度 g 和流经毛细管液体的平均液柱高度 h 这三者的乘积),$\mathrm{kg\cdot m^{-1}\cdot s^{-1}}$; r 为毛细管的半径,m; V 为流经毛细管的液体体积,$\mathrm{m^3}$; t 为 V 体积液体的流出时间,s; l 为毛细管的长度,m。

用同一黏度计在相同条件下测定两个液体的黏度时,它们的黏度之比就等于密度与流出时间之比

$$\frac{\eta_1}{\eta_2} = \frac{p_1 t_1}{p_2 t_2} = \frac{\rho_1 t_1}{\rho_2 t_2} \qquad (2.143)$$

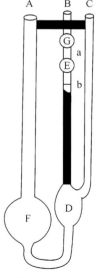

图 2.66　乌氏黏度计

如果用已知黏度 η_1 的液体作为参考液体,则待测液体的黏度 η_2 可通过式(2.143)求得。

在测定溶剂和溶液的相对黏度时,如溶液的浓度不大($c < 1 \times 10 \text{ kg·m}^{-3}$),溶液的密度与溶剂的密度可近似地看成相同,故

$$\eta_r = \frac{\eta}{\eta_r} = \frac{t}{t_0}$$

所以只需测定溶液和溶剂在毛细管中的流出时间就可得到 η_r。

仪器与试剂

仪器　恒温槽 1 套;乌氏黏度计 1 支;洗耳球 1 只;5 mL 移液管 1 支;10 mL 移液管 2 支;100 mL 容量瓶 5 只;秒表 1 只。

试剂　8%(质量分数)聚乙二醇储备液;蒸馏水。

实验步骤

1)准备工作

将恒温水槽调至 25℃±0.1℃。

2)溶液配制

分别移取 5 mL、10 mL、15 mL、20 mL、25 mL 8%(质量分数)聚乙二醇储备液于 100 mL 容量瓶中,用水定容至刻度。

3)洗涤黏度计

先用热洗液(经砂芯漏斗过滤)浸泡,再用自来水、蒸馏水冲洗(经常使用的黏度计则用蒸馏水浸泡,去除留在黏度计中的聚合物。黏度计的毛细管要反复用水冲洗)。

4)测定溶剂流出时间 t_0

将黏度计垂直夹在恒温槽内。将一定量(约 20 mL)水自 A 管注入黏度计内,恒温数分钟,夹紧 C 管上连接的乳胶管,同时在连接 B 管的乳胶管上接洗耳球慢慢抽气,待液体升至 G 球的一半左右即停止抽气,打开 C 管乳胶管上夹子使毛细管内液体同 D 球分开,用秒表测定液面在 a、b 两线间移动所需时间。重复测定 3 次,每次相差不超过 0.2~0.3 s,取平均值。

5)测定溶液流出时间 t

取出黏度计,倒出溶剂水。用待测溶液润洗黏度计数次,同步骤 4)测定流经时间。

按上述方法从稀到浓依次测定溶液的流经时间。

实验结束后,将溶液倒入回收瓶内,用溶剂仔细冲洗黏度计 3 次,最后用溶剂浸泡,备用。

注意事项:黏度计必须洁净,如毛细管壁上挂有水珠,需用洗液浸泡(洗液经 2$^{\#}$砂芯漏斗过滤除去微粒杂质)。测定时黏度计要垂直放置;否则,影响结果的准

确性。

结果与讨论

（1）计算不同浓度 c 时的 η_r 和 η_{sp}。

（2）以 $\ln\eta_r/c$ 和 η_{sp}/c 分别对 c 作图，并作线性外推求得截距，即得 $[\eta]$。

（3）计算实验温度下聚乙二醇的黏均相对分子质量 $\overline{M_\eta}$。

思考题

1. 乌氏黏度计中的支管 C 的作用是什么？能否去除 C 管改为双管黏度计使用？为什么？

2. 黏度计毛细管的粗细对实验有什么影响？

3. 黏度法测定聚合物的相对分子质量有何局限性？该法适用的聚合物质量范围大致是多少？

4. 列出影响本实验测定准确度的因素。

参考文献

1. 孙尔康，徐维清，邱金恒. 物理化学实验. 南京：南京大学出版社，1999

2. 北京大学化学学院物理化学实验教学组. 物理化学实验. 第四版. 北京：北京大学出版社，2002

3. 复旦大学等. 蔡显鄂，项一非，刘衍光修订. 物理化学实验. 第二版. 北京：高等教育出版社，1993

（雷群芳）

实验 57　摩尔折射度的测定

实验导读

摩尔折射度是物质结构的一个重要指标，测定物质的摩尔折射度可以鉴别化合物，确定化合物的结构，还可分析混合物的成分，测量浓度、纯度，计算分子的大小，测定相对分子质量，研究氢键和推测配合物的结构等。根据摩尔折射度与其他物理化学性质的内在联系可以建立定量结构－性质关系（quantitative structure-property relationship，QSPR），在探讨物质的组成、结构与性能方面有较多的应用。用折射法测定化合物的摩尔折射度的优点是快速，精确度高，样品用量少且设备简单。

实验目的

（1）继续深入了解阿贝折光仪的构造和工作原理，巩固其使用方法。

（2）测定摩尔折射度，判断化合物的分子结构。

实验原理

摩尔折射度（R）是由于在光的照射下分子中电子（主要是价电子）云相对于分子骨架的相对运动的结果。R 可作为分子中电子极化率的量度，其定义为

$$R = \frac{n^2 - 1}{n^2 + 2} \times \frac{M}{\rho} \tag{2.144}$$

式中:n 为折射率;M 为相对分子质量;ρ 为密度。

摩尔折射度与波长有关,若以钠光 D 线为光源(属于高频电场,$\lambda = 5493 \times 10^{-10}\text{m}$),所测得的折射率以 n_D 表示,相应的摩尔折射度以 R_D 表示。根据 Maxwell 的电磁波理论,物质的介电常数 ε 和折射率 n 之间有关系

$$\varepsilon(v) = n^2(v) \tag{2.145}$$

ε 和 n 均与波长 v 有关。

将式(2.145)代入式(2.144),得

$$R = \frac{\varepsilon - 1}{\varepsilon + 2} \times \frac{M}{\rho} \tag{2.146}$$

ε 通常是在静电场或低频电场(λ 趋于 ∞)中测定的,因此折射率也应该用外推法求波长趋于 ∞ 时的 n_∞,其结果才更准确,这时摩尔折射度以 R_∞ 表示。R_D 和 R_∞ 一般较接近,相差约百分之几,只对少数物质是例外,如水的 $n_D^2 = 1.75$,而 $\varepsilon = 81$。

摩尔折射度有体积的因次,通常以 cm^3 表示。实验结果表明,摩尔折射度具有加和性,即摩尔折射度等于分子中各原子折射度及形成化学键时折射度的增量之和。利用物质摩尔折射度的加和性质,就可根据物质的化学式算出其各种同分异构体的摩尔折射度并与实验测定结果做比较,从而探讨原子间的键型及分子结构。表 2.53 和表 2.54 列出常见原子的折射度和形成化学键时折射度的增量。

表 2.53 常见原子的折射度和形成化学键时折射度的增量

原子	R_D	原子	R_D
H	1.028	S(硫化物)	7.921
C	2.591	CN(腈)	5.459
O(酯类)	1.764	键的增量	
O(缩醛类)	1.607	单键	0
OH(醇)	2.546	双键	1.575
Cl	5.844	叁键	1.977
Br	8.741	三元环	0.614
I	13.954	四元环	0.317
N(脂肪族的)	2.744	五元环	−0.19
N(芳香族的)	4.243	六元环	−0.15

表 2.54 共价键的摩尔折射度

键	R_D	键	R_D	键	R_D
C—C	1.296	C—Cl	6.5l	C≡N	4.82
C—C(环丙烷)	1.50	C—Br	9.39	O—H(醇)	1.66
C—C(环丁烷)	1.38	C—I	14.6l	O—H(酸)	1.80
C—C(环戊烷)	1.26	C—O(醚)	1.54	S—H	4.80
C—C(环己烷)	1.27	C—O(缩醛)	1.46	S—S	8.11
C=C(苯环)	2.69	C=O	3.32	S—O	4.94
C=C	4.17	C=O(甲基酮)	3.49	N—H	1.76
C≡C(末端)	5.87	C—S	4.61	N—O	2.43
C芳香—C芳香	2.69	C=S	11.91	N=O	4.00
C—H	1.676	C—N	1.57	N—N	1.99
C—F	1.45	C=N	3.75	N=N	4.12

仪器与试剂

仪器 阿贝折光仪 1 台;玻璃缸恒温槽 1 套;超级恒温槽 1 套;10 mL 容量瓶 1 只。

试剂 四氯化碳(AR);乙醇(AR);乙酸甲酯(AR);乙酸乙酯(AR);二氯乙烷(AR)。

实验步骤

(1) 折射率的测定。使用阿贝折光仪测定四氯化碳、乙醇、乙酸甲酯、乙酸乙酯、二氯乙烷在实验温度(如 25℃)下的折射率。

(2) 用密度瓶法测定上述物质在相同温度下的密度。

结果与讨论

(1) 求算所测各化合物的密度,结合所测的折射率数据由式(2.144)求出摩尔折射度。

(2) 根据有关化合物的摩尔折射度,求出 CH_3、Cl、C、H 等基团或原子的摩尔折射度。

(3) 按表 2.53 数据,计算各化合物的摩尔折射度的理论值,并与实验结果做比较。

思考题

1. 举例说明摩尔折射度有哪些应用?

2. 摩尔折射度实验测定的误差来源主要有哪些? 试估算其相对误差。

参考文献

1. 孙尔康,徐维清,邱金恒. 物理化学实验. 南京:南京大学出版社,1999

2. 北京大学化学学院物理化学实验教学组. 物理化学实验.第四版. 北京:北京大学出版社,2002

3. 复旦大学等.蔡显鄂, 项一非, 刘衍光修订. 物理化学实验.第二版. 北京:高等教育出版社,1993

(雷群芳)

实验 58　偶极矩的测定

实验导读

从偶极矩的数据可以了解分子的对称性,判别其几何异构体和分子的主体结构等问题。偶极矩一般是通过测定介电常数、密度,折射率和浓度来求算的。对介电常数的测定除电桥法外,其他主要还有拍频法和谐振法等,对于气体和电导很小的液体以拍频法为好,有相当电导的液体用谐振法较为合适,对于有一定电导但不大的液体用电桥法较理想。虽然电桥法不如拍频法和谐振法精确,但设备简单,价格便宜。测定偶极矩的方法除由对介电常数等的测定来求算外,还有分子射线法、分子光谱法、温度法以及利用微波谱的斯塔克效应等。应当注意,溶液法测得的溶质偶极矩和气相测得的真空值之间存在着偏差,造成这种偏差现象主要是由于在溶液中存在有溶质分子与溶剂分子以及溶剂效应。

实验目的

(1)用电桥法测定极性物质在非极性溶剂中的介电常数和分子偶极矩。

(2)了解溶液法测定偶极矩的原理、方法和计算,并了解偶极矩与分子电性质的关系。

实验原理

1)偶极矩与极化度

分子呈电中性,但由于空间构型的不同,正、负电荷中心可重合也可不重合,前者称为非极性分子,后者称为极性分子,分子极性大小常用偶极矩 μ 来度量,其定义为

$$\boldsymbol{\mu} = qd \tag{2.147}$$

式中:q 是正、负电荷中心所带的电荷量;d 为正、负电荷中心间距离;$\boldsymbol{\mu}$ 为向量,其方向规定为从正到负,因为分子中原子间距离的数量级为 10^{-10} m,电荷数量级为 10^{-20}C,所以偶极矩的数量级为 10^{-30}C·m。

极性分子具有永久偶极矩,在没有外电场存在时,由于分子热运动,偶极矩指向各方向机会均等,故其偶极矩统计值为零。若将极性分子置于均匀的外电场中,分子会沿电场方向做定向转动,同时分子中的电子云对分子骨架发生相对移动,分子骨架也会变形,这叫分子极化,极化的程度可由摩尔极化度(P)来衡量。因转向而极化称为摩尔转向极化度($P_{转向}$)。由变形所致的为摩尔变形极化度($P_{变形}$)。而 $P_{变形}$ 又是电子极化($P_{电子}$)和原子极化($P_{原子}$)之和。显然

$$P = P_{转向} + P_{变形} = P_{转向} + (P_{电子} + P_{原子}) \tag{2.148}$$

已知 $P_{转向}$ 与永久偶极矩 μ 的平方成正比,与热力学温度成反比,即

$$P_{转向} = \frac{4}{9}\pi L \frac{\mu^2}{k_b T} \tag{2.149}$$

式中:k_b 为玻耳兹曼常量;L 为阿伏伽德罗常量。

对于非极性分子,因 $\mu = 0$,其 $P_{转向} = 0$,所以 $P = P_{电子} + P_{原子}$。

外电场若是交变电场,则极性分子的极化与交变电场的频率有关。当电场的频率小于 10^{10} s^{-1} 的低频电场下,极性分子产生摩尔极化度为转向极化度与变形极化度之和。若在电场频率为 $10^{12} \sim 10^{14}$ s^{-1} 的中频电场下(红外光区),因为电场交变周期小于偶极矩的松弛时间,极性分子的转向运动跟不上电场变化,即极性分子无法沿电场方向定向,即 $P_{转向} = 0$,此时分子的摩尔极化度 $P = P_{电子} + P_{原子}$。当交变电场的频率大于 10^{15} s^{-1}(即可见光和紫外光区)极性分子的转向运动和分子骨架变形都跟不上电场的变化,此时 $P = P_{电子}$,所以如果我们分别在低频和中频的电场下求出欲测分子的摩尔极化度,并把这两者相减,即为极性分子的摩尔转向极化度 $P_{转向}$,然后代入式(2.149),即可算出其永久偶极矩 μ。

因为 $P_{原子}$ 只占 $P_{变形}$ 中 5% ~ 15%,而实验时由于条件的限制,一般总是用高频电场来代替中频电场,所以通常近似地把高频电场下测得的摩尔极化度当成摩尔变形极化度,即

$$P = P_{电子} = P_{变形}$$

2)极化度与偶极矩的测定

对于分子间相互作用很小的系统,Clausius-Mosotti-Debye 从电磁理论推得摩尔极化度 P 与介电常数 ε 之间的关系为

$$P = \frac{\varepsilon - 1}{\varepsilon + 2} \times \frac{M}{\rho} \tag{2.150}$$

式中: M 为相对分子质量; ρ 为密度。

因式(2.150)是假定分子与分子间无相互作用而推导出的,所以它只适用于温度不太低的气相系统。然而,测定气相介电常数和密度在实验上困难较大,对于某些物质,气态根本无法获得,于是就提出了溶液法,即把欲测偶极矩的分子溶于非极性溶剂中进行。但在溶液中测定总要受溶质分子间,溶剂与溶质分子间以及溶剂分子间相互作用的影响。若以测定不同浓度溶液中溶质的摩尔极化度并外推至无限稀释,这时溶质所处的状态就和气相时相近,可消除溶质分子间的相互作用。于是在无限稀释时,溶质的摩尔极化度 P_2^∞ 就可看成式(2.151)中 P。

$$P = P_2^\infty = \lim_{x_2 \to 0} P_2 = \left[\frac{3\alpha\varepsilon_1}{(\varepsilon_1 + 2)^2} \right] \frac{M_1}{\rho_1} + \left(\frac{\varepsilon_1 - 1}{\varepsilon_2 + 2} \right) \frac{M_2 - \beta M_1}{\rho_1} \tag{2.151}$$

式中: ε_1、M_1、ρ_1 分别为溶剂的介电常数,相对分子质量和密度; M_2 为溶质的相对分子质量; α、β 分别为常数,可由下面两个稀溶液的近似式(2.152)和式(2.153)求出。

$$\varepsilon = \varepsilon_1(1 + \alpha x_2) \tag{2.152}$$

$$\rho = \rho_1(1 + \beta x_2) \tag{2.153}$$

式中:ε、ρ 和 x_2 分别为溶液的介电常数、密度和溶质的摩尔分数。

因此,从测定纯溶剂的 ε_1、ρ_1 以及不同浓度(x_2)溶液的 ε、ρ,代入式(2.151)就可求出溶质分子的总摩尔极化度。

根据光的电磁理论,在同一频率的高频电场作用下,透明物质的介电常数 ε 与折射率 n 的关系为

$$\varepsilon = n^2 \tag{2.154}$$

常用摩尔折射度 R_2 来表示高频区测得的极化度。此时 $P_{转向}=0, P_{原子}=0$,则

$$R_2 = P_{变形} = P_{电子} = \left(\frac{n^2-1}{n^2+2}\right)\frac{M}{\rho} \tag{2.155}$$

同样测定不同浓度溶液的摩尔折射度 R,外推至无限稀释,就可求出该溶质的摩尔折射度公式。

$$R_2^\infty = \lim_{x_2\to 0} R_2 = \frac{6n_1^2 M_1\gamma}{(n_1^2+2)^2\rho} + \left(\frac{n_1^2-1}{n_2^2+2}\right)\frac{M_2-\beta M_1}{\rho_1} \tag{2.156}$$

式中:n_1 为溶剂摩尔折射率;γ 为常数。可由式(2.157)求出

$$n = n_1(1+\gamma x_2) \tag{2.157}$$

式中:n 为溶液的摩尔折射率。

综上所述,可得

$$P_{转向} = P_2^\infty - R_2^\infty = \frac{4}{9}\pi L\frac{\mu^2}{k_b T} \tag{2.158}$$

$$\mu = \frac{3}{2}\sqrt{\frac{k_b}{\pi L}}\sqrt{(P_2^\infty - R_2^\infty)T} \tag{2.159}$$

3) 介电常数的测定

介电常数是通过测定电容,计算而得到。按定义

$$\varepsilon = \frac{C}{C_0} \tag{2.160}$$

式中:C_0 为电容器两极板间处于真空的电容量;C 为充以电介质时的电容量。

由于小电容测量仪测定电容时,除电容池两极间的电容 C_0 外,整个测试系统中还有分布电容 C_d 的存在,所以实测的电容应为 C_0 和 C_d 之和,即

$$C_x = C_0 + C_d \tag{2.161}$$

C_0 值随介质而异,但 C_d 对同一台仪器而言是一个定值,故实验时,需先求出 C_d 值,并在各次测量值中扣除,才能得到 C_0 值。求 C_d 的方法是测定一已知介电常数的物质来求得。

仪器与试剂

仪器 精密电容测定仪 1 台;密度瓶 1 只;阿贝折光仪 1 台;25 mL 容量瓶 5

只；5 mL 注射器 1 支；超级恒温槽 1 台；10 mL 烧杯 5 只；5 mL 刻度移液管 1 支；滴管 5 支。

试剂　环己烷(AR)；乙酸乙酯(AR)。

实验步骤

1）配制溶液

用称量法配制摩尔分数 x_2 为 0.05，0.10，0.15，0.20，0.30 的溶液各 25 mL。算出溶液的准确浓度，操作时注意防止溶液的挥发和吸收极性较大的水气。

2）折光率的测定

用阿贝折光仪测定环己烷，以及 5 个溶液在 25℃ ±0.1℃ 条件下的折射率。

3）密度测定

用密度瓶法测定水、环己烷和 5 个溶液的密度，由式(2.162)计算各溶液的密度

$$\rho_i = \frac{m_i - m_0}{m_{H_2O} - m_0} \rho_{H_2O} \tag{2.162}$$

式中：m_0 为空瓶质量；m_{H_2O} 为水的质量；m_i 为溶液质量；ρ_i 为在 t℃时溶液的密度。

4）介电常数的测定

(1) C_d 的测定。以环己烷为标准物质，其介电常数的温度关系式为

$$\varepsilon = 2.052 - 1.55 \times 10^{-3} t \tag{2.163}$$

式中：t 为测定时的温度，℃。

用吸球将电容池样品室吹干，并将电容池与电容测定仪连接线接上，在量程选择键全部弹起的状态下，开启电容测定仪工作电源，预热 10 min，用调零旋钮调零，然后按下(20 PF)键，待数显稳定后记下，此即是 $C_空$。

用移液管量取 1 mL 环己烷注入电容池样品室，然后用滴管逐滴加入样品，至数显稳定后，记录下 C(注意样品不可多加，样品过多会腐蚀密封材料渗入恒温腔，实验无法正常进行)。然后用注射器抽去样品室内样品，再用吸球吹扫，至数显的数字与 $C_空$ 的值相差无几(<0.02 PF)，否则需再吹。

(2) 按上述方法分别测定各浓度溶液的 C，每次测 C 后均需复测 $C_空$，以检验样品室是否还有残留样品。

注意事项：乙酸乙酯易挥发，配制溶液时动作应迅速，以免影响浓度。本实验溶液中防止含有水分，所配制溶液的器具需干燥，溶液应透明不发生浑浊。测定电容时，应防止溶液的挥发及吸收空气中极性较大的水气，影响测定值。电容池各部件的连接应注意绝缘。

结果与讨论

(1) 以各溶液的折射率对摩尔分数 x_2 作图，求出 γ 值。

(2) 计算环己烷及各溶液的密度 ρ，作 ρ-x_2 图，求出 β 值。

（3）计算各溶液的 ε，作 ε-x_2 图，求出 α 值。

（4）计算偶极矩 μ。

思考题

1. 准确测定溶质摩尔极化度和摩尔折射度时，为什么要外推至无限稀释？

2. 试分析实验中引起误差的因素，如何减少误差？

3. 偶极矩有哪些应用？

参考文献

1. 孙尔康，徐维清，邱金恒. 物理化学实验. 南京：南京大学出版社，1999

2. 北京大学. 物理化学实验. 第四版. 北京：北京大学出版社，2002

3. 复旦大学等. 物理化学实验. 第二版. 北京：高等教育出版社，1993

（雷群芳）

实验 59　配合物的磁化率测定

实验导读

用测定磁矩的方法可判别化合物是共价配合物还是电价配合物。共价配合物以中心离子的空价电子轨道接受配位体的孤对电子，以形成共价配价键，为了尽可能多成键，往往会发生电子重排，以腾出更多的空的价电子轨道来容纳配位体的电子对。有机化合物绝大多数分子都是由反平行自旋电子配对而形成的价键，因此，这些分子的总自旋矩也等于零，它们必然是反磁性的。帕斯卡(Pascal)分析了大量有机化合物的摩尔磁化率的数据，总结得到分子的摩尔反磁化率具有加和性。此结论可用于研究有机物分子结构。从磁性测量中还能得到一系列其他资料。例如，测定物质磁化率对温度和磁场强度的依赖性可以判断是顺磁性，反磁性或铁磁性的定性结果。对合金磁化率测定可以得到合金组成，也可研究生物系统中血液的成分等。

实验目的

（1）掌握古埃(Gouy)法测定磁化率的原理和方法。

（2）通过测定一些配合物的磁化率，求算未成对电子数和判断这些分子的配键类型。

实验原理

1）磁化率

物质在外磁场作用下会被磁化产生一附加磁场。物质的磁感应强度等于

$$\boldsymbol{B} = \boldsymbol{B}_0 + \boldsymbol{B}' = \mu_0 \boldsymbol{H} + \boldsymbol{B}' \tag{2.164}$$

式中：$\boldsymbol{B}_0$ 为外磁场的磁感应强度；$\boldsymbol{B}'$ 为附加磁感应强度；$\boldsymbol{H}$ 为外磁场强度；μ_0 为真空磁导率，其数值等于 $4\pi \times 10^{-7}$ N·A^{-2}。

物质的磁化可用磁化强度 M 来描述，M 也是矢量，它与磁场强度成正比。

$$M = \chi H \tag{2.165}$$

式中:χ 为物质的体积磁化率。在化学上常用质量磁化率 χ_m 或摩尔磁化率 χ_M 来表示物质的磁性质。

$$\chi_m = \chi / \rho \tag{2.166}$$

$$\chi_M = M\chi_m = \chi M / \rho \tag{2.167}$$

式中:ρ、M 分别是物质的密度和相对分子质量。

2）分子磁矩与磁化率

物质的磁性与组成物质的原子、离子或分子的微观结构有关,当原子、离子或分子的两个自旋状态电子数不相等,即有未成对电子时,物质就具有永久磁矩。由于热运动,永久磁矩指向各个方向的机会相同,所以该磁矩的统计值等于零。在外磁场作用下,具有永久磁矩的原子、离子或分子会顺着外磁场的方向排列。除了其永久磁矩(其磁化方向与外磁场相同,磁化强度与外磁场强度成正比)表现为顺磁性外,还由于它内部的电子轨道运动有感应的磁矩,其方向与外磁场相反,表现为逆磁性,此类物质的摩尔磁化率 χ_M 是摩尔顺磁化率 $\chi_{顺}$ 和摩尔逆磁化率 $\chi_{逆}$ 之和,即

$$\chi_M = \chi_{顺} + \chi_{逆} \tag{2.168}$$

对于顺磁性物质,$\chi_{顺} \gg |\chi_{逆}|$,可作近似处理,$\chi_M = \chi_{顺}$。对于逆磁性物质,则只有 $\chi_{逆}$,所以它的 $\chi_M = \chi_{逆}$。

第三种情况是物质被磁化的强度与外磁场强度不存在正比关系,而是随着外磁场强度的增加而剧烈增加,当外磁场消失后,它们的附加磁场,并不立即随之消失,这种物质称为铁磁性物质。

磁化率是物质的宏观性质,分子磁矩是物质的微观性质,用统计力学的方法可以得到摩尔顺磁化率 $\chi_{顺}$ 和分子永久磁矩 μ_m 之间的关系

$$\chi_{顺} = \frac{L\mu_m^2 \mu_0}{3k_b T} = \frac{C}{T} \tag{2.169}$$

式中:L 为阿伏伽德罗常量;k_b 为玻耳兹曼常量;T 为热力学温度。

物质的摩尔顺磁化率与热力学温度成反比这一关系,称为居里定律,是居里(Curie)首先在实验中发现,C 为居里常数。

物质的永久磁矩 μ_m 与它所含有的未成对电子数 n 的关系为

$$\mu_m = \mu_B \sqrt{n(n+2)} \tag{2.170}$$

式中:μ_B 为玻尔磁子,其物理意义是单个自由电子自旋所产生的磁矩,即

$$\mu_B = \frac{eh}{4\pi m_e} = 9.274 \times 10^{-24} (J \cdot T^{-1}) \tag{2.171}$$

式中:h 为普朗克常量;m_e 为电子质量。

因此,只要实验测得 χ_M,即可求出 μ_m,算出未成对电子数。这对于研究某些原子或离子的电子组态,以及判断配合物分子的配键类型是很有意义的。

3）磁化率的测定

将装有样品的圆柱形玻璃管悬挂在两磁极中间，使样品底部处于两磁极的中心（见 3.1.7 节），亦即磁场强度最强区域，样品的顶部则位于磁场强度最弱，甚至为零的区域。这样，样品就处于一不均匀的磁场中，设样品的截面积为 A，样品管的长度方向为 dS 的体积，AdS 在非均匀磁场中所受到的作用力 dF 为

$$dF = \chi \mu_0 HAdS \frac{dH}{dS} \tag{2.172}$$

式中：$\dfrac{dH}{dS}$ 为磁场强度梯度，对于顺磁性物质的作用力，指向场强度最大的方向，反磁性物质则指向场强度弱的方向，当不考虑样品周围介质（如空气，其磁化率很小）和 H_0 的影响时，整个样品所受的力为

$$F = \int_{H=H}^{H_0=0} \chi \mu_0 HAdS \frac{dH}{dS} = \frac{1}{2} \chi \mu_0 H^2 A \tag{2.173}$$

当样品受到磁场作用力时，天平的另一臂加减砝码使之平衡，设 Δm 为施加磁场前后的质量差，则

$$F = \frac{1}{2} \chi \mu_0 H^2 A = g \Delta m \tag{2.174}$$

由于 $\chi = \chi_m \rho$，$\rho = m/(hA)$ 代入式（2.174）整理，得

$$\chi_m = \frac{2hg \Delta m M}{\mu_0 m H^2} \tag{2.175}$$

式中：h 为样品高度；m 为样品质量；M 为样品相对分子质量；ρ 为样品密度；μ_0 为真空磁导率，$\mu_0 = 4\pi \times 10^{-7} N \cdot A^{-2}$。

磁场强度 H 可用特斯拉计测量，或用已知磁化率的标准物质进行间接测量。例如，用莫尔盐 $[(NH_4)_2SO_4 \cdot FeSO_4 \cdot 6H_2O]$，已知莫尔盐的 χ_m 与热力学温度 T 的关系式为

$$\chi_m = \frac{9500}{T+1} \times 4\pi \times 10^{-9} (m^3 \cdot kg^{-1}) \tag{2.176}$$

仪器与试剂

仪器　古埃磁天平 1 台；特斯拉计 1 台；样品管 1 支。

试剂　$(NH_4)_2SO_4 \cdot FeSO_4 \cdot 6H_2O(AR)$；$FeSO_4 \cdot 7H_2O(AR)$；$K_4Fe(CN)_6 \cdot 3H_2O$（AR）；$K_3Fe(CN)_6(AR)$。

实验步骤

（1）将特斯拉计的探头放入磁铁的中心架中，套上保护套，调节特斯拉计的数字显示为"0"。

（2）除下保护套，把探头平面垂直置于磁场两极中心，打开电源，调节"调压旋

钮",使电流增大至特斯拉计上显示约"0.3"T,调节探头上下、左右位置,观察数字显示值,把探头位置调节至显示值为最大的位置,此乃探头最佳位置。用探头沿此位置的垂直线,测定离磁铁中心多高处 $H_0=0$,这也就是样品管内应装样品的高度。关闭电源前,应调节调压旋钮使特斯拉计数字显示为零。

(3) 用莫尔盐标定磁场强度。取一支清洁的干燥的空样品管悬挂在磁天平的挂钩上,使样品管正好与磁极中心线齐平,(样品管不可与磁极接触,并与探头有合适的距离)准确称取空样品管质量($H=0$)时,得 $m_1(H_0)$;调节旋钮,使特斯拉计数显为"0.300 T"(H_1),迅速称量,得 $m_1(H_1)$,逐渐增大电流,使特斯拉计数显为"0.350 T"(H_2),称量得 $m_1(H_2)$,然后略微增大电流,接着退至(0.350 T)H_2,称量得 $m_2(H_2)$,将电流降至数显为"0.300 T"(H_1)时,再称量得 $m_2(H_1)$,再缓慢降至数显为"0.000 T"(H_0),又称取空管质量得 $m_2(H_0)$。这样调节电流由小到大,再由大到小的测定方法是为了抵消实验时磁场剩磁现象的影响。

$$\Delta m_{空管}(H_1) = \frac{1}{2}\left[\Delta m_1(H_1) + \Delta m_2(H_1)\right]$$

$$\Delta m_{空管}(H_2) = \frac{1}{2}\left[\Delta m_1(H_2) + \Delta m_2(H_2)\right]$$

其中

$$\Delta m_1(H_1) = m_1(H_1) - m_1(H_0); \Delta m_2(H_1) = m_2(H_1) - m_2(H_0)$$

$$\Delta m_1(H_2) = m_1(H_2) - m_1(H_0); \Delta m_2(H_2) = m_2(H_2) - m_2(H_0)$$

(4) 取下样品管用小漏斗装入事先研细并干燥过的莫尔盐,并不断让样品管底部在软垫上轻轻碰击,使样品均匀填实,直至所要求的高度(用尺准确测量),按前述方法将装有莫尔盐的样品管置于磁天平上称量,重复称空管时的路程。得到:$m_{1空管+样品}(H_0)$,$m_{1空管+样品}(H_1)$,$m_{1空管+样品}(H_2)$,$m_{2空管+样品}(H_2)$,$m_{2空管+样品}(H_1)$,$m_{2空管+样品}(H_0)$。求出 $\Delta m_{空管+样品}(H_1)$和 $\Delta m_{空管+样品}(H_2)$。

(5) 同一样品管中,同法分别测定 $FeSO_4 \cdot 7H_2O$,$K_4Fe(CN)_6 \cdot 3H_2O$ 的 $\Delta m_{空管+样品}(H_1)$和 $\Delta m_{空管+样品}(H_2)$。

测定后的样品均要倒回试剂瓶,可重复使用。

注意事项:所测样品应事先研细,放在装有浓硫酸的干燥器中干燥。空样品管需干燥洁净。装样时应使样品均匀填实。称量时,样品管应正好处于两磁极之间,其底部与磁极中心线齐平。悬挂样品管的悬线勿与任何物件相接触。样品倒回试剂瓶时,注意瓶上所贴标志,切忌倒错瓶子。

结果与讨论

(1) 由莫尔盐的单位质量磁化率和实验数据计算磁场强度值。

(2) 计算 $FeSO_4 \cdot 7H_2O$、$K_3Fe(CN)_6$ 和 $K_4Fe(CN)_6 \cdot 3H_2O$ 的 χ_M,μ_m 和未成对电子数。

（3）根据未成对电子数讨论 $FeSO_4 \cdot 7H_2O$ 和 $K_4Fe(CN)_6 \cdot 3H_2O$ 中 Fe^{2+} 的最外层电子结构以及由此构成的配键类型。

思考题

1．不同励磁电流下测得的样品摩尔磁化率是否相同？

2．用古埃磁天平测定磁化率的精密度与哪些因素有关？

3．磁化率与物质结构有怎样关系？

参考文献

1．孙尔康,徐维清,邱金恒. 物理化学实验. 南京:南京大学出版社,1999

2．北京大学. 物理化学实验. 第四版. 北京:北京大学出版社,2002

3．复旦大学等. 物理化学实验. 第二版. 北京:高等教育出版社,1993

（雷群芳）

实验 60　B-Z 化学振荡反应

实验导读

化学振荡是一种宏观层次的时空有序结构,其稳定存在的前提是:系统敞开并且远离平衡。普里高京将那些在敞开和远离平衡的条件下,通过能量耗散和内部的非线性动力学机制,形成并得以维持的宏观有序结构,称为耗散结构。化学振荡就是一种耗散结构。化学振荡反应由于其丰富的谱图信息以及作为一种探索生命系统内周期性现象的重要途径而备受关注,其中研究最多和较为深入的是 B-Z 振荡反应及 FKN 机理。

自 20 世纪 50 年代以来,化学振荡的应用日益广泛,其中在分析化学中应用较多。当系统中存在浓度振荡时,其振荡频率与催化剂浓度间存在依赖关系,据此可测定作为催化剂的某些金属离子的浓度。应用化学振荡还可以测定阻抑剂,当向系统中加入能有效地结合振荡反应中的一种或几种关键物质的化合物时,可以观察到振荡系统的各种异常行为,如振荡停止,在一定时间内抑制振荡的出现,改变振荡特征(频率、振幅、形式等),而其中某些参数与阻抑剂浓度间存在线性关系,据此可测定各种阻抑剂。在化学振荡基础上发展起来的电化学振荡更广泛地用于仿生学、临床医学等理论研究和应用实践。人们根据生物膜或人工膜对某些分子(乙醇、糖类、胺等)具有独特的电势振荡特征来模拟味觉、嗅觉的生物过程,作为识别分子的信号来模仿味觉和嗅觉器官,在食品检测与控制、环境保护等领域具有广阔的应用前景;脑电波、心电图(电势差振荡)等也在临床诊断和病理研究中获得应用;在生物信息传递方面,根据动物大脑的电势振荡方式对外界刺激所产生的响应建立的神经动力学模型,研究生物神经活动过程,探索人们对动物以及人的大脑活动的认识之谜,从而进一步为人类服务。

实验目的

（1）了解 B-Z 反应的基本原理,掌握研究化学振荡反应的一般方法。

（2）测定振荡反应的诱导期与振荡周期，并求有关反应的表观活化能。

实验原理

最受人们重视并且被广泛深入研究的化学振荡反应是 Belousov-Zhabotindsy（B-Z）反应。所谓 B-Z 系统是由溴酸盐、有机物在酸性介质中，在有（或无）金属离子催化剂催化下构成的系统，由前苏联化学家 B. P. Belousov 于 1958 年发现，后经 A. M. Zhabotinsky 深入研究而得名。对于以 B-Z 反应为代表的化学振荡现象，目前被普遍认同的是 FKN 机理，反应主要过程为：

（1）Ce^{4+} 的还原过程

$$BrO_3^- + Br^- + 2H^+ \longrightarrow HBrO_2 + HBrO \tag{2.177}$$

$$HBrO + Br^- + H^+ \longrightarrow Br_2 + H_2O \tag{2.178}$$

$$HBrO_2 + Br^- + H^+ \longrightarrow 2HOBr \tag{2.179}$$

$$2HBrO_2 \longrightarrow BrO_3^- + HOBr + H^+ \tag{2.180}$$

$$CH_2(COOH)_2 + Br_2 \longrightarrow CHBr(COOH)_2 + Br^- + H^+ \tag{2.181}$$

$$6Ce^{4+} + CH_2(COOH)_2 + 2H_2O \longrightarrow 6Ce^{3+} + HCOOH + 2CO_2 + 6H^+ \tag{2.182}$$

$$4Ce^{4+} + CHBr(COOH)_2 + 2H_2O \longrightarrow 4Ce^{3+} + HCOOH + 2CO_2 + 5H^+ + Br^- \tag{2.183}$$

（2）Ce^{3+} 的氧化过程

$$H^+ + BrO_3^- + HBrO_2 \longrightarrow 2BrO_2 \cdot + H_2O \tag{2.184}$$

$$H^+ + Ce^{3+} + \cdot BrO_2 \longrightarrow Ce^{4+} + HBrO_2 \tag{2.185}$$

反应式（2.177）～反应式（2.179）产生游离溴分子，溴分子在反应式（2.181）中使丙二酸溴化，溴代丙二酸在反应式（2.183）中使 Ce（Ⅳ）还原成 Ce（Ⅲ），反应式（2.181）与反应式（2.183）使 Br^- 浓度增大，从而使得反应式（2.177）～反应式（2.179）正向进行，这又导致 Br^- 浓度下降。当 Br^- 浓度非常低时，发生反应式（2.184）和反应式（2.185），$\cdot BrO_2$ 自由基使得 Ce^{3+} 氧化到 Ce^{4+}，Ce^{4+} 浓度的积累[反应式（2.184）和反应式（2.185）]与 Br^- 浓度的积累同步发生，当系统中 Br^- 离于浓度达到一临界值时，反应式（2.184）停止，反应式（2.179）发生，产生振荡现象。

仪器与试剂

仪器　超级恒温槽；FJ-3001 型实验监控仪；计算机；夹套反应器；电磁搅拌器；铂电极；溴离子选择性电极；双液接饱和甘汞电极。

试剂　$0.128\ mol \cdot L^{-1}\ CH_2(COOH)_2$；$3.2\ mol \cdot L^{-1}\ H_2SO_4$；$0.252\ mol \cdot L^{-1}$ $KBrO_3$；$0.01\ mol \cdot L^{-1}\ Ce(NH_4)_2(NO_3)_6$。

实验步骤

（1）连接振荡反应装置。

（2）依次打开实验监控仪、计算机，启动程序，在"项目管理"中的菜单中选择打开"振荡反应"。选择"测量"，在"输入控制"的标签页中打开"温控开关"，然后在"温度控制"的模拟量输出框内输入所需的温度，并"输出"，然后打开恒温槽，开始恒温。

（3）分别取 25 mL 上述浓度的丙二酸、硫酸、溴酸钾、硝酸铈铵溶液放于试管中，然后置于恒温槽中恒温。

（4）在"周期采样"的标签页中，设定采样周期为 1 s，采样时间为 50 min，在"同时测定参数"复选框中选中需要测定的参数。

（5）待恒温后，将丙二酸、硫酸、溴酸钾溶液依次加入反应器中，打开搅拌器，按下"周期采样"的标签页中的"开始采样"按钮，计时，系统运行后，把硝酸铈铵溶液加入到反应器中。

（6）切换到"动态曲线"的标签页，计算机自动绘制动态曲线。记录 $t = 0$ 到出现转折曲线的时间 $t_{诱}$。待出现 3～4 个峰时，读出两个峰顶间隔的时间 $t_{振}$，由几个峰顶间隔求出平均值。

（7）待完成了一个温度曲线后，按下"周期采样"中的"停止采样"，重新设置温度，重复实验步骤（3）～（7）。

注意事项：本实验中各个组分的混合顺序对系统的振荡行为有影响，因此实验中应固定混合顺序，先加入丙二酸、硫酸、溴酸钾，系统运行后，再加入硝酸铈铵。振荡周期除受温度影响外，还可能与各反应物的浓度有关。

结果与讨论

（1）观察并记录实验中溶液颜色的变化。

（2）作 $\ln \dfrac{1}{t_{振}}$ 对 $1/T$ 图，由斜率 $= -E_a/R$ 求出 FKN 机理中过程式（2.182）和式（2.183）反应的表观活化能。

思考题

1．为什么 B-Z 振荡反应有诱导期？反应何时进入振荡期？

2．系统中哪一步反应对振荡行为最为关键？为什么？

3．其他卤素离子，如 Cl^-、I^- 都很容易和 $HBrO_2$ 反应，如果在振荡反应中的开始或者中间加入这些离子，将会出现什么情况，请用 FKN 机理加以分析。

参考文献

1. 胡英. 物理化学参考. 北京：高等教育出版社，2003
2. 李如生. 非平衡态热力学和耗散结构. 北京：清华大学出版社，1986
3. Goldbeer A. Biochemical Oscillations and Cellular Rhythms：The Molecular Based of Periodic and Chaotic Behavior. Cambridge，UK：Cambridge University Press，1996
4. 殷学锋. 新编大学化学实验. 北京：高等教育出版社，2002

（王国平）

2.3　拓展性实验

实验 61　分光光度法测定蔗糖酶的米氏常量

实验导读

　　酶是生物催化剂。酶催化反应在生物学、食品工业、医药工业等方面起着十分重要的作用。酶催化反应虽然也服从催化反应的一般规律,但又具有本身的特点:与其他催化反应相比,转化速率快、效率高,比一般催化剂的效率高 $10^7 \sim 10^{13}$;具有很高的选择性,在常温常压下能高效利用能量;对反应温度和酸度要求严格,通常要求在中性溶液中才具有很高的活性,溶液酸度会改变酶的结构,在高 pH 和低 pH 介质中都使转化速率减小,温度的影响也相似。近年来酶的工业应用取得很快进展。例如,把淀粉糖化酶、青霉素酶负载在多孔玻璃纤维素或聚苯乙烯树脂上,制成不溶性固体化酶应用于工业生产。但是,因酶催化反应机理异常复杂,常以某些假设作为基础,导出简单的反应动力学方程来描述酶催化反应的动力学行为,目前比较成熟的是 Michaelis 和 Menten 提出的机理。其中一个重要物理量是米氏常量,它与底物和酶浓度无关,相当于酶与底物形成的中间配合物的解离常数,其值越小,表示酶与底物反应越完全,因此它用来表征酶的特性。

实验目的

　　(1) 用分光光度法测定蔗糖酶的米氏常量。

　　(2) 了解影响酶催化转化速率的因素。

实验原理

　　酶转化速率主要与底物浓度、酶浓度、温度和溶液 pH 有关。在一定温度、溶液 pH 和酶浓度条件下,转化速率随底物浓度增加而增大,直至底物浓度过量,转化速率不再增大,此时速率最大,以 v_m 表示。图 2.67 表示转化速率与底物浓度的关系。Michaelis-Menten 提出下列反应机理解释酶催化反应

$$E + S \underset{k_{-1}}{\overset{k_1}{\rightleftharpoons}} ES$$

$$ES \overset{k_2}{\longrightarrow} E + P$$

第二步反应是慢反应,k_2 较小,采用平衡态近似法得

$$K_m = \frac{k_{-1}}{k_1} = \frac{[E][S]}{[ES]} = \frac{([E]_0 - [ES])[S]}{[ES]} = \frac{[E]_0[S]}{[ES]} - [S] \tag{2.186}$$

从式(2.186)得

$$[ES] = \frac{[E]_0[S]}{K_m + [S]} \tag{2.187}$$

$$v = k_2[\text{ES}] = \frac{k_2[\text{E}]_0[\text{S}]}{K_m + [\text{S}]} = \frac{v_m[\text{S}]}{K_m + [\text{S}]} \tag{2.188}$$

式中:[S]是底物浓度;[ES]是与底物结合的酶浓度;[E]$_0$是总的酶浓度;[E]是游离态的酶浓度。当底物浓度[S]很大时,[S]≫K_m,达到最大速率 $v_m = k_2[\text{E}]_0$。

Briggs 认为[ES]很小,用稳态近似法处理也得到相同的方程,只不过 K_m 代表的意义不同,为

$$K_m = \frac{k_{-1} + k_2}{k_1} \tag{2.189}$$

不论哪种形式,都称为 Michaelis-Menten(米氏)常量。式(2.188)能解释酶催化转化速率与底物浓度的关系。将式(2.188)进行整理,得

$$\frac{1}{v} = \frac{1}{v_m} + \frac{K_m}{v_m[\text{S}]} \tag{2.190}$$

以 $1/v$ 对 $1/[\text{S}]$ 作图为直线,直线与横坐标的交点的负倒数即为 K_m,或从斜率和截距求得 K_m,如图 2.68 所示。

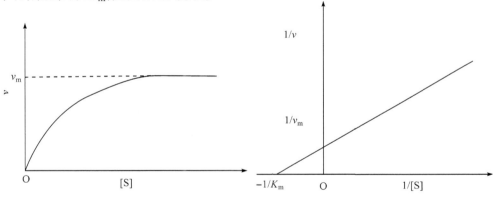

图 2.67　酶催化速率与[S]关系曲线　　　　图 2.68　米氏方程的直线

本实验测定蔗糖酶催化蔗糖(底物)水解为一分子葡萄糖和一分子果糖反应的米氏常量。转化速率用单位时间内葡萄糖浓度的增加来表示,反应采用初始速率法,即在相同的酶浓度下,测定不同蔗糖浓度时的反应开始阶段的速率。葡萄糖可被 3,5-二硝基水杨酸(DNS)加热氧化为棕红色的氨基化合物,在 540 nm 有吸收峰,因此用分光光度法可测定葡萄糖浓度。

仪器与试剂

仪器　分光光度计 1 台;1 cm 比色皿 1 套;恒温水浴 1 套;秒表 1 只;25 mL 容量瓶 9 只;10 mL 试管 9 只;50 mL 容量瓶 5 只;5 mL 容量瓶 6 只;1 mL 移液管 10 支;2 mL 移液管 4 支。

试剂　葡萄糖(AR);0.1 mol·L^{-1}蔗糖溶液;蔗糖酶溶液(约 5 单位·mL^{-1});
3,5-二硝基水杨酸(DNS)试剂;0.1 mol·L^{-1} NaAc-HAc 缓冲液(pH4.6);
1 mol·L^{-1} NaOH 溶液。3,5-二硝基水杨酸试剂配制:182 g 酒石酸钾溶于 500 mL
水中加热,加入 6.3 g DNS 和 262 mL 2 mol·L^{-1} NaOH 溶液,再加 5 g 重蒸酚和 5
g 亚硫酸钠,溶解冷却,定容为 1000 mL,棕色试剂瓶保存;蔗糖酶溶液制备:在 50
mL 锥形瓶中,放入 10 g 鲜酵母,加 0.8 g NaAc,搅拌 15 min 使团块溶化后,加 1.5
mL 甲苯,塞住瓶口,摇动 10 min,再放入 37℃恒温箱保温 60 h。取出后加 1.6 mL
4 mol·L^{-1}HAc 和 5 mL 水,使 pH 为 4.5 左右。3000 r·min^{-1}离心 30 min 后,分为
三层:上层水、下层固体、中层为酶溶液,用滴管取出中层酶溶液。测定酶的活性,
用水稀释为约 5 单位·mL^{-1}(蔗糖酶活性定义:20℃下,在 3 min 内,能使 25 g·L^{-1}
蔗糖溶液产生 1 mg 葡萄糖的酶量,定义为 1 活力单位)。

实验步骤

1) 葡萄糖标准溶液配制

先准确配制 1 g·L^{-1}的葡萄糖标准溶液储备液 250 mL,再用该溶液配制
0.100 g·L^{-1}、0.300 g·L^{-1}、0.500 g·L^{-1}、0.700 g·L^{-1}、0.900 g·L^{-1}的葡萄糖标
准溶液各 50 mL。

2) 标准曲线制作

在 6 只 5 mL 容量瓶中分别加入上述葡萄糖标准溶液 1 mL,最后 1 只加蒸馏
水 1 mL。再各加 1.5 mL DNS 试剂,摇匀后在沸水中加热 5 min,取出冷却,加蒸
馏水稀释至刻度,摇匀,在分光光度计上 540 nm 波长处,以加水的 1 只作参比测定
各溶液的吸光度。用吸光度对葡萄糖标准溶液浓度作标准曲线。

3) 反应

在 9 支 10 mL 比色管中按表 2.55 数据用移液管加入 0.1 mol·L^{-1}蔗糖溶液
和 0.1 mol·L^{-1} NaAc-HAc 缓冲液(pH 4.6),在 35℃恒温水浴中恒温,同时将蔗糖
酶溶液试剂瓶也放在恒温水浴中。用秒表计时,每隔 1 min,依次在上述 9 支比色
管用移液管加入蔗糖酶溶液 2 mL,每个溶液反应 5 min 后,依次加 1 mol·L^{-1}
NaOH 溶液 1 mL 中止反应。

表 2.55　样品加入量

编号	1	2	3	4	5	6	7	8	9
蔗糖溶液/mL	0.00	0.20	0.25	0.30	0.35	0.40	0.50	0.60	0.80
HAc 缓冲液/mL	2.00	1.80	1.75	1.70	1.65	1.60	1.50	1.40	1.20
加酶时间/min	0	1	2	3	4	5	6	7	8
加 NaOH 时间/min	5	6	7	8	9	10	11	12	13

4）测定

在 9 只 25 mL 容量瓶中，取上述反应液各 0.5 mL，加 1.5 mL DNS 试剂，1.5 mL 蒸馏水，摇匀。沸水中加热 5 min，冷却，以蒸馏水稀释至刻度，摇匀，分别测定吸光度。

结果与讨论

根据测得的反应液的吸光度，在标准曲线上查得葡萄糖糖浓度，结合稀释倍数，计算不同蔗糖浓度下的平均反应初始速率，以 $1/v$ 对 $1/[S]$ 作图，求米氏常量。

思考题

1．本实验的催化反应的转化速率与酶浓度、蔗糖浓度、温度、溶液 pH 有何关系？

2．为什么测定酶的米氏常量要用初始速率法？

3．反应中加入的 HAc 缓冲液、NaOH 溶液和 DNS 试剂分别起什么作用？

4．为什么加酶和 NaOH 溶液时要记时，而加 DNS 试剂时不要记时？

5．本实验中，蔗糖溶液和蔗糖酶溶液浓度是否需要准确，为什么？

6．米氏常量值与蔗糖溶液和蔗糖酶溶液浓度是否有关系？

参考文献

1．复旦大学. 物理化学实验. 第二版. 北京：高等教育出版社，1993

2．甘斯祚. 应用物理化学（第三分册：催化作用及其反应动力学）. 北京：高教出版社，1992

（王永尧）

实验 62　　分光光度动力学分析法测定乙醇脱氢酶的活力

实验导读

化学动力学分析法是一种基于非稳态系统的分析方法，分析信号受化学动力学的控制，这是该种分析方法区别于其他平衡态分析方法的重要特征。19 世纪末，最早的动力学分析从研究和测定酶的活力开始，到 20 世纪中期，已经发展了多种动力学分析法，其中包括非酶催化动力学分析，非催化反应动力学分析以及利用转化速率差异测定被分析物等新方法。动力学分析中，转化速率的监测是一个核心问题，一般是通过监测反应物的消耗或产物生成的速率作为分析的信号，因此必须要求反应物或生成物能产生可以被检测的信号，如光学信号、电化学信号等。另外，分析系统中任何要影响转化速率的因素如 pH，温度等条件均必须加以严格控制。待测试样中如存在可以加速或抑制反应的杂质，均会干扰动力学分析的结果。20 世纪 70 年代开始，由于动力学分析仪器的改进（如流动注射仪）以及化学计量学的发展使动力学分析结果的重现性有了很大的提高。

实验目的

（1）学习动力学分析的原理和方法。

（2）了解动力学分析法在酶活力分析中的应用。

实验原理

乙醇脱氢酶在 β-烟酰胺腺嘌呤二核苷酸(氧化形式)(NAD)存在下且在弱碱范围内,能催化乙醇的脱氢反应生成乙醛。这一反应可以用分光光度计于 340 nm 处测定吸光度增大的情况来跟踪,因为在酶反应过程中 NAD 会变成其还原形式(NADH),而 NADH 在 340 nm 处有最大吸收,且这种变化速率随乙醇脱氢酶的不同活性而异。

酶催化反应历程一般符合下述规律

$$S + E \underset{k_{-1}}{\overset{k_1}{\rightleftharpoons}} ES \overset{k_2}{\longrightarrow} E + P$$

式中:S 代表底物;E 表示酶;ES 表示底物与酶的复合物;P 代表产物。

上述反应的动力学方程符合米氏(Michaelis)公式

$$v = \frac{k_2[E_0][S]}{K_m + [S]} \tag{2.191}$$

当[S]很大时,$K_m \ll [S]$,$v = k_2[E_0]$,即转化速率与酶的总浓度成正比而与底物 S 的浓度无关。因此,在这一条件下,可以通过测定转化速率而测得酶的总浓度(或总活力)。

酶的活力可用酶活力单位表示,一个乙醇脱氢酶单位相当于在规定条件下每分钟还原 1 μmol NAD 时所需的酶量。

仪器与试剂

仪器　紫外可见分光光度计;pH 计;50 mL 容量瓶;秒表。

试剂　①重磷酸钠缓冲液(pH 为 8.8):取 1.427 g 十水重磷酸钠($Na_4P_2O_7 \cdot 10H_2O$)溶于 50 mL 的蒸馏水,并用 1 $mol \cdot L^{-1}$的氢氧化钠溶液将 pH 调至 8.8,用蒸馏水定容至 100 mL;②底物溶液:取 12.12 mL 浓度为 95% 的乙醇溶于蒸馏水,并定容至 100 mL;③辅酶溶液:用蒸馏水溶解 897 mg β-烟酰胺腺嘌呤二核苷酸(NAD, $C_{21}H_{27}N_7O_{12}P_2 \cdot 3H_2O$),并定容至 50 mL;④磷酸盐缓冲液(pH 为 7.5):将 0.1 $mol \cdot L^{-1}$的磷酸氢二钠溶液(Na_2HPO_4)加入 0.1 $mol \cdot L^{-1}$的磷酸二氢钾溶液(KH_2PO_4)中去,直至 pH 达到 7.5 时停止添加;⑤明胶缓冲液(pH 为 7.5):取 1.0 g明胶在加热情况下溶于 700 mL 左右蒸馏水,加 100 mL 磷酸盐缓冲液。检查 pH,如不是 7.5,则需将它调至 7.5。用蒸馏水定容至 1000 mL;⑥酶溶液:将酶溶于磷酸盐缓冲液,使浓度达到 1 $mg \cdot mL^{-1}$。在测定即将开始前,用明胶缓冲液稀释该溶液。配制溶液的浓度应为 0.05~0.25 $mg \cdot mL^{-1}$。

实验步骤

(1) 用移液管向 1 cm 比色皿内移入 1.5 mL 重磷酸钠缓冲液、0.50 mL 底物溶液和 1.0 mL 辅酶溶液,用 25℃恒温循环水浴保温(需在带有恒温装置的分光光度计内进行,如无此装置,可省略这步,此时实验测得的数据为室温下的酶活力)。

（2）加入 0.10 mL 酶溶液，并按动秒表。在连续大约 4 min 内，每隔 1 min 读取 340 nm 处的吸光度，直至每分钟吸光度的增大值达到稳定为止。

结果与讨论

填写实验数据记录（表 2.56）。

表 2.56　实验数据记录

t/min	0	1	2	3	4
A_{340}					
ΔA_{340}					

酶的活力按式（2.192）计算

$$\text{酶的活力}(\text{U} \cdot \text{mg}^{-1}) = \frac{\Delta A_{340} \times 3.1}{6.2 \times E_{\text{W}}} \tag{2.192}$$

式中：ΔA_{340} 为 340 nm 处每分钟吸光度的增大值；E_{W} 为每毫升酶液中含酶的质量（mg）；6.2 为 NADH 的摩尔吸光系数；3.1 为试液的总体积。

举例：测定一个乙醇脱氢酶样品。从该样品中称取 25.8 mg，定容至 250 mL，再按 1:250 稀释。0.10 mL 此稀释溶液中含样品 4.13×10^{-5} mg。每分钟的吸光度增大值为 0.0970。则酶活力 = $(0.0970 \times 3.1)/(6.2 \times 4.13 \times 10^{-5})$ = 1175（$\text{U} \cdot \text{mg}^{-1}$）。

本实验中乙醇脱氢酶的活力为：_____（$\text{U} \cdot \text{mg}^{-1}$）

思考题

1. 采用什么样的实验装置可以使酶活力的测定方法更加自动化？

2. 酶催化反应的动力学方程是怎样的？乙醇脱氢酶在催化乙醇脱氢的整个过程中，转化速率是否是均匀的？

3. 动力学分析法能否测定底物的浓度？为什么？

4. 如果是测定葡萄糖氧化酶的活力，能否用光度法来检测单位时间内底物的变化量？如果不能，应该用什么方法来检测？

参考文献

1. David Harvey. Modern Analytical Chemistry. McGraw-Hill international Edition, 1999
2. 张志琪. 高等学校化学学报, 1994, 15(4):512~514
3. 唐波. 分析化学, 2001, 29(3):347~354
4. 李建平. 理化检验（化学分册）, 1997, 33(10):459~461
5. Pardue H L. Anal Chim Acta, 1989, 216:69~107

（邬建敏）

实验 63　分光光度法测定蛋白质与配体之间的结合常数

实验导读

研究蛋白质与配体间的结合，无论是对阐明蛋白质分子结构与功能的关系，还是对医学、药学和化学领域的研究工作都有极其重要的理论意义。Klotz 等以甲基橙(MO)与牛血清蛋白(BSA)复合系统为研究对象,系统地研究了蛋白质与小分子相互作用的理论与模型,并提出了一系列的实验研究方法,分光光度滴定法测定蛋白质与小分子配体间的相互作用常数即为其中的一种研究方法。近年来,相继发展了研究蛋白质与小分子(尤其是药物分子)之间相互作用的新方法和新手段,主要包括平衡透析法、微透析-HPLC 联用法,荧光光谱法,质谱分析法等。由于许多药物的靶标为蛋白质、酶等生物大分子,了解不同化合物对这些靶标的结合常数,对于药物先导化合物的发现非常重要。

实验目的

(1) 学习用分光光度法测定蛋白质与配体结合常数的原理和方法。

(2) 了解蛋白质与配体间结合的多重平衡理论模型。

(3) 了解分子光谱法在蛋白质与小分子相互作用研究中的应用。

(4) 学习实验数据的计算机拟合方法。

实验原理

1) 蛋白质与配体间的结合常数

蛋白质与一个特定的配体有多个结合位点,并且配体与蛋白质上的结合位点是分步结合的,因而,蛋白质与配体之间存在多重平衡。目前已有多种数学模型描述这种多重平衡关系。以下是两种模型的基本原理。

第一种模型定义了蛋白质上每一个结合位点的微观结合常数。首先假定每个结合位点是相互独立的,也就是说每个结合位点与一个特定配体的亲和力与其他位点是否已结合配体无关。比如某种蛋白有两个结合位点 A 和 B,如图 2.69 所示,如果位点 B 是空的,则位点 A 的微观结合常数是 k_1,如 B 位点是被占据的,则位点 A 的微观结合常数为 k_4。同样的,当位点 A 在空的以及被占据的情况下,位点 B 的微观结合常数分别是 k_2 和 k_3。这些微观结合常数可用下面平衡式表示

$$P + L \rightleftharpoons PL_a \qquad k_1 = \frac{[PL_a]}{[P][L]} \qquad (2.193)$$

$$P + L \rightleftharpoons PL_b \qquad k_2 = \frac{[PL_b]}{[P][L]} \qquad (2.194)$$

$$PL_a + L \rightleftharpoons PL_aL_b \qquad k_3 = \frac{[PL_aL_b]}{[PL_a][L]} \qquad (2.195)$$

$$PL_b + L \rightleftharpoons PL_aL_b \qquad k_4 = \frac{[PL_aL_b]}{[PL_b][L]} \qquad (2.196)$$

式中:P 和 L 分别代表游离态的蛋白质和配体。显然,如果结合位点是独立的,则有 $k_1 = k_4, k_2 = k_3$。

第二种模型使用了与 $1, 2, 3, \cdots, n$ 个配体结合的蛋白总浓度这一概念,且定

义了化学计量结合常数。例如,与一个配体结合的蛋白质总浓度[PL]等于[$PL_a +$
PL_b]如图 2.70 所示。

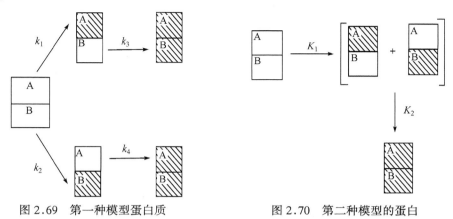

图 2.69　第一种模型蛋白质　　　　　　图 2.70　第二种模型的蛋白
　　　　结合位点示意图　　　　　　　　　　　结合位点示意图

平衡关系可用下列式子表示

$$P + L \rightleftharpoons PL \qquad K_1 = \frac{[PL_a + PL_b]}{[P][L]} = \frac{[PL]}{[P][L]} \qquad (2.197)$$

$$P + L \rightleftharpoons PL_2 \qquad K_2 = \frac{[PL_aL_b]}{[PL_a + PL_b][L]} = \frac{[PL_2]}{[PL][L]} \qquad (2.198)$$

式中:K_1 和 K_2 表示化学计量结合常数。

综合式(2.194)~式(2.198),可以得到如下关系

$$K_1 = k_1 + k_2 \qquad (2.199)$$

$$K_2 = \frac{k_1 k_3}{k_1 + k_2} = \frac{k_2 k_4}{k_1 + k_2} \qquad (2.200)$$

Klotz 认为分析蛋白质与配体相互作用数据时,采用计量结合常数更为方便,
因为采用这种常数所需要定义的蛋白-配体间的结合常数要比微观结合常数所需
定义的数量少得多。例如,一个蛋白质如果有 n 个相互独立的结合位点,则有
$2^{n-1}n$ 个微观结合常数,但计量结合常数只需 n 个。

2)分光光度法测定结合常数的方法原理

根据吸光度加和性原理,溶液的总吸光度等于各物质吸光度的总和,即

$$A_t = \sum_{i=1}^{n} \varepsilon_i b c_i = \sum \alpha_i c_i \qquad (2.201)$$

如果选择某个波长进行测定,在这个波长下只有游离态的配体以及结合态的
配体有吸收,则

$$A_t = A_f + A_p \tag{2.202}$$

式中:f 和 p 分别表示游离态和结合态的配体,则有

$$A_t = \alpha_f[L] + \alpha_1[PL_a] + \alpha_2[PL_b] + 2\alpha_3[PL_aL_b] \tag{2.203}$$

根据 $[PL_aL_b] = [PL_2]$ 的关系以及式(2.193)、式(2.194)、式(2.197)、式(2.199)。式(2.203)可以重新整理为

$$A_t = \alpha_f[L] + \frac{\alpha_1 k_1 + \alpha_2 k_2}{k_1 + k_2}[PL] + 2\alpha_3[PL_2] \tag{2.204}$$

定义 $\alpha_1 = \dfrac{\alpha_1 k_1 + \alpha_2 k_2}{k_1 + k_2}$,$\alpha_2 = \alpha_3$,则式(2.204)可简单地表示为

$$A_t = \alpha_f[L] + \alpha_1[PL] + 2\alpha_2[PL_2] \tag{2.205}$$

如果在不同位点上结合的配体的吸光系数均相同,即 $\alpha_1 = \alpha_2 = \alpha_p$,则

$$A_t = \alpha_f[L] + \alpha_p([PL] + 2[PL_2]) \tag{2.206}$$

如果要完整地表征一个蛋白质与配体之间的相互作用,理论上应该测定总的结合位点数 n,以及在所有位点上的结合常数,这是非常复杂的。本实验仅测定配体与蛋白质的一级结合常数 K_1。

如果蛋白总浓度大于配体的总浓度,可以近似地认为:结合有多个配体的蛋白质浓度忽略不计,在这种情况下

$$P_t \approx P + PL \tag{2.207}$$

$$L_t \approx L + PL \tag{2.208}$$

将式(2.207)和式(2.208)代入式(2.197)和式(2.206),得

$$K_1 = \frac{[PL]}{(P_t - [PL])(L_t - [PL])} \tag{2.209}$$

$$A_t = \alpha_f[L] + \alpha_1[PL] = \alpha_f(L_t - [PL]) + \alpha_1[PL] \tag{2.210}$$

通过测定一系列配体浓度相同而蛋白质浓度从低至高溶液的各个吸光度,则可以通过最小二乘曲线拟合法将式(2.209)和式(2.210)中的 K_1 和 α_1 计算出来。这一过程可以用计算机程序来处理,而 α_f 可以通过测定浓度已知的配体溶液的吸光度计算出来。

仪器与试剂

仪器　紫外-可见分光光度计;计算机;容量瓶(25 mL);移液枪。

试剂　牛血清蛋白(BSA);甲基橙(AR);pH=7.2 的磷酸缓冲溶液。

实验步骤

(1) 本实验的缓冲系统为 pH=7.2 的缓冲溶液,离子强度 $I = 0.5 \text{ mol·kg}^{-1}$,温度为 22℃ ±0.5℃。在该 pH 下,甲基橙(MO)几乎为 100% 电离,将 BSA 溶解于蒸馏水中,MO 的钠盐也溶于蒸馏水中,BSA 溶液的实际浓度通过测定 279 nm 的

吸光度得到,在该波长下 BSA 的摩尔吸光系数为 44 162 L·mol^{-1}·cm^{-1},BSA 的摩尔质量为 66 210 g·mol^{-1}。

（2）在 25 mL 容量瓶中配制 6 个 MO 浓度为 11.4×10^{-6} mol·L^{-1},BSA 浓度分别为 0 mol·L^{-1}、1.6×10^{-5} mol·L^{-1},2.0×10^{-5} mol·L^{-1},4.0×10^{-5} mol·L^{-1},6.0×10^{-5} mol·L^{-1},8.0×10^{-5} mol·L^{-1}的溶液。五个含 BSA 的溶液中,BSA 的最低浓度应高于 MO 的浓度,以符合式(2.207)和式(2.208)成立的条件。用紫外可见分光光度计测定溶液的吸光度,比色皿厚度为 1 cm。为消除蛋白质溶液的浊度对吸光度测定的影响,空白参比溶液采用只含有 BSA 的溶液。

（3）在 400～600 nm 范围内扫描同浓度的 MO 及 MO-BSA 复合物的吸收光谱曲线,可以发现在 490 nm 处 MO 的吸光度与 MO-BSA 复合物的吸光度差异最大(把这种吸光度的差值记作为 ΔA),这种吸光度的差异是由于 MO 与 BSA 结合后,分子极化率发生改变从而影响其分子轨道能级差所引起的。因此,本实验在 490 nm 处测定上述六个溶液的吸光度,将各 MO-BSA 复合物吸光度与同浓度 MO 吸光度的差值 ΔA 对 BSA 浓度作图。

（4）采用实验原理中所述的曲线拟合法即可以测定出 MO 与 BSA 的一级结合常数 K_1。

结果与讨论

（1）实验数据记录(表 2.57)。

表 2.57　MO-BSA 复合物中 BSA 浓度及 MO 吸光度实验值记录表

复合物中 BSA 总浓度/(mol·L^{-1})	0	1.6×10^{-5}	2.0×10^{-5}	4.0×10^{-5}	6.0×10^{-5}	8.0×10^{-5}
吸光度 A						
ΔA						

（2）实验数据拟合。$\Delta A = A_t - A_0 = A_t - \alpha_f L_t$,根据式(2.210)可得

$$\Delta A = PL(\alpha_1 - \alpha_f) \tag{2.211}$$

式(2.211)中的 PL 可用式(2.209)代入,这样式(2.211)就转变成 ΔA 与 BSA 总浓度的函数关系,K_1,α_1 是函数式中的常数项,可用 SPSS 数据分析软件拟合 ΔA 与 BSA 浓度的关系,以求得 K_1 和 α_1。也可用尝试法计算,预先设定大量不同的 K_1 和 α_1 数据,将计算得到的 ΔA 与实验得到的 ΔA 比较,最接近时的一组 K_1 和 α_1 数据即为实验值。

$K_1 = $ ＿＿＿＿＿＿＿,$\alpha_1 = $ ＿＿＿＿＿＿＿。

思考题

1. 式(2.206)中,如果 $\alpha_2 \gg \alpha_1$,本实验的方法还能适用吗?

2. 为何在每个溶液中 BSA 的浓度必须要大于 MO 的浓度?

3．除了用分光光度法检测信号外,是否还可以用其他方法检测 MO 与 BSA 结合的信号。

4．查阅参考文献,设计一个新的实验方案,采用平衡透析法测定 MO 与 BSA 的结合常数。

参考文献

1．Klotz L M,Walker F M,Pivan RB. J Am Chem Soc,1946,68:1486
2．Klotz L M. J Am Chem Soc,1946,68:2299
3．Klotz L M,Triwush H,Walker F M. J Am Chem Soc,1948,70:2935
4．周秋云,俞英.分析化学,2003,31(8):976
5．汪海林,邹汉法,张玉奎.中国科学(B)辑,1998,28(1):71
6．梁宏.中国科学(B)辑,2001,31(6):530

（邬建敏）

实验 64　紫外分光光度法测定苯甲酸的解离常数

实验导读

分光光度法是从比色法发展而来,紫外分光光度法则是光度法在紫外光区的拓展,主要用于有不饱和键或共轭系统的有机化合物的检测,也可利用形成多元配合物间接检测无机化合物。除了常规的根据朗伯-比尔定律而进行定量分析以外,由于不同的官能团有其独特的吸收特性,故而也可以进行简单的定性分析。利用光度法进行配合物的某些物理常数的检测既方便又有效,从 20 世纪 70 年代开始就已经有相当广泛的应用,同时也有了相应的理论研究。

实验目的

（1）了解紫外分光光度计的基本原理、仪器结构和操作方法。

（2）掌握采用紫外吸收光谱法测定苯甲酸解离常数的原理和方法。

实验原理

光度法是测定大多数有机弱酸或弱碱的解离常数的常用方法,适用的条件是它们的酸式型和碱式型的吸收曲线不重叠。具体方法介绍如下:

现以一元弱酸 HL 为例,在溶液中有如下平衡关系

$$HL \rightleftharpoons H^+ + L^-$$

$$pK_a = pH + \lg \frac{[HL]}{[L^-]} \tag{2.212}$$

从式(2.212)可知,只要在某一确定的 pH 下,知道[HL]与[L⁻]的比值就可以计算 pK_a。HL 与 L⁻ 互为共轭酸碱、它们的平衡浓度之和等于弱酸 HL 的分析浓度 c。只要两者都遵从朗伯-比尔定律,就可以通过测定溶液的吸光度求得[HL]和[L⁻]的比值。具体做法是,配制 3 个浓度 c 相等而 pH 不同的 HL 溶液,在某一确定的波长下,用 1.0 cm 的吸收池测量各溶液的吸光度 A,并用酸度计测量各溶

液的 pH,各溶液的吸光度为

$$A = \varepsilon_{HL}[HL] + \varepsilon_{L^-}[L^-] = \varepsilon_{HL}\frac{[H^+]c}{K_a + [H^+]} + \varepsilon_{L^-}\frac{K_a c}{K_a + [H^+]} \quad (2.213)$$

$$c = [HL] + [L^-]$$

在高酸性介质中,可以认为溶液中该酸只以 HL 型体存在,仍在以上确定的波长下测定吸光度,则

$$A_{HL} = \varepsilon_{HL}[HL] \approx \varepsilon_{HL}c$$

$$\varepsilon_{HL} = \frac{A_{HL}}{c} \quad (2.214)$$

在碱性介质中,该酸主要以 L⁻ 型体存在,这时依然在以上波长下测量吸光度,则

$$A_{L^-} = \varepsilon_{L^-}[L^-] \approx \varepsilon_{L^-}c$$

$$\varepsilon_{L^-} = \frac{A_{L^-}}{c} \quad (2.215)$$

将式(2.214)、式(2.215)代入式(2.213),整理后得

$$K_a = \frac{[H^+][L^-]}{[HL]} = \frac{A_{HL} - A}{A - A_{L^-}}[H^+]$$

$$pK_a = pH + \lg\frac{A - A_{L^-}}{A_{HL} - A} \quad (2.216)$$

这是用光度法测定一元弱酸解离常数的基本关系式,式中 A_{HL}、A_{L^-} 分别为在一定波长下弱酸定量地以 HL、L⁻ 型体存在时溶液的吸光度,A 为某一确定 pH 时溶液的吸光度。上述各值均可由实验测定。将测定的数据代入式(2.216)就可算出 pK_a 值。对于 c 相同而在不同确定波长下测定 HL 溶液的吸光度,就可算出 pK_a 值,然后取其平均值。

苯甲酸在溶液中有如下电离平衡

$$C_6H_5COOH + H_2O \rightleftharpoons C_6H_5COO^- + H_3O^+$$

其酸式与酸根阴离子具有不同的吸收特性,这样,就可利用它在不同介质中的吸光度通过式(2.216)来计算出它们的解离常数。

仪器与试剂

仪器 紫外可见分光光度计;配 1 cm 石英比色皿;数字式 pH 计;50 mL 容量瓶 3 只。

试剂 1×10^{-3} mol·L⁻¹苯甲酸溶液。实验时在 3 只 50 mL 容量瓶中各移取 5.0 mL 苯甲酸溶液,然后分别用 0.1 mol·L⁻¹H₂SO₄、0.1 mol·L⁻¹NaOH 和水稀释至刻度。

实验步骤

(1) 吸收曲线的测定。依次取苯甲酸的三种溶液于比色皿中,以各自相应的溶剂为参比,在波长为 $200\sim300$ nm 之间扫描得吸收曲线,并在 $235\sim285$ nm 范围内每隔 5 nm 打印相应的吸光度值,记录各试样的吸收曲线上指定波长的吸光度数据。

(2) 用 pH 计测量三种溶液的 pH,并记录实验室温度。

结果与讨论

(1) 计算出各个指定波长下苯甲酸的解离常数及平均值,并将结果与文献值比较。

(2) 讨论试样的解离常数与溶剂的 pH 及温度的关系。

(3) 讨论在不同溶液中最大吸收波长的变化情况。

思考题

1. 有机物结构与紫外吸收波长间关系如何?

2. 紫外分光光度法适用于什么样品?

3. 比较紫外分光光度仪和可见分光光度仪结构上的异同点。

4. 为什么实验中要求苯甲酸的浓度要一致?

参考文献

1. 北京大学化学系仪器分析教学组. 仪器分析教程. 北京:高等教育出版社,1997

2. 方惠群,于俊生,史坚. 仪器分析. 北京:科学出版社,2002:303~304

(张培敏)

实验 65　FTIR 分析乙烯与乙酸乙烯酯 二元共聚物薄膜中乙酸乙烯酯的含量

实验导读

红外光谱能对聚合物的化学性质、立体结构、构象、序态、取向等提供定性和定量的信息,在鉴定聚合物的各组分含量、主链结构、取代基位置、双键位置、侧链结构以及老化和降解机理的研究中得到广泛应用。近年来,傅里叶变换红外光谱(FTIR)仪发展迅速,已经成为红外光谱分析的主要仪器。它具有大能量输出、高信噪比、高波数精度及扫描速率快等优点,用 FTIR 能观察到以前色散型红外光谱仪所不能察觉到的高聚物中细微的结构变化。同时 FTIR 可以把光谱以数据的形式储存到计算机内,根据需要进行各种光谱计算,如差示光谱、微分、导数、去卷积、因子分析等,使高分子的红外光谱研究得以深入的发展。此外,FTIR 对各基团吸收峰面积的测量更加方便和准确,使得红外光谱应用于定量分析的精度有很大的提高。

实验目的

(1) 了解傅里叶红外光谱仪的构造和常用附件,学习仪器的操作方法。

(2) 掌握聚合物红外光谱分析的制样技术。

(3) 学习红外光谱图的解谱方法。

实验原理

由于乙烯与乙酸乙烯酯共聚物中乙酸乙烯酯的 C—O 键在 1020 cm^{-1} 处有一特征吸收峰,可以根据该特征吸收峰对乙酸乙烯酯在共聚物中的含量进行定量分析。但是,根据朗伯-比尔定律,如果采用透射光谱,吸收峰的强弱还与样品薄膜的厚度有关,制样厚度不同时,吸收峰的绝对强度会有变化。如果采用衰减全反射(ATR)光谱,红外光对不同薄膜样品的穿透深度有差异,因而即使是各样品中乙酸乙烯酯的含量相同,1020 cm^{-1} 处的吸收峰绝对强度也会不同。所以用该吸收峰的绝对强度进行定量,不太可靠。Koopmans 等采用了吸收峰相对强度的方法,建立了共聚物中乙酸乙烯酯含量的测定方法。由于聚乙烯与聚乙酸乙烯酯中均有 C—H 键,聚合物中 C—H 键的红外吸收峰主要有 2900 cm^{-1} 左右处的伸缩振动吸收峰及 720 cm^{-1} 处的面外摇摆振动峰,其中 720 cm^{-1} 处的吸收峰更具特征性,因而可以将该峰作为参比峰。1020 cm^{-1} 处 C—O 键的吸收峰强度与 720 cm^{-1} 处 C—H 键的吸收强度之比值与乙酸乙烯酯在共聚物中的含量呈线性关系。根据这一关系,可以对乙烯/乙酸乙烯酯共聚物中乙酸乙烯酯做定量分析。

仪器与试剂

仪器 傅里叶变换红外光谱仪;衰减全反射(ATR)附件。

试剂 乙酸乙烯酯的质量分数在 0.02~0.40 的乙烯/乙酸乙烯酯共聚物薄膜作为标准试样(也可用聚乙烯与聚乙酸乙烯酯共混后制膜代替,控制其中聚乙酸乙烯酯的含量),乙酸乙烯酯含量未知的乙烯/乙酸乙烯酯共聚物薄膜试样。

实验步骤

(1) 打开傅里叶变换红外光谱仪及相应的计算机工作软件,系统自检后,在样品仓内装上 ATR 附件,此时系统会自动识别所用附件,工作参数设置好后,将薄膜样品置于 ATR 附件装置中的反射面上并压住薄膜。

(2) 以 4.0 cm^{-1} 的分辨率对薄膜样品在 400~4000 cm^{-1} 波数范围内进行红外光谱扫描并分别将所得谱图保存在计算机内。依次分析标准试样及未知试样,从相邻峰谷的基线计算峰高,将 1020 cm^{-1} 处及 720 cm^{-1} 处的吸收峰高比值的平均值与乙酸乙烯酯含量作线性回归分析,得到线性关系式。

(3) 根据未知样品中的 1020 cm^{-1} 处和 720 cm^{-1} 处的吸收峰高比值可计算出未知样品中的乙酸乙烯酯含量。图 2.71 为样品中含有乙烯乙酸酯质量相对含量分别为 14%,18%,33%,40% 所得的 FTIR 图谱示例。实验得到的薄膜样品 FTIR 图应与此图类似。实验试样可选测 3～7 种商品化乙烯/乙酸乙烯酯共聚物薄膜。

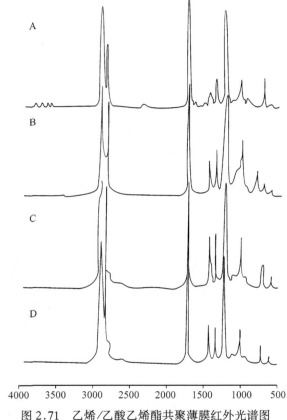

图 2.71　乙烯/乙酸乙烯酯共聚薄膜红外光谱图

乙酸乙烯酯含量分别为:A.40%;B.33%;C.18%;D.14%

结果与讨论

实验数据填入表 2.58。薄膜试样中乙酸乙烯酯红外光谱分析数据填入表 2.59。

表 2.58　实验数据记录表

薄膜中乙酸乙烯酯含量								
峰高比值 1020 cm^{-1}/720 cm^{-1}								
平均值								

乙酸乙烯酯含量与峰高比值(1020 cm^{-1}/720 cm^{-1})的线性回归方程为

_____;相关系数为_____。

表 2.59 薄膜试样中乙酸乙烯酯红外光谱分析数据表

样品编号	1	2	3	4	5
峰高比值 $1020\ cm^{-1}/720\ cm^{-1}$					
平均值					
乙酸乙烯酯含量					

思考题

1. 共聚物薄膜样品中乙酸乙烯酯含量过高,是否会对该组分的定量产生影响?

2. 如果采用透射光谱法,实验应如何进行?

3. 如果在乙烯/乙酸乙烯酯共聚物薄膜中含有其他成分,是否会对乙酸乙烯酯的定量产生干扰?

参考文献

1. 黄玉惠. 高分子学报,1996,4(2):222

2. 薛奇. 高分子结构研究中的光谱方法. 北京:高等教育出版社,1995

3. Koopmans R J, van der Unden R, Vansant E F. Polym Eng Sci,1982,22:879

(邬建敏)

实验 66 原子吸收光谱分析中基体效应对金属元素原子吸收信号的影响

实验导读

原子吸收光谱分析是一种相对分析方法。通过对照标准物中已知含量的待测元素原子吸收信号和试样中待测元素的原子吸收信号,从而确定试样中待测元素的含量。待测元素的原子吸收信号大小取决于该元素在分析区域的基态原子数目,即受待测元素的原子化效率影响。原子化方法应保证待测定元素能有效地被原子化;否则,会影响测定的灵敏度。同时,还要求样品与参考物间各种性质的一致,否则会影响分析结果的准确度。使用不适当的原子化手段和条件而导致待测元素的测定灵敏度降低,称为绝对型干扰。这种干扰对于样品和参考物的影响是相同的。如果是由于样品与参考物基体成分及物理性质不一致而导致对测定准确度的影响,称为相对型干扰。原子吸收光谱分析中,参考物一般选用待测元素的纯金属或纯化合物配制,除使用的溶剂和酸碱介质外,其他的共存成分简单,因而对待测元素的原子化效率影响较小。而样品则不同,其共存成分比较复杂,测定时影响原子化效率的因素较多。原子吸收光谱分析中,由于样品和参考物基体性质的差异,在吸收区单位体积内,两者生成的原子数目不同,产生干扰。这类干扰包括化学干扰、物理干扰和电离干扰等。本实验主要观察物理干扰对原子吸收信号的影响。

实验目的

(1) 观察样品中不同基体成分对待测元素原子吸收信号的影响。

(2) 理解物理干扰产生的原因。

(3) 掌握如何克服物理干扰对元素定量分析的影响。

实验原理

物理干扰是样品与参考物物理性质差异而造成的相对干扰,主要的物理性质有黏度、表面张力及密度等。火焰原子化时,溶液的物理性质不同会严重影响雾化器的雾化过程,如喷雾量、雾滴直径和雾化效率等。本实验中,乙醇的存在及十二烷基磺酸钠(SDS)存在下对铜离子及铬离子的原子吸收(AAS)信号的影响正是由于这种物理干扰所引起的。

解决物理干扰的办法就是让参考物与样品溶液的物理性质接近,如测定海水中的微量成分时,在标准系列中加入与海水浓度相近的氯化钠基体,使两者的盐浓度相近,不仅解决了测定中的物理干扰,也补偿了基体引起的化学干扰和背景干扰。用火焰原子吸收法测定血清中的铜和锌时,应将样品稀释 5 倍左右。若用 5% 的丙三醇稀释样品并配制标准系列,就使二者黏度相近。在火焰法中也可采用流量泵控制喷雾量的办法减小物理干扰。标准加入法也是消除物理干扰的有效手段。

仪器与试剂

仪器　火焰原子吸收分光光度计;空气压缩机;乙炔气钢瓶;容量瓶;移液管。

试剂　100 $\mu g \cdot mL^{-1}$ Cu^{2+} 标准溶液和 Cr^{3+} 标准储备溶液;无水乙醇(AR);十二烷基磺酸钠(SDS,AR);蒸馏水。

实验步骤

(1) 配制 Cu^{2+} 浓度分别为 2.0 $\mu g \cdot mL^{-1}$,6.0 $\mu g \cdot mL^{-1}$,10.0 $\mu g \cdot mL^{-1}$,14.0 $\mu g \cdot mL^{-1}$,20.0 $\mu g \cdot mL^{-1}$ 的标准溶液,并在容量瓶中配制一系列含有 Cu^{2+} 浓度为 10 $\mu g \cdot mL^{-1}$,并含有乙醇体积分数分别为 2%,5%,10%,30%,50% 的试液。

(2) 配制 Cr^{3+} 浓度分别为 2.0 $\mu g \cdot mL^{-1}$,6.0 $\mu g \cdot mL^{-1}$,10.0 $\mu g \cdot mL^{-1}$,14.0 $\mu g \cdot mL^{-1}$,20.0 $\mu g \cdot mL^{-1}$ 的标准溶液,并在容量瓶中配制一系列含有 Cr^{3+} 浓度为 10 $\mu g \cdot mL^{-1}$,并含有 SDS 浓度分别为 1 $mmol \cdot L^{-1}$,5 $mmol \cdot L^{-1}$,10 $mmol \cdot L^{-1}$,20 $mmol \cdot L^{-1}$ 的试液。

(3) 打开火焰原子吸收分光光度计,测定铜元素时,装上铜空心阴极灯光源,采用 Cu 324.8 nm 分析线,灯电流为 4 mA,狭缝宽度为 1 nm,调节燃助比为 1:6,点火后,调整灯位置,火焰高度等。为校正背景吸收对分析信号的影响,应采用背景校正模式,可以用塞曼校正方法,也可用氘灯校正或空白校正方法。将 Cu^{2+} 标准溶液分别喷雾进样,待信号稳定后,记录各标准溶液的吸光度,并作标准曲线。

(4) 将步骤 1 配制的含 Cu^{2+} 浓度均为 10 $\mu g \cdot mL^{-1}$,内含有乙醇体积分数分别为 2%,5%,10%,30%,50% 的试液在上述同样实验条件下进样分析,待信号稳定后,记录各试液吸光度值,观察试液中乙醇含量不同时,铜元素吸收信号的变化,并与 10 $\mu g \cdot mL^{-1}$ 的 Cu^{2+} 标准溶液吸光度信号对照。按标准曲线计算乙醇存在下,试液中 Cu^{2+} 浓度的测定值。计算与实际浓度的偏差。

(5) 测定铬元素时,装上铬空心阴极灯,采用 Cr 357.9 nm 分析线,灯电流为 7.5 mA,狭缝宽度为 1 nm,燃助比为 1:5。并采用背景校正方法测定铬的原子吸收信号,将 Cr^{3+} 标准溶液分别喷雾进样,待信号稳定后,记录各标准溶液的吸光度,并作标准曲线。

(6) 将步骤 2 配制的含 Cr^{3+} 浓度均为 10 $\mu g \cdot mL^{-1}$,内含有 SDS 浓度分别为 1 $mol \cdot L^{-1}$、5 $mol \cdot L^{-1}$、10 $mol \cdot L^{-1}$、20 $mmol \cdot L^{-1}$ 的试液在上述同样实验条件下进样分析,待信号稳定后,记录各试液吸光度值,观察试液中 SDS 含量不同时,铬元素吸收信号的变化,并与 10 $\mu g \cdot mL^{-1}$ 的 Cr^{3+} 标准溶液吸光度信号对照。按标准曲线计算 SDS 存在下,试液中 Cr^{3+} 浓度的测定值。计算与实际浓度的偏差。

(7) 标准加入法校正物理干扰对测定结果的影响:5 份在 Cu^{2+} 浓度为 10 $\mu g \cdot mL^{-1}$,乙醇体积分数为 30% 的 50 mL 试液中分别加入 0.00 mL、0.50 mL、1.00 mL、1.50 mL、2.00 mL 浓度为 100 $\mu g \cdot mL^{-1}$ 的 Cu^{2+} 标液,分别测定铜元素的吸收信号,按标准加入法分析法,测定试样中 Cu^{2+} 的浓度,并与实际值(10 $\mu g \cdot mL^{-1}$)对照,验证标准加入法是否校正了试液中因乙醇的存在而产生的物理干扰。

结果与讨论

(1) Cu^{2+} 及 Cr^{3+} 的标准曲线数据填入表 2.60。

表 2.60 Cu^{2+} 及 Cr^{3+} 的标准曲线数据

$c_{Cu^{2+}}/(\mu g \cdot mL^{-1})$	2.0	6.0	1.0	14	20
A					
$c_{Cr^{3+}}/(\mu g \cdot mL^{-1})$	2.0	6.0	1.0	14	20
A					

Cu^{2+} 标准曲线方程:＿＿＿＿＿＿,相关系数:＿＿＿＿＿;

Cr^{3+} 标准曲线方程:＿＿＿＿＿＿,相关系数:＿＿＿＿＿。

(2) 基体效应对吸光度测定的影响(表 2.61)。

表 2.61 不同浓度乙醇及 SDS 存在下 10 $\mu g \cdot mL^{-1}$ 的 Cu^{2+} 及 Cr^{3+} AAS 吸光度值

乙醇/%(体积分数)	0	2%	5%	10%	30%	50%
A_{Cu}						
$c_{SDS}/(mmol \cdot L^{-1})$	0	1	5	10	20	—
A_{Cr}						

计算在不同浓度基体存在下,10 $\mu g \cdot mL^{-1}$ 的 Cu^{2+} 试液及 Cr^{3+} 试液按标准曲

线法所得的浓度值,总结乙醇对 Cu^{2+}、SDS 对 Cr^{3+} 吸光度测定的影响规律,并解释为何存在这种影响?

(3) 标准加入法对物理干扰的校正(表 2.62)。

表 2.62　标准加入法测定数据

V/mL $(100\ \mu g \cdot mL^{-1} Cu^{2+})$	0.0	0.50	1.0	1.5	2.0
$\Delta c_{Cu^{2+}}$					
A					

以吸光度对浓度的增量作图 A-Δc,与横坐标的交点即为 Cu^{2+} 浓度,与实际值对照并解释为何标准加入法能在一定程度上克服基体的物理干扰。

思考题

1. 什么是原子吸收光谱分析中的基体效应,采用哪些方法可以校正基体效应?
2. 如果采用石墨炉原子化方法,物理干扰是如何产生的?
3. 如何消除化学干扰和电离干扰?
4. 实验中为何要进行光谱背景校正?

参考文献

1. 张锐,黄碧霞,何友昭.原子光谱分析.合肥:中国科学大学出版社,1991
2. Rocha F R P.J Chem Educ,1996,73:982～984

（邹建敏）

实验 67　交联壳聚糖螯合柱富集水样中的痕量 Cu^{2+} 及原子吸收法检测

实验导读

采用天然生物高分子物质吸附、回收或富集水中金属离子是一种处理和富集重金属的新方法,具有广阔的应用前景。许多天然生物高分子物质对重金属(Cu、Cd、Pb、Hg 等)及放射性金属(U、Ra、Th 等)具有较高的选择性吸附性能。壳聚糖是由虾、蟹壳脱钙、蛋白质和脂肪后的甲壳质再经脱乙酰基后得到的天然高分子多糖,资源非常丰富。由于其分子中含有活性基团胺基(—NH₂)和羟基(—OH),对部分重金属离子具有螯合能力,表现出很好的选择性吸附,而且无毒,在水处理方面有良好的应用前景。但是壳聚糖存在着酸溶性、质软、难成形的缺点。以硅胶为基质,壳聚糖通过环氧氯丙烷交联后,包覆在硅胶基质表面的方法可以克服纯壳聚糖作吸附剂时存在的上述缺点。例如,以交联壳聚糖作为痕量重金属离子的富集剂,富集水样中痕量的 Cu^{2+},并用酸洗脱,然后用火焰原子吸收法可准确地测得 Cu^{2+} 的浓度。这种将试样的预富集技术与检测技术相结合的方法已经成为原子光谱分析中用以提高方法灵敏度,降低检测限的重要手段。

实验目的

(1) 学习吸附柱富集-原子吸收联用测定试样中痕量重金属离子的方法。

（2）了解影响富集效率的因素以及富集过程中可能存在的干扰。

（3）掌握分析方法回收率的意义及其测定方法。

实验原理

　　天然水中重金属离子的浓度很低，如果直接用原子吸收分光光度计测定，难以得到显著的吸光度信号，因此必须经富集后才能进行测定。壳聚糖是一种带有胺基的线性高分子多糖，对易与胺基配位的重金属离子 Cu^{2+}、Ni^{2+}、Zn^{2+}、Cd^{2+} 等具有很高的结合能力。由于该吸附剂主要通过螯合方式与重金属离子结合，因此比一般的离子交换树脂对重金属离子具有更高的选择性。壳聚糖经环氧氯丙烷交联后，可以使其在酸碱溶液中稳定存在，使该吸附剂可以重复使用。交联壳聚糖（CTS）吸附剂在 pH=7 的水溶液中对 Cu^{2+} 的螯合能力最强。如果水样的 pH 偏离 7 较大，则应用缓冲液调节水样 pH。HCl 溶液可以破坏 CTS 吸附剂中胺基与 Cu^{2+} 的配位键，因此可以用作洗脱剂，用酸洗脱后的 CTS 柱如要进行下一次富集，必须经过再生处理，恢复其螯合能力。

仪器与试剂

　　仪器　火焰原子吸收分光光度计；数字式酸度计；多用振荡器；恒流泵；电热恒温水温箱。

　　试剂　精制壳聚糖；硅胶（色谱担体，粒径 $100\sim150~\mu m$）；环氧氯丙烷（AR）；二甲基亚砜（AR）；$CuSO\cdot5H_2O$（GR）；$ZnSO_4$（GR）；$1~mol\cdot L^{-1}$ HCl；$6~mol\cdot L^{-1}$ NaOH；$3~mol\cdot L^{-1}$ $NH_3\cdot H_2O$。

实验步聚

　　1）CTS 螯合柱的制备

　　称 2 g 精制壳聚糖溶于 100 mL 1 $mol\cdot L^{-1}$ HCl 中，滤布过滤后去除不溶性残渣，然后边搅拌边在滤液中加入 100 g 硅胶，静置后，低温真空干燥，将其放入平底烧瓶内，加入二甲基亚砜（DMSO）溶液，用超声波分散 15 min，然后在搅拌下加入 6 $mol\cdot L^{-1}$ 的 NaOH，至溶液中 NaOH 为 0.1 $mol\cdot L^{-1}$。然后加入交联剂环氧氯丙烷，使其质量分数达到 1.5%。升温至 80℃，机械搅拌 8 h，过滤去掉溶剂，然后在 3 $mol\cdot L^{-1}$ 氨水中搅拌 3 h。过滤后，用蒸馏水洗至中性，最后用少许丙酮冲洗，干燥后备用（上述步骤由实验室完成）。将 5 g 交联壳聚糖吸附剂装入 $\phi10~mm\times100$ mm 的玻璃柱中，制成 CTS 螯合柱。注意在装柱时不要让气泡进入柱中。装柱完成后，用蠕动泵输送 pH=7.0 的 KH_2PO_4-Na_2HPO_4 磷酸缓冲液用于平衡柱子。

　　2）原子吸收法测定 Cu^{2+} 的标准曲线制作

　　配制 $2.0~\mu g\cdot mL^{-1}$，$6.0~\mu g\cdot mL^{-1}$，$10.0~\mu g\cdot mL^{-1}$，$14.0~\mu g\cdot mL^{-1}$，$20.0~\mu g\cdot mL^{-1}$ 的 Cu^{2+} 标准溶液，用原子吸收分光光度计测定上述标准溶液的原子吸收信号，分析线波长为 324.7 nm，按浓度从稀到浓测定，记录各溶液的吸光度值，用计算机软件绘制标准曲线，并作出线性回归方程。背景校正可以采用塞曼校正方式,也可用空白液校正方式。

3) CTS 螯合柱富集自来水样中 Cu^{2+} 浓度及原子吸收测定

先取 20 mL 的自来水,直接用原子吸收分光光度计按上述方法测定 Cu^{2+} 的原子吸收信号,观察信号大小,平行测定 5 次,计算信号的平均值和变异系数,并作记录。如不能观察到明显的吸收信号(大于 3 倍空白值变异系数的信号可以看成是可被检测的明显信号),说明水样中 Cu^{2+} 浓度太低,小于仪器对 Cu^{2+} 的检测限。

用蠕动泵将 200 mL 自来水以 2 mL·min^{-1} 的流速流过按步骤 1 制备的 CTS 螯合柱,然后再用 10 mL 1.0mol·L^{-1} 的 HCl 以 2 mL·min^{-1} 流速将吸附的离子洗脱,收集洗脱液于 10 mL 比色管中,定容后用原子吸收法测定洗脱液中的 Cu^{2+} 的原子吸收信号,平行测定 5 次,计算原子吸收信号的平均值和变异系数,并与自来水的直接测定信号比较。按标准曲线法计算自来水中的 Cu^{2+} 含量。另在 200 mL 自来水中加入 4 μg 的 Cu^{2+} 以上述同样方法富集 Cu^{2+} 并洗脱,测定洗脱液中的 Cu^{2+} 浓度,计算该方法测定 Cu^{2+} 的回收率。

结果与讨论

(1)标准曲线制作(表 2.63)。

表 2.63　标准曲线数据

Cu^{2+} 浓度/(μg·mL^{-1})	2.0	6.0	10.0	14.0	20.0
吸光度					

标准曲线线性回归方程为:＿＿＿＿,线性相关系数＿＿＿＿。

(2)水样中铜离子的测定数据(表 2.64)。

表 2.64　未富集水样和富集后试样的原子吸收测定值

平行次数	1	2	3	4	5	平均值	变异系数
未富集水样							
富集洗脱液							

对上述两组数据进行对照和分析,讨论水样经富集后进行测定的效果。

(3)方法的回收率分析结果(表 2.65)。

表 2.65　自来水中 Cu^{2+} 的测定结果与回收率数据

Cu^{2+} 测得值/(μg·L^{-1})	加入的 Cu^{2+} 量/μg	加入后的测定值/(μg·L^{-1})	回收率/%

根据回收率数据,评价该方法的可靠性。

思考题

1. 如果自来水中含有 Ni^{2+} 或 Zn^{2+},是否有可能也被 CTS 螯合柱富集? 如能被富集,试设计一实验方案,同时富集和测定水样中痕量的 Cu^{2+}、Ni^{2+} 及 Zn^{2+}。

2．水中大量存在的 Ca^{2+}、Mg^{2+} 是否会对 CTS 富集 Cu^{2+} 产生干扰？如何通过实验来证明这种干扰是否存在以及干扰的程度？

3．水样的 pH 是否会对 Cu^{2+} 的富集产生影响？为什么？

4．除了可以用 HCl 溶液洗脱被吸附的 Cu^{2+} 外，是否还有其他的洗脱方法？

5．CTS 富集柱如何再生？

参考文献

1．Wu J M,Wang Y G.Journal of environmental science,2003(5):633~638
2．殷学锋,刘梅.高等学校化学学报,1994(12):1766~1769
3．韩润平,石杰,李建军,朱路,鲍改玲.化学通报,2000(7):25~28
4．Volesky B,Holand Z R.Biotechnol Prog,1995,11:235~250
5．邬建敏,王莹.环境污染与防治,2001,23(6):276~279
6．王爱霞,张宏,刘琳琳.分析化学,2001,29(11):1284~1287

(邬建敏)

实验 68　高效液相色谱法测定桑叶中芦丁及槲皮素的含量

实验导读

黄酮化合物有明显的抗溃疡、解痉、抗炎、降血脂,清除自由基等生理活性作用,是一种具有广泛应用前景的天然抗氧化剂,其中芦丁及槲皮素为黄酮化合物中的两种代表性化合物,这两种天然产物广泛存在于桑叶及竹叶等植物叶片中,一般在用植物提取有效成分之前,均需对这些天然产物的含量进行测定。芦丁及槲皮素均有紫外吸收,可以用紫外光谱法分析。但由于植物中的成分复杂,用 HPLC 法测定它们的含量是比较好的方法。对于天然产物的色谱分析,一般应首先选择一种合适的溶剂进行提取,对于极性溶剂提取物一般用目前比较成熟的反相液相色谱进行分离。色谱柱往往采用适用性广、柱效高的 C_{18} 柱,流动相一般采用选择性好,价格便宜的甲醇-水系统。由于许多天然产物带有可离子化的基团,因而流动相 pH 的选择也是影响组分分离度的重要因素之一。

实验目的

（1）了解 HPLC 仪器的结构和工作原理,熟悉操作方法。

（2）了解反相液相色谱的分离机制及其应用。

（3）掌握流动相对反相色谱分离的影响规律。

（4）学习天然产物的液相色谱分离和分析方法。

实验原理

芦丁及槲皮素同属黄酮类化合物,它们的化学结构如图 2.72 所示,分子结构中只差一个糖苷键,母体结构相同。这两种化合物在极性溶剂中都有较好的溶解度。本实验采用甲醇来抽提样品中的芦丁及槲皮素,并采用反相 HPLC 模式来分离和测定这两种化合物。由于它们在 254 nm 均有较强的紫外吸收,所以采用紫外检测器在 254 nm 波长对色谱流出物进行检测。黄酮类化合物在分子结构中都有可电离的酚羟基,这样已电离的化合物和未电离的化合物在反相柱上的保留能力将会不同,这种双保留机制会严重影响色谱峰形状,如拖尾、峰变宽等。因此本实验在流动相中加入一定量的磷酸,可抑制酚羟基的电离,改善色谱峰形状。

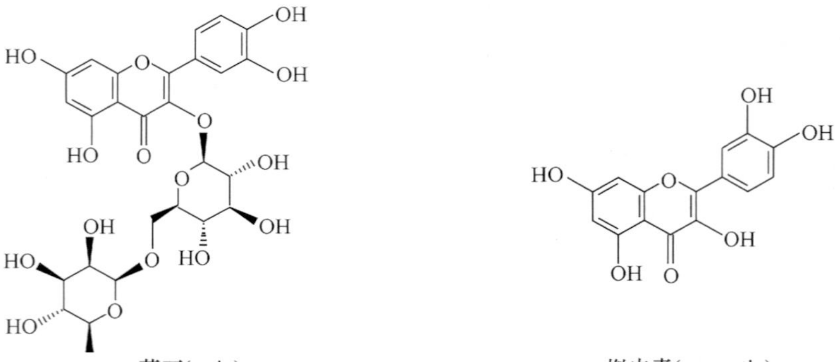

芦丁(rutin)　　　　　　　　　　　　槲皮素(quercetin)

图 2.72　芦丁及槲皮素的化学结构图

仪器与试剂

　　仪器　高效液相色谱系统;色谱工作站;C_{18}反相高效液相柱。

　　试剂　HPLC 级甲醇;磷酸(AR);芦丁及槲皮素混合标样;重蒸水。

实验步骤

　　(1) 打开 HPLC 仪器系统电源,预热 15 min,并将检测波长置于 254 nm。

　　(2) 配制甲醇、水、磷酸混合溶液(体积比为 60:40:0.2),超声波脱气 15 min,然后用 0.45 μm 孔径的醋酸纤维素滤膜抽真空过滤溶液。

　　(3) 用上述溶剂作为色谱流动相,调节流速为 1 mL·min^{-1},平衡色谱柱,观察基线,直至基线平衡。

　　(4) 用微量注射器吸取芦丁及槲皮素混合标样 5 μL,通过六通阀进样,用色谱工作站记录色谱图,观察两物质的出峰情况,在上述流动相条件下,芦丁和槲皮素应该有较好的分离度,而且色谱峰形状对称。

　　(5) 在上述同样条件下分别注入芦丁及槲皮素的单一标样,根据保留时间对上述两峰定性。

　　(6) 改变流动相中甲醇和水的比例,使体积比分别为 40:60;50:50;80:20,磷酸在流动相中的比例保持不变,均为 0.2%。其他色谱条件均不变。观察在上述流动相的条件下,两峰的保留时间变化的规律。并计算各条件下的分离度。

　　(7) 当甲醇:水的比例为 60:40 的条件下,流动相不加磷酸,观察色谱峰的变化。

　　(8) 按表 2.66 数据配制一系列芦丁和槲皮素混合标准溶液,均按步骤(2)~(4)色谱条件进样,将峰面积数据保留存入色谱工作站。

（9）取经风干后的桑叶,用粉碎机粉碎。准确称取试样 4 g,加沸水(或甲醇)100 mL,回流 30 min,减压过滤后用重蒸水(或甲醇)定容于 100 mL 容量瓶中备用。

（10）取样品溶液,按同样方法进样分析,确定样品中芦丁和槲皮素的色谱峰。将色谱峰面积存入工作站,用色谱工作站绘制标准曲线。

（11）根据样品中芦丁及槲皮素的峰面积及工作曲线确定含量。

（12）实验结束后,用甲醇置换分析用流动相,最后关机。

注意事项：竹叶提取物样品进样前必须经过色谱专用的样品过滤膜(0.45 μm)过滤,避免不溶物进入色谱柱堵塞柱子,降低柱效。如有必要可在分析柱前加装 C_{18} 预保护小柱。

结果与讨论

填写芦丁和槲皮素的 HPLC 分析数据(表 2.66)。

表 2.66　芦丁和槲皮素的 HPLC 分析数据

组分名:芦丁	色谱保留时间/min				
标样浓度/($\mu g \cdot mL^{-1}$)	10	20	30	40	50
峰面积					
线性回归方程			相关系数		
试样编号		1	2		3
芦丁峰面积					
芦丁浓度/($\mu g \cdot mL^{-1}$)					
组分名:槲皮素	色谱保留时间/min				
标样浓度/($\mu g \cdot mL^{-1}$)	0.5	1.0	1.5	3.0	6.0
峰面积					
线性回归方程			相关系数		
试样编号		1	2		3
槲皮素峰面积					
槲皮素浓度/($\mu g \cdot mL^{-1}$)					

思考题

1. 根据芦丁及槲皮素的分子结构,能否预测这两种化合物在反相色谱中的出峰先后顺序? 依据是什么?

2. 如果样品提取过程中加酸水解一段时间,色谱峰将发生变化? 为什么?

3. 这两种化合物除了用反相色谱分离之外,还可以用什么色谱模式进行分离?

参考文献

1. 国家医药管理局中草药中心情报站. 药物有效成分手册. 北京：人民卫生出版社,1986

2. 李槟榔. 天然食用抗氧化物的研究进展. 食品与发酵工业, 1990 (4)：17~23

3. 邬建敏, 贾之慎, 唐云湖. 浙江大学学报(农业与生命科学版), 1998, 24(4):339~343

4. 贾之慎, 邬建敏, 唐孟成. 色谱, 1996, 14(6):489~491

(邬建敏)

实验 69　SPE-HPLC 联用测定环境水样中痕量的苯氧乙酸和 2,4-二氯苯氧乙酸

实验导读

固相萃取(SPE) 作为一种新型的样品处理技术已广泛用于水体中有机污染物的痕量富集,与经典的液-液萃取(LLE) 相比,固相萃取具有节省时间、溶剂用量少、不易乳化等优点。SPE 技术目前已成为色谱分析中痕量组分预浓缩的常用技术,特别是在环境痕量有机污染物的分析中有广泛的应用。关于固相萃取水中杀虫剂和除草剂方面的报道很多。

苯氧乙酸及其衍生物具有很强的生物活性,是一类常用的农田除草剂。特别是 2,4-二氯苯氧乙酸(简称 2,4-D) 开发并投入应用以来,苯氧乙酸类除草剂得到了迅速发展和广泛应用。苯氧乙酸类除草剂毒性较小,但仍对人畜有一定的毒副作用,且能在土壤、水体、作物秸秆及果实中残留,因此对苯氧乙酸类除草剂测定方法的研究具有重要的意义。国内外测定苯氧乙酸类除草剂的方法主要有气相色谱法、薄层色谱法及高效液相色谱(HPLC)法。环境水体中残留的苯氧乙酸和 2,4-二氯苯氧乙酸含量很少,需要富集方能检出。本实验选用 C_{18} 小柱进行固相萃取,操作简单方便,溶剂用量很少,具有较高的富集倍数。

实验目的

(1) 学习 SPE 技术富集水样中痕量有机污染物的方法、原理及应用。

(2) 学习 SPE-HPLC 联用技术。

(3) 掌握分析结果的精密度,回收率的试验方法。

实验原理

固相萃取技术基于液相色谱的原理,可以看作是一个简单的色谱过程。吸附剂作为固定相,而流动相即为萃取过程中的水样。当流动相与固定相接触时,其中某些痕量物质(目标物)即被保留在 SPE 柱中,目标物与固定相相互作用的机制,可以是弱极性物之间的疏水作用,也可以是离子间的静电作用,或是抗原与抗体间的相互作用等,本实验采用的 Sep-Pak C_{18}SPE 柱是一种非极性固定相,因此,它能与非极性或弱极性有机物间产生疏水作用,从而保留痕量的目标物,苯氧乙酸和 2,4-二氯苯氧乙酸均含有苯环,这两种分子的极性大小受溶液 pH 的影响,当溶液 pH 调至酸性时,分子中的乙酸根电离被抑制,使分子的极性降低,从而能被疏水性固定相保留。保留在 SPE 柱内的痕量有机物能被少量的有机溶剂洗脱,因而产生

富集效应。固相萃取分为在线和离线两种方式,前者萃取和色谱分析一步完成,而后者萃取和色谱分析分两步完成,原理相同,但实验装置有所不同。在线形式自动化程度高,分析精密度更高。

仪器与试剂

仪器 高效液相色谱系统(包括高压溶剂输送泵、紫外-可见检测器、色谱工作站、柱温箱、六通进样阀等);ODS 液相色谱柱(150 mm×6.0 mm, i. d., 5 μm);Sep-Pak C_{18}固相萃取小柱;容量瓶。

试剂 苯氧乙酸和 2,4-二氯苯氧乙酸标准样品(纯度＞99.5%);甲醇(色谱纯);H_3PO_4(AR);实验用水为二次重蒸水。

实验步骤

1)固相萃取方法

准确量取 50 mL 水样,用 6 mol·L^{-1} NaOH 调 pH 至 11,摇匀,放置 1 h,再用浓盐酸调 pH 至 2.5,然后以 3 mL·min^{-1}的流速通过 Sep-Pak C_{18}小柱。用 1 mL CH_3OH 洗脱,重复 4 次。用纯净水把洗脱液稀释至 5 mL,作为 HPLC 分析试液;注意 Sep-Pak C_{18}小柱在使用前应该用 10 mL 甲醇,5 mL 水依次通过柱子进行活化和清洗处理。

2)色谱分析方法

配制流动相:甲醇-水(体积比 9:1,用 H_3PO_4 调 pH 至 3.0);流速为 1 mL·min^{-1};柱温 40 ℃;UV 检测器波长选定为 275 nm。进样量为 10 μL。分别进三个试样,第一个为含有痕量苯氧乙酸和 2,4-二氯苯氧乙酸的原始水样,第二个样品为水样经固相萃取的试液,第三个样品为苯氧乙酸和 2,4-二氯苯氧乙酸的混合标准溶液。对照三个试样的 HPLC 色谱图,先根据保留时间对照法对色谱峰进行定性,并记录水样经固相萃取后两个组分峰高的变化情况,以观察固相萃取效果。

3)定量分析方法

分别配制 100 mL 浓度为 0.50 mg·L^{-1}、2.00 mg·L^{-1}、4.00 mg·L^{-1}、6.00 mg·L^{-1}、8.00 mg·L^{-1}、10.00 mg·L^{-1}的苯氧乙酸和 2,4-二氯苯氧乙酸标准溶液,分别用流动相溶解,用与样品处理相同的方法处理后进样,用外标法对固相萃取后的试样进行定量分析。

4)方法的精密度和回收率试验

应用上述同样方法对样品进行 5 次测定,记录每次分析的苯氧乙酸和 2,4-二氯苯氧乙酸的峰高测定值。计算峰高的标准偏差(RSD)。向 50 mL 已知浓度的水样中加入 10 mg·L^{-1}的标准溶液 1 mL,按上述色谱条件及实验方法进行测定,计算回收率。

结果与讨论

记录原始水样、经 SPE 处理后的水样及标准溶液的色谱图。

定量分析结果记录:

(1) 水样中的苯氧乙酸和 2,4-二氯苯氧乙酸浓度计算式及分析结果。

(2) 样品 5 次测定分析结果的平均值及相对标准偏差的计算,并对分析方法的精密度进行评价。

(3) 方法回收率的计算及方法可靠性的评价:

$$回收率 = \frac{c_{add} - c_0}{\Delta c} \times 100\%$$

式中:c_{add} 为试液中加入标液后的测得值;c_0 为试液测得值;Δc 为加标液后浓度增量的计算值。

苯氧乙酸的回收率为_____。

2,4-二氯苯氧乙酸的回收率为_____。

思考题

1. 用 C_{18} 固相萃取柱富集水样中的苯氧乙酸及 2,4-二氯苯氧乙酸前,为什么要将试液调 pH=2.5?

2. C_{18} 固相萃取柱用甲醇冲洗后,如果要下一次再富集有机物,应该做怎样的处理?

3. C_{18} 固相萃取柱能选择性地吸附被分析对象吗? 它的选择性取决于什么?

4. 如果要富集水中痕量的较亲水的离子型化合物,还能用 C_{18} 柱作为固相萃取柱吗?

5. 如果本实验要测定的是土壤中残留的苯氧乙酸及 2,4-二氯苯氧乙酸,样品的预处理及固相萃取程序应做怎样的调整?

6. 本实验是一种离线萃取方法,如果采用在线萃取法,试设计一个实验流程图。

参考文献

1. Bucheli I D, Gruebler F C. Anal Chem, 1997, 69 (8): 1569~1572

2. Kveder S, Lokric S, Zambeli N. J Liq Chromatogr, 1991, 14 (18): 3277~3281

3. 马娜, 陈玲, 熊飞. 上海环境科学, 2002, 21(3): 181~188

4. 任丽, 王国俊. 分析化学, 1997, 25(10): 1172~1176

5. 苏少泉. 锄草剂概论. 北京: 科学出版社, 1989: 1~67

6. 唐洪元, 石鑫, 冯文煦. 除草剂. 北京: 化学工业出版社, 1993: 84~125

（邬建敏）

实验 70　反相高效液相色谱法分离蛋白质

实验导读

蛋白质组学是继基因组学之后生物化学领域的又一大研究热点,蛋白质组学研究中的关键问题是蛋白质的分离及结构的鉴定。常规的蛋白质分离方法有离子交换色谱法、凝胶色谱法、疏水作用色谱法、反相色谱法以及电泳分离方法。反相高效液相色谱(PR-HPLC)分析技术在蛋白质、多肽分离与分析中得到越来越广泛的应用,其最大优点是具有较高的分离能力及很好的脱盐效果,已有报道 RP-HPLC 能分离两个只有一个氨基酸差异的多肽。在 RP-HPLC 中采用的流动相往往是乙腈、水、三氟乙酸(TFA)等挥发性溶剂,分离纯化后的蛋白质溶剂系统对后续质谱分析的干扰最小,因而 RP-HPLC 是液质联用分析(LC-MS)蛋白质的常用色谱方法。

用反相高效液相色谱法分离蛋白质通常采用低离子强度酸性有机冲洗液和烷基硅胶键合固定相。影响分离的因素主要有流动相组成、洗脱温度、洗脱液 pH、离子对试剂和流速等。有利于蛋白质分离的条件于 1970 年首次提出,即低 pH 流动相、室温及使用乙腈或异丙醇作为有机洗脱剂。三氟乙酸(TFA)在蛋白质反相色谱中已经被公认是一种较好的流动相添加剂。

实验目的

(1) 了解反相液相色谱分离蛋白质中常用的色谱柱类型及流动相系统的选择。

(2) 学习用反相高效液相色谱分离与分析蛋白质的方法。

实验原理

蛋白质在反相液相色谱(RP-HPLC)上的作用机理有许多不同的理论,其中被广泛采用的是疏水作用理论,该理论认为,任何蛋白质虽然在天然状态下都处于折叠状态,使绝大多数疏水性氨基酸残基埋在蛋白质分子内部,但在蛋白质表面仍会存在一定量的疏水性氨基酸残基,形成大分子表面的疏水性区域,这些区域称为蛋白质的疏水性补丁,反相色谱柱填料上的非极性键合相(如烷基键合相 C_4、C_8、C_{18} 等)能与蛋白质的疏水性补丁相互结合,并置换掉原来结合在表面的水分子,使整个过程的熵增大,从而有利于系统吉布斯函数的降低,产生疏水作用。由于不同的蛋白质有不同的疏水性补丁,因而与反相填料间的作用力有一定差异,这种差异即为蛋白质在反相色谱柱上产生分离的原因。

对于不同的蛋白质,反相柱填料的类型及键合相的选择非常重要,目前用于蛋白质分离的反相填料主要有多孔型及无孔型两大类,对于多孔型,孔径应适当大,一般在 10~30 nm 之间,相对分子质量越大,则所用孔径应越大,但一般不能超过 100 nm。无孔型填料,粒径较细,一般为 3 μm,这种填料分辨率较高,分析速率较快。对于键合相的选择,一般来讲,蛋白质的相对分子质量越大,表面的疏水补丁越多,疏水性也越大,应选用短链的烷基键合相,如 C_4、C_8 等,对小相对分子质量蛋白或肽类,疏水性较小,则应用 C_{18} 键合相。对于蛋白质分离的色谱流动相洗脱方式,一般以梯度方式为主。本实验采用 C_{18} 键合相的非多孔填料快速分离几种常见的蛋白质。

仪器与试剂

仪器　高效液相色谱系统；色谱工作站；蛋白质分析用反相 HPLC 柱（TSK-Gel Octadecyl-NPR 柱 4.6 mm × 35 mm）；移液管（或用移液枪）；5 mL 塑料离心管；100 μL 微量注射器。

试剂　二次重蒸水；乙腈（色谱纯）；蛋白质标样；胰岛素（insulin）；核糖核酸酶（ribonuclease）；溶菌酶（lysozyme）；牛血清蛋白（BSA）；三氟乙酸（色谱纯）；甲醇（色谱纯）。其他试剂均为 AR。

实验步骤

（1）配制两种流动相。流动相 A。0.05%（体积分数）的三氟乙酸（TFA)-水溶液；流动相 B。0.05%（体积分数）TFA 的乙腈溶液。在流动相中加入 TFA 作为离子对试剂，开启高效液相色谱仪，将 UV 检测器波长调至 280 nm（如果灵敏度不够，可将波长调至 220 nm）用 85% 的流动相 A 平衡柱子，直至基线稳定。

（2）配制 4.0 mg·mL^{-1}胰岛素、核糖核酸酶、溶菌酶、牛血清蛋白标准溶液各 2 mL，分别取上述标准溶液各 1 mL 在 5 mL 离心管中混合，得混合标准溶液，在色谱工作站中将流动相洗脱模式调整为梯度洗脱，梯度程序设定为 10 min 内流动相 B 从 15% 上升至 80%，流速为 1 mL·min^{-1}，用微量注射器取蛋白质混合标样进样，进样量为 25 μL，同时启动梯度程序。记录色谱图。观察四种标准蛋白的分离情况。如果分离情况不理想，可调整梯度程序，一般梯度较缓和时，分离度会提高，但分析时间会延长，色谱峰会展宽，检测灵敏度出会降低。实验中可试验最佳的梯度模式。

（3）为确定各蛋白的保留时间，可将上述配制的单一蛋白质标样在相同的色谱条件下分别进样，记录色谱保留时间，与混合蛋白色谱图对照，确定各蛋白的色谱峰。

（4）每次梯度完成后，柱子应该用初始流动相（15% 的 B 流动相 + 85% 的 A 流动相）平衡后，再做下一次分析，全部实验结束后，柱子用甲醇冲洗后保存。

结果与讨论

（1）记录混合标准蛋白色谱图。

（2）改变流动相 B 的梯度变化率，观察各蛋白质间的分离度的变化。

思考题

1. 普通的反相柱能否用于蛋白质的分离？为什么？

2. 蛋白质经反相柱分离后活性回收率及质量回收率是否有可能会降低？如何测定蛋白质的活性回收率及质量回收率？

3. 为何在流动相中要加入 TFA？在蛋白质分离中，除用 TFA 之外，还有哪些酸可以作为离子对试剂？

参考文献

1. 郭立安. 高效液相色谱法纯化蛋白质理论与技术. 西安：陕西科技出版社,1998
2. Liang S M. Biochem J, 1985, 229:429
3. Rivier J, McClintock R. J Chrom, 1983, 268:112～119
4. Unger K K, Jilge G. J Chromatogr, 1986, 359:61～72
5. William K, Fred E R. J Chromatogr, 1986, 358:119～128
6. BurtonW G, Nagent K D, Slattery T K. J Chromatogr, 1988, 443:363～379

（邬建敏）

实验 71 新鲜蔬菜中 β-胡萝卜素的分离和含量测定

实验导读

许多植物的叶、茎、果实如胡萝卜、地瓜、菠菜中含有丰富的胡萝卜素,它是维生素 A 的前体,具有类似维生素 A 的活性,胡萝卜素有 α、β、γ 异构体,其中以 β-胡萝卜素生理活性最强。β-胡萝卜素的结构式见图 2.73。

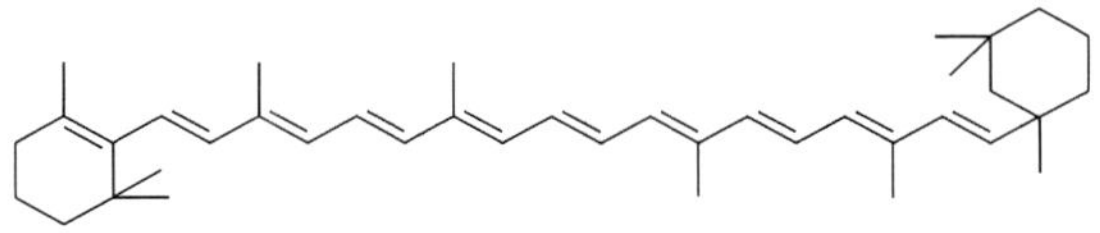

图 2.73 β-胡萝卜素的结构式

β-胡萝卜素是含有 11 个共轭双键的长链多烯化合物,它的 $\pi \rightarrow \pi^*$ 跃迁吸收带处于可见光区,纯的 β-胡萝卜素是橘红色晶体。多种类胡萝卜素能捕获单线态氧自由基而实现其抗氧化功能,因此对类胡萝卜素的研究备受关注。分析类胡萝卜素的方法有柱色谱法、纸色谱法、薄层色谱法、分光光度法及高效液相色谱(HPLC)法。前 3 种方法过程复杂,精密度差;分光光度法只能测定类胡萝卜素总量;HPLC 法分析单一 β-胡萝卜素已有报道。本实验采用柱色谱−分光光度联用法以及反相 HPLC 技术分析新鲜蔬菜中的 β-胡萝卜素含量。

实验目的

（1）学习从植物组织中提取、分离 β-胡萝卜素的方法。

（2）学习应用紫外可见吸收光谱法和高效液相色谱法测定 β-胡萝卜素含量的方法,并比较两种方法的优缺点。

（3）了解共轭多烯化合物 $\pi \rightarrow \pi^*$ 跃迁吸收波长的计算方法及共轭多烯化合物的紫外吸收光谱的特征。

实验原理

胡萝卜素不溶于水,可溶于有机溶剂中,因此植物中胡萝卜素可以用有机溶剂提取。但有机溶剂也能同时提取植物中叶黄素、叶绿素等成分,对测定会产生干扰,需要用适当方法加以分离。本实验采用柱层析法将提取液中的 β-胡萝卜素分离出来,经分离提纯的 β-胡萝卜素含量可以直接用紫外可见分光光计法测定。采用 HPLC 分析法,可以大大简化上述分析过程,由于 HPLC 具有很高的分辨率,只要选择合适的色谱条件,植物提取液中的 β-胡萝卜素可以在 HPLC 柱中与叶黄素、叶绿素及其他类胡萝卜素等组分完全分离,并用 UV-Vis 检测器在 450 nm 波长下检测,因而提取液可以直接进样分析,大大提高分析的效率。本实验将分别采用上述两种方法对新鲜蔬菜中 β-胡萝卜素进行分析。

仪器与试剂

仪器　紫外-可见分光光度计;高效液相色谱系统;C_{18} 反相液相色谱柱;玻璃层析柱(10 mm×200 mm);玻璃漏斗;分液漏斗;移液管(1 mL);容量瓶(100 mL,50 mL,10 mL);水泵;研钵;洗耳球。

试剂　乙腈(色谱纯);二氯甲烷(色谱纯);活性氧化镁;硅藻土助滤剂;无水硫酸钠;正己烷;丙酮。

实验步骤

1) 样品处理

将新鲜胡萝卜粉碎混匀,称取 2 g,加 10 mL 1:1(体积比)丙酮-正己烷混合溶剂,并加入 0.1 g 2,6-二叔丁基-4-甲基苯酚 (BHT),于研钵中研磨 5 min,将混合溶剂滤入预先盛有 50 mL 蒸馏水的分液漏斗中,残渣继续用 10 mL 1:1 丙酮-正己烷混合溶剂研磨过滤,如此反复直到浸提液无色为止。合并浸提液,用 20 mL 蒸馏水洗涤 2 次(将洗涤后的水溶液合并,用 10 mL 正己烷萃取水溶液,与前浸提液合并供柱层析分离,视情况取舍)。

2) 柱层析分离

将活性氧化镁 20 g 与硅藻土助滤剂 2 g 混合均匀,疏松地装入 10 mm×200 mm 的层析柱中,然后用水泵抽气使吸附剂逐渐密实,再在吸附剂上面盖上一层约 5 mm 无水 Na_2SO_4。将样品浸取液逐渐倾入层析柱中,在连续抽气条件下使浸提液过层析柱,用正己烷冲洗层析柱,使胡萝卜素谱带与其他色素谱带分开,当胡萝卜素谱带移过柱中部后,用 1:9(体积比)丙酮-正己烷混合溶剂洗脱并收集流出液,β-胡萝卜素将首先从层析柱流出,而其他色素仍保持在层析柱中,将洗脱的 β-胡萝卜素流出液收集在 50 mL 容量瓶中,用 1:9 (体积比)丙酮-正己烷混合溶剂定容。

3) 紫外可见光度分析的工作曲线制作

用逐级稀释法准确配制 25 $\mu g \cdot mL^{-1}$ 胡萝卜素正己烷标准溶液。分别吸取该溶液 0.40 mL、0.80 mL、1.60 mL、2.00 mL 于 5 个 10 mL 容量瓶中,用正己烷定容。用 1 cm 吸收池,以正己烷为参比,扫描其中一个标准溶液的紫外可见吸收光谱,然后分别测定 5 个 β-胡萝卜素标准溶液在最大吸收波长处的吸光度(测定的波长范围为 350~550 nm)。

4) 紫外可见分光光度分析法测定样品提取液中 β-胡萝卜素的含量

将经过柱层析分离后的 β-胡萝卜素溶液,以 1:9(体积比)丙酮-正己烷溶液为参比,在紫外可见光分光光度计上测定 β-胡萝卜素最大吸收波长处的吸光度。

5) 样品提取液中 β-胡萝卜素的 HPLC 分析

取上述提取液,减压蒸干或氮气吹干,用 1 mL 甲醇溶解,经 0.3 μm 微孔滤膜过滤后用作样品试液,配制 $1\sim20$ μg·mL^{-1}之间不同浓度的 β-胡萝卜素标准溶液。上述样品试液和标准液分别用微量注射器进样 20 μL,色谱条件为:色谱柱为 μBondapak C$_{18}$(3.9 mm×150 mm),流动相为乙腈-二氯甲烷-甲醇(85:10:5)(体积比),流速为 1.0 mL·min^{-1};UV 检测器波长为 245 nm;柱温为室温。记录各色谱分析结果,以 β-胡萝卜素的峰面积对标准溶液浓度做工作曲线,并根据工作曲线计算样品中 β-胡萝卜素的含量并与紫外-可见分光光度分析法所得结果对照。

结果与讨论

(1) 绘制紫外可见光谱分析中 β-胡萝卜素的工作曲线(表2.67)。

表 2.67　β-胡萝卜素的工作曲线数据

标准溶液编号	1	2	3	4	5
β-胡萝卜素(25 μg·mL^{-1}) 取样量/mL	0	0.4	0.8	1.6	2.0
β-胡萝卜素浓度/(μg·mL^{-1})					
吸光度					

所得工作曲线的线性回归方程为_____,相关系数为_____。

(2) 确定样品溶液 λ_{max} 处的吸光度,计算 β-胡萝卜素的含量。

试液的吸光度测得值为_____, β-胡萝卜素的含量的计算式为_____,结果为_____ μg·g^{-1}。

(3) 在色谱工作站中作工作曲线。

色谱工作曲线方程是_____,线性相关系数为_____。

HPLC 法测得样品中的 β-胡萝卜素含量是_____ μg·g^{-1}。

思考题

1. 本实验采用了两种方法测定 β-胡萝卜素含量,你认为哪种方法更为可靠,效率更高? 为什么?

2. 胡萝卜素有 α、β、γ 三种异构体,如果要分别测定这些异构体的含量,哪一种方法更为合适? 为什么?

3. 如果用 HPLC 分析胡萝卜素的三种异构体,选择什么样的色谱模式更为合适?

4．为何要在提取样品时加入抗氧化剂2,6-二叔丁基-4-甲基苯酚（BHT）？

5．层析分离用活性氧化镁作吸附剂外,可以用其他吸附剂代替吗?

参考文献

1．Gerster H. Int J Vitam Nutr Res, 1991, 61:277~291

2．Helmut S, W ilhelm S. Am J Clin Nutr, 1995, 62(supp l):1315~1321

3．叶惟泠, 刘莉, 李海蓉. 色谱, 1992, 10(4):240~241

4．王强, 韩雅珊, 戴蕴青. 色谱, 1997, 15(6):534~536

（邬建敏）

实验 72　流动注射分析法测定水样中 PO_4^{3-} 的含量

实验导读

流动注射分析(FIA)是 1975 年以来迅速发展起来的溶液自动分析及处理技术,它具有分析速率快,精度好,设备操作简单,节省试剂与试样及适应性广等一系列优点。以 FIA 为基础的试样进样系统与检测系统可以形成一个完整的分析系统,其中的检测系统可以是分子光谱检测(吸收光谱、荧光光谱)、原子光谱检测以及电化学检测系统等。采用流动系统来实现各实验参数的控制和操作一般比间歇式操作容易得多,尤其是以非平衡操作为特征的 FIA 实现的自动化往住消除了一些分析方法中的局限,使整个分析方法性能显著提高。目前 FIA 正朝微型化方向发展,而且自动化程度进一步提高,溶液试样的加液、稀释、定容、消化和富集等复杂过程均可在微芯片上自动完成。浙江大学方肇伦院士带领的课题组在 FIA 领域取得了许多重要的成果。

实验目的

(1) 学习 FIA 的基本原理和实验方法,并了解其应用领域。

(2) 了解 FIA 的仪器结构。

(3) 学习利用化学反应原理及化学信号的检测原理设计简单的 FIA 流程。

实验原理

FIA 测定样品中的 PO_4^{3-} 采用分光光度法测磷的标准方法,在酸性条件下 PO_4^{3-} 能与钼酸反应生成黄色的磷钼黄,此化合物中钼的价态为 $Mo(VI)$。在还原剂存在下,该磷钼黄可被还原,生成磷钼蓝,此化合物中钼的价态为 $Mo(V)$。还原剂通常可用维生素 C、氯化亚锡等,本实验使用氯化亚锡作为还原剂。

$$H_3PO_4(aq) + 12 H_2MoO_4(aq) = H_3P(Mo_{12}O_{40})(aq) + 12H_2O(l)$$

在 FIA 测定中,试样和显色液通过采样阀和蠕动泵混合在流动状态下送入分光光度计流通池中,因而产生一个峰形吸光度信号,该信号可通过计算机或记录仪记录。FIA 与普通分光光度法测定相比,其最大优点在于较快的分析速率,因而适用于大批量试样的分析。

仪器与试剂

仪器 FIA2400 流动注射分析仪及其附件;分光光度计;流通池光径 1 cm;计算机及 FIA 软件系统。

试剂 ① 0.6%(质量分数)钼酸铵溶液 将 3.1 g 钼酸铵、1.55 g 酒石酸溶于 100 mL 蒸馏水中,加 13 mL 浓硝酸,定容至 500 mL;② 1%(质量分数)氯化亚锡盐酸溶液(SnCl$_2$-HCl) 溶 0.5 g SnCl$_2$ 于 500 mL 容量瓶中,加入 25 mL 6 mol·L^{-1} HCl 溶液将其溶解,然后用水定容;③ 3.5 mol·L^{-1} NaOH,140 g NaOH 溶于 1 L 脱气水中;④ 7.3%(体积分数)H$_2$SO$_4$ 73 mL H$_2$SO$_4$ 溶于 1000 mL 水中。磷标准溶液:准确称取干燥过的(105℃烘 2 h)K$_3$PO$_4$ 0.6839 g,加少量水溶解,移入 100 mL 容量瓶中,再加入 10 mL 浓 H$_2$SO$_4$,待溶液冷却后用水定容,此为 1000 mg·L^{-1}磷标准液。吸取此液 10.00 mL 于 100 mL 容量瓶中,用水定容,为 100 mg·L^{-1}磷标准液,然后分别吸取 100 mg·L^{-1}磷标准液 1.00 mL,2.00 mL,3.00 mL,4.00 mL,5.00 mL,6.00 mL 加入 7.3%(体积分数)稀 H$_2$SO$_4$ 42 mL 溶解并用水定容至 100 mL 容量瓶中,此为 10 mg·L^{-1},20 mg·L^{-1},30 mg·L^{-1},40 mg·L^{-1},50 mg·L^{-1}的磷标准液。

实验步骤

(1) 按图 2.74 所示,分别将 0.6%(质量分数)钼酸铵溶液,1%(质量分数) SnCl$_2$ 溶液及蒸馏水置于蠕动泵吸入口。采样阀 S 采取一定体积的试液到载流中去,先与钼酸铵汇合,再与 SnCl$_2$ 汇合,经 2700 mm 盘管的充分反应和分散后,生成的蓝色磷钼蓝溶液进入分光光度计流通池比色,其检测结果由计算机画峰显示记录峰高值。FIA 系统的实验条件为:泵速 25 r·min^{-1},载流 4.6 mL·min^{-1},钼酸铵 5.0 mL·min^{-1},SnCl$_2$ 3.1 mL·min^{-1},采样管长 80 mm。三通化学块到流通池为 2700 mm 的盘管,测定波长 650 nm。峰高值以标准曲线的峰值为参比得出相应的浓度,打印机输出。

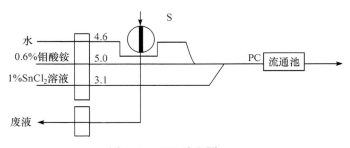

图 2.74 FIA 流程图

(2) 标准曲线的制作。将配制好的磷标准溶液分别注入 FIA 采样阀,并分别记录峰高值,将浓度 c 对峰高 H 作图,即可得标准曲线。

(3)试样中磷浓度的测定。将试样按上述同样方法,注入采样阀,记录峰高。查标准曲线即可得到试样中磷的浓度。

结果与讨论

1)数据记录

将实验数据填入表 2.68 中。

表 2.68　实验数据记录表

编号	标样 1	标样 2	标样 3	标样 4	标样 5	试样 1	试样 2	试样 3
浓度/(mg·L^{-1})	10	20	30	40	50			
峰高值								

2)标准曲线

根据实验数据,用计算机拟合标准曲线,记录浓度与峰高值的线性相关方程。相关方程表达式为_____,相关系数为_____。

3)试样浓度

根据标准曲线方程,计算出试样中 PO_4^{3-} 的浓度,将结果填入表 2.68。

思考题

1.在普通分光光度法测磷时,加入还原剂后必须经过 $5\sim10$ min,再进行吸光度测定,而在 FIA 分析中,不必要等待这段时间,为什么?

2.在普通分光光度法测磷时,磷标准溶液的范围一般为 $2\sim10$ mg·L^{-1},而在 FIA 分析中磷标准溶液浓度范围一般为 $10\sim60$ mg·L^{-1} 之间,为什么?

3.在 FIA 分析中怎样得到试剂空白的信号值?

参考文献

1. Ruzicka J, Hansen E H. 流动注射分析. 北京:北京大学出版社,1991:15~16

2. Fang Z L. Flow Injection Atomic Absorption Spectroscopy. Chichester: John Wiley,1995

3. 方肇伦. 流动注射分析法. 北京:科学出版社, 1999

(邹建敏)

实验 73　离子色谱分离检测扑热息痛及其水解产物对氨基酚

实验导读

离子色谱(IC)的检测方式有电导检测、紫外-可见检测、安培检测等。一般的规律是:在水溶液中以离子形态存在的离子,即较强的酸或碱,应选用电导检测。具有对紫外或可见光有吸收基团或经柱后衍生反应后(IC 中较少用柱前衍生)生成有吸光基团的化合物,选用光学检测器。具有在外加电压下可发生氧化或还原反应基团的化合物,可选用直流安培或脉冲安培检测。对一些复杂样品,为了一次进样得到较多的信息,可将两种或三种以上检测器串联使用。若对所要解决的问题有几种方案可选择,分析方案的确定主要由基体的类型、选择性、过程的复杂性以及是否经济来决定。

本实验中要分析的扑热息痛及其水解产物对氨基酚,在分子结构上都有苯环,在紫外光范围内都有吸收,因此可以用紫外检测器进行检测。

实验目的

(1) 了解离子色谱测定中的多种检测器及其使用。

(2) 进一步了解离子色谱的应用。

实验原理

扑热息痛是一种常用的解热镇痛药。该药在制备和保存过程中,由于乙酰化不完全或发生水解时,生成的对氨基酚也具有解热镇痛作用,但毒性大,不符合临床要求,必须进行限量检测,药典规定扑热息痛中对氨基酚的含量不能超过0.005%(质量分数)。它们的分子结构见图2.75。

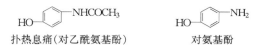

扑热息痛(对乙酰氨基酚)　　　　　　　　对氨基酚

图 2.75　扑热息痛和对氨基酚的分子结构

由于扑热息痛和对氨基酚在酸性溶液中变为阳离子,因此采用阳离子交换分离柱。考虑到扑热息痛和对氨基酚的分离度和出峰时间,经实验证明用 Dionex IonPac CG12(50 mm×4 mm)柱可达到分离目的。本实验选用硫酸-乙腈的混合溶液为淋洗液,其中硫酸中的氢离子提供淋洗离子,加入乙腈是为了减弱分离物质在固定相疏水表面的吸附,以改良保留时间及峰形。

在测定条件下,对氨基酚和扑热息痛的标准溶液的浓度线性范围为 $0.2 \sim 50$ mg·L^{-1}。此方法不仅可用于生产过程中的扑热息痛的含量的检测和监控,还可以检测扑热息痛中痕量的对氨基酚含量,在药品的杂质检测中有重要的意义。

仪器与试剂

仪器　DX2020i 离子色谱仪;DX 紫外检测器;N2000 色谱工作站。

试剂　对氨基酚(AR);扑热息痛(AR);百服咛片剂;乙腈(色谱纯);硫酸(AR);水为二次去离子水;百服咛的水解液:精密称取适量百服咛药片,加一定量去离子水,水解数天。

实验步骤

1) 色谱操作条件

分离柱 Dionex IonPac CG12(50mm×4mm),流动相为 0.08 mol·L^{-1} H$_2$SO$_4$ 和3%(体积分数)乙腈,UV-265 nm 下检测,流速为 1 mL·min^{-1},进样量 50 μL。

2）标准曲线制作

（1）扑热息痛及对氨基酚储备溶液的配制。准确称取扑热息痛和对氨基酚纯品各 0.01 g（精确至 0.0001 g），置于 100 mL 容量瓶中，加去离子水，在超声波浴槽中振荡溶解，冷却至室温，用去离子水稀释至刻度，配制成 100 mg·L^{-1} 的标准溶液备用。标准样品当天配制，0℃冷藏保存。

（2）在 5 个 25 mL 的容量瓶中用 100 mg·L^{-1} 扑热息痛及对氨基酚储备溶液配成浓度分别为 1 mg·L^{-1}、5 mg·L^{-1}、10 mg·L^{-1}、20 mg·L^{-1}、50 mg·L^{-1} 的对氨基酚和扑热息痛的混合标准溶液。

在一定的色谱条件下，依次取 50 μL 进行色谱分析，记录保留时间及色谱图，考查它们的峰高、峰面积与浓度的线性关系。

3）样品溶液的测定

（1）药片测定。取百服咛（bufferin）片剂 10 片，准确称量，研细，精密称取适量（约相当于扑热息痛 10 mg），加入一定量去离子水，超声溶解，然后用 0.45 μm 滤膜过滤，准确量取续滤液 5 mL，置于 100 mL 容量瓶中，用去离子水稀释至刻度，摇匀。

（2）水解物测定。百服咛的水解清液用 0.45 μm 滤膜过滤，滤液稀释 100 倍后直接进样测定。

在相同的色谱条件下，分别取 50 μL 进行色谱分析，记录保留时间及色谱图，考查它们的峰高、峰面积。

结果与讨论

（1）以扑热息痛及其水解产物对氨基酚的浓度与峰高、峰面积作图，得 4 条标准曲线。

（2）根据标准曲线计算药片中扑热息痛的含量。

（3）计算水解产物中对氨基酚的含量。

思考题

1．查阅资料，请举例说明测定扑热息痛及其水解产物对氨基酚的其他仪器分析方法，并与本实验相比较，说明各有什么特点？

2．离子色谱的流动相一般为水溶液，为何本实验中要加乙腈，流动相中加有机溶剂对分离柱有何要求？

参考文献

《中华人民共和国药典》编委会. 中华人民共和国药典. 二部. 北京：化学工业出版社，2000

（张培敏）

实验 74　精馏平衡法测定溶液的共沸性质

实验导读

共沸点是气-液平衡中的一个特殊点。统计资料表明:约 70% 以上的二元混合物会形成共沸。在共沸点,气、液两相组成相等,利用这一特殊性,可以很准确、方便地仅从共沸温度与压力求出两组分的活度因子,而不需要溶液组成的数据,进而求得溶液模型的一对能量参数,预测全浓度范围内溶液的气液相平衡行为。对于共沸混合物,其微分气化热、积分气化热,以及微分凝聚热、等压、等温气化热都具有相同的值。共沸组成和共沸温度等数据是有关混合物分离、提纯(共沸精馏、萃取精馏、共沸混合物分离)等过程设计与操作中不可缺少的基础数据,同时也是溶液理论、热力学模型和气、液相平衡等研究的重要资料。

溶液的共沸行为,从根本上讲取决于分子间的相互作用,如果异种分子间的相互作用明显小于同种分子间的相互作用,如同种分子间形成氢键,或部分互溶系统等,则溶液将形成最低共沸点;反之,如果异种分子间的相互作用大于同种分子间的相互作用,如异种分子间形成氢键等,将形成最高共沸点。测定共沸点的实验方法主要有气-液平衡法、多层平衡釜法、差分沸点仪法、高效分馏柱法、精馏平衡法等。目前已有的大部分数据主要从气-液平衡数据内插获得,其次为差分沸点仪法。

实验目的

(1) 学习精馏平衡法测定二元混合物共沸点的原理和方法,加深对共沸,气、液相平衡,精馏等概念的理解。

(2) 测定共沸点随压力的变化,理解自由度与相律,掌握减压条件下的精馏操作。

(3) 学习混合物的组成分析方法。

(4) 学习共沸气化热的非量热测定方法,掌握克拉贝龙-克劳修斯方程及其应用。

实验原理

精馏平衡法测定共沸点的基本原理就是精馏原理。精馏过程是多次简单蒸馏的组合。精馏过程是使精馏柱中的混合物蒸气不断地部分冷凝,同时又使冷凝液再不断地部分气化来达到混合物分离的目的。

以二元最低共沸点测定为例,如图 2.76 所示,假设液态混合物的原始组成为 x_0,温度为 T_0,在恒压下,当混合物被加热到 T_1 后,混合物部分气化,平衡时气、液两相的组成分别为 y_1 和 x_1,分开气、液两相后,考虑到气相 y_1 部分冷凝到 T_2,此时系统平衡的气、液相组成为 y_2 和 x_2,如果气相 y_2 继续部分冷凝到 T_3,平衡时气、液两相的组成分别为 y_3 和 x_3,依此类推,气相不断地被部分冷凝,其组成(轻馏分)越来越接近于系统的低共沸混合物,最后到达共沸点。此时,共沸组成为

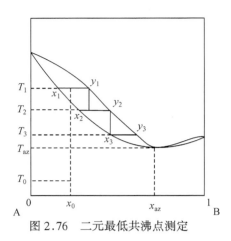

图 2.76 二元最低共沸点测定

x_{az},共沸温度为 T_{az}。

最低共沸物的沸点低于任何一个纯组分的沸点,蒸气压则高于任何一个纯组分的蒸气压,换言之,最低共沸物更容易挥发。根据精馏原理,精馏柱柱顶出来的是具有最低沸点的物质,如系统有最低共沸点(二元或多元),即为最低共沸混合物(最轻馏分);精馏柱柱底出来的(或釜中最后留下的)必定是最高沸点的物质,如系统存在最高共沸点,则在釜中留下的就是最高共沸混合物(最重馏分)。

混合物的组成分析是共沸组成测定的关键。常用的组成分析方法主要有:物理分析法、化学分析法、仪器分析法。应根据混合系统特点来选择合适的组成分析方法。一般地说,物理分析法较简单、直观,易实现,经常被采用,特别是对于非电解质系统;化学分析法是利用被分析组分的化学反应性来进行滴定分析的,存在化学反应活性、完全性及反应速率等问题,比较复杂,仅用于一些特定系统;仪器分析法主要是气相色谱法,原则上一般的系统都能用气相色谱法来分析其组成,但精度(重复性)稍差,由于其通用性好,常被采用,特别是对于多组分系统,物理和化学分析方法都存在较大的困难时,气相色谱法可以大显身手。

本实验采用密度法。一定温度下的密度是物质的一个特征参数,液态混合物的密度与其组成有关,一般呈简单的(单调)函数关系。因此,测定一系列已知组成(配制组成)的液态混合物在某一温度(如 25℃)下的密度,作出密度-组成工作曲线,再根据实验测得的未知液态混合物的密度,即可用内插法(或从图上读出)得到这种未知液态混合物的组成。注意密度是温度的函数,实验中必须严格控制恒温。

液体密度的测定(密度瓶法)原理:将清洁、干燥的密度瓶精确称重,再将其装满纯水,恒温后称量,根据水的质量和密度(查文献值)计算出密度瓶的精确体积。干燥后,装满待测液体,再恒温后称量,根据液体的质量和密度瓶的体积计算出待测液体的密度。

仪器与试剂

　　仪器　精馏平衡釜(图 2.77)1 套;恒压控制与真空压力测量系统(图 2.78)1 套;真空泵 1 台;调压变压器(0.5 kV·A)1 只;精密温度计(0~50℃,50~100℃,1/10℃)各 2 支;普通温度计(0~100℃)2 支;超级恒温槽 1 套;电子天平 1 台;密度瓶 5 个;烧杯(250 mL)1 只;5 mL 注射器 2 只;电吹风 1 把。

　　试剂　无水乙醇(AR);乙酸乙酯(AR)。

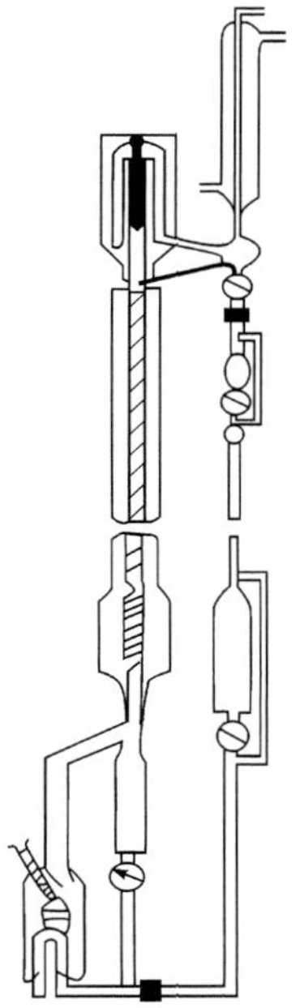

实验步骤

　　1)液态混合物密度-组成工作曲线的绘制

　　(1)标准溶液配制。取清洁、干燥的称量瓶,用称量法准确配制乙醇的摩尔分数分别为 0.3、0.35、0.4、0.45、0.5 的乙醇-乙酸乙酯液态混合物各 5 mL 左右(先计算好乙醇、乙酸乙酯各加多少毫升)。质量用电子天平准确称取(用差减法),精度为 ±0.0001 g。称量时,应防止样品挥发。

　　(2)密度测定。调节恒温槽温度为 25.00℃±0.01℃(夏天可调为 30.00℃±0.01℃)。将清洁、干燥的密度瓶

图 2.77　精馏平衡釜

精确称重,再将其装满去离子水,恒温后称量,用差减法求出水的质量,根据水的质量和密度(由文献值查出,精确到 ±0.0001 g·cm⁻³)计算出密度瓶的精确体积。干燥后,装满待测液体,再恒温后称量,根据液体的质量和密度瓶的体积计算出待测液体的密度。用此方法分别测定上面配制的各组成混合物在该温度下的密度。

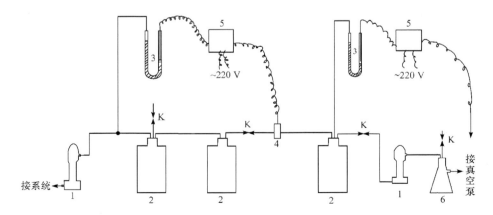

图 2.78　恒压控制与真空压力测量系统
1. 干燥器;2. 缓冲瓶;3. U 形水银差压计;4. 电磁阀;5. 电子继电器;6. 缓冲瓶;K. 考克

(3) 工作曲线绘制。将标准溶液的密度对组成作图,即得液态混合物密度-组成工作曲线。曲线绘制采用 40 cm×40 cm 的毫米方格纸,以保证读数精度,或通过最小二乘法回归得到密度-组成工作曲线的方程(组成的二次方程)。

2) 共沸点测定仪安装

按图 2.77、图 2.78 安装好仪器装置,检查系统是否漏气,压力控制系统是否正常工作,插温度计的测温阱里是否注有硅油。

3) 常压下共沸点测定

自加料口加入组成约 0.5 的乙醇-乙酸乙酯混合物 200~250 mL(视沸腾器大小而定),开冷却水,通电源,缓慢加热至沸腾,关闭通往收集器的考克,使冷凝液全回流 20~30 min。记录并比较上、下温度计及辅助温度计的温度。

(1) 待温度不变时,部分打开考克,在控制一定回流比的情况下开始收集轻组分,收集到约原沸腾器中液体的一半时关闭考克,停止收集。记录、比较上、下温度计及辅助温度计的温度。

(2) 切断电源,停止加热。放出沸腾器中所有液体,将收集到的轻组分放入沸腾器中。

(3) 进行第二次精馏。重复以上步骤(1)、(2)。比较上、下温度计的温度,同时比较上温度计的读数与第一次精馏时的差别,当温度相差不大时,可以认为已经到达共沸点,进行取样分析,此时温度即为共沸温度。

(4) 进行第三次精馏。重复以上步骤(1)~(3)。

4) 从收集器中取出样品

(略)

5) 密度测定

将取得的样品装满已标定体积的密度瓶,恒温后称量,根据液体的质量和密度瓶的体积计算出待测液体的密度。

6) 组成分析

从密度-组成工作曲线上查出(或从工作曲线方程算出)液体的组成,即为共沸组成。

7) 减压下共沸点测定

将系统压力控制在 80 kPa,重复步骤 3)~6),测定乙醇-乙酸乙酯混合物在 80 kPa 下的共沸温度和共沸组成。继续测定系统在 65 kPa、50 kPa、40 kPa、30 kPa 下的共沸点。

注意事项:① 在减压情况下,要放出沸腾器中的液体时,应先将系统通大气;② 为节约试剂,前面实验中,从沸腾器中放出的液体,后面的实验仍可回用(为什么?)。

结果与讨论

（1）液态混合物密度-组成工作曲线的绘制（表2.69）。

表 2.69　已知组成的乙醇(1)-乙酸乙酯液态混合物的密度

室温：＿＿＿＿＿℃；大气压：＿＿＿＿＿kPa；实验温度：＿＿＿℃

编　　号	1	2	3	4	5
配制摩尔分数 x_1	0.3	0.35	0.4	0.45	0.5
空瓶重/g					
加乙醇后重/g					
加乙酸乙酯后重/g					
乙醇重/g					
乙酸乙酯重/g					
摩尔分数 x_1					
空密度瓶重/g					
加水后重/g					
加样品后重/g					
密度瓶体积/cm³					
样品重/g					
样品密度/(g·cm⁻³)					

　　用 40 cm×40 cm 的毫米方格纸绘制液态混合物的密度-组成工作曲线，或用最小二乘法回归得到密度-组成工作曲线的方程（组成的二次方程）。

（2）共沸温度测定（表2.70）。

表 2.70　乙醇-乙酸乙酯的共沸温度测定

压力/kPa	第1次循环温度/℃			第2次循环温度/℃			第3次循环温度/℃		
	下	上	辅助	下	上	辅助	下	上	辅助
101.3									
80									
65									
50									
40									
30									

　　（3）共沸点测定（表2.71）。温度计的露茎校正：$\Delta t = 0.000\,156h(t_1 - t_2)$。

表 2.71 乙醇-乙酸乙酯的共沸组成测定

压力/kPa	空密度瓶重/g	加样品后重/g	样品重/g	密度/(g·cm⁻³)	共沸温度/℃	共沸组成 $x_{1,\,az}$
101.3						
80						
65						
50						
40						
30						

(4) 将测定的共沸温度和共沸组成与文献数据比较,进行分析、讨论。

(5) 共沸点随压力的变化。① 以共沸温度的倒数($1/T$)为横坐标、压力的对数($\ln p$ 或 $\lg p$)为纵坐标,绘制 $\lg p$-$1/T$ 图。用克拉贝龙-克劳修斯方程 $\lg p = A - B/T$ 回归出方程参数,并求出共沸混合物的平均气化热。② 以共沸组成为横坐标($x_{1,\,az}$)、共沸温度为纵坐标(T_{az}),绘制 T-$x_{1,\,az}$图,回归出方程参数。③ 以共沸组成为横坐标($x_{1,\,az}$)、压力的对数为纵坐标,绘制 $\lg p$-$x_{1,\,az}$图,回归出方程参数。④ 分析共沸点随压力的变化及其规律。

思考题

1. 对形成二元最低共沸点的系统,蒸馏釜中留下的液体是什么? 组成如何? 对形成最高共沸点的系统呢? 精馏柱柱顶出来的液体,其组成如何?

2. 实验前,为什么要检查系统是否漏气? 系统漏气对实验测定有什么影响?

3. 测定共沸点时,初始组成的配制是否要求很准确? 为什么?

4. 密度法测定混合物组成应注意哪些问题?

5. 为了保证共沸点的测定准确,哪些实验环节必须特别注意?

6. 什么样的混合物容易形成最低共沸点? 什么情况下会形成最高共沸点?

7. 三元共沸点是如何形成的? 本装置能否用于测定三元共沸点?

8. 在进行实验前,你认为共沸点应随压力如何变化? 为什么?

9. 举例说明共沸点测定的意义和应用。

参考文献

1. Wang Q, Chen G H, Han S J. Determination of ternary azeotrope at sub atmospheric pressures. Fluid Phase Equilibria, 1994, 101:259~266

2. Chen G H, Wang Q, Zhang L Z et al. Study and applications of binary and ternary azeotropes. Thermochim Acta, 1995, 253:295~305

3. Wang Q, Chen G H, Han S J. Prediction of azeotropic temperatures and compositions for ternary mixtures. J. Chem. Eng. Data, 1996, 41:49~52

4. 严新焕,王琦,陈庚华,韩世钧. 加压共沸装置的建立及共沸数据的测定. 石油学报(石油加工版),1995,

11(4):109~113

5. Wang Q, Yan X H, Chen G H, Han S J. Measurement and prediction of quaternary azeotropes for cyclohexane + 2‐propanol + ethyl acetate + butanone system at elevated pressures. J Chem Eng Data, 2003, 48(1): 66~70

（王　琦）

实验 75　三组分系统等温相图的绘制

实验导读

　　相平衡数据的获得目前尚依赖于实验测定。三元液-液平衡数据的测定,有两种不同的方法。一种方法是在两相区内配制一定比例的三元混合物,在恒定温度下搅拌,充分接触,以达到两相平衡;然后静置分层,分析互成平衡的二共轭相的组成,在三角坐标纸上标出这些点,连成线,这种方法可直接测出平衡连接线数据,但繁杂。另一种方法是先用浊点法测出三元系统的溶解度曲线,并确定溶解度曲线上的组成与某一物性(如折射率、密度等)的关系;然后再测定相同温度下平衡连接线数据,这时只需根据已确定的曲线来决定两相的组成。液-液平衡数据是液-液萃取塔设计及生产操作的主要依据。

　　含有两固体(盐)和一液体(水)的三组分系统相图的绘制常用湿渣法。原理是平衡的固、液分离后,其滤渣总带有部分液体(饱和溶液),即湿渣,但它的总组成一定在饱和溶液和纯固相组成的连接线上。因此,在定温下配制一系列不同相对比例的过饱和溶液,然后过滤,分别分析溶液和滤渣的组成,并把它们一一连成直线,这些直线的交点即为纯固相的成分,由此也可知该固体是纯物质还是复盐。

实验目的

　　(1)熟悉相律,理解用三角形坐标表示三组分相图的方法。

　　(2)用溶解度法绘制具有一对共轭溶液的三组分系统的等温液-液平衡相图。

实验原理

　　在定温定压下,三组分系统的状态和组成之间的关系通常可用等边三角形坐标表示,如图 2.79 所示。等边三角形三顶点分别表示三个纯物 A、B、C。AB、BC、CA 三边分别表示 A 和 B、B 和 C、C 和 A 所组成的二组分系统的组成。三角形内任一点则表

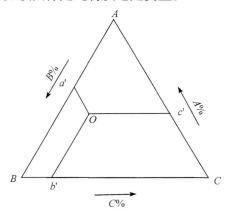

图 2.79　三角形坐标表示法

示三组分系统的组成。如 O 点的组成为 $A\% = Cc'$,$B\% = Aa'$,$C\% = Bb'$。

　　具有一对共轭溶液的三组分系统相图,在该三液系中,A 和 B、A 和 C 完全互

溶,而 B 和 C 只能有限度的互溶,B 和 C 的浓度在 Ba 和 Cd 之间可以完全互溶,介于 ad 之间系统分为两层,一层是 B 在 C 中的饱和溶液(d 点),另一层是 C 在 B 中的饱和溶液(a 点),这对溶液称为共轭溶液。曲线 abd 为溶解度曲线。曲线外是单相区,曲线内是二相区。系统点落在两相区内即分成二相,如 O 点分成组成为 E 和 F 的二相,EF 线称为连接线。

　　本实验是先在完全互溶的两个组分(如 A 和 C)以一定的比例混合所成的均相溶液(如图 2.80 上的 N 点)中滴加入组分 B,系统点则沿 NB 线移动(为什么?),直至溶液变浑,即为 L 点,然后加入 A,系统点沿 LA 上升至 N' 点而变清。如再滴加 B,则系统点又沿 $N'B$ 移动,当移至 L' 点时溶液再次变浑。再滴加 A 使之变清……如此重复,最后连接 L,L',L'',…,即可绘出溶解度曲线。

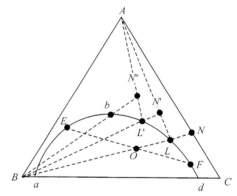

图 2.80　具有一对共轭溶液的三组分系统相图

仪器与试剂

　　仪器　50 mL 酸式滴定管 1 支;50 mL 碱式滴定管 1 支;100 mL 有塞锥形瓶 2 只;25 mL 有塞锥形瓶 4 只;100 mL 锥形瓶 2 只;2 mL 移液管 4 支;5 mL 移液管 2 支;10 mL 移液管 1 支;60 mL 分液漏斗 2 只;漏斗架 1 只。

　　试剂　三氯甲烷(AR);乙酸(AR);0.5 mol·L^{-1}标准 NaOH 溶液。

实验步骤

　　1) 绘制溶解度曲线

　　(1) 在洁净的酸式滴定管内装水,在碱式滴定管内装 NaOH 溶液。

　　(2) 移取 6 mL 三氯甲烷及 1 mL 乙酸于干燥洁净的 100 mL 磨口锥形瓶中,恒温 10 min,然后慢慢滴入水,且不停地振摇(锥形瓶始终放在恒温槽中),至溶液由清变浑,即为终点,记下水的体积。再向此瓶中加入 2 mL 乙酸,系统又成均相,继续用水滴至终点。同法再依次加入 3.5 mL、6.5 mL 乙酸,分别再用水滴定,记录各次各组分用量。最后加入 40 mL 水,加塞振摇(每隔 5 min 摇一次),恒温 0.5 h后将此溶液作测量连接线用(溶液 1)。

（3）另取一干燥洁净的 100 mL 磨口锥形瓶,用移液管移入 1 mL 三氯甲烷和 3 mL 乙酸,恒温 10 min。用水滴至终点,以后依次再添加 2 mL、5 mL、6 mL 乙酸。分别用水滴定至终点。记录各次各组分的用量。最后再加入 9 mL 三氯甲烷和 5 mL 乙酸,同前法每 5 min 振摇一次。恒温 0.5 h 后作为测量另一根连接线用(溶液 2)。

2）绘制连接线

（1）用干燥清洁的移液管吸取溶液 1 上层 2 mL,取另一根干燥清洁的移液管插入下层取 2 mL 溶液,分别放于已经称量的 100 mL 的洁净锥形瓶中,以酚酞作指示剂,用 0.5 mol·L^{-1}NaOH 溶液滴定至终点。重复操作 2 次。

（2）同法吸取溶液 2 上层 2 mL,下层 2 mL,称量并滴定之。重复操作 2 次。

注意事项:因为所测定的系统含有水的组成,故所用玻璃器皿均需干燥。在滴加水的过程中必须一滴滴地加入,且不停地振摇锥形瓶,待出现浑浊并在 2～3 min 内不消失,即为终点。特别是在接近终点时要多加振摇,这时溶液接近饱和,溶解平衡需较长的时间。

结果与讨论

（1）溶解度曲线的绘制(表 2.72)。

表 2.72

序号	CH$_3$COOH		CHCl$_3$		H$_2$O		w/g	w/%		
	V/mL	w/g	V/mL	w/g	V/mL	w/g		CH$_3$COOH	CHCl$_3$	H$_2$O
1	1		6							
	3		6							
	6.5		6							
	13		6							
	13		6		再加 40					
2	3		1							
	5		1							
	10		1							
	16		1							
	21		10							

根据各点的质量分数在三角坐标纸上标出,连成线即为溶解度曲线,在 BC 边上的相点即该温度下水在三氯甲烷中的溶解度和三氯甲烷在水中的溶解度。

（2）连接线的绘制(表 2.73)。

表 2.73

溶 液		$w_{溶液}/g$	V_{NaOH}/mL	$w_{CH_3COOH}/\%$
1	上			
	下			
2	上			
	下			

根据 $w_{CH_3COOH}\%$ 在溶解度曲线上找出相应点,其连线即为连接线,它应通过系统点。

思考题

1. 如何理解三组分系统相图的表示方法?

2. 如连接线不通过系统点,其原因可能是什么?

3. 在用水滴定溶液 2 的最后,溶液由清到浑的终点不明显,这是为什么?

4. 为什么说具有一对共轭溶液的三组分系统的相图对确定各区的萃取条件极为重要?

参考文献

1. 孙尔康, 徐维清, 邱金恒. 物理化学实验. 南京: 南京大学出版社, 1999

2. 北京大学化学学院物理化学实验教学组. 物理化学实验. 第四版. 北京: 北京大学出版社, 2002

3. 房鼎业, 乐清华, 李福清. 化学工程与工艺专业实验. 北京: 化学工业出版社, 2000

4. 刘建国, 秦张峰, 王建国. 水-正己烷-甲醇系统的液液平衡研究. 燃料化学学报, 2001, 29(5):468~470

（雷群芳）

实验 76　核磁共振法研究乙酰丙酮在不同溶剂中的烯醇互变异构现象

实验导读

在核磁共振氢谱中,峰面积和其对应的氢原子成正比。虽然通常在高场的峰面积比在低场的峰面积(相同氢原子数)稍大一点点,但仍不失为一种很好的定量方法。在核磁共振碳谱中,如采用特定的脉冲序列,减少脉冲倾倒角,增长脉冲之间的间隔,也可以达到较好的定量关系。

对一个混合物系统来说,如果其中的每一个组分都能找到一个不与其他组分相重叠的氢谱峰组,可以用氢谱来进行定量工作,因氢谱的灵敏度高,定量性好。如果在氢谱中不能满足上述的要求,采用碳谱来定量,因为碳谱的分辨率高,不容易发生谱线的重叠。核磁共振用于混合物中各组分的定量往往优于其他方法,能在维持平衡系统的条件下进行各组分的定量。

动态核磁共振实验,是核磁共振波谱学中有一定独立性的分支。它以核磁共振为工具,研究一些动力学过程,得到动力学和热力学的参数,如跟踪化学反应过程,研究同一分子存在的构象转变、互变异构间的转变、配体与配合物(或配离子)之间的交换等平衡系统中的交换过程等。动态核磁共振可以选择系统中合适的氢原子的峰面积变化、自旋-自旋耦合常数变化等进行定量研究。

实验目的

(1) 用 ^{1}H-NMR 谱测定酮-烯醇混合物的平衡组成。

(2) 研究溶剂对 β-双酮的化学位移和平衡常数的影响。

(3) 了解动态 NMR 在化学动力学中的初步应用。

(4) 进一步熟悉和掌握 NMR 的基本操作。

实验原理

两种或两种以上的异构体能相互转变,并共存于一动态平衡中,这种现象称为互变异构现象。互变异构是有机化合物中比较普遍存在的现象,从理论上讲,凡具有 —C—C— (上为O,下为H) 基本结构的化合物都可能有酮式和烯醇式两种互变异构体存在。不同化合物酮式和烯醇式存在的比例大小主要取决于分子结构,要有明显的烯醇式存在,分子必须具备如下条件:分子中的亚甲基氢受两个吸电子基团影响,酸性增强;形成烯醇型产生的双键应与羰基形成 $\pi-\pi$ 共轭,使共轭系统有所扩大和加强,内能有所降低;烯醇型可形成分子内氢键,构成稳定性更大的环状螯合物。酮式和烯醇式互变异构体所占比例除受分子结构影响外,也与溶剂、温度和浓度有关。通常非极性溶剂和高温有利于烯醇型的存在。

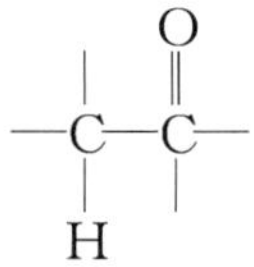

酮和烯醇互变异构体的质子化学环境差别很大,这些形式之间的转换速率很慢,以致可以得到两种形式不同的 NMR 谱。在常温下分子内 OH 质子的传递很快,以致观测到单一的(平均的)OH 共振,如图 2.81 所示。

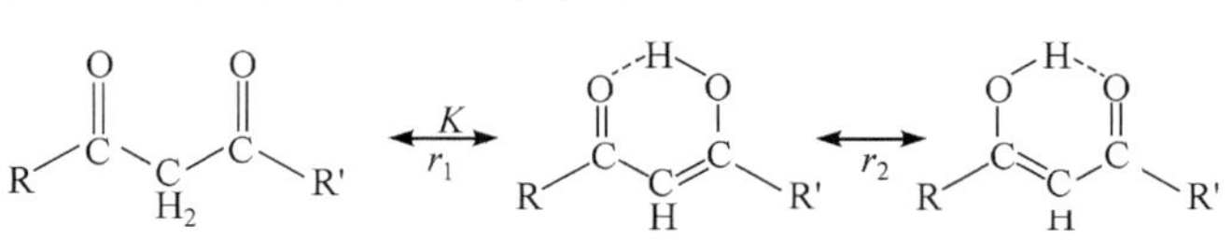

图 2.81　酮和烯醇互变异构体

因此预计只有两种互变异构体有不同的波谱,而这些波谱可用来测定酮转变为烯醇的平衡常数

$$K = \frac{[\text{烯醇式}]}{[\text{酮式}]} \tag{2.217}$$

当用化学位移差别较大的酮式亚甲基氢和烯醇烯基氢的峰面积 A 来定量时,可按照下式计算烯醇式所占质量分数及平衡常数 K

$$\omega_{烯醇} = \frac{A_{烯醇}}{A_{烯醇} + A_{酮式}/2} \tag{2.218}$$

$$K = \frac{A_{烯醇}}{A_{酮式}/2} \tag{2.219}$$

溶剂对测定 K 起重要作用。这可能通过特定的溶质-溶剂相互作用,如氢键或电荷转移而发生作用。此外,溶剂可通过稀释而减少溶质-溶质的相互作用,从而改变平衡。在极性溶剂中,易形成分子间氢键,酮式异构体相对更稳定,如水中的乙酰丙酮烯醇式大约占 15%;在非极性溶剂中,则易形成分子内氢键,因此烯醇式异构体更稳定,如在正己烷中大约占 90%。

仪器与试剂

仪器　高分辨核磁共振波谱仪(CW-NMR 或 PFT-NMR);1 mL 精密刻度移液管;标准核磁管。

试剂　氘代四氯化碳;氘代甲醇;乙酰丙酮;四甲基硅烷(TMS)。

实验步骤

(1) 以氘代四氯化碳、氘代甲醇为溶剂,分别配制摩尔分数为 0.2 的乙酰丙酮溶液,在室温下放置 24 h 以达到平衡。

(2) 分别测试上述 2 份溶液及纯乙酰丙酮(各加入 1 滴 TMS)的 ^{1}H-NMR 谱图。

结果与讨论

(1) 讨论乙酰丙酮的化学位移和自旋-自旋分裂图的指定,分析 3 张 ^{1}H-NMR 谱图中互变异构体各个峰的归属。

(2) 根据相关谱峰的峰面积,计算互变异构体的组成、平衡常数和 ΔG。

思考题

1. 比较乙酰丙酮在四氯化碳和甲醇中的平衡常数,讨论溶剂的影响。

2. 核磁共振方法适合研究哪些化学动态过程?

3. 烯醇互变异构体等化学交换过程是否可以通过红外、紫外光谱进行研究?请说明原因。

参考文献

1. 戴维·P·休梅尔. 物理化学实验. 第四版. 俞鼎琼等译. 北京:化学工业出版社,1990

2. Ernst R R, Bodenhausen G, Wokauu A. Principles of Nuclear Magnetic Resonance in One and Two Dimensions. Oxford University Press, 1987

(王国平)

实验 77　泡沫稳定性的研究

实验导读

　　泡沫是以气体为分散相的分散系统,分散介质可以是固相或液相,最常见的是液体泡沫。泡沫里被分散的气泡具有肉眼可见的大小,是粗分散系统,从热力学上是不稳定的。由于分散相(气相)与分散介质(液体)的密度相差很大,因此泡沫中的气泡总是很快上升到液面,形成被一层液膜隔开的气泡聚集体。纯液体不能形成稳定的泡沫,只有加入表面活性剂后,才能形成比较稳定的泡沫。泡沫技术的应用很广,如泡沫浮选、泡沫灭火、泡沫杀虫、泡沫除尘等,以及泡沫陶瓷、泡沫塑料、泡沫玻璃等方面都用到泡沫技术。但在发酵、精馏、造纸、印染及污水处理等工艺过程中,泡沫的出现会给操作带来诸多不便,必须设法破坏泡沫的存在。起泡与消泡都与泡沫稳定性紧密相关,掌握泡沫稳定性及其动力学机制才能合理地运用起泡与消泡技术。

实验目的

　　(1) 研究消泡过程的动力学方程。

　　(2) 了解消泡剂对泡沫稳定性的影响。

实验原理

　　泡沫是热力学不稳定系统,其破坏主要起因于液膜变薄和液膜内气体的扩散。由于气液两相密度相差很大,液膜在重力作用下必定发生排液作用,变得越来越薄,最后破裂导致气泡聚并。除了重力排液外,表面张力的作用也能促使排液。由于泡沫是密堆积的,相互挤压极易变形。如图 2.82 所示,A 为三个气泡的交界处,界面是弯曲的,B 为二个气泡的交界处,界面是平坦的。根据弯曲液面附加压力公式

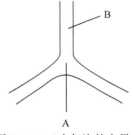

图 2.82　三个气泡的交界

$$\Delta p = \gamma \left(\frac{1}{r_1} + \frac{1}{r_2} \right)$$

式中:γ 是液体的表面张力;r_1 和 r_2 分别是曲面的两个主曲率半径。

　　B 处液体压力大于 A 处,使液体由 B 流向 A,结果使液膜变薄,这是由液膜界面曲率不同、表面张力的存在所引起,重力作用也使液膜变薄。当液膜较厚时,排液主要通过重力作用进行,但当液膜已较薄时,表面张力的排液作用就变得突出了。

　　此外,气泡内的气体透过液膜扩散也是泡沫破坏的一个原因。泡沫里的气泡总是大小不一,小气泡内的气体压力大于大气泡且都高于平液面上的气体压力,于是气体将从小气泡透过液膜扩散入大气泡中,造成小气泡变小直至消失,而大气泡

却长大的现象,对于浮在液面上的气泡,气体透过液膜直接向气相扩散,最后泡沫破坏。

　　泡沫稳定性就是指泡沫存在的"寿命"长短。实验证明,决定泡沫稳定性的并不是液体的表面张力,而是液膜的表面黏度和弹性,理想的液膜应该是高黏度而有弹性的凝聚膜。通常,泡沫稳定性以泡沫的排液速率,即消泡速率来度量。

　　设 V_0 为形成泡沫的液体体积,V_t 为 t 时由泡沫排出的液体体积,随 t 的增大而增大,则 $V_0 - V_t$ 为 t 时泡沫中未排出的液体体积,随 t 增大而减小。若排液速率可以用一般的指数形式的动力学方程来表示,即

$$-\frac{\mathrm{d}(V_0 - V_t)}{\mathrm{d}t} = k(V_0 - V_t)^n \tag{2.220}$$

或

$$\frac{\mathrm{d}V_t}{\mathrm{d}t} = k(V_0 - V_t)^n \tag{2.221}$$

式中:n 和 k 分别是排液级数与排液过程速率系数,k 的大小可以作为排液速率的度量,也可以作为泡沫稳定性的一种衡量。

　　事实上由于排液过程的复杂性,排液速率并不完全遵循指数形式的动力学方程,但作为近似处理是可以的。这样测定不同 t 时的 V_t,作出 V_t-t 曲线,在曲线上取 1 和 2 两点,则

$$\left(\frac{\mathrm{d}V_t}{\mathrm{d}t}\right)_1 = k(V_0 - V_t)_1^n \tag{2.222}$$

$$\left(\frac{\mathrm{d}V_t}{\mathrm{d}t}\right)_2 = k(V_0 - V_t)_2^n \tag{2.223}$$

$$n = \frac{\ln\left(\dfrac{\mathrm{d}V_t}{\mathrm{d}t}\right)_1 - \ln\left(\dfrac{\mathrm{d}V_t}{\mathrm{d}t}\right)_2}{\ln(V_0 - V_t)_1 - \ln(V_0 - V_t)_2} \tag{2.224}$$

$$\ln k = \ln\left(\frac{\mathrm{d}V_t}{\mathrm{d}t}\right) - \ln(V_0 - V_t) \tag{2.225}$$

这样求得 k 值,即可评定和比较泡沫的稳定性。

仪器与试剂

　　仪器　泡沫稳定性测定仪;超级恒温槽;电动充气机;秒表。

　　试剂　发泡剂;消泡剂;蒸馏水。

实验步骤

　　(1)配制发泡剂水溶液和消泡剂水溶液。

　　(2)洗净泡沫稳定性测定仪的测定管(其下部如图2.83所示),并用待测液洗2次;通恒温水,关闭通气与加液的两个旋塞。

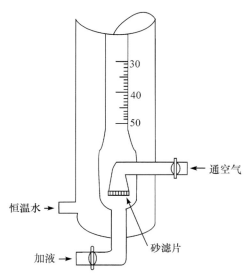

图 2.83 泡沫稳定性测定管下部示意图

（3）自加液口加入发泡剂溶液至一定高度,静止平衡后,精确读出其体积刻度
(为什么?)。

（4）调节充气机的放气口,至气体流量在适当的恒定值(由显示流速的压力差
计控制),迅速全开通气旋塞(为什么?)。随着空气的鼓入而形成泡沫,待泡沫充满
测定管的读数顶端时,立即关闭通气旋塞,观察泡沫管下部,一旦泡沫与发泡液的
清晰分界面上升到最下端的刻度 50 处,立即按动秒表计时,并记下此时体积读数,
$t=0$ 时的读数与步骤 3 中的读数之差,即为形成泡沫的液体体积 V_0。

（5）每隔 10 s 读一次泡沫与发泡液之间的界面所示的体积读数,计 6 次。再
每隔 15 s 读体积数据 4 次,每隔 20 s 读 3 次,每隔 30 s 读 2 次,每隔 1 min 读 2 次,
每隔 2 min 读体积 1 次,持续到 2 min 内体积读数不变为止,计算出不同时间的排
液体积 V_t 及 $V_0 - V_t$。

（6）在发泡剂溶液中加入适量的消泡剂,重复步骤(1)～(5)实验操作。

（7）在发泡剂溶液中加入步骤(6)中 2 倍的消泡剂量,重复步骤(1)～(5)实验
操作。

（8）改变恒温水的温度,重复步骤(1)～(5)实验操作。

结果与讨论

（1）将恒定温度下三种溶液的 $(V_0 - V_t)$-t 曲线作在同一张图上,定性比较讨
论三曲线的含义。

（2）用适当的方法(镜面法、玻璃棒法或计算机处理)求得排液级数 n 和排液
速率系数 k,并评价泡沫的稳定性。

（3）作温度改变时的$(V_0 - V_t)$-t曲线，并讨论温度对泡沫稳定性的影响。

思考题

1. 泡沫稳定性与哪些因素有关？

2. 泡沫是怎样一种分散系统的稳定性？为什么是热力学不稳定性系统？

3. 举例说明泡沫存在的有益与危害性。如何进行发泡和消泡？

参考文献

1. 天津大学. 物理化学. 第三版. 北京：高等教育出版社，1993

2. 赵国玺. 表面活性剂的物理化学. 北京：北京大学出版社，1984

（雷群芳）

实验 78　压汞法测定大孔固体物质的孔结构

实验导读

多孔物质的比孔容积、平均孔径、孔的平均长度和孔隙分布等都是物质孔结构性质的重要参数。在研究物质孔结构性质对转化速率的影响时，需要测定孔容积的分布情况（统称孔径分布）。测定孔隙分布的方法可用压汞法、气体吸附法、X射线衍射法和电子显微镜等。通常用气体吸附法测定微孔和介孔的孔径分布。用压汞法测定大孔的孔径分布。

实验目的

（1）了解压汞法测定大孔结构的实验原理并掌握其实验方法。

（2）学习用计算机运算和处理数据。

实验原理

把多孔物质浸没在不湿润的液体中，由于液体的表面张力作用，它会阻止接触角大于90°的任何液体进入小孔。利用外加压力可以克服此种阻力。因此根据迫使液体进入并充满某一给定孔隙所需的压力，衡量孔隙的大小。

由于汞对大多数多孔固体物质是不湿润的，它不会自动进入孔中，因此需要外压将汞压入孔中，假定多孔固体物质的孔为圆柱形，半径为 r，汞与多孔性物质的接触角为 θ，汞的表面张力为 σ。那么沿着接触圆周的张力为 $2r\sigma$。它垂直于接触圆周平面的分力。也即由于表面张力而产生的压出方向的力为 $-2\pi r\sigma\cos\theta$。将汞压入半径为 r 的孔中的外力为 $\pi r^2 p$。平衡时这两个对抗的力相等，即

$$- 2\pi r\sigma\cos\theta = \pi r^2 p$$
$$r = - 2\sigma\cos\theta/p \tag{2.226}$$

这就是 Washburn 方程式。

实验时不断增加外压，膨胀计中的汞不断地渗入样品的孔中，从而引起膨胀计毛细管中汞体积的变化，变化量 ΔV 值可以通过测定膨胀计中汞面的下降和毛细管的直径而换算得到的。

仪器与试剂

仪器 压汞孔度仪 1 套,包括产生压力的装置、高压套和膨胀计、控制和记录部件,其构造框图如图 2.84 所示。

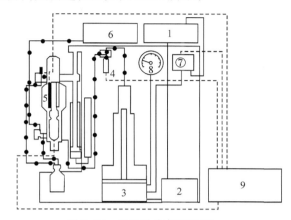

图 2.84 压汞孔度仪构造图
1.低压油储槽;2.电动往复泵;3.压力倍增器;4.压力
传感器;5.高压套;6.高压油槽;7.滞后程序阀;
8.安全压力计;9.控制板

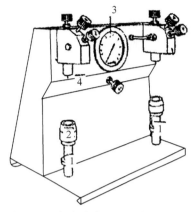

图 2.85 膨胀计真空注汞装置图
1.膨胀计金属支架;2.膨胀计座;
3.数字真空泵;4.汞阀

电动往复泵 2 将低压油储槽 1 中的低压油压入压力倍增器 3 的底部,由于活塞截面积的缩小。顶部的压力得以倍增,顶部为绝缘性能良好的高压油,由它作为压力的传递介质,对膨胀计中的汞面施加压力。测定过程中,瞬时压力由压力传感器 4 转变电信号送至控制和控制板 9。随着压力的增加膨胀计毛细管中的汞逐渐被压入越来越小的孔中。液面逐渐下降,压入汞体积的信号由高压套 5 的上下两个电极感知并送至控制器和记录仪。

膨胀计注汞装置见图 2.85,由膨胀计金属支架、膨胀计座、数字真空泵和汞阀四部分组成。对膨胀计充填汞时,将膨胀计仔细放入保持器和针头密封套之间启闭相应阀门,先抽空后注入汞。

实验步骤

1)样品预处理

待测样品按其性质在一定的温度下烘干脱去水后置于干燥器中备用。

2)准备工作

准确称取一定数量的样品,置于清洁干燥的膨胀计管中,然后在磨口处涂上真空油脂,旋转数圈使其呈透明无丝状,套上紧固件紧固之。

3)脱气

将上述准备好的膨胀计仔细放入充汞器的保持器和针头密封套之间使其良好接触不漏气。关闭通汞阀 M 和通大气阀 A。启动真空泵。打开 V 阀和 P 阀时对膨胀计管进行抽真空以去除样品中吸附的气体。

4）充汞

脱气达到要求的时间后，即可慢慢打开通汞的 M 阀（先检查汞瓶中汞的数量）。汞将从针状处滴出，注入膨胀计中，调节阀门使汞滴成虚线状注入，待填充到毛细管部分时应当减慢速率至汞充填到离顶部约 1.5 cm 处立即关闭 M 阀。谨防汞漏出膨胀计。关闭 P 阀。打开 A 阀取出膨胀计。

5）压汞测试

对充填完汞的膨胀计毛细管顶部注入高压使油面凸起。放膨胀计于高压套中，降下高压套螺旋顶盖旋紧之。完全打开高压套顶部旋阀。并将高压套底部的阀门旋至半开状态（红线处）。此时便有高压油从底部进入高压套中。空气逐渐从顶部排出，直至流出油中不再有气泡为止，同时关紧上、下阀门。

开启稳压电源。待稍候片刻输出 220 V 恒定电后打开控制器开关和记录仪的开关（此步可预先进行，使仪器稳定）。

对控制器上的液晶显示值进行调整。V 值调至 0，p 值调至 1.0。

记录仪装纸，并把记录笔调整至相应位置。

选择升压和降压速率及压力最大值，按下启动按钮，测试即开始，随着压力的增加，逐渐会有汞被压入样品的孔中，膨胀计毛细管中汞面将会降低。仪器上所显示的 V 值，即毛细管中汞体积的减少值（也即是孔体积），测试过程中 p、V 值不断变化，及时记录对应的数值，直至达到设定的最大压力值，升压停止并自动降压，直至恢复到大气压力，测试结束。

关闭记录仪开关和控制器电源开关。

完全打开高压套上、下两个旋阀，使高压套中的高压油流入储瓶中，待油排尽打开高压套顶盖。

取出膨胀计，用针筒把顶部高压油吸出。拆下紧固件，仔细打开膨胀计将汞及样品倒入回收瓶中（慎防汞滴洒出）。洗净膨胀计。

6）空白试验

膨胀计和汞在受到压力后也会有体积的变化，计算时必须对这一部分的数值进行校正。为此必须进行空白试验，即按上述操作步骤不装样品对膨胀计充汞后进行测试。连续记录对应的 p_0、V_0 值。

结果与讨论

（1）列出空白测试的 p_0 值和 V_0 值。

（2）记录样品名称、样品质量、接触角和脱气条件。

（3）以 V 为横坐标，r（或 p）为纵坐标画出孔容-孔径曲线。

思考题

为什么微孔和介孔孔径分布的测定采用液氮容量吸附法，而大孔孔径分布的测定采用压汞法?

参考文献

1. 陈诵英. 吸附与催化. 郑州: 河南科学技术出版社, 2001

2. 刘希尧. 工业催化剂分析测试表征. 北京: 中国石化出版社, 1990

(蒋晓原)

实验 79　吸附净化法

实验导读

　　利用某些多孔固体具有选择性地吸收某些组分的能力(有时还兼有催化作用)来脱除废气中的水分、有机溶剂蒸气、恶臭和其他有害气相杂质,从而达到净化气体的目的,称为吸附净化操作。

　　由于吸附剂往往具有高的吸附选择性,因而具有高的分离效果,能脱除痕量物质,但吸附容量一般不高。吸附分离过程特别适宜于低浓度高要求混合物的分离,吸附净化法在环境治理工程中占有很重要的地位。例如,对含酚及有害重金属离子的废水处理,对含 SO_x、NO_x、HF 等废气净化均采用吸附法。

　　在吸附法脱除废气中的 SO_x 和 NO_x 等有害物质时,除物理吸附作用外,还有催化作用。废气中的 SO_x 或 NO_x 在被吸附的同时,NO 被氧化成 NO_2,SO_2 则被氧化成 SO_3,从而可方便地与水(或水蒸气)结合,变成酸而得到脱除。吸附法还常常与其他净化方法(吸收、冷凝或催化燃烧等)联合使用,这时吸附过程起浓缩作用,而其他净化过程则起回收有价值的污染物或销毁的作用。例如,SO_2 经吸附和催化后变为 SO_3,可采用吸收的方式以稀硫酸的形式加以回收;NO 氧化为 NO_2 后,可采用冷凝的方式,回收液态的 N_2O_4。

实验目的

　　(1) 掌握物理吸附与化学吸附的基本特性。

　　(2) 了解固体吸附剂在净化工业废气中的原理和方法。

实验原理

　　当含有污染物分子的废气通过一装置中的固体颗粒床层时,由于固体表面具有吸引外来分子的力场,因而气体中污染物分子被固体表面"捕捉"而富集,排出的气体得到净化。

　　被吸附的物质称为吸附质。固体颗粒称为吸附剂。作为吸附剂的基本条件为:大比表面积,适当孔结构,良好的热稳定性和机械强度,再生容易,价格低廉。工业上用得比较多的有活性炭、沸石、硅胶和氧化铝等。

　　由于吸附剂类型不同,具有不同的表面性质的孔结构,因而对各种不同的吸附质选择及吸附难易程度是不同的。例如,活性炭对于有机溶剂的吸附很有效,所以常用于有机废气的净化和回收溶剂的装置中;沸石表面具有较强的极性静电场,它对于极性分子的吸附较为适应,常用来吸附 NO_x、SO_2 等。

对于给定的吸附系统(即吸附剂和吸附质已确定时)吸附的难易与操作条件(如温度、压力、气体流速等)关系很大,一般来说吸附量随温度升高、压力降低、流速增大而减少,所以吸附操作一般在低温、常压和低流速的条件下进行,解吸操作相反。

气体分子被吸附剂表面吸附的同时,由于分子的热运动,也有摆脱固体表面的吸引力,返回气相的倾向,发生脱附作用。在初期由于吸附剂表面"空白"比例大,吸附作用占优势,总的效果是吸附质在固体表面富集,随着吸附操作时间的延长,脱附作用逐渐增加。当吸附速率与脱附速率相等时,则吸附、脱附达到平衡,宏观上不再吸附。这时相对应的吸附量称为饱和吸附量(单位吸附量/单位吸附剂)。以吸附量对时间作图,即得图 2.86。

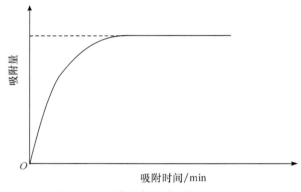

图 2.86　吸附量与吸附时间的关系

在实际操作中对应于不同时间的吸附量不易获得。实际上是分析不同操作时间吸附前后气体中有害物质的浓度,得到如图 2.87 的吸附操作曲线。吸附开始时废气通过吸附剂后,有害物质几乎全部吸附。吸附后的净化气中,几乎检不出有害物(或极少)。当吸附进行到一定时间,如图 2.87 中 t_1 点,净化气中已明显出现有

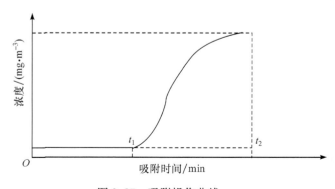

图 2.87　吸附操作曲线

害物质,t_1称为穿透吸附时间,相对应的吸附量称为穿透吸附量。当吸附操作延续到t_2,吸附层出口气体中有害物质含量与入口废气浓度c相对应,吸附已达饱和,这时对应的吸附量称饱和吸附量,t_2即为饱和吸附时间。

　　通常吸附剂通过再生反复使用。所以当吸附曲线到达穿透点以后,根据各种物质的允许排放浓度,及时切换转入脱附操作(工业上采用多塔交换使用)。一般采用升高温度或减压及提高载气流速,使脱附速率加快。脱附时,载气所带出的吸附质浓度随时间的增加而减少,脱附操作曲线如图 2.88 所示。

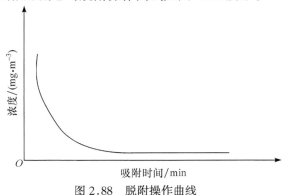

图 2.88　脱附操作曲线

仪器与试剂

　　仪器　程序控温仪 1 台;气相色谱仪 1 台;吸附净化法实验装置(图 2.89)1 套。

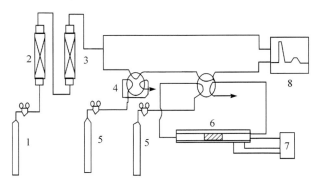

图 2.89　吸附净化法实验装置

1. 空气源;2. 干燥管;3. 流量计;4. 进料器;5. 预处理气;

6. 吸附管;7. 控温仪;8. 气相色谱仪

　　试剂　活性炭;甲苯(AR)。

实验步骤

　　(1) 将吸附剂(活性炭)50 mL 装填在吸附管中,测出吸附剂装填高度 Z。

　　(2) 通氮气($0.5\ \mathrm{m^3 \cdot h^{-1}}$),将活性炭在 120℃进行脱水 0.5 h。

（3）降温倒出活性炭。称量（w_1）。

（4）然后装回吸附管中，对进料器称量（w'）；甲苯和空气为吸附气，通吸附气体（$0.25\ \mathrm{m^3 \cdot h^{-1}}$）。

（5）记下进料时间，每 10 min 对吸附前后气体进行色谱分析。

（6）当甲苯穿透时，记下时间，停止吸附，对吸附剂，进料器称量（分别为 w_2、w''）。

（7）完成吸附后进行脱附，升高温度到 200℃，氮气流量 $0.5\ \mathrm{m^3 \cdot h^{-1}}$，对流出的气体进行色谱分析。至脱附基本完成为止，称量 w_3。

结果与讨论

（1）吸附量 $= (w_2 - w_1)/w_1$。

（2）进料浓度 $= (w' - w'') \times 60\ /t \times 0.75\ (\mathrm{g/m^3})$。

（3）根据进料浓度和吸附前的峰高算出吸附后及脱附时气体的浓度（线性关系）。作出吸附过程废气浓度和时间的关系图和脱附时废气的浓度和时间的关系图，类似于图 2.90。

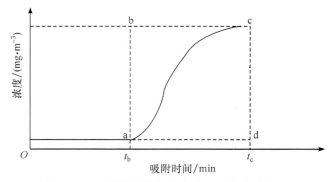

图 2.90　吸-脱附时废气浓度和时间的关系图

（4）根据吸附透过曲线计算：① 活性炭的饱和吸附容量（$\mathrm{mg \cdot g^{-1}}$）；② 吸附带中未被利用的系数 F，$F = S_{abc}/S_{abcd}$，S 为图 2.90 中 abc 和 abcd 所包围的面积；③ 吸附带长度 Z（cm），$Z_a = Z(t_c - t_b)/t_b + F(t_c - t_b)$，其中 Z 为吸附剂的装填高度。

思考题

1. 什么是物理吸附？什么是化学吸附？

2. 举例说明物理吸附和化学吸附应用在工业上的典型例子。

参考文献

1. 陈诵英. 吸附与催化. 郑州：河南科学技术出版社，2001

2. 环境友好与催化. 首届全国环境催化学术研讨会论文集. 杭州，1999

（蒋晓原）

实验 80　催化还原法处理氮氧化物（NO_x）

实验导读

NO 在常温下是一种不易溶于水的无色气体，在液态或固态时显蓝色。它不燃烧也不支持燃烧。NO 与血液中血红蛋白的亲和力很强，使血液输氧能力下降，从而导致中枢神经受损，出现麻痹和痉挛，引起呼吸道感染和哮喘等，重者可导致死亡。NO 浓度较高时，易与氧结合生成红棕色、有刺鼻气味的 NO_2，NO_2 易侵入肺泡，可导致人肺水肿死亡，对心脏、肝脏、造血组织也都有影响。另外，NO_x 是造成酸雨和引起气候变化的重要原因之一，能与烃类反应形成光化学烟雾，对农作物危害极大。NO 还是破坏大气臭氧层的前驱气体之一，破坏生态环境和生态平衡。

氮氧化物的脱除方法有非催化法和催化法两大类。前者主要包括湿式吸收法、固体吸附法、电子束照射法等，但往往设备庞大，费用高，有二次污染。后者是最有效的方法，它包括 NO 的催化分解和催化还原，其关键技术是开发活性和选择性高、稳定性好、耐毒能力强的催化剂。NO 的催化分解要求反应温度很高，但由于废气中 O_2 的抑制作用，SO_2 等杂质的影响，应用受到限制，尚未有足够高活性和稳定性的实用催化剂。催化还原法是较易实现且实用化的脱除 NO 的方法，它包括选择性催化还原和非选择性催化还原。当前应用最多的脱 NO_x 方法有：用于固定源的以 V_2O_5-WO_3(MO_3)/TiO_2 为催化剂的 NH_3-SCR 法和用于移动源的三效催化剂（three way catalysts，TWC）。

实验目的

（1）了解 NO 脱除的几种方法。

（2）了解 CO 催化还原 NO 的机理及分析手段。

实验原理

本实验以 $TiCl_4$ 为 Ti 源，以氨水为沉淀剂，以乙醇作为分散剂，采用溶胶-凝胶法合成 TiO_2；并以 TiO_2 为载体，采用浸渍法制备不同系列的 CuO/TiO_2 催化剂，考查 CuO/TiO_2 催化剂对 NO+CO 反应的活性和稳定性。

NO 在 CuO/TiO_2 催化剂表面的反应机理，主要包括分子吸附、NO 解离、表面活性物种重组和产物脱附。

吸附　　　　　　　$CO(g) + S \longrightarrow CO(a)$　　　　　　(2.227)

$$NO(g) + S \longrightarrow NO(a) \qquad (2.228)$$

解离　　　　　　　$NO(a) + S \longrightarrow N(a) + O(a)$　　　　(2.229)

表面重组和脱附　　　$2N(a) \longrightarrow N_2(g) + 2S$　　　　(2.230)

$$N(a) + NO(a) \longrightarrow N_2O(g) + S \qquad (2.231)$$

$$CO(a) + O(a) \longrightarrow CO_2(g) + 2S \qquad (2.232)$$

$$2NO(a) \longrightarrow N_2(g) + 2O(a) \qquad (2.233)$$

$$2NO(a) \longrightarrow N_2O(g) + O(a) \qquad (2.234)$$

$$N_2O(g) \longrightarrow N_2O(a) + S \qquad (2.235)$$

$$N_2O(a) \longrightarrow N_2(g) + O(a) \qquad (2.236)$$

式中:S 表示催化剂表面吸附位;a 表示吸附态。

　　低温时吸附在催化剂表面的 NO(a)不易分解,并且 CO 和 O(a)反应较慢,使催化剂表面存在较多的 NO(a),它易与 NO(a)分解产物 N(a)结合生成 N_2O。由于反应气中 NO 过量,高温时催化剂表面的 NO(a)分解速率加快,使催化剂表面的 NO(a)减少,因此,不利于 N_2O 的生成。

仪器与试剂

　　仪器　程序控温仪 1 台;气相色谱仪 1 台(带热导检测器);NO＋CO 反应活性评价实验装置 1 套。

　　试剂　NO 标准气(99.5%);CO 标准气(99.9%);He 气;N_2 气。

实验步骤

　　1) TiO_2 的制备($TiCl_4$ 法)

　　TiO_2 的制备采用溶胶-凝胶法。以 $TiCl_4$ 为 Ti 源,以氨水为沉淀剂,以乙醇作为分散剂。取 25 mL $TiCl_4$ 于 400 mL 烧杯中,在不断搅拌下加入 20 mL 蒸馏水,制成钛溶胶(在通风橱里进行)。另取 30 mL 蒸馏水和 20 mL 乙醇于 600 mL 烧杯中,在不断搅拌下同时慢慢滴加上述的钛溶胶和氨水,至 pH 为 9 左右为止。再加入 10 mL 蒸馏水稀释,得到钛溶胶。钛溶胶经 80℃ 老化 24 h,300℃加热 2 h 以驱赶 NH_4Cl,450℃下焙烧 4 h 得到所需 TiO_2 粉体。

　　2) 催化剂制备

　　催化剂制备采用浸渍法。分别用计算量的 $Cu(NO_3)_2$ 溶液等体积浸渍在 TiO_2 上,放置 12 h,炒干,放入马福炉中 500℃ 焙烧 2 h,备用。各催化剂分别表示为:$w\%CuO/TiO_2$,其中 w 代表 CuO 的负载量。

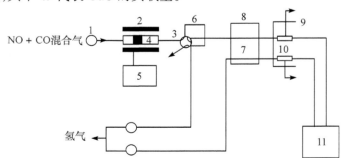

图 2.91　NO＋CO 反应活性评价实验装置

1. 流量计;2. 加热炉;3. 六通阀;4. 反应管;5. 程序控温仪;

6. 定量管;7. 色谱柱(双柱);8. 恒温箱;9. 检测室;10. 热导池;11. 记录仪

3) NO+CO 反应

NO+CO 反应活性的评价在微反应装置上进行,如图 2.91 所示。反应气组成(体积分数),NO 6%,CO 6%,He 88%。催化剂装量 120 mg,空速 5000 h^{-1}。考查两种气氛(H$_2$ 气氛和空气气氛)下处理的催化剂活性:①催化剂在 H$_2$ 气氛下 500℃还原 1 h,降温至 40℃,进反应气;②催化剂在 He 气氛下 500℃预处理 1.0 h,降温至 40℃,进反应气。反应物和产物用气相色谱热导检测。其中 N$_2$、NO、CO 用 13X 分子筛填充柱分离,CO$_2$ 和 N$_2$O 用 Porapak Q 填充柱分离,色谱柱温 45℃,以 H$_2$ 为载气,流速 25 mL·min^{-1}。

结果与讨论

$$NO\ 转化率 = ([NO]_{in} - [NO]_{out})/[NO]_{in} \times 100\%$$
$$CO\ 转化率 = ([CO]_{in} - [CO]_{out})/[CO]_{in} \times 100\%$$
$$N_2\ 选择性 = 2[N_2]/([NO]_{in} - [NO]_{out}) \times 100\%$$
$$N_2O\ 选择性 = 1 - N_2\ 选择性$$

思考题

1. 什么是绿色化学? 什么是纳米材料?

2. 纳米催化剂用于 NO 的催化脱除有哪些优缺点?

参考文献

1. Armor J N. Catalytic solution to reduce pollutants. Catalysis Today, 1997, 38163~38167

2. Radojevic M. Reduction of nitrogen oxide in flue gases. Environmental Pollution, 1998, 102:685~689

3. Iwamoto M, Hamada H. Removal of nitrogen monoxide from exhaust gases through novel catalytic processes. Catal Today, 1991, 10:57

(蒋晓原)

实验 81 汽车尾气三效催化剂的活性评价和性能表征

实验导读

20 世纪 60 年代末期,在美国及日本等一些发达国家中,由于机动车排放的气体已成为大气污染物质的主要来源之一,因此提出了开发净化汽车尾气的技术,开发控制汽车排气污染的技术先后经历了三个阶段:第一阶段,采用机内净化技术;第二阶段,采用氧化催化技术。在汽车排气系统上安装氧化型催化净化器。主要用于对 CO 和 HC 排量的控制,最典型的催化剂是贵金属 Pt-Pd 型;第三阶段,采用氧化还原技术与电控技术相结合。到 20 世纪 80 年代中期,采用三效催化剂以蜂窝状堇青石为第一载体,以 γ-Al$_2$O$_3$ 为第二载体,Pt、Pd 和 Rh 为活性组分,Ce、La 等稀土元素为助催化剂,通过浸渍的方法制成。目前世界上广泛使用的贵金属 TWC 催化剂中,Rh 是一种主要成分,对 NO$_x$ 转化效果特好。含 Rh 的 TWC 在世界范围内的应用的增长导致了 Rh 的使用超过了矿藏比例,使贵金属 TWC 价格过高,限制了它的全面推广。因此,研制含微 Rh 或完全不使用 Rh 的含稀土 TWC 催化剂是今后发展的方向。1994 年,美国的 Engelhard 公司,根据炼油技术的新发展,汽油含硫量进一步降低,探索研制开发出微 Rh($50\ g\cdot t^{-1}$)或全 Pd 的三效催化剂。

实验目的

　　(1) 了解汽车尾气三效催化剂的主要活性组分及制备方法。

　　(2) 了解汽车尾气三效催化剂净化过程的特点。

　　(3) 学习汽车尾气三效催化剂的活性评价方法。

实验原理

　　汽车尾气三效催化剂主要是由三部分组成:载体(氧化铝、分子筛和堇青石陶瓷蜂窝)、活性组分(Pt、Pd 和 Rh 等)、助催化剂(稀土氧化物和过渡金属氧化物)。其中载体的作用是承载催化剂的活性组分和助催化剂;活性组分对催化反应起主导作用;助催化剂能改善催化剂的活性和选择性。

　　在汽车尾气三效催化剂中 Pt、Pd 和 Rh 是主要的活性组分,其中 Rh 是三效催化剂脱除或控制氮氧化物(NO_x)的主要成分,且对一氧化碳(CO)氧化和烃类(HC)的重整具有非常大的作用;Pt、Pd 是三效催化剂脱除和转化 CO 和 HC 的主要成分。汽车在实际的运行中工况非常复杂,对催化剂具有非常高的要求,Pt、Pd、Rh 三效催化剂在富氧情况下,易于氧化 CO 和 HC,而 NO_x 的还原被抑制;在贫氧情况下,NO_x 容易被还原,但在反应气氛中由于没有足够的氧(O_2),使 CO 和 HC 的氧化不完全,因此三效催化剂必须在一定的空燃比条件下才能满足实际的需要。研究发现当空气和燃料比(空燃比)在理论空燃比附近一定范围内,氧化还原效果最显著。理论空燃比为 14.6～14.7,实际空燃比与理论空燃比的比值代表燃料燃烧的富燃和贫燃状况。三效催化剂的空燃比特性如图 2.92 所示。满足一定转化率的实际空燃比范围称空燃比窗口,扩大空燃比窗口是三效催化剂研究的一个重要方面。

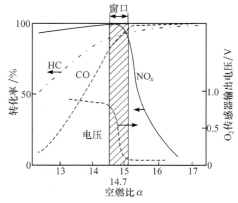

图 2.92　三效催化剂的空燃比特性

在尾气的排放中既有还原性的气体(CO和HC),又有氧化性的组分(NO_x)。在催化剂的作用下,这些污染物将发生如下的反应

（1）氧化反应

$$CO + O_2 \longrightarrow CO_2$$
$$HC + O_2 \longrightarrow CO_2 + H_2O$$
$$HC + O_2 \longrightarrow CO_2 + CO + H_2O$$

（2）还原反应

$$CO + NO \longrightarrow CO_2 + N_2$$
$$HC + NO \longrightarrow CO_2 + N_2 + H_2O$$
$$NO + H_2 \longrightarrow H_2O + N_2$$

（3）解离反应

$$2NO \longrightarrow N_2 + O_2$$
$$NO_2 \longrightarrow N_2 + O_2$$

（4）重整反应

$$HC + H_2O \longrightarrow CO + H_2$$

（5）水煤气转换反应

$$CO + H_2O \longrightarrow CO_2 + H_2$$

仪器与试剂

仪器　Robin 1210 型实验用汽油发电机 1 台;程序控温仪 1 台;FGA4005 型四组分(CO、HC、NO_x、O_2)汽车排气分析仪(佛山分析仪器厂);汽车尾气三效催化剂活性评价实验装置 1 套(图 2.93)。

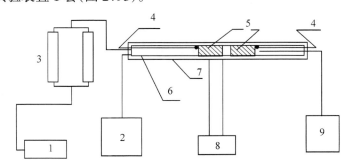

图 2.93　汽车尾气三效催化剂活性评价实验装置

1.压缩空气;2.汽油发电机;3.流量计;4.热电偶;5.催化剂;6.反应管;7.加热炉;8.控温仪;
9.四组分(CO、HC、NO_x、O_2)汽车排气分析仪

试剂　汽油(93$^{\#}$)。

实验步骤

1）催化剂制备

以蜂窝状董青石为第一载体，以 $\gamma\text{-}Al_2O_3$ 为第二载体，Pt、Pd 和 Rh 为活性组分，Ce、La 等稀土元素为助催化剂，通过浸渍的方法制备。

2）催化剂活性测定

采用 Robin 1210 型汽油发电机（汽油 93#），产生的摸拟汽车尾气作为反应的进口气（含 CO $5.0\% \sim 8.0\%$，HC 为 $1300 \sim 1700$ mg·m^{-3}，NO$_x$ 为 $100 \sim 150$ mg·m^{-3}）用压缩空气来调节摸拟汽车尾气中的氧气浓度。催化剂的装填量：两只直径为 20 mm，长 40 mm 的蜂窝催化剂。空速 8×10^4 h^{-1}。尾气中的 CO、HC 和 NO$_x$ 采用 FGA4005 型四组分（CO、HC、NO$_x$、O$_2$）汽车排气分析仪（佛山分析仪器厂）分析。

3）催化剂性能表征

（1）BET 比表面积及孔结构测定。样品的 BET 比表面积和孔结构数据测定采用美国 Coulter Omnisorp100CX 型物理吸附仪。以普通氮气为动力源，压力调节至 3 kg·cm^{-2}。以高纯氮气作为样品的吸附气体，压力为 3 kg·cm^{-2}。将装有样品的样品管在电炉上 200℃加热，抽真空处理 2 h，差量法得到样品的真实质量。由吸附数据求得 BET 比表面积。

样品的孔结构数据采用全吸附测定。用单点凝聚（$p/p_0 = 0.981$）法求得孔结构数据，利用公式 $4V/A$（其中 V 为孔体积，A 为 BET 比表面积）计算平均孔径。

（2）TG-DTA 测定。TG-DTA 测定在 USA PE Corp TG-DTA 综合热分析仪上完成。测量条件：样品用量 10 mg 左右，O$_2$/N$_2$ 气氛，升温速率为 20℃·min^{-1}。所有样品在进行热分析之前都先在烘箱中 100℃干燥 2 h，以使热分析过程中水峰不会太大，以至于掩盖了其他峰。

（3）TEM 测定。样品的颗粒度测定采用日本电子 JEOL 公司的 JEM-200CX 透射电子显微镜。加速电压为 160 kV。

（4）XRD 物相测定。XRD 衍射数据用阶梯扫描方式。在 Rigaku D/Max ⅢB 全自动 X 射线粉末衍射仪上采集，Cu K$_\alpha$ 辐射源，功率 40 kV×40 mA，衍射束置石墨单色器除去 K$_\beta$ 辐射，阶宽 0.02°2θ，每步计数时间 4 s，各 hkl 衍射的实验数据采用基本参数法提取晶粒尺寸和微应变值。

（5）NO-TPD 测定。将 250 mg 样品装入石英微型反应器，分别在 500℃氢气氛中还原 1 h，500℃ He 气氛中预处理 1 h，然后再用 He 气吹扫 1 h，最后降至 50℃，预吸附 10% NO＋90% He 混合气，He 气吹扫 0.5 h，使过量的 NO 全部带出，然后以 20℃·min^{-1} 的升温速率升至 600℃，用质谱检测热脱附过程中的脱附物种。为了模拟催化剂表面物种在反应过程中的状态，在 NO-TPD 中采用的预处理气为 H$_2$。

（6）H_2-TPR 测定。TPR 实验采用色谱法，用热导检测升温过程中 H_2 的消耗量，还原气为 H_2-N_2 混合气（H_2 体积分数为 5%）。将定量的样品放入石英管中（内径 $\phi = 5\,mm$），切换成 $5\%\,H_2$-N_2 混合气，待基线稳定后，以 $15\,^{\circ}C \cdot min^{-1}$ 程序升温进行 TPR 实验，用热导检测升温过程中 H_2 浓度的变化。$5\%\,H_2$-N_2 混合气经硅胶、脱氧催化剂及分子筛净化。还原过程中产生的水汽用 5Å 分子筛吸收。

（7）XPS 测定。XPS 分析在 PHI 5000C ESCA System 光电能谱仪上进行。激发源：Al K_{α}(1486.6 eV)、Mg K_{α}(1253.6 eV)，12.5 kV，250 W。工作基压：10^{-9} kPa；工作压强 1×10^{-6} mbar；分辨率：FWHM $Ag3d_{5/2}$ 4×10^4 cps（对金属）。以 C_{1s} 284.6 eV 为内标，校正仪器的电荷效应。峰的拟合在计算机上使用 XPS Processing 软件进行。

思考题

1. 什么是理论空燃比？什么是实际空燃比？它对三效催化剂有何影响？

2. 什么是机内净化？什么是机外净化？

3. 举例说明表征多相催化剂有哪些方法？各方法能得到哪些有用的结果？

参考文献

1. 郑小明，周仁贤. 环境保护中的催化治理技术. 北京：化学工业出版社，2002
2. Yao H C，Yao Y F Y. J Catal，1984，86：254～265
3. Trovarelli A，Leitenburg C，Boaro M. Catalysis Today，1999，50：353～367
4. Martinez-Arias A，Soria J，Conesa J C. Catal Lett，1994，24：107～115
5. Francisco M S P，Mastelaro V R，Nascente P A P. J Phys Chem B，2001，105：10515～10522
6. Francisco M S P，Nascente P A P，Mastelaro V R. J Vac Sci Tech.，2001，19(4)：1150～1157

（蒋晓原）

2.4　计算机实验

实验 82　杯[4]芳烃对嘧啶的分子识别和分子开关

实验导读

分子识别是主体对客体通过分子间的非共价弱相互作用结合形成配合物的过程。这种弱相互作用可以是范德华力、氢键、电荷相互作用及 π-π 堆积等。主体通常为空腔大环富电子分子，如 β-环糊精、冠醚、杯芳烃等，与客体之间要满足空间和电荷的相互适应性。由于主客体间的相互作用能为 $10^2 \sim 10^4$J。实验上，通常需用精密的微量热仪，紫外光谱和荧光光谱来研究。理论上，可用 *ab initial*、AM1、MNDO、PM3 等量子化学方法及 Monte Carlo 模拟等分子力学方法研究。

分子开关是指化学物种在遭受化学、光化学或电化学等外部刺激时，可逆地互变于两个具有不同物理化学性质（如几何结构、折射率、介电常数和氧化还原电势等）和光谱性质（如 UV 谱、荧光光谱和 NMR 谱等）的异构体之间，呈现出"ON"或

"OFF"状态。正是这种"ON"和"OFF"开关，使人联想起与某些宏观机器相联系的运动，以便建造分子水平的机器；也使人想到信息处理系统的二进制运算。在目前以硅为基础的电子学技术基本到达极限的情况下，人们期望找到性能更优越的分子体系作为电子元件以替代现有的硅质芯片和元件。分子开关的设计研制是当代化学最具挑战性的方向之一，它涉及众多领域，如化学、光学、电子学、信息工程、材料及生命科学等，是 21 世纪的研究热点之一。

实验目的

（1）了解半经验量子化学计算方法。

（2）用 AM1、MNDO、PM3 方法研究杯[4]芳烃对醇类、单糖、嘧啶等客体的分子识别。

（3）用 INDO 系列方法计算电子吸收光谱。

（4）用 AM1 方法研究杯[4]芳烃与嘧啶衍生物配合物的质子转移势能曲线并设计分子开关。

实验原理

1）分子识别

理论上研究分子识别通常采用如下方法：把超分子配合物看成一个整体，电子在超分子轨道中运动，如果以 $E_\text{总}$ 表示超分子配合物的总能量，E_i 表示主体和客体单独存在时的能量，则配合物的稳定化能为

$$\Delta E = E_\text{总} - \sum E_i$$

实验表明，八羟基杯[4]芳烃对核糖、阿戊糖、岩藻糖、维生素等具有一定识别作用，故以八羟基杯[4]芳烃为主体 1a（图 2.94），用 AM1、MNDO、PM3 方法考查主体对单糖及嘧啶衍生物的分子识别性能，以主体 1a 的标准键长键角为初始输入，坐标原点在构型中心，与同一个亚甲基相连的两个苯环夹角为 90°，各苯环与 z 轴倾斜成 45°角。被考查的客体有两组，第一组包括：甲醇、乙二醇、D-甘油醛、D-赤藓糖、D-阿戊糖，与主体 1a 形成的配合物分别用配合物 2、3、4、5、6 表示，目的在于研究主体对单糖类物质的识别能力；再用 D-甘油醛作为客体，令主体 1a 中 1,8,15,22 位置的 H 分别为 CH_3 和 OH，对应的主体为 1b 和 1c，与 D-甘油醛形成配合物 7,8；配合物 9 的主体则是通过主体 1a 在 2,9,16,23 位置上去掉四个羟基上的氢原子而形成的酚负离子 $1a^{4-}$。用 AM1 方法对所有主体、客体及主客体 1:1 配合物进行几何构型全优化，优化过程中未加任何对称性限制，得到稳定构型。以优化构型为基础，用 INDO/SCI 方法对主体 1a 及配合物进行光谱计算，取 14 个高占据轨道中的电子，跃迁到 14 个低空轨道中去，考虑所有可能的单电子跃迁方式，共产生 197 个组态。由基态到各激发态的垂直跃迁能 υ 或波长 λ 及振子强度 f，可得到电子吸收光谱。

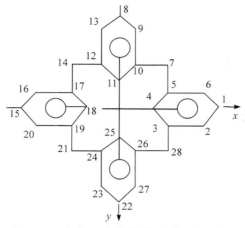

图 2.94　主体 1a 杯[4]芳烃结构示意图

2) 分子开关

这里采用第二组客体嘧啶及其衍生物,客体芳环沿 x-z 平面放置,与主体 1a 形成的配合物(图 2.95)用配合物 10、11、12 表示。配合物 10 的客体是嘧啶,考查稳定化能的大小,如果是负值,说明配合物能够形成,即芳环的介入对形成超分子配合物具有一定的 π-π 堆积作用。在嘧啶上引入强供电基团 OH,形成配合物 11,考查此时配合物稳定化

图 2.95　杯[4]芳烃与嘧啶衍生物配合物的结构

能数值的变化;若在嘧啶上引入吸电基团羧基,则稳定化能又会发生改变。将羧基变成 COO⁻ 后,配合物 12 稳定化能又有变化,因此客体上的取代基是决定配合物能否形成的关键。实验表明,主体 1a 与胞嘧啶配合物的稳定常数随客体上取代基的供电性增强而减小。

比较配合物 11 和配合物 12 的稳定化能,若一个为负值,即体系处于"关"的状态,而另一个为正值,即体系处于"开"的状态,这样便可设计成分子开关。改变溶液的 pH,使 COOH 与 COO⁻ 发生互变,则两个异构体的稳定化能一个为负值,一个为正值,体系或处于"关"的状态,或处于"开"的状态,由此可制成用酸碱调控的分子开关。分子开关的质子转移势能曲线可如下做出,以配合物 12 为基础,固定 O—H 键键长分别为 0.16 nm,0.18 nm,0.25 nm,0.30 nm,0.35 nm,对配合物的其他坐标进行条件优化,得到各点的能量极小值。以能量对 O—H 键键长作图,得到质子转移势能曲线。

仪器与程序

Pentium Ⅳ 微机 1 台,MOPAC 程序包 1 个,INDO 程序。

实验步骤

（1）构建坐标。以直角坐标系构建主体及各客体的坐标。

（2）优化构型。用 AM1、MNDO 及 PM3 方法优化主体、客体及配合物。

（3）电子光谱。用 INDO 系列方法计算主体、客体及配合物的电子吸收光谱。

（4）质子转移势能曲线。用 AM1 方法对主体与羧基嘧啶配合物在限制 O—H 键长的情况下进行条件优化，得到对应于能量极小值的各几何构型。

结果与讨论

在教师指导下进行。

参考文献

1．王乐勇，席海涛，孙小强．高等学校化学学报，2001，22（1）：143～145

2．滕启文，吴师，陈素清．高等学校化学学报，2002，23（7）：1331～1334

3．吴师，滕启文．高等学校化学学报，2003，24（7）：1271～1273

4．Davis A P，Wareham R S.Angew Chem Int Ed,1999,38:2979～2996

5．Aoyama Y,Tanaka Y,Toi H.J Am Chem Soc,1988,110:634～635

（滕启文）

实验 83　液体结构的分子动力学模拟

实验导读

1957 年，Alder 和 Wainwright 首次应用分子动力学（molecular dynamics，MD）模拟研究了硬球流体的气-液相变和压力-体积-温度关系，开创了利用分子动力学方法模拟研究物质宏观性质的先河，对启发人们通过研究物质的微观行为来探讨宏观性质提供了有益的尝试。后来，人们对该方法做了许多改进，运用它对固体及其缺陷以及液体做了大量的研究。但早期模拟的空间和时间尺度都受到计算机速度及内存的很大限制。直到 20 世纪 90 年代中期，由于计算机技术的飞速发展，再加上多体势函数的提出，为分子动力学模拟注入了新的活力。

分子动力学模拟不仅能得到原子的运动轨迹，还能像做实验一样进行各种观察。对于平衡系统，可以做适当的时间平均来计算一个物理量的统计平均值；对于一个非平衡过程，对发生在一个分子动力学观察时间内（一般为 1～100 ps）的物理现象也可以进行直接模拟。特别是许多与原子有关的微观细节，在实际实验中无法获得，而在分子动力学模拟中却可以方便地观察到。这些优点使分子动力学模拟在化学、生物、材料科学等领域的研究中显得非常有吸引力。每年发表的关于分子动力学模拟的论文达千篇之多，分子动力学与蒙特卡罗方法一起已经成为微观尺度模拟的主要手段。分子动力学模拟在计算和预测流体的传递性质，如扩散系数、黏度、导热系数等方面已经得到了广泛的应用。

在气、液、固三种相态中，晶体的结构最为规则，可通过 X 射线衍射等实验手段加以研究；气体分子的运动最为随机，没有结构，可以通过状态方程加以描述；唯有液体,最为复杂,既有类似晶体结构的有序性,又有类似气体分子运动的随机性,难以精确把握。虽然也可以通过 X 射线衍射和中子衍射等实验手段来测定液体的结构,但实验难度大、要求高、价格贵,不易实现。分子模拟作为计算机"机器实验"能够帮助人们进一步了解液体的结构、热力学、动力学等宏观性质,为我们的研究提供一种成本低、效率高的"实验"手段。特别是在诸如微孔等实际实验条件难以达到的极端、极限条件下,分子模拟尤为重要。

实验目的

(1)学习并掌握统计力学计算结构性质、热力学性质的基本原理和方法,加深对统计系综、统计平均等概念的理解。

(2)学习分子动力学模拟方法及其实现和应用。

(3)理解径向分布函数的物理意义及其与液体结构的关系,了解径向分布函数的计算方法和编程。

(4)学习分子运动轨迹的分析方法。

实验原理

根据统计力学原理,系统的宏观性质是相应微观物理量的统计平均(系综平均)值。只要微观状态取得足够多,进行系综平均后,就可以得到系统宏观性质(包括平衡性质、结构性质、输运性质等)的"机器实验"数据。作为统计力学实验的分子模拟,其目的就是利用计算机来产生大量的微观状态,求取系综平均,以获取系统的宏观性质。按照获取微观状态(也称分子位形或构型,指系统中各分子的位置、取向和动量)方法的不同,可分为蒙特卡罗(MC)方法和分子动力学(MD)方法,蒙特卡罗方法按照一定的统计分布构造不同的分子位形,求取系统物理量的系综平均值;分子动力学方法对粒子求解动力学方程而获得系统不同时刻的微观状态(粒子运动轨迹),求取分子系统物理量的时间平均值。统计力学认为:时间平均等效于系综平均。

1)MD 基本原理

考虑一个由 n 个原子构成的 N 个分子的系统,其总势能为系统中各原子位置的函数 $U(\boldsymbol{r}_1, \boldsymbol{r}_2, \cdots, \boldsymbol{r}_n)$。根据力学原理,各原子所受到的力为势能的梯度

$$\boldsymbol{F}_i = -\nabla_i U = -\left(\boldsymbol{i}\frac{\partial}{\partial x_i} + \boldsymbol{j}\frac{\partial}{\partial y_i} + \boldsymbol{k}\frac{\partial}{\partial z_i} \right) U \tag{2.237}$$

由牛顿第二运动定律,可得原子的加速度为

$$\boldsymbol{a}_i = \frac{\boldsymbol{F}_i}{m_i} \tag{2.238}$$

由此,可预测原子经过时间 t 后的速度与位置。

$$v_i = v_i^0 + \boldsymbol{a}_i t$$

$$r_i = r_i^0 + v_i^0 t + \frac{1}{2} a_i t^2 \qquad (2.239)$$

分子动力学计算的基本原理,即是利用牛顿第二运动定律,先由原子的位置和势能函数得到各原子所受的力和加速度,令 $t = \delta t$,预测出经过 δt 后各原子的位置和速度,再重复以上的步骤,计算力和加速度,预测再经过 δt 后各原子的位置和速度,……如此即可得到系统中各原子的运动轨迹及各种动态信息。

由此可见,原子的势能函数(即作用力对位置积分的负值,常简称为力场),对分子动力学模拟至关重要。在进行模拟计算时,选择合适的力场极为重要,往往决定模拟结果的优劣。势能函数(力场)的一般形式为

$$U = U_{bond} + U_{angle} + U_{torsion} + U_{outp} \qquad \text{(分子内相互作用)}$$
$$+ U_{elec} + U_{vdw} \qquad \text{(分子间相互作用)}$$
$$+ U_{constraint} \qquad \text{(约束项)}$$

式中:第 1 项为键伸缩作用项;第 2 项为键角张合作用项;第 3 项为二面角扭转(绕单键旋转)作用项;第 4 项为偏离平面振动作用项;第 5 项为静电作用项;第 6 项为范德华作用项;第 7 项为约束作用项,主要是针对不同系统环境的各种(原子位置、距离、键角、二面角、质子间耦合常数等)约束相互作用。

2) 运动方程的求解

在分子动力学模拟中,为了得到原子的运动轨迹,必须求解牛顿运动方程,以计算原子的位置和速度,可以采用有限差分法来求解运动方程。有限差分法的基本思想是将积分分成很多小步,每一小步的时间固定为 δt,用有限差分法积分运动方程有许多方法,最常用的有 Verlet 算法和 Beeman 算法。Verlet 算法的计算式为

$$r_i(t + \delta t) = r_i(t) + v_i\left(t + \frac{1}{2}\delta t\right)\delta t$$

$$v_i\left(t + \frac{1}{2}\delta t\right) = v_i\left(t - \frac{1}{2}\delta t\right) + a_i(t)\delta t$$

计算时应已知 $r_i(t)$ 与 $v_i\left(t - \frac{1}{2}\delta t\right)$。可由 t 时刻的位置 $r_i(t)$ 计算质点所受的力与加速度 $a_i(t)$。再依上式预测时间为 $t + \frac{1}{2}\delta t$ 时的速度 $v_i\left(t + \frac{1}{2}\delta t\right)$,依此类推。时间为 t 时的速度由下式算出

$$v_i(t) = \frac{1}{2}\left[v_i\left(t + \frac{1}{2}\delta t\right) + v_i\left(t - \frac{1}{2}\delta t\right)\right]$$

这种算法使用简便,准确性高。

Beeman 算法的计算式为

$$r_i(t + \delta t) = r_i(t) + v_i(t)\delta t + \frac{1}{6}\left[4a_i(t) - a_i(t - \delta t)\right]\delta t^2$$

$$v_i(t + \delta t) = v_i(t) + \frac{1}{6}[2\boldsymbol{a}_i(t + \delta t) + 5\boldsymbol{a}_i(t) - \boldsymbol{a}_i(t - \delta t)]\delta t$$

此方法的优点是可以使用较长的积分间隔 δt。

除了上述两种方法外,还有其他的算法,如 Velocity-Verlet 算法、Leap-frog 算法、Gear 算法、Rahman 算法等,需要时可参阅有关文献。

时间步长 δt 的选取与模拟的质量有很大关系,步长太小,所得分子轨迹只占了相空间的一小部分,无代表性,太大则可能由于出现分子重叠而导致模拟不稳定。时间步长选取的一般原则是:比系统内时间最短的运动小一个数量级。一般地,可选择 1fs,即 10^{-15} s,但对单原子分子系统,因只有平动,时间步长可选 10fs。

3) 常用力场

分子动力学计算的系统由最初的单原子分子系统发展至多原子分子、聚合物、生物大分子系统。所使用的力场,也由最简单的范德华作用,发展出各种各样的力场,适用的范围越来越广,精度也不断提高。

(1) Lennard-Jones 势能(范德华作用)。大家都知道 Lennard-Jones 势能,这是除硬球等间断势外,一种形式简单而应用广泛的连续势能函数(图 2.96)。分子间的范德华作用一般为 Lennard-Jones 势能形式

$$u_{ij} = 4\varepsilon\left[\left(\frac{\sigma}{r_{ij}}\right)^{12} - \left(\frac{\sigma}{r_{ij}}\right)^6\right], \quad r_{ij} = (x_{ij}^2 + y_{ij}^2 + z_{ij}^2)^{1/2}$$

$$x_{ij} = x_i - x_j, \quad y_{ij} = y_i - y_j, \quad z_{ij} = z_i - z_j$$

式中:r_{ij} 为第 i 个分子与第 j 个分子的距离;ε 与 σ 为势能参数,ε 与势能曲线的深度有关,σ 与势能曲线最低点的位置有关,相当于原子的直径。

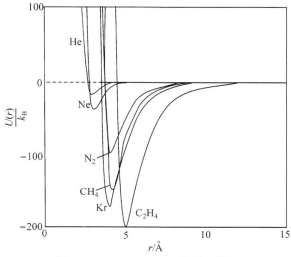

图 2.96　Lennard-Jones 势能函数

对仅有 Lennard-Jones 作用的粒子,对上式求微分,计算粒子所受的力为

$$-\frac{\partial u_{ij}}{\partial x_i} = -\frac{\partial r_{ij}}{\partial x_i}\frac{\partial u_{ij}}{\partial r_{ij}} = -\frac{x_{ij}}{r_{ij}}4\varepsilon\left(-12\frac{\sigma^{12}}{r_{ij}^{13}} + 6\frac{\sigma^6}{r_{ij}^7}\right)$$

$$-\nabla_i u_{ij} = \left(\frac{r_{ij}}{r_{ij}}\right)4\varepsilon\left(12\frac{\sigma^{12}}{r_{ij}^{13}} - 6\frac{\sigma^6}{r_{ij}^7}\right)$$

$$-\nabla_j u_{ij} = \nabla_i u_{ij}$$

(2) Amber 力场。Amber 力场主要适用于较小的蛋白质、核酸、多糖等生物分子,其参数全部来自计算结果对实验数据的拟合。应用此力场通常可得到合理的气态分子几何结构、构型能、振动频率、溶剂化自由能等。其形式为

$$U = \sum_b K_b(b - b_0)^2 + \sum_\theta K_\theta(\theta - \theta_0)^2 + \sum_\phi \frac{1}{2}V_0[1 + \cos(n\phi - \phi_0)]$$

$$+ \sum\varepsilon\left[\left(\frac{r^*}{r}\right)^{12} - 2\left(\frac{r^*}{r}\right)^6\right] + \sum\frac{q_i q_j}{\varepsilon_{ij}r_{ij}} + \sum\left(\frac{C_{ij}}{r_{ij}^{12}} - \frac{D_{ij}}{r_{ij}^{10}}\right)$$

式中:b, θ, ϕ 分别为键长,键角和二面角;等号右侧第 1 项为键伸缩作用项;等号右侧第 2 项为键角张合作用项;等号右侧第 3 项为二面角扭转作用项;等号右侧第 4 项为范德华作用项;等号右侧第 5 项为静电作用项;等号右侧第 6 项为氢键作用项。

(3) OPLS-AA 力场。OPLS-AA 力场主要用于有机小分子和氨基酸等生物分子,其基本形式仍然采用与上述力场类似的各相互作用项,但主要得到扭转能和非键能作用形式及参数,而键伸缩能和键角张合能的参数通过 Amber 力场得到。扭转参数主要来自量子化学对分子的从头计算(*ab initio*),非键相互作用参数来自于对有机分子结构性质和热力学性质的拟合,计算的蒸发焓和密度与实验值比较,平均误差为 2%。其非键相互作用(分子间作用项)包括静电项和 Lennard-Jones 作用项

$$U_{\text{non-bond}} = \sum_i \sum_j \left[\frac{q_i q_j e^2}{r_{ij}} + 4\varepsilon_{ij}\left(\frac{\sigma_{ij}^{12}}{r_{ij}^{12}} - \frac{\sigma_{ij}^6}{r_{ij}^6}\right)\right]f_{ij}$$

使用标准的混和规则 $\sigma_{ij} = (\sigma_{ii}\sigma_{jj})^{1/2}$,$\varepsilon_{ij} = (\varepsilon_{ii}\varepsilon_{jj})^{1/2}$。该表达式也用于相隔三个以上键的所有原子对之间($i < j$)的非键相互作用。除 1,4 位原子间的相互作用 $f_{ij} = 0.5$外,其余 $f_{ij} = 1.0$。

分子内扭转能的表达式为

$$U_{\text{torsion}} = \sum_i \frac{V_1^i}{2}[1 + \cos(\phi_i + f_{i1})] + \frac{V_2^i}{2}[1 - \cos(2\phi_i + f_{i2})]$$

$$+ \frac{V_3^i}{2}[1 + \cos(3\phi_i + f_{i3})]$$

式中:ϕ_i 为二面角;V_1、V_2、V_3 分别为傅里叶变换系数;f_1、f_2、f_3 分别为相角,对

目前的体系均等于零。

除了上述力场外,还有其他的力场,如 CHARMM 力场,CVFF 力场,CFF91、CFF95、PCFF 与 MMFF93 力场,UFF 力场,Tripos 力场,ESFF 力场,Dreiding 力场等。另外,还有一些专用的力场,如水分子的力场 SPC、ST2、MCY、TIP3P、TIP4P、TIP5P 等,需要时可参阅有关文献。

4) 周期性边界条件

我们知道,构成物质的分子数量是十分巨大的,在 10^{24} 量级,而通常限于计算量,MD 模拟的分子个数在 $10^2 \sim 10^3$ 量级。为此,人们不禁要问:这些少量的分子能否代表如此巨大数量的分子? 模拟的系统是否会有过分的边界(表面)效应? 因此,正确处理边界和边界效应对模拟的正确性是至关重要的,因为是从模拟非常少量的分子来计算物质的宏观性质的。为了减小有限尺寸的影响,在 MD 模拟中采用了周期性边界条件。

我们将模拟的盒子称为"中心盒子",将中心盒子的映像(复制品)称为"像盒子"(如图 2.97,A-H),所谓周期性边界条件,就是将像盒子(含原子)沿 x,y,z 六个方向进行周期性的复制,以使像盒子无限延伸,这样,系统就没有边界,系统的分子数也成为"虚拟无限多",克服了由于模拟的分子数很少而引起的表面效应。当一个分子(如图 2.97 中分子 1)在模拟中离开中心盒子,则相应有一个分子(映像分子)在相应位置从反方向进入这个盒子。由此,盒子中的分子数保持不变。例如,对于二维的情况,每个盒子有 8 个最近邻盒子(图 2.97 中 A-H),而对于三维,则有 26 个最近邻盒子。实际计算中,映像盒子中的原子的坐标可以通过加上或减

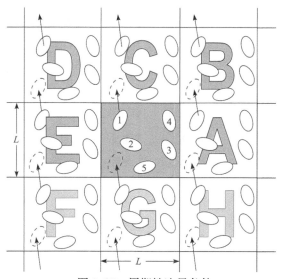

图 2.97　周期性边界条件

去盒子边长的正整数倍而得到,非常方便。

5) 二体有效势能近似

在求算系统中粒子所受作用力和势能时,如果不考虑三体以上的多体相互作用,则系统的势能具有加和性。

$$U_{\text{vdw}} = u_{12} + u_{13} + \cdots + u_{1n} + u_{23} + u_{24} + \cdots = \sum_{i=1}^{n-1} \sum_{j=i+1}^{n} u_{ij}(r_{ij})$$

低压稀薄气体基本上可认为只有二体相互作用,但是,稠密气体、液体、固体和熔融盐等系统中,三体以上的多体作用不可忽略,要保持上式中的二体势能加和形式,相当于式中的相互作用能是相互作用的 i,j 两个粒子在其余其他粒子均处于平均位置时所产生的平均势场内运动的有效相互作用势能(有效对势),这个平均势场可通过自洽场方法精确导出或通过物理模型近似得到。

在周期性边界条件下,不同盒子(中心盒子和像盒子)中的分子之间允许存在相互作用,这样,每个分子(与其他分子)的相互作用将延至很远,但分子对势能随分子间距离的衰减很快(与距离的 6 次方成反比),所以在计算位形能时可近似地截断到适当的距离。常用的方法有最近映像法和截断球法(割去法)。具体参见本书"实验 84　分子筛吸附分离气体的蒙特卡罗模拟"。

6) 统计系综

分子模拟,需要在一定的系综下进行。常用的系综有:微正则系综、正则系综、等温等压系综、等温等焓系综。

(1) 微正则系综。即 NVE 系综,在模拟过程中,系统的原子数 N、体积 V 和能量 E 保持不变,对应于孤立系统。一般地说,给定能量的精确初始条件是难以预知的,为了把系统调节到给定的能量,需要先给出一个合理的初始条件,然后对能量进行调节,直至系统达到所要到达的状态为止。能量的调整一般是通过对速度进行标度来实现的,这种标度可能使系统的速度发生很大的变化。为了消除可能带来的影响,必须给系统足够的时间以再次建立平衡。

(2) 正则系综。即 NVT 系综,在模拟过程中,系统的原子数 N、体积 V 和温度 T 保持不变,并且总动量为零,对应于封闭系统。在恒温下,系统的总能量不是一个定值,系统要与环境进行能量交换。要保持系统的温度不变,通常的方法是让系统与环境同处于热浴中。由于温度与系统的动能有直接的关系,一般地做法是把系统的动能固定在一个给定值上。这可以通过对原子的速度进行标度来实现,也可以对运动方程中出现的力加一个约束项来实现。

(3) 等温等压系综。即 NpT 系综,就是在模拟过程中,系统的原子数 N、压力 p 和温度 T 保持不变,对应于等温等压系统,这种系统是我们最常见的系统。我们不仅要保持系统的温度恒定,还要保持其压力恒定。温度的恒定和正则系综一样,是利用热浴,通过调节系统的速度或加一约束力来实现的,而压力的恒定更加复杂。由于系统的压力 p 与体积 V 是共轭量,要调节压力可以通过调节系统的体积来实现。目前有许多调压的方法都采用了这个原理。

（4）等压等焓系综。即 NpH 系综,就是在模拟中保持系统的原子数 N、压力 p 和焓值 H 不变。由于 $H = E + pV$,故在该系综下进行模拟时要保持压力与焓值为固定值,其调节技术的实现也有一定的难度。这种系综在实际中较少遇到。

7）MD 的启动

为了进行 MD 模拟,需要将粒子放在模拟盒子里,建立系统的初始位形,也就是要赋予系统中各粒子以初始位置和初始速度,这种初始位形是多种多样而不受限制的。一般地,系统初始位形常采取面心立方格子(FCC)分布,也可采取随机分布,起始取向为随机取向,各粒子起始速度按 Maxwell 分布,随后对速度重新进行标定,以保持系统总动量为零。

$$p(v_{ix}) = \left(\frac{m_i}{2\pi k_B T}\right)^{\frac{1}{2}} \exp\left[-\frac{1}{2}\left(\frac{m_i v_{ix}^2}{k_B T}\right)\right]$$

Maxwell 分布给出了质量为 m_i 的原子 i 在温度 T 下沿 x 方向速度为 v_{ix} 的分布概率。

在建立了系统的初始位形和赋予初始速度后,即可进行 MD 模拟了。在每一步中,原子所受的力通过对势能函数的微分可以得到。然后根据牛顿第二定律,计算加速度,再由前面提供的算法即可进行连续的模拟计算了。为了消除初始位形对模拟结果的影响,一般要预先经过数十万、近百万次的"移动",使系统达到平衡后,才能统计系统的性质。

8）轨迹分析与结构性质计算

在 MD 中,对模拟得到的原子轨迹进行统计分析是很重要的,据此才能计算得到系统的各种热力学和动力学性质,包括结构性质。按 MD 步骤经长时间(一般步数为 10^5 数量级)演算后系统达到平衡,此时系统的(宏观)性质达到稳定,只会在某一平均值的附近波动(称为涨落,fluctuation),由此,系统的宏观性质(感兴趣的物理量)可以取一个相当长(一般为 10^6 数量级)的时间序列的统计平均值,即时间平均值,如系统能量、径向分布函数、扩散系数等。即在每一微观状态(时间步)下都计算出感兴趣的物理量,再在所有的微观状态上求取平均值,从而得到系统的宏观性质。

径向分布函数(radial distribution function,RDF)是反映系统微观结构的特征物理量。考虑一个以任意选定的原子为中心,半径为 r,厚度为 δr 的球壳,其体积为

$$V = \frac{4}{3}\pi(r + \delta r)^3 - \frac{4}{3}\pi r^3 = 4\pi r^2\delta r + 4\pi r\delta r^2 + \frac{4}{3}\pi\delta r^3 \approx 4\pi r^2\delta r$$

径向分布函数 $g(r)$ 是距离一个原子为 r 时找到另一个原子的概率。其物理意义是:在距离某一原子 r 处,原子的局部数密度与平均数密度之比,它表征着结构的

无序化程度。如果在半径 r 到 $r+\delta r$ 的球壳层内的原子数为 $n(r)$，平均原子密度为 ρ_0（均匀分布时的密度），可以得到

$$g(r) = \left(\frac{1}{\rho_0}\right)\frac{n(r)}{V} \approx \left(\frac{1}{\rho_0}\right)\frac{n(r)}{4\pi r^2 \delta r}$$

径向分布函数在模拟过程中较容易计算，只要数出在半径 r 到 $r+\delta r$ 的球壳层中的原子数 $n(r)$，即可根据以上公式方便求得，以 $g(r)$ 对 r 作图即得到径向分布函数图。

配位数（coordination number）$n(r)$ 也是反映系统微观结构的物理量。如上所述，也就是在半径 r 到 $r+\delta r$ 的球壳层内的原子数，在前面求算径向分布函数时已经得到。或根据其定义

$$n_{ij}(r) = 4\pi\rho\int_0^r g_{ij}(r)r^2\mathrm{d}r$$

从径向分布函数对半径的积分得出。

液体的 X 射线衍射结构函数是通过 X 射线衍射实验获得的关于液体结构的重要信息，根据径向分布函数理论，它与液体中原子对径向分布函数有如下关系

$$i(k) = \rho\sum_i^n\sum_j^n\int_0^\infty g_{ij}(r)\mathrm{e}^{-ikr}\mathrm{d}r$$

式中：n 为原子种类数；ρ 为原子数密度；$g_{ij}(r)$ 为 i,j 原子间径向分布函数；$k = 4\pi\sin\theta/\lambda$（其中 λ 为 X 射线波长，θ 为衍射角）。

由径向分布函数也可得到液体的 X 射线衍射结构函数。

计算机与软件

高配置（或高性能）计算机 1 台；MD 模拟软件 1 套；分子图形显示软件 1 套；MD 轨迹分析及结构性质计算程序 1 套（学生自行编写）。

实验步骤

（1）程序头、参数定义、变量说明，数据结构与物理常数定义等。

（2）初始化：①定义粒子数、温度、模拟盒子边长等状态参数；②设定各粒子的初始位置、初始速度（按 Maxwell 分布），设定时间步长；③设定力场及力场参数。

（3）MD 模拟（时间步）：①计算两粒子间的距离；②计算各粒子所受的力及加速度；③积分运动方程，预测下一时刻各粒子的位置和速度；④速度修正（通过温度）、约束条件修正。

（4）存储各粒子的位置和速度（如直接计算统计性质也可不保存，直接进到下一步）。

（5）判断是否达到平衡步数。如"否"，则重复时间步，回到步骤 3。

（6）物理量的统计：径向分布函数等的计算。

（7）输出模拟结果。

以上是程序中 MD 模拟的步骤。实际操作上,进行 MD 模拟实验,具体步骤如下:

(1) 用 Chem3D 或 HyperChem 画出要模拟分子的结构,进行构象优化后输出其三维空间坐标,定义为 .xyz 文件。也可从其他途径(如从 .pdb 文件转换)得到 .xyz 文件。

(2) 根据模拟条件(液体水的温度 298.15 K、压力 101.325 kPa、密度 0.998 g·cm^{-3}),计算出模拟盒子(立方体)的边长(根据计算机的运算能力,可选择模拟 150～200 个水分子)。

(3) 选择力场,将选定的力场参数文件 *.prm 置于同一目录下。

(4) 定义 .key 文件,设定模拟参数(包括可选参数)。必须给定的参数为:力场参数文件名、模拟盒子边长、截断距离。

(5) 产生模拟分子:从单个分子的 .xyz 文件产生要模拟的分子系统及其 .xyz 文件。

(6) 系统能量优化:将产生的分子系统进行初始能量最小化。

(7) 模拟退火:进行分子系统模拟退火,消除系统内应力。

(8) MD 模拟:运行 MD 程序。

(9) 结构性质统计。

数据分析与处理

根据径向分布函数、配位数的定义和计算方法,自行编写从各分子坐标统计、计算径向分布函数和配位数的程序,并对 MD 模拟得到的大量系统位形实验数据进行分析、统计,计算出水分子(质心)、氧原子-氧原子、氧原子-氢原子、氢原子-氢原子的径向分布函数和配位数,画出各径向分布函数图和配位数图,对液体水的结构、氢键等进行分析。

也可通过傅里叶变换计算得到液体水的 X 射线衍射结构函数 $k \cdot i(k)$(此步不作要求)。

表 2.74 液体水的有关径向分布函数的波峰/波谷值

$g(r)$	第 1 峰位置	第 2 峰位置	第 3 峰位置
质心—质心			
O—O			
O—H			
H—H			

$g(r)$	第 1 谷位置	第 2 谷位置	第 3 谷位置
质心—质心			
O—O			
O—H			
H—H			

从表 2.74 中 $g_{O-H}(r)$ 的数值对液体水中的氢键作用进行分析。

思考题

1. 在接触本实验前,你对计算机分子模拟有过一些什么样的认识? 进行分子动力学模拟应做好哪些准备工作?

2. 如何根据模拟条件(如液体水的温度 298.15 K、压力 101.325 kPa、密度 0.998 $g \cdot cm^{-3}$、200 个水分子),确定模拟盒子的边长?

3. 分子模拟中怎样从微观物理量获得系统的宏观性质?

4. 什么是系统的微观状态? 举例说明。微观状态与系统的宏观性质关系如何?

5. 什么是统计系综? 你是怎样理解系综原理的? 举例说明。

6. 你怎样理解时间平均等效于系综平均?

7. 为什么说力场对分子动力学模拟的准确性至关重要? 你还知道有什么力场模型吗?

8. 什么是周期性边界条件? 为什么要用周期性边界条件? 分子模拟中总是使用周期性边界条件吗?

9. 怎样编写从分子坐标统计计算径向分布函数的计算机程序? 画出计算框图。

参考文献

1. 刘志平, 黄世萍, 汪文川. 分子计算科学——化学工程新的生长点. 化工学报, 2003, 54(4): 464~476

2. 文玉华, 朱如曾, 周富信, 王崇愚. 分子动力学模拟的主要技术. 力学进展, 2003, 33(1): 65~73

3. 周健, 陆小华, 王延儒, 时钧. 液体水的分子动力学模拟. 南京化工大学学报, 1998, 20(3): 1~5

4. Liu Y C, Wang Q, Lu L H. Water confined in nanopores: Its molecular distribution and diffusion at lower density. Chem Phys Lett, 2003, 381(1~2): 210~215

5. Liu Y C, Wang Q, Lu L H. Transport properties and distribution of water molecules confined in hydrophobic nanopores and nanoslits. Langmuir, 2004, 20(16): 6921~6926

(王 琦)

实验 84 分子筛吸附分离气体的蒙特卡罗模拟

实验导读

分子模拟是除实验与理论研究之外,了解、认识微观世界的"第三种手段",是化学、物理、生物、材料研究中的有力工具。常用的分子模拟方法有两大类:蒙特卡罗(MC)方法和分子动力学(MD)方法。MC 方法通常用来模拟系统的吸附、结构、压力-体积-温度关系等平衡性质,MD 方法不仅适用于模拟平衡性质,也适用于模拟非平衡性质,如扩散、黏滞性等行为。蒙特卡罗模拟是通过计算机对分子系统进行随机地改变分子的位置和取向,产生大量的微观状态(位形),再根据统计力学求取系统性质的系综平均,从而得到系统的宏观性质。

　　气体的吸附在混合气体分离、气体吸附存储、化学反应催化、大气污染治理等许多方面具有广泛的应用。气体的吸附材料(吸附剂)主要是具有高比表面积的多孔性介质,如沸石、分子筛、活性炭、炭黑、活性氧化铝、硅藻土、硅胶等。这些材料具有的微孔大小在纳米尺度,且具有一定的结构,是一类典型的纳米微孔材料。吸附过程不可避免地要涉及扩散、吸附、脱附等过程。有关分子筛等吸附材料中流体的扩散、吸附等行为的研究具有重要的理论意义和应用价值。本实验主要通过蒙特卡罗模拟,研究、了解分子筛对乙烷-丙烷混合气体的吸附与分离性能。

实验目的

　　(1) 加深理解统计力学中系综、系综平均、分子力场等基本概念。

　　(2) 学习蒙特卡罗模拟方法,掌握蒙特卡罗模拟的必要条件和模拟的启动,学会蒙特卡罗模拟的实现和应用。

　　(3) 测定分子筛对乙烷-丙烷混合气体的吸附平衡和吸附选择性,理解吸附量与吸附选择性的统计计算方法和编程。

　　(4) 学会分子构型(微观状态)的分析。

实验原理

　　根据统计力学原理,系统的宏观性质是相应微观物理量的统计平均(系综平均)值。只要微观状态取得足够多,进行系综平均后,就可以得到系统宏观性质(包括平衡性质、结构性质、输运性质等)的"机器实验"数据。作为统计力学实验的分子模拟,其目的就是利用计算机来产生大量的微观状态,求取系综平均,以获取系统的宏观性质。蒙特卡罗方法按照一定的统计分布构作不同的分子位形,求取系统物理量的系综平均值。

　　1) MC 基本原理

　　在统计力学中,任一物理量 F 的平均值为

$$\bar{F} = \frac{\int \cdots \int F(\boldsymbol{r}_1, \boldsymbol{r}_2, \cdots, \boldsymbol{r}_N) \exp\left(-\dfrac{U(\boldsymbol{r}_1, \boldsymbol{r}_2, \cdots, \boldsymbol{r}_N)}{kT}\right) \mathrm{d}\boldsymbol{r}_1 \mathrm{d}\boldsymbol{r}_2 \cdots \mathrm{d}\boldsymbol{r}_N}{\int \cdots \int \exp\left(-\dfrac{U(\boldsymbol{r}_1, \boldsymbol{r}_2, \cdots, \boldsymbol{r}_N)}{kT}\right) \mathrm{d}\boldsymbol{r}_1 \mathrm{d}\boldsymbol{r}_2 \cdots \mathrm{d}\boldsymbol{r}_N}$$

$$(2.240)$$

或写成

$$\bar{F} = \int \cdots \int F(\boldsymbol{r}_1, \boldsymbol{r}_2, \cdots, \boldsymbol{r}_N) p(\boldsymbol{r}_1, \boldsymbol{r}_2, \cdots, \boldsymbol{r}_N) \mathrm{d}\boldsymbol{r}_1 \mathrm{d}\boldsymbol{r}_2 \cdots \mathrm{d}\boldsymbol{r}_N$$

其中

$$p(\boldsymbol{r}_1, \boldsymbol{r}_2, \cdots, \boldsymbol{r}_N) = \frac{\exp\left(-\dfrac{U(\boldsymbol{r}_1, \boldsymbol{r}_2, \cdots, \boldsymbol{r}_N)}{kT}\right)}{\int \cdots \int \exp\left(-\dfrac{U(\boldsymbol{r}_1, \boldsymbol{r}_2, \cdots, \boldsymbol{r}_N)}{kT}\right) \mathrm{d}\boldsymbol{r}_1 \mathrm{d}\boldsymbol{r}_2 \cdots \mathrm{d}\boldsymbol{r}_N}$$

为系统在 $(r_1, r_2, \cdots, r_N)$ 位形的概率。

显然,式 (2.240) 是一个对粒子坐标的高维积分,这在绝大多数情况下,都无法得到其解析结果,必须采用数值方法。最直接的途径或许是数值面积积分,如辛普森法等。然而很容易看出,即使是粒子数很少的系统,这种算法也是不适用的。例如,在二维空间中的 100 个粒子,沿两个坐标轴各取 5 个等距离点,其积分也需要在 10^{210} 个点上计算被积函数。这种数量级的计算难以进行。

蒙特卡罗 (MC) 方法是一种借助于计算机随机取样技术 (利用伪随机数) 求取高维积分 (如上述物理量 F 的平均值) 的数值计算方法。我们先看一个简单的例子,如求取半径为 1 的圆的面积 (当然我们知道,其真值为 π),相当于以下积分的 4 倍

$$A = \int_0^1 \sqrt{1 - x^2} \, \mathrm{d}x$$

为求取此积分,可随意选取范围为 $(0 \leqslant x \leqslant 1, 0 \leqslant y \leqslant 1)$ 的一组随机数点 $P(x_i, y_i)$,若符合 $y_i \leqslant \sqrt{1 - x_i^2}$,则 P 点被接受;否则,被舍弃。这相当于以圆 (乘以 4 后) 为靶标的瞎子打靶,若射中靶标 (圆内) 则被接受;否则,被舍弃。设共随意选取了 N 点,其中有 n 点被接受,则所求圆的面积为 P 点落于圆内的概率乘以矩形的面积,即

$$A = \frac{n}{N} \times 1^2$$

这种计算方法即为 MC 方法。如将这种方法加以推广,当一般的高维积分不易求积时,可用 MC 方法计算。如下列多重积分

$$I = \int_0^1 \int_0^1 \cdots \int_0^1 f(x_1, x_2, \cdots, x_N) \mathrm{d}x_1 \mathrm{d}x_2 \cdots \mathrm{d}x_N$$

计算此积分的 MC 方法为在 x 可能的区间 $(0 \rightarrow 1)$ 内任意选取 n 组点 $\{x_1^{(i)}, x_2^{(i)}, \cdots, x_N^{(i)}\}$,计算其对应的函数 f 的值。则此积分可近似为

$$I = \frac{1}{n} \sum_{i=1}^{n} f(x_1^{(i)}, x_2^{(i)}, \cdots, x_N^{(i)})$$

计算的误差为 $n^{-1/2}$。

就像积分

$$F = \int_{x_1}^{x_2} f(x) \mathrm{d}x$$

如改写成

$$F = \int_{x_1}^{x_2} \left(\frac{f(x)}{p(x)} \right) p(x) \mathrm{d}x$$

式中：$p(x)$为一种概率分布函数。

设在范围$[x_1, x_2]$间依$p(x)$选取n个随机数ξ_x，则此积分的值为

$$F = \left\langle \frac{f(\xi_x)}{p(\xi_x)} \right\rangle$$

式中：$\langle\ \rangle$为选取n次的平均值。如此，若要求取任一物理量F的平均值，即式(2.240)的积分，只要任意选取大量的位形，则可根据 MC 方法进行计算。

2）重要性取样（importance sampling）

虽然理论上可以用上述 MC 方法计算任一物理量的统计平均值，但实际上，要想用该方法计算液体的热力性质却很不现实。其原因是积分时必须选取大量的样本，而这些样本所对应的位形多数因为能量太高，出现的概率太低而无法取到。另外，更为严重的问题是，根据式(2.240)，若需计算概率则必须先计算式中的位形积分（configuration integral）

$$Z_N = \int \cdots \int \exp\left(-\frac{U(\boldsymbol{r}_1, \boldsymbol{r}_2, \cdots, \boldsymbol{r}_N)}{kT} \right) \mathrm{d}\boldsymbol{r}_1 \mathrm{d}\boldsymbol{r}_2 \cdots \mathrm{d}\boldsymbol{r}_N$$

计算此积分十分困难。因此实际上直接按上述方法计算真实系统的平均值是不合适的，需要采取重要性取样。例如，求取 NVT 系综的某一物理量A的平均值，

$$\langle A \rangle = \int \mathrm{d}\Gamma \rho_{\mathrm{NVT}}(\Gamma) A(\Gamma)$$

式中：ρ_{NVT}为概率；Γ为对应的位形。由统计力学可知，有的位形出现的概率大（重要），有的位形出现的概率小（不重要）。若在各种位形中取样，则可选择重要的$\rho(\Gamma)$，使所求的积分仅为这些具有重要贡献的取样位形之和

$$\langle A \rangle_{\mathrm{NVT}} = \langle A \rangle_{\mathrm{trial}} = \sum_{i=1}^{n} \rho(\Gamma_i) A(\Gamma_i)$$

式中：n为重要性取样的数目。

1953 年，Metropolis 提出了重要性取样的计算技巧，避开了位形积分的计算。

3）Metropolis 取样法

Metropolis 取样法，即在每次取样（产生随机数）时考虑其是否满足所设定的条件，避免一些"不重要"的取样，以提高计算效率。具体做法是在位形空间中构作系统的马尔可夫链（Markov chain），使样本点出现的概率随着马尔可夫链的增长逐步趋于平衡时的玻耳兹曼分布。整个取样过程（马尔可夫过程）犹如瞎子爬山，

每爬一步就与前一步比较一下高度上的改变情况,然后再根据一定的判断准则,决定继续爬下一步还是退回到前一步去,随机地换个方向爬,或是随机地改变跨距去爬。

Metropolis 取样中的马尔可夫链由大量的位形构成,系统由前一个位形到后一个位形的转移概率只依赖于这前后两个状态(位形)的位形能之差,与位形积分无关。实际上就是在求取系综平均值时不是取 $p(r_1, r_2, \cdots, r_N)$ 值,而是取每一步和前一步 $p(r_1, r_2, \cdots, r_N)$ 值之比,这样,位形积分就自行消去而不必计算了。

对 NVT 系综,Metropolis 取样的步骤如下。

(1) 随机选取一个粒子,产生随机方向的位移。位移的大小为一设定值范围内的随机值。

$$x_{new} = x_{old} + Rand[-1,1] \times \delta r_{max}$$
$$y_{new} = y_{old} + Rand[-1,1] \times \delta r_{max}$$
$$z_{new} = z_{old} + Rand[-1,1] \times \delta r_{max}$$

其中 $Rand[-1,1]$ 为范围在 $-1 \sim 1$ 之间的随机数,δr_{max} 为设定的最大位移。

(2) 设移动前系统的势能为 U_{old},移动后系统的势能为 U_{new},

$$\Delta U = \delta U_{nm} = U_{new} - U_{old}$$

(3) 若 $\Delta U \leqslant 0$,则此移动为可完全被接受的移动,被接受的概率为 1,此粒子的新坐标为 $(x_{new}, y_{new}, z_{new})$,作为马尔可夫链的一个新状态点。

(4) 若 $\Delta U > 0$,此移动被接受的概率为 $\exp(-\delta U_{nm}/kT)$,其中 k 为玻耳兹曼常量,T 为系统的设定温度。为满足这一条件,可另外产生一个范围为 $0 \sim 1$ 的随机数 p,若

$$\exp(-\Delta U_{nm}/kT) \geqslant p$$

则此移动被接受,其概率为 $\exp(-\Delta U_{nm}/kT)$,粒子的新坐标为 $(x_{new}, y_{new}, z_{new})$。反之,若

$$\exp(-\Delta U_{nm}/kT) < p$$

则该移动无效,粒子的坐标不变,仍为 $(x_{old}, y_{old}, z_{old})$,将原位形再次作为马尔可夫链的新状态点(粒子被弹回原位)。

这整个步骤可综合记为:移动被接受的概率为

$$\min\left[1, \exp\left(-\frac{\delta U_{nm}}{kT}\right)\right]$$

重复步骤(1)~(4),收集所有被接受的位形,并于每一被接受的位形计算其热力学性质和结构性质,如总能量、压力、密度、径向分布函数等。若这些物理量的平

均值收敛,则认为模拟产生了可靠的平衡系统。利用这种方法可将许多不重要(造成过高能量状态)的结构忽略,以提高计算效率。计算时,调整 $\delta r_{\max}$ 的值,使所产生的随机移动约有 50% 被接受。

4) 巨正则系综方法

MC 模拟要在一定的系综下进行。如微正则系综、正则系综、等温等压系综等,这些都是在模拟过程中系统的原子数 N 保持不变的系综(参见本书"实验 83 液体结构的分子动力学模拟"),为了模拟吸附、相平衡等行为,模拟过程中需要改变系统的粒子数,这就需要用到巨正则系综。

巨正则系综,即 μVT 系综,为化学势 μ、体积 V、温度 T 为定值的统计系综,系统的粒子数可以改变,对应于开放系统。在恒温下,系统的总能量不是一个定值,系统要与环境进行能量交换;要保持系统的化学势不变,需要在系统中增加或删除粒子,即系统可与环境进行物质的交换。在巨正则系综中,任一物理量 A 的平均值为

$$\langle A \rangle_{\mu VT} = \frac{\sum_{N=0}^{\infty} (N!)^{-1} V^N z^N \int ds A(s) \exp\left(-\frac{U(s)}{kT}\right)}{Q_{\mu VT}}$$

式中: $z\left[=\exp\left(\dfrac{\mu}{kT}\right)/\Lambda^3\right]$ 为系统的活度(activity); $\Lambda\left[=\left(\dfrac{h^2}{2\pi mkT}\right)^{1/2}\right]$ 为德布罗意 (de Broglie)波长; s 为一组度量化的坐标; $Q_{\mu VT}\left(=\dfrac{V^N}{N!\ \Lambda^{3N}}\right)$ 为系统的配分函数。依照上式,系统物理量的平均值与粒子数 N 有关。但粒子数并非一常数值,故式中为加和符号而非积分。

对 μVT 系综,Metropolis 取样产生马尔可夫链的步骤为:

(1) 随机移动系统中的一个粒子,

$$s_{i,\text{new}} = s_{i,\text{old}} + \delta s_{\max}(2\boldsymbol{\xi} - \boldsymbol{l})$$

并依照一般的 Metropolis 取样方法决定此移动是否被接受。

(2) 随机删除系统中的一个粒子,删除前后系统的极限概率比为

$$\frac{\rho_n^{\infty}}{\rho_m^{\infty}} = \exp\left(-\frac{\delta U_{nm}}{kT}\right)\exp\left(-\frac{\mu}{kT}\right)\frac{N\Lambda^3}{V}$$

将上式转换为活度,得

$$\frac{\rho_n^{\infty}}{\rho_m^{\infty}} = \exp\left(-\frac{\delta U_{nm}}{kT} + \ln\frac{N}{zV}\right) = \exp\left(-\frac{\delta D_{nm}}{kT}\right)$$

式中:定义 δD_{nm} 为删除函数。

(3) 若 $\delta D_{nm} \leqslant 0$,则此删除步骤可完全被接受,被接受的概率为 1。

(4) 若 $\delta D_{nm} > 0$,则比较 $\exp(-\delta D_{nm}/kT)$ 与 0~1 间的随机数 p,以决定此粒子的移动或体积的改变是否被接受。将这综合记为删除粒子被接受的概率为

$$\min\left[1, \exp\left(-\frac{\delta D_{nm}}{kT}\right)\right]$$

(5) 随机产生一个新的粒子,产生前后系统的极限概率比为

$$\frac{\rho_n^\infty}{\rho_m^\infty} = \exp\left(-\frac{\delta U_{nm}}{kT} + \ln\frac{zV}{N+1}\right) = \exp\left(-\frac{\delta C_{nm}}{kT}\right)$$

式中,定义 δC_{nm} 为新生函数。同样以此函数按照 Metropolis 取样法决定该步骤是否被接受。

重复步骤(1)~(5),并计算系统的位形能(configuration energy)、压力、密度等,以判定计算的收敛性。此系统可直接计算系统的自由能 A

$$\frac{A}{N} = \mu - \frac{\langle P \rangle_{\mu VT} V}{\langle N \rangle_{\mu VT}}$$

并由自由能计算系统的其他性质。

5) 链状分子吸附的 MC 模拟

诸如吸附等相平衡行为的模拟需要用到巨正则系综 MC(GCMC)方法,要在系统中插入或删除分子,这在模拟液体或高密度气体时会遇到困难,主要是插入或删除分子的成功率非常小。因为密度大,插入一个分子会引起很大的能量变化,尤其是链状分子,很难获得被接受的插入;从系统中拿掉一个分子也不容易,因为高密度系统中分子的引力是使系统稳定的保障,去除一个引力中心,系统能量有时也会急剧升高。为了解决这个问题,本实验将构型偏向 MC(configurational-bias Monte Carlo,CBMC)技术用于在 GCMC 模拟中插入链状分子,使得链状分子插入的效率大为提高。CBMC 方法的核心就是在构建链状分子时优先偏向可被接受的构型。因此,模拟时应包括以下几种扰动:

(1) 平移一个分子。随机选择一个分子,随机移动到另一位置,采用的最大位移以使其接受概率为 50% 左右为准,其接受概率为

$$acc_{mov}(o \rightarrow n) = \min[1, \exp(-\Delta u/kT)] \tag{2.241}$$

(2) 旋转一个分子。随机选择一个分子,绕分子质心随机旋转一个角度,采用的最大旋转角度以使其接受概率为 50% 左右为准,其接受概率为

$$acc_{rot}(o \rightarrow n) = \min[1, \exp(-\Delta u/kT)] \tag{2.242}$$

（3）部分重生长。随机选择一个分子，链分子的第一个基团坐标不变，从第二个基团开始进行 CBMC 重生长，其接受概率为

$$acc_{regr}(o \to n) = \min(1, W_{o \to n}) \tag{2.243}$$

（4）插入/删除一个分子。采用 CBMC 方法随机插入一个分子，其接受概率为

$$acc_{ins}(o \to n) = \min\left[1, \frac{V}{\Lambda^3(N+1)}\exp(\mu/kT)W_{o \to n}\right] \tag{2.244}$$

（5）随机删除一个分子，其接受概率为

$$acc_{del}(o \to n) = \min\left[1, \frac{\Lambda^3 N}{V}\exp(-\mu/kT)W_{o \to n}\right] \tag{2.245}$$

（6）改变粒子属性。随机选择一个分子，改变其属性，即将所选分子重生长为另外一种分子，其接受概率为（假设分子 1 变为分子 2）

$$acc_{cha}(o \to n) = \min\left\{1, \frac{N_1}{(N_2+1)}\exp[(\mu_2 - \mu_1)/kT]W_{o \to n}\right\} \tag{2.246}$$

式（2.241）～式（2.246）中：$W_{o \to n}$ 是 Rosenbluth 权重，由 CBMC 算法得到；μ 是化学势；Δu 是扰动时产生的能量改变；k 是玻耳兹曼常量；T 是热力学温度。

上述几种扰动产生的可能性控制如表 2.75 所示。

表 2.75　各种扰动的分布

平移	旋转	部分重生长	插入	删除	改变属性
0.15	0.15	0.15	0.25	0.25	0.05

6）势能函数（力场）

在分子筛吸附烷烃系统中，存在着两种分子间相互作用势，一种是烷烃分子之间的相互作用，另一种是分子筛与烷烃分子间的相互作用。对于烷烃分子间的相互作用，采用联合原子法，即将 CH_4、CH_3 和 CH_2 基团当作单独的相互作用中心，它们之间的相互作用势能用 Lennard-Jones 势能来表示，即

$$u(r_{ij}) = 4\varepsilon_{ij}\left[\left(\frac{\sigma_{ij}}{r_{ij}}\right)^{12} - \left(\frac{\sigma_{ij}}{r_{ij}}\right)^{6}\right] \qquad r_{ij} < R_c$$
$$u(r_{ij}) = 0 \qquad r_{ij} \geqslant R_c \tag{2.247}$$

式中：r_{ij} 是基团 i 和 j 之间的距离；ε_{ij} 是相互作用能量参数；σ_{ij} 是碰撞直径；R_c 是截断距离，本实验可采用截断距离为 1.38 nm。截断距离以外的基团作用，采用等密度近似长程矫正。

分子筛与烷烃基团之间的相互作用也用 Lennard-Jones 势能来表示

$$u(r_{si}) = 4\varepsilon_{si}\left[\left(\frac{\sigma_{si}}{r_{si}}\right)^{12} - \left(\frac{\sigma_{si}}{r_{si}}\right)^{6}\right] \tag{2.248}$$

式中：r_{si}是基团i和分子筛氧之间的距离；ε_{si}是相互作用能量参数；σ_{si}是碰撞直径（表 2.76）。分子筛被认为是刚性的，并只考虑各分子基团与分子筛氧原子的相互作用，而分子筛硅原子的贡献已综合加到分子筛氧原子的有关参数中。

表 2.76 本实验采用的 Lennard-Jones 势能参数

基团—基团	$(\varepsilon/k_B)/K$	σ/nm
CH₄—CH₄	148.0	0.373
CH₃—CH₃	98.1	0.377
CH₂—CH₂	47.0	0.393
O—CH₄	101.8	0.360
O—CH₃	80.0	0.360
O—CH₂	58.0	0.360

7）边界条件

与 MD 模拟类似，采用周期性边界条件。参见本书"实验 83 液体结构的分子动力学模拟"。

8）位形能的计算

在分子间势能函数（力场）的基础上，可以计算系统的位形能。如果不考虑三体以上的多体相互作用，则系统的势能具有加和性。

$$U_{vdw} = u_{12} + u_{13} + \cdots + u_{1n} + u_{23} + u_{24} + \cdots = \sum_{i=1}^{n-1}\sum_{j=i+1}^{n} u_{ij}(r_{ij})$$

在周期性边界条件下，不同盒子（中心盒子和像盒子）中的分子之间允许存在相互作用，这样，每个分子（与其他分子）的相互作用将延至很远，但分子对势能随分子间距离的衰减很快（与距离的 6 次方成反比），所以在计算位形能时可近似地截断到适当的距离。常用的方法有最近映像法和截断球法（割去法）。

最近映像法：以中心分子为中心，以模拟盒子的边长为边长，构作一个虚拟盒子，中心分子与其他分子的相互作用只涉及虚拟盒子内的分子。我们知道每一个分子必有而且只有 $N-1$ 个近邻分子不重复地落入该虚拟盒子中，这 $N-1$ 个近邻分子可能是中心盒子中的，也可以是像盒子中的，它们是中心分子的最邻近分子，称为最近映像分子。在最近映像近似中，中心分子与其余分子的相互作用只计及最邻近分子，即将分子间力的作用范围截断到盒子表面。

截断球法:将截断距离确定为一个常数,作用范围则为以中心分子为中心的圆球,称为截断球,中心分子与其他分子的相互作用仅涉及球内分子。通常,截断球的半径可取模拟盒子边长的一半。与最近映像法不同,与中心分子相互作用的分子数不一定等于 $N-1$。

9) 初始位形

为了进行 MC 模拟,在开始马尔可夫链之前,需要将粒子放在模拟盒子里,建立系统的初始位形,也就是要赋予系统中各粒子的初始位置,这种初始位形是多种多样而不受限制的。一般地,系统初始位形常采取面心立方格子(FCC)分布,也可采取随机分布,起始取向为随机取向。为了消除初始位形对模拟结果的影响,一般要预先经过数十万、近百万次的"移动",使系统达到平衡后,才能统计系统的性质。

10) 随机数

MC 方法实际上是一种随机取样技术,在模拟过程中是用随机数来控制粒子在系统中运动的,所以随机数的性质对模拟的结果有较大的影响。MC 模拟中常采用由某种可行的递推公式产生的伪随机数,常用的有乘同余法和平方取中法,可参阅有关资料。递推公式需要初值(称为种子),可以取定值(为了便于重复模拟结果),也可以取随机值,如取计算机时钟秒数的百分位值。

11) 位形分析与吸附性质计算

在分子模拟中,对模拟得到的系统位形进行统计分析是很重要的,据此才能计算得到系统的各种热力学性质和结构性质。按照 Metropolis 取样法产生的马尔可夫链长期演算后逼近玻耳兹曼分布,即平衡分布。此时系统的(宏观)性质达到稳定,只会在某一平均值的附近波动(称为涨落,fluctuation),由此,系统的宏观性质(感兴趣的物理量)可以取一个相当长(一般为 10^6 数量级)的序列的统计平均值,如系统能量、径向分布函数,以及本实验中各组分的分子数等。即在每一位形(微观状态)下都计算出感兴趣的物理量,再在所有的微观状态上求取平均值,从而得到系统的宏观性质。

分子筛的选择性:在吸附分离过程中,测定某特定吸附剂对进料中各组分分离能力的指标是该吸附剂对某一种组分的相对选择性(α),其值越大,分离效果越好。

$$\alpha_{A/B} = (x_{SA}/x_{SB})(y_{GA}/y_{GB})$$

式中: x_{SA}、x_{SB} 分别为吸附相中组分 A 和 B 的摩尔分数; y_{GA}、y_{GB} 分别为与吸附相平衡的气相中组分 A 和组分 B 的摩尔分数。

乙烷-丙烷系统(乙烷气相摩尔分数为 0.5 时)在 MFI 分子筛上的吸附概率分布图如图 2.98 所示,图中白色的点是乙烷的质心,灰色的点是丙烷的质心,图中同时显示出分子筛的骨架结构。

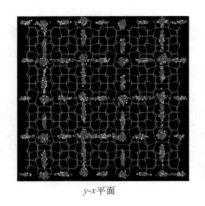 

y-x平面　　　　　　　　　　　　　　　z-x平面

图 2.98　乙烷-丙烷系统(乙烷气相摩尔分数为 0.5 时)
在 MFI 分子筛上的吸附概率分布图

计算机与软件

高配置(或高性能)计算机 1 台;MC 模拟软件(含吸附性质统计)1 套;分子图形显示软件 1 套。

实验步骤

(1) 程序头、参数定义、变量说明,数据结构与物理常数定义等。

(2) 初始化:①定义气相总压、气相组成、温度、模拟盒子边长等状态参数;②设定各分子的初始位置(初始构型);③设定力场及力场参数;④计算初始系统总能量。

(3) MC 模拟(马尔可夫过程):①随机"移动"、"转动"分子;②分子键长、键角修正;③计算两分子间的距离;④计算各分子间势能及系统总能量;⑤与分子"移动"或"转动"前比较,按照 Metropolis 取样法决定该步骤是否被接受;⑥为保持系统的化学势与气相相等,按巨正则分布函数的要求"添加或删除"分子:采用 CBMC方法随机插入一个新的链状分子,或随机删除系统中的一个分子,按照 Metropolis取样法决定该步骤是否被接受;⑦如被接受,接受新位形;否则,退回原位形,回到步骤 (1)。

(4) 存储各粒子的位置(如直接计算统计性质也可不保存,直接进到下一步)。

(5) 判断是否达到平衡步数。如"否",则重复马尔可夫过程,回到步骤(3)。

(6) 物理量的统计:被吸附分子数的统计。

(7) 输出模拟结果。

以上是程序中 MC 模拟的步骤。实际操作上,进行 MC 吸附模拟实验,步骤如下:

(1) 准备作为吸附剂的分子筛坐标文件 zeocoord,可从有关程序包、数据库、文献或结构测定实验数据获得。格式一定,需按照要求制作,也可用其他软件转换得到。

(2) 准备数据输入文件 input,需包含基本信息(吸附质分子、气相总压、气相组成、温度、力场参数、模拟盒子边长等)和控制参数(计算步数、截断距离等)。格式一定,按如下模版制作。

Nstep(计算步数)	Nsamp(取样步数)	Iprint(屏幕打印间隔)
15 000	5000	1000
Temp(温度)	Pressure(气相总压)	
300.0d0	345.0d0	

Linit
. True.

Lgibbs	Lexzeo	Lmix
. False.	. True.	. True.

Pmvol	Pmswap	Pmcb	Pmregrow	Pmtra	Mixrate(气相摩尔分数)
0.05d0	0.4d0	0.2d0	0.15d0	0.2d0	0.5d0

Boxlx1	Boxly1	Boxlz1(模拟盒子边长)
38.0d0	38.0d0	38.0d0

Boxlx2	Boxly2	Boxlz2(模拟盒子边长)
38.0d0	38.0d0	38.0d0

Rmtrax	Rmtray	Rmtraz	Rmvol
0.5d0	0.5d0	0.5d0	0.05d0

Rcut	Nuall1(乙烷)	Nuall2(丙烷)(Nuall1＜Nuall2)	Nb1	Nb2
13.0d0	2	3	0	0

Zsig	Epsch4	Epsch3	Epsch2(分子筛与气体分子间力场参数)
3.60d0	101.8d0	80.0d0	58.0d0

Sigma	Epsilon(气体分子间力场参数)
3.73d0	148.0d0
3.77d0	98.1d0
3.93d0	47.0d0

Bondl	Bben	Bbenk
1.53d0	1.972d0	62500.0d0

A0	A1	A2	A3	A4	A5
1204.654d0	1947.740d0	−357.845d0	−1944.666d0	715.690d0	−1565.572d0

Lnewtab	Ltesttab	Nchoi
. False.	. True.	6

(3) 准备分子筛格点文件 zeogrid,由实验室提供。

(4) 将 MC.exe,input,zeocoord,zeogrid 文件放在同一目录下。

(5) MC 模拟:运行 MC 程序。可双击 MC.exe 可执行文件图标,或在 DOS 下运行 MC. exe 可执行文件。

（6）运行结束后，输出 coordnew，finalbox. pdb，movie. pdb，output 文件。

（7）吸附数据分析（从 output 文件分析）。

同学可根据需要选择模拟纯气体（乙烷或丙烷）的吸附等温线（吸附量-压力曲线），或是乙烷-丙烷混合气体的吸附平衡线（气相组成-吸附相组成曲线，或吸附选择性-气相组成曲线）。

吸附等温线：可选择压力 10^{-3} kPa，10^{-2} kPa，10^{-1} kPa，10^{0} kPa，10^{1} kPa，10^{2} kPa，10^{3} kPa，计算结果填入表 2.77。

吸附平衡线：可选择气相组成 0.1 摩尔分数，0.2 摩尔分数，0.3 摩尔分数，0.4 摩尔分数，0.5 摩尔分数，0.6 摩尔分数，0.7 摩尔分数，0.8 摩尔分数，0.9 摩尔分数，计算结果填入表 2.78。

数据分析与处理

对 MC 模拟得到的大量系统位形实验数据进行分析、统计，计算出被吸附分子的个数，进而计算出吸附量，或摩尔分数、相对选择性，画出吸附等温线（吸附量-压力曲线），或吸附平衡线（气相组成-吸附相组成曲线，或吸附选择性（$\alpha_{1/2}$）-气相组成曲线），对分子筛吸附、分离乙烷-丙烷气体混合物的行为进行分析、讨论。

表 2.77　　吸附等温线

p/kPa	10^{-3}	10^{-2}	10^{-1}	10^{0}	10^{1}	10^{2}	10^{3}
吸附量							

表 2.78　　吸附平衡线

气相组成 y_1	组分 1 分子数	组分 2 分子数	总分子数	吸附相组成 x_1	$\alpha_{1/2}$
0.1					
0.2					
0.3					
0.4					
0.5					
0.6					
0.7					
0.8					
0.9					

思考题

1. 请仔细思考本实验的细节，用自己的话说明一下蒙特卡罗模拟的基本原理与技巧。

2．蒙特卡罗模拟中为什么要用 Metropolis 取样？模拟真实系统时不采用 Metropolis 取样行吗？为什么？

3．举例说明哪些性质的模拟需要用到巨正则系综。

4．你有什么方法能改善向高密度流体中插入分子的接受率(成功率)？

5．什么是最近映像法和截断球法？

6．什么是涨落？举例说明。为什么说涨落现象是统计热力学中特有的现象，宏观热力学中无法解释？

7．为什么说通过分子筛吸附可以分离气体混合物，得到某种纯净的气体？

8．画出位形分析与宏观性质计算的程序框图。

9．比较蒙特卡罗模拟和分子动力学模拟有什么异同？

10．通过分子动力学模拟和本实验，谈谈你对分子模拟的认识。

参考文献

1．刘志平,黄世萍,汪文川.分子计算科学——化学工程新的生长点,化工学报,2003,54(4):464~476

2．吕玲红,王琦,刘迎春.短链烷烃二元混合物在分子筛上吸附分离的分子模拟.化学学报,2003,61(8):1232~1240

3．Lu L H, Wang Q, Liu Y C. Adsorption and separation of ternary and quaternary mixtures of short linear alkanes in zeolites by molecular simulation. Langmuir,2003,19(25):10617~10623

4．Frenkel S.分子模拟——从算法到应用.汪文川等译.北京:化学工业出版社,2002

5．Andrew R L.Molecular Modeling-principles and applications. 2nd ed. 北京:世界图书出版公司,2003

（王　琦）

3 常用仪器和物性数据

3.1 常用仪器使用说明

3.1.1 电导率仪

电导率仪是用来测量液体电导的仪器,还可用作电导滴定,当配上适当的组合单元(如记录仪)后可达到自动记录的目的。溶液的电导在一定温度时,不仅与溶液的固有性质有关,而且与电极的截面积和距离有关。根据欧姆定律,溶液的电导 G 与电极的截面积 A 成正比,与其距离 l 成反比。

$$G = \kappa \frac{A}{l}$$

式中:比例常数 κ 称为电导率,电导率是电极截面积为 $1\ m^2$,电极距离为 $1\ m$ 时溶液的电导,电导率的单位为 $S \cdot m^{-1}$。

电导是电阻的倒数。所以,测量电导(电导率)与测量电阻的方法相同,可用电桥平衡法测量,但为了减少或消除当电流通过电极对时发生氧化或还原反应而引起的测量误差,必须采用交流电源。

图 3.1 所示为 DDS-11A 型电导率仪的外观结构,DDS-11A 型电导率仪具有测量范围广(从 $0 \sim 100\ S \cdot m^{-1}$,共分 12 挡)、快速直读和操作简便等特点。

(1)准备工作。在未打开电源开关前,观察指示电表指针是否指 0,如不指 0,可调节表头上的调整螺丝,使指针指 0;将校正、测量开关 4 扳在"校正"位置;接通电源,仪器预热 $5 \sim 10\ min$。

(2)电极的选用。若被测液体的电导率很低($< 10^{-3} S \cdot m^{-1}$),如去离子水或极稀的溶液,选用 DJS-1 型光亮电极。并把电极常数补偿调节到配套电极的常数值上,如电极常数为 0.95,把电极常数补偿调节到 0.95 的常数值上。

若被测液体的电导率在 $10^{-3} \sim 1\ S \cdot m^{-1}$ 之间,宜选用 DJS-1 型铂黑电极,并把电极常数补偿调节到配套电极的常数值上。

若被测液体的电导率很高($> 1\ S \cdot m^{-1}$),以致用 DJS-1 型铂黑电极测不出时,则选用 DJS-10 型铂黑电极。这时应将电极常数补偿调节到配套电极的常数值的 1/10 位置上。测量时,测得的读数乘以 10,即为被测溶液的电导率。

(3)将电极插头插入插口内,旋紧固螺丝。电极要用被测溶液冲洗 $2 \sim 3$ 次,然后浸入装有被测溶液的烧杯中。

(4)校正。检查并调整测量范围选择开关,将校正、测量开关拨至"校正",调

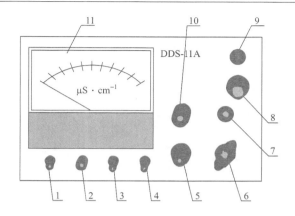

图 3.1　DDS-11A 型电导率仪

1.电源开关;2.电源指示灯;3.高、低周开关;4.校正、测量开关;

5.校正调节;6.量程选择开关;7.电容补偿;8.电极插口;

9.10 mV 输出;10.电极常数补偿;11.读数表头

整校正调节旋钮,使指示电表指针停在满刻度。注意:校正必须在电导池接妥的情况下进行。

(5)测量。将校正、测量开关拨至"测量"。当量程选择开关处在 1～8 量程时,把高、低周开关拨至"低周",用 9～12 量程测量时,高、低周开关拨在"高周"。轻轻摇动烧杯使被测溶液浓度混匀,被测溶液的电导率即为电表指针稳定时的读数乘以量程选择开关的倍率。

测量完毕,将测量范围选择器还原至电导最大挡,校正、测量开关扳到"校正",关闭电源,取出电极用去离子水洗净。

(6)使用注意事项。为了保证电导读数精确,测量时应尽可能使指示电表的指针接近于满刻度;在使用过程中要经常检查"校正"是否调整准确,即应经常把校正、测量开关拨向"校正",检查指示电表指针是否仍为满刻度。尤其是对高电导率溶液进行测量时,每次应在校正后读数,以提高测量精度;测量溶液的容器应洁净,外表勿受潮。当测量电阻很高(即电导很低)的溶液时,需选用由溶解度极小的中性玻璃、石英或塑料制成的容器。

3.1.2　分光光度计

图 3.2 为 722 型分光光度计的外观结构。

1.样品测试前的准备

(1)打开电源开关,使仪器预热 20 min。将仪器接通电源后即进入自检状态,

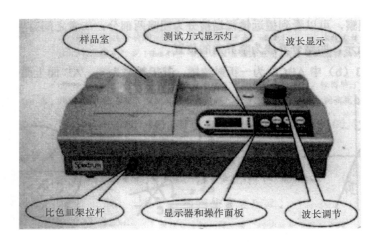

图 3.2　722 型分光光度计的外观结构

自检结束仪器自动停在吸光度测试方式。

(2) 用"波长设置"按钮将波长设置在将要使用的分析波长位置上;调整 100.0％T。

(3) 打开样品室盖,将挡光体插入比色皿架,并将其推或拉入光路。

(4) 盖好样品室盖,按"0％T"键调透射比零。

(5) 取出挡光体,盖好样品室盖,按"100％T"调 100％透射比。

2. 测定样品的吸光度

(1) 按"方式键"(MODE)将测试方式设置为吸光度方式。

(2) 用"波长设置"按钮设置想要的分析波长,如 340 nm,调整 100.0％T。

(3) 将参比溶液和被测溶液分别倒入比色皿中;比色皿内的溶液面高度不应低于 25 mm(大约 2.5 mL),被测试的样品中不能有气泡和漂浮物。

(4) 打开样品室盖,将盛有溶液的比色皿分别插入比色皿槽中,盖上样品室盖。

(5) 将参比溶液推入光路中,按"100％T"键调整零 ABS。仪器在当 100.0％T 调整完成后,显示器显示"100.0％T"。

(6) 将被测溶液推或拉入光路中,此时,显示器上所显示是被测样品的吸光度参数。

3.1.3　阿贝折光仪

1. 基本原理

折射率测定仪的基本原理为折射定律

$$n_1\sin\alpha_1 = n_2\sin\alpha_2$$

式中:n_1,n_2 为交换界面两侧的两种介质的折射率;α_1 为入射角;α_2 为折射角,如图 3.3(a)所示。

若光线从光密介质进入光疏介质,入射角小于折射角,改变入射角可以使折射角达到 90°,此时的入射角称为临界角,本仪器测定折射率就是基于测定临界角的原理。

图 3.3(b)中当不同的角度光线射入 AB 面时。其折射角都大于 i,如果用一望远镜对出射光线观察,可以看到望远镜视场被分为明暗两部分,二者之间有明显分界线。如图 3.3(c)所示,明暗分界线为临界角的位置。

图 3.3(b)中 $ABCD$ 为一折射棱镜,其折射率为 n_2。AB 面上面是被测物体。

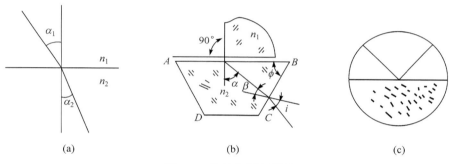

| (a) | (b) | (c) |

图 3.3　临界角测定原理

透明固体或液体的折射率为 n_1,由折射定律得

$$n_1\sin 90° = n_2\sin\alpha, \quad n_2\sin\beta = \sin i$$

$$\phi = \alpha + \beta$$

$$n_1 = n_2\sin(\phi-\beta) = n_2(\sin\phi\cos\beta - \cos\phi\sin\beta)$$

$$n_2^2\sin^2\beta = \sin^2 i, \quad n_2^2(1-\cos^2\beta) = \sin^2 i, \quad \cos\beta = \sqrt{(n_2^2 - \sin^2 i)/n_2^2}$$

$$n_1 = \sin\phi\sqrt{n_2^2 - \sin^2 i} - \cos\phi\sin i$$

棱镜的折射角与折射率 n_2 均已知。当测得临界角 i 时,即可计算被测物质得折射率 n_1。

2. 仪器结构

仪器的光学部分由望远系统与读数系统两个部分组成,见图 3.4。结构部分,如图 3.5 所示。

进光棱镜 1 与折射棱镜 2 之间有一微小均匀的间隙,被测液体就放在此空隙内。当光线(自然光或白炽光)射入进光棱镜 1 时便在其磨砂面上产生漫反射,使被测液层内有各种不同角度的入射光,经过折射棱镜 2 产生一束折射角均大于出

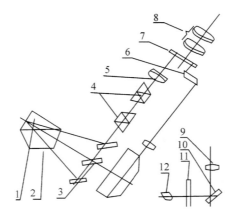

图 3.4　阿贝折光仪的光学结构

1. 进光棱镜;2. 折射棱镜;3. 摆动反光镜;4. 消色散棱镜组;

5. 望远物镜组;6. 平行棱镜;7. 分划板;8. 目镜;

9. 读数物镜;10. 反光镜;11. 刻度板;12. 聚光镜

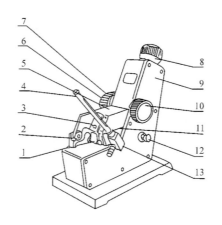
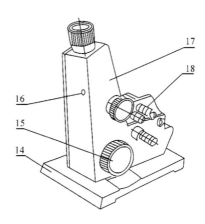

图 3.5　阿贝折光仪的结构

1. 反射镜;2. 转轴;3. 遮光板;4. 温度计;5. 进光棱镜座;6. 色散调节手轮;

7. 色散值刻度圈;8. 目镜;9. 盖板;10. 手轮;11. 折射标棱镜座;

12. 照明刻度盘聚光镜;13. 温度计座;14. 底座;15. 折射率刻度调节手轮;

16. 小孔;17. 壳体;18. 四只恒温器接头

射角 i 的光线。由摆动反射镜 3 将此束光线射入消色散棱镜组 4,此消色散棱镜组是由一对等色散阿米西棱镜组成,其作用是获得一可变色散来抵消由于折射棱镜对不同被测物体所的色散。再由望远镜 5 将此明暗分界线成像于分划板 7 上。

光线经聚光镜 12 照明刻度板 11,刻度板与摆动反射镜 3 连成一体,同时绕刻度中心做回转运动。通过反射镜 10,读数物镜 9,平行棱镜 6 将刻度板上不同部位折射率示值成像于分划板 7 上。

3. 使用说明

准备工作：① 在开始测定前，必须先用蒸馏水(按附表 3.1)或用标准试样校对读数。如用标准试样则对折射棱镜的抛光面加 1～2 滴溴代萘，再贴上标准试样的抛光面，当读数视场指示于标准试样上之值时，观察望远镜内明暗分界线是否在十字线中间，若有偏差则用螺丝刀微量旋转图 3.5 上小孔(16)内的螺钉，带动物镜偏摆，使分界线象位移至十字线中心。通过反复地观察与校正。使示值的起始误差降至最小(包括操作者的瞄准误差)。校正完毕后，在以后的测定过程中不允许随意再动此部位。在日常的测量工作中一般不需校正仪器。② 每次测定工作之前及进行示值校准时必须将进光棱镜的毛面，折射棱镜的抛光面及标准试样的抛光面，用无水乙醇与乙醚(1:1)的混合液和脱脂棉花轻擦干净，以免留有其他物质，影响成像清晰度和测量准确度。

测定工作：① 测定透明、半透明液体。将被测液体用干净滴管加在折射棱镜表面，并将进光棱镜盖上，用手轮 10 锁紧，要求液层均匀，充满视场，无气泡。打开遮光板 3，合上反射镜 1，调节目镜视度，使十字线成像清晰，此时旋转手轮 15 并在目镜视场中找到明暗分界线的位置，再旋转手轮 6 使分界线不带任何彩色，微调手轮 15，使分界线位于十字线的中心，再适当转运聚光镜 12，此时目镜视场下方显示的示值即为被测液体的折射率；② 测定透明固体。被测物体上需有一个平整的抛光面。把进光棱镜打开，在折射棱镜的抛光面加 1～2 滴比被测物体折射率高的透明液体(如溴代萘)，并将被测物体的抛光面擦干净放上去，使其接触良好，此时便可在目镜视场中寻找分界线，瞄准和读数的操作方法如前所述；③ 测定半透明固体。用上法将被测半透明固体上抛光面粘在折射棱镜上，打开反射镜 1 并调整角度利用反射光束测量，具体操作方法同上；④ 若需测量不同温度的折射率，将温度计旋入温度计座 13 中，接上恒温器的通水管，把恒温器的温度调节到所需测量温度，接通循环水，待温度稳定 10 min 后，即可测量。

4. 数字式阿贝折光仪

数字阿贝折射仪测定透明或半透明物质的折射率原理也是基于测定临界角，由目视望远镜部件和色散校正部件组成的观察部件来瞄准明暗两部分的分界线，也就是瞄准临界角的位置，并由角度-数字转换部件将角度量转换成数字量，输入微机系统进行数据处理，而后数字显示出被测样品的折射率或锤度。基本原理如图 3.6 所示，仪器结构如图 3.7 所示。

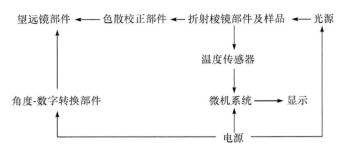

图 3.6　数字式阿贝折光仪原理简图

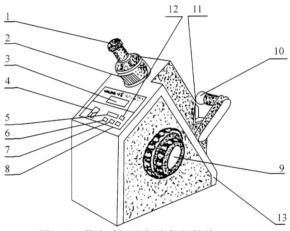

图 3.7　数字式阿贝折光仪的结构

1. 目镜；2. 色散校正手轮；3. 显示窗；4. "POWER"电源开关；

5. "READ"读数显示键；6. "BX-TC"经温度修正锤度显示键；

7. "n_D"折射率显示键；8. "BX"未经温度修正锤度显示键；

9. 调节手轮；10. 聚光照明部件；11. 折射棱镜部件；

12. "TEMP"温度显示键；13. RS232 接口

数字式阿贝折光仪的操作步骤及使用方法如下：

（1）将仪器外接超级恒温槽，将温度调节到所需温度。

（2）按下"POWER"波形电源开关 4，聚光照明部件 10 中照明灯亮，同时显示窗 3 显示"00000"。有时显示窗先显示"—"，数秒后显示"00000"。

（3）打开折射棱镜部件 11，检查上、下棱镜表面，并用水或乙醇小心清洁其表面。测定每一个样品后也要仔细清洁两块棱镜表面。

（4）将被测样品放在下面的折射棱镜的工作表面上。如样品为液体，可用干净滴管吸 1~2 滴液体样品放在棱镜工作表面上，然后将上面的进光棱镜盖上。如样品为固体，则固体样品必须有一个经过抛光加工的平整表面。测量前需将这抛光表面擦清,并在下面的折射棱镜工作表面上滴 1~2 滴折射率比固体样品折射率高的透明的液体(如溴代萘),然后将固体样品抛光面放在折射棱镜工作表面上,使其接触良好。测固体样品时不需将上面的进光棱镜盖上。

(5) 旋转聚光照明部件的转臂和聚光镜筒使上面的进光棱镜的进光表面(测液体样品)或固体样品前面的进光表面(测固体样品)得到均匀照明。

(6) 通过目镜(1)观察视场,同时旋转调节手轮(9),使明暗分界线落在交叉线视场中。旋转目镜,调节视度看清晰交叉线。

(7) 旋转目镜方缺口里的色散校正手轮(2),同时调节聚光镜位置,使视场中明暗两部分具有良好的反差和明暗分界线具有最小的色散。

(8) 旋转调节手轮,使明暗分界线准确对准交叉线的交点。

(9) 按"READ"读数显示键(5),显示窗中 00000 消失,显示"—",数秒后"—"消失,显示被测样品的折射率。

(10) 检测样品温度,可按"TEMP"温度显示键(12),显示窗显示样品温度。

(11) 样品测量结束后,必须用乙醇或水进行小心清洁。

仪器需定期进行校准或对测量数据要校准。校准用蒸馏水或玻璃标准块。如测量数据与标准有误差,可用钟表螺丝刀通过色散校正手轮(2)中的小孔,小心旋转里面的螺钉,使分划板上交叉线上下移动,然后再进行测量,直到测数符合要求为止。样品为标准块时,测得的数据要符合标准块上所标定的数据,如样品为蒸馏水时测得的数据应符合表 3.1 的数据。

表 3.1　水在不同温度的折射率

温度/℃	折射率 n_D	温度/℃	折射率 n_D
18	1.333 16	25	1.332 50
19	1.333 08	26	1.332 39
20	1.332 99	27	1.332 28
21	1.332 89	28	1.332 17
22	1.332 80	29	1.332 05
23	1.332 70	30	1.331 93
24	1.332 60		

3.1.4　旋光仪

1. 基本原理

可见光是一种波长为 380~780 nm 的电磁波,电磁波的电矢量的振动方向可以取垂直于光传播方向上的任意方位。利用偏振器使振动方向固定在垂直于光波传播方向的某一方位上,形成平面偏振光,平面偏振光通过某种物质时,偏振光的振动方向会转过一个角度,这种物质叫做旋光物质,偏振光所转过的角度叫旋光度。如果平面偏振光通过某种纯的旋光物质,旋光度的大小与下述三个因素有关:① 平面偏振光的波长 λ,波长不同,旋光度不一样;② 旋光物质的温度 t,不同的温度旋光度不一样;③ 旋光物质的种类,不同的旋光物质有不同的旋光度。

用比旋光度 $[\alpha]_\lambda^t$ 来表示某种物质的旋光能力:表示单位长度的某种旋光物质,温度为 $t\,℃$ 时,对波长为 λ 的平面偏振光的旋光度。

旋光度与平面偏振光所经过的旋光物质的长度 L 有关,在温度为 $t\,℃$ 时,具有比旋光度为 $[\alpha]_\lambda^t$ 的旋光物质对波长为 λ 的平面偏振光的旋光度 α_λ^t 由下式表示

$$\alpha_\lambda^t = [\alpha]_\lambda^t L$$

如果旋光物质溶于某种没有旋光性的溶剂中,浓度为 c,则下式成立

$$\alpha_\lambda^t = [\alpha]_\lambda^t L c$$

2. 温度校正

通常在一定的温度范围内,旋光度随测试温度变化而变化,并且具有良好的线性关系。即在 $t\,℃$ 时的旋光度 α_λ^t 与 $20\,℃$ 时的旋光度 $\alpha_\lambda^{20℃}$ 及旋光温度系数 K 有如下关系

$$\alpha_\lambda^t = \alpha_\lambda^{20} L c [1 + K(t - 20)]$$

通过测定两个不同的温度 $t_1\,℃$ 和 $t_2\,℃$ 时的旋光度,由上式求出温度系数 K。进行温度校正。

3. 波长校正

旋光度与使用光波的有效波长的依赖关系是十分强烈的,尽管仪器中使用了光谱灯,但是由于不可避免的谱线背景及其他原因,有效波长还是会随所使用的光源的不同,或因使用时间太久而变化,并会引起明显的测量误差,因此有必要校正有效波长。

校正使用的工具是石英校正管,标有在 589.44 nm 波长时,该校正管的旋光度值为 $\alpha_{589.44}^{20℃}$。若在温度为 $t\,℃$ 时,仪器测得该石英校正管的读数 $\alpha_{589.44}^{t℃}$ 为

$$\alpha_{589.44}^{t℃} = \alpha_{589.44}^{20℃}[1 + 0.000\,144(t - 20)]$$

则说明仪器光源的有效波长与 589.44 nm 一致。若不一致,则必须调整在仪器中的校正有效波长的装置,以使测量数据与上式所得的一致,或在允许范围内。

4. 仪器结构与原理

旋光仪的结构原理如图 3.8 所示。钠灯发出的波长为 589.44 nm 的单色光依

次通过聚光镜、小孔光阑、场镜、起偏器、法拉弟调制器、准直镜。形成一束振动平面随法拉弟线圈中交变电压而变化的准直的平面偏振光,经过装有待测溶液的试管后射入检偏器,再经过接收物镜、滤色片、小孔光阑进入光电倍增管,光电倍增管将光强信号转变成电讯号,并经前置放大器放大。

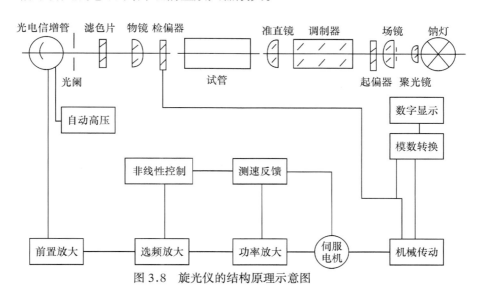

图 3.8　旋光仪的结构原理示意图

若检偏器相对于起偏器偏离正交位置,则说明有具有频率为 f 的交变光强信号,相应地有频率 f 的电信号,此电信号经过选频放大,功率放大,驱动伺服电机通过机械传动带动检偏器转动,使检偏器向正交位置趋近直到检偏器到达正交位置,频率为 f 的电信号消失,伺服电机停转。

仪器一开始正常工作,检偏器即按照上述过程自动停在正交位置上,此时将计数器清零,定义为零位,若将装有旋光度为 α 的样品的试管放入试样室中时,检偏器相对于入射的平面偏振光又偏离了正交位置 α 角,于是检偏器按照前述过程再次转过 α 角获得新的正交位置。模数转换器和计数电路将检偏器转过的 α 角转换成数字显示,于是,就测得了待测样品的旋光度。

5．操作步骤

(1) 接通电源,将电源开关按向上,等待 5 min 使钠灯发光稳定。

(2) 准备试管。

(3) 将测量开关按向上,数码管将出现数字。

(4) 清零。在已准备好的试管中注入蒸馏水或待测试样的溶剂放入仪器试样室的试样槽中,按下清零按键,使数码管示数为零。

(5) 测试。除去空白溶剂,注入待测样品,将试管放入试样室的试样槽中,等到表示测数稳定的位于符号管上方的红点亮后再读取读数。

(6) 复测。按下复测按键取几次测量的平均值作为测量结果。

(7) 温度校正。测定试样溶液的温度,进行温度校正计算。

3.1.5　电位差计

直流电位差计是测量电位差的仪器。它的精度高,是测量电动势的最基本的仪器。

1. 直流电位差计的工作原理

直流电位差计是根据补偿原理而设计的,它由工作电流回路、标准回路和测量回路组成。其原理参见第 2 章实验 40 的“实验原理”。

目前使用较多的是 UJ 型电位差计,如 UJ-25 型和 UJ-36 型。

2. UJ-25 型高电势直流电位差计

第 2 章实验 40 的“实验原理”部分详细介绍了 UJ-25 型高电势直流电位差计的面板构造(图 2.47)。UJ-25 型电位差计上标有 0.01 字样,表明其测量最大误差为满刻度值的 0.01%,即万分之一。它的可变电阻只由粗、中、细、微四挡组成,滑线电阻由六个转盘组成,所以测量读数最小值为 10^{-6}V。

使用 UJ-25 型电位差计测定电动势时需要将惠斯顿标准电池、工作电池(1.5 V 干电池两节)分别接在 UJ-25 型高电势直流电位差计的标准和工作电池端子上,将检流计接在电计端子上。先读取环境温度,校正标准电池的电势;调节标准电池的温度补偿旋钮 5 至计算值;将转换开关 2 拨至“N”处,转动工作电流调节旋钮粗、中、细,依次按下电计按钮“粗”、“细”,直至检流计示零。在测量时,将待测电池接在 UJ-25 型高电势直流电位差计的未知端子上,将转换开关拨向 X₁ 或 X₂ 位置,从大到小旋转测量旋钮 3,按下电计按钮,直至检流计示零,6 个小窗口内读数即为待测电池的电动势。

使用 UJ-25 型高电势直流电位差计测量电位差时需用标准电池标定工作电流。惠斯顿标准电池是常用的标准电池。惠斯顿标准电池 20℃ 时其电池电动势为 1.018 625 V,其他温度时的电动势可由下式求得。1980 年,我国提出 0~40℃ 温度范围常用的镉汞标准电池的温度与标准电动势的关系式为

$$E_t /V = E_{20}/V - \left[39.94(t/℃ - 20) + 0.929(t/℃ - 20)^2 - 0.0090(t/℃ - 20)^3 \right.$$
$$\left. + 0.000\,06(t/℃ - 20)^4 \right] \times 10^{-6}$$

由上式可知,惠斯顿标准电池的电动势温度系数很小。由于惠斯顿电池的构造为 H 型的液态电极,所以使用时电池只能正置,严禁倒置或剧烈振荡,不允许用伏特

计或万用表进行测量。

3. UJ-36 型电位差计

UJ-36 型电位差计为便携式电位差计。常用于实验室中测定热电偶电位差。它的优点在于把标准电池、检流计和工作电池均装于仪器内,使用比较方便,但精度较低。图 3.9 是 UJ-36 型电位差计面板布置图。

使用 UJ-36 型电位差计时应注意:

(1) 将待测系统接在"未知"的接线柱上时,注意极性。

(2) 在连续测量时,需经常核对工作电流,以防止其变化。

(3) 仪器使用完毕后,应将倍率开关置于"断"处,转换开关时应处于中间位置。

(4) 如发现旋转电流调节旋钮不能使检流计指零时,应更换 1.5 V 干电池,若检流计灵敏度低,应更换 9 V 层压干电池。

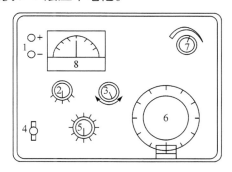

图 3.9 UJ-36 型电位差计面板图

1. 未知测量旋钮;2. 倍率开关;3. 调零旋钮;4. 转换开关;
5. 步进读数盘;6. 滑线读数盘;7. 电流调节旋钮;8. 检流计

3.1.6 无纸记录仪

记录仪是化学实验室中最常用的仪器之一,目前多用台式的有纸记录仪。随着微处理器、大容量存储介质和液晶显示器等先进技术的迅猛发展,无纸记录仪得到不断开发和广泛应用。浙江大学中自集成控制股份有限公司与浙江大学化学实验中心在共同探讨分析、测试改进、考核完善的基础上,联合开发了新型的 Suny-LAB200 系列无纸实验记录仪。该记录仪采用智能处理、液晶显示、电子存储技术,具有精度高、功耗低、稳定性好、维护量少等特点,已成功应用于燃烧热测定、相图绘制、甲酸氧化反应动力学、乙酸乙酯皂化反应速率系数测定等物理化学实验中。

1. 键盘

SunyLAB200 无纸实验记录仪共有 6 个键,如图 3.10 所示。根据仪表是处于运行状态还是组态状态,每个键的功能也有所不同,具体功能列于表 3.2。

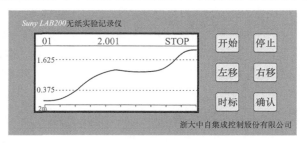

图 3.10　无纸记录仪的操作键

表 3.2　无纸记录仪的键功能

符号	功能	
	运行状态	组态状态
开始	采样开始	增大数值
停止	采样停止	减小数值
左移	向前查阅历史数据	向前移动光标
右移	向后查阅历史数据	向后移动光标
时标	切换时标	
确认	切换运行画面	确认当前操作

2．运行画面

正常运行过程中 SunyLAB200 无纸实验记录仪所显示的画面为运行画面,可分为实时和历史追忆运行画面。

(1) 实时画面。系统开机后首先自动进行自检,其显示画面见图 3.11。

确认系统无误后,按 确认 键,系统进入运行画面,默认的运行画面为"实时画面"。实时画面显示的内容有本机地址、采样值、运行状态、趋势曲线、时标。

图 3.11　开机时显示画面

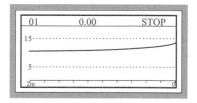

图 3.12　实时画面

图 3.12 所示,右上角显示 STOP,表示记录仪当前处于 STOP 状态,即停止采样和记录。按 [开始]键,记录仪开始采样(SunyLAB200B 要等待 4 s 后才开始采样),运行画面如图 3.13 所示,此时右上角显示 RUN,表示现在处于 RUN 状态,记录仪一边采样一边记录,当实验结束时,按[停止]键停止采样和记录。在记录仪处于 STOP 状态下,PC 机可以通过通讯电缆读取记录仪记录的历史数据。

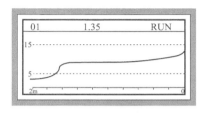

图 3.13 运行画面

在水平方向上对曲线进行等比例放大或缩小,共有六种时标可供选择,分别是 2 m,4 m,10 m,20 m,40 m,60 m,使用户更精确地了解在某段时间内的运行曲线。当选择时标为 10 m 时(图 3.14),则可观察 10 min 内的趋势曲线,如果选择 60 m,则可观察 60 min 之内的趋势曲线。按[时标]键,切换到下一个时标值并显示相应的曲线。

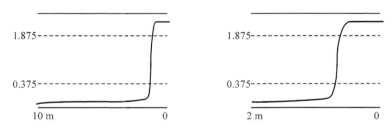

图 3.14 10 m 与 2 m 时标的趋势曲线

(2) 追忆画面。按[确认]键切换到历史追忆画面。追忆画面能够追忆历史数据,如图 3.15 所示。屏幕上部的数值是指曲线最右侧那一时刻的测量值。按[时标]键,时标值改变并显示相应时段内的曲线。按 [左移]键,曲线向前平移一个记录间隔,按[右移]键,曲线向后平移一个记录间隔,实现曲线追忆。按[确认]键切换到实时画面。

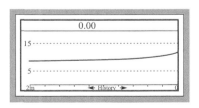

图 3.15 追忆历史数据

3. 组态画面

在任意一幅运行画面下,同时按下 时标 键和 确认 键,则进入组态画面,见图 3.16。

量程: −0.250~2.250

序号: 01

退出

图 3.16　组态画面

SunyLAB200A 可以选择量程:$0.00 \sim 5.00$,$0.00 \sim 10.00$,$0.00 \sim 20.00$。此量程只对曲线显示(即放大和缩小)有效。SunyLAB200B 量程不可选择,定为:$-0.250 \sim 2.250$。按 左移 键或 右移 键将光标移动至相应的位置;按 开始 键或 停止 键选择量程。画面显示的序号指本台仪表的通讯地址,即和上位机通讯时代表本台仪表的地址。在联网时,每台仪表的通讯地址都独立,若有相同地址,则和上位机通讯时会出错。通讯地址的范围为 $0 \sim 63$。按 左移 键或 右移 键将光标移动至相应的位置;按 开始 键或 停止 键选择此仪表的通讯地址。按 左移 键或 右移 键将光标移动至"退出",按 确认 键确认,仪表自动进入实时显示画面,退出组态。

3.1.7　磁天平

磁天平常用于研究分子结构的顺磁和逆磁磁化率的测定实验。主要由样品管、电磁铁、数字式特斯拉计、励磁电源、数字式电压电流表、霍尔探头、分析天平等部分组成。磁天平的电磁铁由单枪水冷却型电磁铁构成,磁极直径为 40 mm,磁极矩为 $10 \sim 40$ mm,电磁铁的最大磁场强度可达 0.6 T。励磁电源是 220 V 的交流电源,用整流器将交流电变为直流电,经滤波串联反馈输入电磁铁,如图 3.17 所示,励磁电流可从 0 A 调至 10 A。

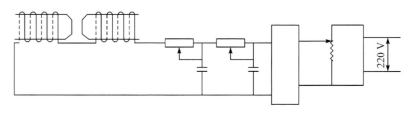

图 3.17　磁天平电路示意图

磁场强度测量用 DTM-3A 特斯拉计。仪器传感器是霍尔探头,其结构如图

3.18 所示。表 3.3 为 MB-1A 磁天平的主要性能指标。

表 3.3　MB-1A 磁天平主要性能指标

电磁铁	中心最大磁场	0.8 T
	磁极直径	40 mm
	气隙宽度	6～40 mm
数字式特斯拉计	测量范围	0～1.2 T
	显示	三位半 LED 数码管
	线性度	±1%
励磁电源	最大输出电流	10 A
	励磁电源无需水冷	
天平	灵敏度	≤0.1 mg

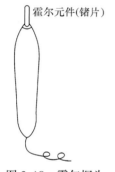

图 3.18　霍尔探头

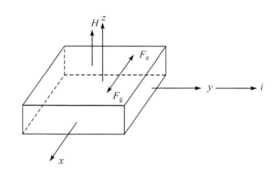

图 3.19　霍尔效应原理示意图

1. 测量原理

霍尔效应在一块半导体单晶薄片的纵向两端通电流 I_H，此时半导体中的电子沿着 I_H 反方向移动，如图 3.19 所示，当放入垂直于半导体平面的磁场 H 中，则电子会受到磁场力 H_g 的作用而发生偏转(洛伦兹力)，使得薄片的一个横端上产生电子积累，造成二横端面之间有电场，即产生电场力 F_e，阻止电子偏转作用，当 $F_g = F_e$ 时，电子的积累达到动态平衡，产生一个稳定的霍尔电势 V_H，这现象称为霍尔效应。其关系式为

$$V_H = K_H I_H B \cos\theta$$

式中：V_H 为霍尔电势；K_H 为元件灵敏度；I_H 为工作电流；B 为磁感应强度；θ 为磁场方向和半导体面的垂线的夹角。

当半导体材料的几何尺寸固定，I_H 由稳流电源固定，则 V_H 与被测磁场 H 成正比。当霍尔探头固定 $\theta = 0°$ 时(即磁场方向与霍尔探头平面垂直时输入最大)，V_H 的信号通过放大器放大，并配以双积分型单片数字电压表，经过放大倍数的校正，使数字显示直接指示出与 V_H 相对应的磁感应强度。

2. 操作步骤

(1) 实验前观察特斯拉计探头是否在两个磁极中间附近,并且探头平面要求平行于磁极端面,如果不正确,则进行调整。方法是先松开探头支架上的紧固螺丝,调节探头位置再固定,如探头固定好以后,不要经常变动。

(2) 未通电源时,逆时针将电流调节电位器调到最小,打开电源开关,调节特斯拉计的调零电位器,使磁场输出显示为零。

(3) 调节电流调节电位器,使电流增加至特斯拉计显示"0.300 T",观察电流磁场显示是否稳定。关闭电源前,应调节励磁电源电流,使输出电流为零。

(4) 用标准样品标定磁场强度的方法。先取一支清洁的干燥的空样品管悬挂在唯天平的挂钩上,使样品管正好与磁极中心线干齐,样品管不可与磁极接触,并与探头有合适的距离。准确称取空样品管的质量($H = 0$ 时),得 $m_1(H_0)$,调节电流调节电位器,使特斯拉计显示"0.300 T"(H_1),迅速称得 $m_1(H_1)$。逐渐增大电流,使特斯拉计数字显示为"0.350 T"(H_2),称得 $m_1(H_2)$。将电流略微增大后再降至特斯拉计显示"0.350 T"(H_2),又称得 $m_2(H_2)$。将电流降至特斯拉计显示"0.300 T"(H_1)时,称得 $m_2(H_1)$,最后将电流调节至特斯拉计显示"0.000 T"(H_0)称得 $m_2(H_0)$。这样调节电流由小到大再由大到小的测定方法是为了抵消实验时磁场剩磁的影响。

(5) 按步骤(2)所述高度,在样品管内装好样品并使样品均匀填实,挂在磁极之间。再按步骤(3)所述的先后顺序由小到大调节电流,使特斯拉计显示在不同点,同时称出该点的样品管和样品一起的质量。后按前述的方法由高调低电流。当特斯拉计显示不同点磁场强度时,同时称出该点电流下降时的样品管加样品的质量。

3. 注意事项

(1) 调节电流时,应以平稳的速率缓慢升降。

(2) 关闭电源时,应调节励磁电源电流,使输出电流为零。

(3) 霍尔探头是易损元件,测量时必须防止变送器受压、挤扭、变曲和碰撞等。使用前应检查霍尔探头铜管是否松动,如有松动应紧固后使用。

(4) 霍尔探头不宜在局部强光照射下,或高于60℃的温度时使用,也不宜在腐蚀性气体场合下使用。

(5) 霍尔探头不用时应将保护套套上。

(6) 磁场极性判别。在测试过程中,特斯拉计数字显示若为负值,则探头的 N 极与 S 极位置放反,需纠正。

(7) 霍耳探头平面与磁场方向要垂直放置。

3.2 常用物性数据

3.2.1 常见基团和化学键的红外吸收特征频率

有机分子的红外振动频率见表 3.4,无机盐的红外吸收特征频率见表 3.5。

表 3.4 有机分子的红外振动频率

键的类型		频率/cm^{-1}	键的类型		频率/cm^{-1}
C—H	C$_{sp3}$—H	2800～3000	炔	C≡C—H	600～700
	C$_{sp2}$—H	3000～3100	烯	RCH=CH$_2$	910,990
	C$_{sp}$—H	3300		R$_2$C=CH$_2$	890
C—C	C—C	1150～1250		trans-RCH=CHR	970
	C=C	1600～1670		cis-RCH=CHR	725,675
	C≡C	2100～2260		R$_2$C=CHR	790～840
C—N	C—N	1030～1230	芳环	单取代-	730～770, 690～710(两个)
	C=N	1640～1690		o-	735～770
	C≡N	2210～2260		m-	750～810, 690～710(两个)
C—O	C—O	1020～1275		p-	810～840
	C=O	1650～1800		1,2,3-	760～780, 705～745(两个)
C—X	C—F	1000～1350		1,3,5-	810～865, 675～730(两个)
	C—Cl	800～850		1,2,4-	805～825,870 885(两个)
	C—Br	500～680		1,2,3,4-	800～810
	C—I	200～500		1,2,4,5-	855～870
N—H	RNH$_2$, R$_2$NH	3400～3500(两个)		1,2,3,5	840～850
	RNH$_3^+$, R$_2$NH$_2^+$, R$_3$NH$^+$	2250～3000		五元环取代-	870
	RCONH$_2$, RCONHR′	3400～3500	醛	RCHO	1725
O—H	ROH	3610～3640(游离)		C=CCHO	1685

续表

键的类型		频率/cm^{-1}	键的类型		频率/cm^{-1}
		3200~3400(氢键缔合)	酮	ArCHO	1700
	RCOOH	2500~3000		R$_2$C=O	1715
N—O	RNO$_2$	1350,1560		C=C—C=O	1675
	RONO$_2$	1620~1640, 1270~1285		Ar—C=O	1690
	RN=O	1500~1600		四元环	1780
	RO—N=O	1610~1680(两个),750~815		五元环	1745
	C=N—OH	930~960		六元环	1715
	R$_3$N—O$^+$	950~970	羧酸	RCOOH	1760(单体) 1710(聚合体)
S—O	R$_2$SO	1040~1060		C=C—COOH	1720(单体) 1690(聚合体)
	R$_2$S(=O)O	1310~1350 1120~1160		RCOO—	1550 ~ 1610, 1400 (两个)
	R—S(=O)$_2$—OR′	1330~1420, 1145~1200	酯	RCOOR	1735
累积双键系统	C=C=C	1950		C=C—COOR	1720
	C=C=O	2150		ArCOOR	720
	R$_2$C=N=N	2090~3100		g-内酯	1770
	RN=C=O	2250~2275		d-内酯	1735
	RN=N=N	2120~2160	酰胺	RCONH$_2$	1690(游离) 1650(缔合)
酸酐		1820, 1760 (两个)		RCONHR′	1680(游离) 1655(缔合)
酰卤		1800		RCONR$_2$′	1650
				b-内酰胺	1745
				g-内酰胺	1700
				d-内酰胺	1640

表 3.5　无机盐的红外吸收特征频率

盐	频率/cm^{-1}	相对强度	盐	频率/cm^{-1}	相对强度
Na SCN	758	w	Na$_2$ SO$_4$	645	w
	940	vw,b		1110	vs
	1620	m	K$_2$ SO$_4$	1110	vs
	2020	s	NaClO$_3$	935	s,sp
	3330	m		965	vs
				990	
K SCN	746	m	KClO$_3$	938	w
	945	vw,vb		962	vs
	1630	m	NaClO$_4$H$_2$O	1100	vs,b
	2020	s		1630(H$_2$O)	s,sp
	3400	m		20304	vw
Na NO$_2$	831	m,sp		627	w
	1358	vs		940	vw
	1790	vw	KClO$_4$	1075	s
	2428	vw		1140	s,sh
Na NO$_3$	836	m,sp		1990	vw
	1358 7.36	vs	NaBrO$_3$	807	vs
	1790	vw	KBrO$_3$	790	vs
	2428	vw	NaIO$_3$	767	vs
				775	
				800	m

注:s.强吸收;b.宽吸收带;m.中等强度吸收;w.弱吸收;sh.尖锐吸收峰;v.吸收强度可变。

3.2.2 紫外光谱常用溶剂

化合物	临界波长 λ_c/nm	摩尔吸光子数 ε	沸点 t_b/℃
正戊烷	210	1.84[20]	36.0
2,2,4-三甲基戊烷	215	1.94[20]	99.2
正己烷	210	1.89[20]	68.7
正庚烷	197	1.92[20]	98.5
正十六烷	200	2.05[20]	286.8
环己烷	210	2.02[20]	80.7
甲基环己烷	210	2.02[20]	100.9
二硫化碳	380	2.63[20]	46
二氯甲烷	235	8.93[25]	40
三氯甲烷	245	4.81[20]	61.1
四氯甲烷	265	2.24[20]	76.8
1-氯丁烷	220	7.28[20]	78.6
1,2-二氯乙烷	226	10.42[20]	83.5
1,1,2-三氯-1,2,2-三氟乙烷	231	2.41[25]	47.7
四氯乙烯	290	2.27[30]	121.3
甲醇	210	33.0[20]	64.6
乙醇	210	25.3[20]	78.2
1-丙醇	210	20.8[20]	97.2
2-丙醇	210	20.18[20]	82.3
2-甲基-1-丙醇	230	17.93[20]	107.8
2-丁醇	260	17.26[20]	99.5
乙醚	218	4.27[20]	34.5
乙二醇二甲醚	240	7.30[24]	85
乙二醇一乙醚	210	13.38[25]	135
乙二醇一甲醚	210	17.2[25]	124.1
甘油	207	46.53[20]	290
丙酮	330	21.01[20]	56.0
甲基乙基酮	330	18.56[20]	79.5
甲基异丁基酮	335	13.11[20]	116.5
N-甲基-1-2-吡咯烷酮	285	32.55[20]	202
硝基甲烷	380	37.27[20]	101.1
乙酸	260	6.20[20]	117.9
乙腈	190	36.64[20]	81.6
乙酸乙酯	255	6.08[20]	77.1
乙酸丁酯	254	5.07[20]	126.1
乙酸戊酯	212	4.79[20]	149.2
N,N-二甲基乙酰胺	268	38.85[21]	165
N,N-二甲基甲酰胺	270	38.25[20]	153
二甲基亚砜	265	47.24[20]	189
1,4-二氧六环	215	2.22[20]	101.5
吡啶	330	13.26[20]	115.2
四氢呋喃	220	7.52[22]	65
苯	280	2.28[20]	80.0
甲苯	286	2.38[23]	110.6
o-二甲苯	290	2.56[20]	144.5
m-二甲苯	290	2.36[20]	139.1
p-二甲苯	290	2.27[20]	138.3
水	191	80.10[20]	100.0

3.2.3 典型有机官能团的质子化学位移

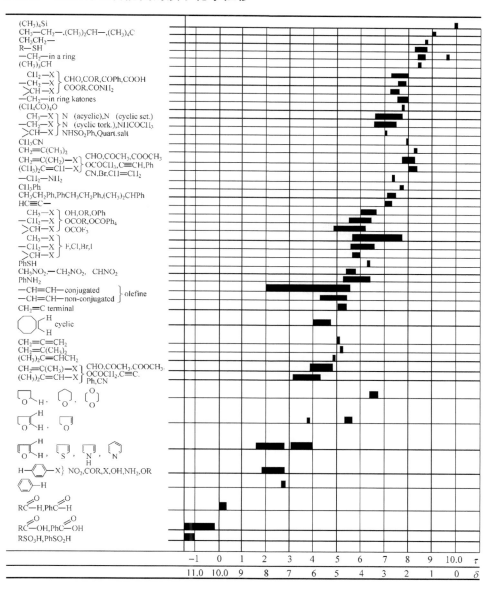

3.2.4　主要官能团的^{13}C-NMR 吸收峰

δ	基团	类别	举例	δ
220~165	\C=O/	酮	$(CH_3)_2CO$	(206.0)
			$(CH_3)_2CHCOCH_3$	(212.1)
		醛	CH_3CHO	(199.7)
		α,β-不饱和羰基	$CH_3CH=CHCHO$	(192.4)
			$CH_2=CHCOCH_3$	(169.9)
		羧酸	$HCOOH$	(166.0)
			CH_3COOH	(178.1)
		酰胺	$HCONH_2$	(165.0)
			CH_3CONH_2	(172.7)
		酯	$CH_3COOCH_2CH_3$	(170.3)
			$CH_2=CHCOOCH_3$	(165.5)
140~120	\C=C/	芳烃	C_6H_6	(128.5)
		烯烃	$CH_2=CH_2$	(123.2)
			$CH_2=CHCH_3$	(115.9, 136.2)
			$CH_2=CHCH_2Cl$	(117.5, 133.7)
			$CH_3CH=CHCH_2CH_3$	(132.7)
125~115	—CN	腈	CH_3CN	(117.7)
80~70	—C≡C—	炔烃	$HC≡CH$	(71.9)
			$CH_3C≡CH$	(73.9)
70~45	—C—O	酯	$CH_3CH_2COOCH_3$	(57.6, 67.9)
		醇	CH_3OH	(49.0)
			CH_3CH_2OH	(57.0)
40~20	—C—NH$_2$	胺	CH_3NH_2	(26.9)
			$CH_3CH_2NH_2$	(35.9)
30~15	—S—CH$_3$	硫醚	$C_6H_5-S-CH_3$	15.6
30~(−2.3)	—C—H	烷烃	CH_4	(−2.3)
			CH_3CH_3	(5.7)
			$CH_3CH_2CH_3$	(15.8, 16.3)
			$CH_3CH_2CH_2CH_3$	(13.4, 25.2)
			$CH_3CH_2CH_2CH_2CH_3$	(13.9, 22.8, 34.7)
		环烷烃	C_6H_{12}	(26.9)

3.2.5 水在 0～100℃ 的性质

温度 /℃	密度 /(g·cm⁻³)	定压热容 /(J·g⁻¹·K⁻¹)	蒸气压 /kPa	黏度 /(μPa·s)	热导率 /(mW·K⁻¹·m⁻¹)	相对介电常数	表面张力 /(mN·m⁻¹)	蒸发焓 /(kJ·mol⁻¹)
0	0.999 84	4.2176	0.6113	1793	561.0	87.90	75.64	45.054
10	0.999 70	4.1921	1.2281	1307	580.0	83.96	74.23	
20	0.998 21	4.1818	2.3388	1002	598.4	80.20	72.75	
30	0.995 65	4.1784	4.2455	797.7	615.4	76.60	71.20	
40	0.992 22	4.1785	7.3814	653.2	630.5	73.17	69.60	43.350
50	0.988 03	4.1806	12.344	547.0	643.5	69.88	67.94	
60	0.983 20	4.1843	19.932	466.5	654.3	66.73	66.24	42.482
70	0.977 78	4.1895	31.176	404.0	663.1	63.73	64.47	
80	0.971 82	4.1963	47.373	354.4	670.0	60.86	62.67	41.585
90	0.965 35	4.2050	70.117	314.5	675.3	58.12	60.82	
100	0.958 40	4.2159	101.325	281.8	679.1	55.51	58.91	40.657

3.2.6 水的饱和蒸气压数据

t/℃	p/kPa	t/℃	p/kPa	t/℃	p/kPa	t/℃	p/kPa
0	0.611 29	13	1.4979	26	3.3629	39	6.9969
1	0.657 16	14	1.5988	27	3.5670	40	7.3814
2	0.706 05	15	1.7056	28	3.7818	41	7.7840
3	0.758 13	16	1.8185	29	4.0078	42	8.2054
4	0.813 59	17	1.9380	30	4.2455	43	8.6463
5	0.872 60	18	2.0644	31	4.4953	44	9.1075
6	0.935 37	19	2.1978	32	4.7578	45	9.5898
7	1.0021	20	2.3388	33	5.0335	46	10.094
8	1.0730	21	2.4877	34	5.3229	47	10.620
9	1.1482	22	2.6447	35	5.6267	48	11.171
10	1.2281	23	2.8104	36	5.9453	49	11.745
11	1.3129	24	2.9850	37	6.2795	50	12.344
12	1.4027	25	3.1690	38	6.6298	51	12.970

$t/^\circ C$	p/kPa	$t/^\circ C$	p/kPa	$t/^\circ C$	p/kPa	$t/^\circ C$	p/kPa
52	13.623	83	53.428	114	163.58	145	415.29
53	14.303	84	55.585	115	169.02	146	426.85
54	15.012	85	57.815	116	174.61	147	438.67
55	15.752	86	60.119	117	180.34	148	450.75
56	16.522	87	62.499	118	186.23	149	463.10
57	17.324	88	64.958	119	192.28	150	475.72
58	18.159	89	67.496	120	198.48	151	488.61
59	19.028	90	70.117	121	204.85	152	501.78
60	19.932	91	72.823	122	211.38	153	515.23
61	20.873	92	75.614	123	218.09	154	528.96
62	21.851	93	78.494	124	224.96	155	542.99
63	22.868	94	81.465	125	232.01	156	557.32
64	23.925	95	84.529	126	239.24	157	571.94
65	25.022	96	87.688	127	246.66	158	586.87
66	26.163	97	90.945	128	254.25	159	602.11
67	27.347	98	94.301	129	262.04	160	617.66
68	28.576	99	97.759	130	270.02	161	633.53
69	29.852	100	101.32	131	278.20	162	649.73
70	31.176	101	104.99	132	286.57	163	666.25
71	32.549	102	108.77	133	295.15	164	683.10
72	33.972	103	112.66	134	303.93	165	700.29
73	35.448	104	116.67	135	312.93	166	717.83
74	36.978	105	120.79	136	322.14	167	735.70
75	38.563	106	125.03	137	331.57	168	753.94
76	40.205	107	129.39	138	341.22	169	772.52
77	41.905	108	133.88	139	351.09	170	791.47
78	43.665	109	138.50	140	361.19	171	810.78
79	45.487	110	143.24	141	371.53	172	830.47
80	47.373	111	148.12	142	382.11	173	850.53
81	49.324	112	153.13	143	392.92	174	870.98
82	51.342	113	158.29	144	403.98	175	891.80

$t/℃$	p/kPa	$t/℃$	p/kPa	$t/℃$	p/kPa	$t/℃$	p/kPa
176	913.03	207	1794.5	238	3228.6	269	5414.3
177	934.64	208	1831.1	239	3286.3	270	5499.9
178	956.66	209	1868.4	240	3344.7	271	5586.4
179	979.09	210	1906.2	241	3403.9	272	5674.0
180	1001.9	211	1944.6	242	3463.9	273	5762.7
181	1025.2	212	1983.6	243	3524.7	274	5852.4
182	1048.9	213	2023.2	244	3586.3	275	5943.1
183	1073.0	214	2063.4	245	3648.8	276	6035.0
184	1097.5	215	2104.2	246	3712.1	277	6127.9
185	1122.5	216	2145.7	247	3776.2	278	6221.9
186	1147.9	217	2187.8	248	3841.2	279	6317.0
187	1173.8	218	2230.5	249	3907.0	280	6413.2
188	1200.1	219	2273.8	250	3973.6	281	6510.5
189	1226.9	220	2317.8	251	4041.2	282	6608.9
190	1254.2	221	2362.5	252	4109.6	283	6708.5
191	1281.9	222	2407.8	253	4178.9	284	6809.2
192	1310.1	223	2453.8	254	4249.1	285	6911.1
193	1338.8	224	2500.5	255	4320.2	286	7014.1
194	1368.0	225	2547.9	256	4392.2	287	7118.3
195	1397.6	226	2595.9	257	4465.1	288	7223.7
196	1427.8	227	2644.6	258	4539.0	289	7330.2
197	1458.5	228	2694.1	259	4613.7	290	7438.0
198	1489.7	229	2744.2	260	4689.4	291	7547.0
199	1521.4	230	2795.1	261	4766.1	292	7657.2
200	1553.6	231	2846.7	262	4843.7	293	7768.6
201	1586.4	232	2899.0	263	4922.3	294	7881.3
202	1619.7	233	2952.1	264	5001.8	295	7995.2
203	1653.6	234	3005.9	265	5082.3	296	8110.3
204	1688.0	235	3060.4	266	5163.8	297	8226.8
205	1722.9	236	3115.7	267	5246.3	298	8344.5
206	1758.4	237	3171.8	268	5329.8	299	8463.5

t /℃	p /kPa	t /℃	p /kPa	t /℃	p /kPa	t /℃	p /kPa
300	8583.8	319	11 131	338	14 232	357	17 992
301	8705.4	320	11 279	339	14 412	358	18 211
302	8828.3	321	11 429	340	14 594	359	18 432
303	8952.6	322	11 581	341	14 778	360	18 655
304	9078.2	323	11 734	342	14 964	361	18 881
305	9205.1	324	11 889	343	15 152	362	19 110
306	9333.4	325	12 046	344	15 342	363	19 340
307	9463.1	326	12 204	345	15 533	364	19 574
308	9594.2	327	12 364	346	15 727	365	19 809
309	9726.7	328	12 525	347	15 922	366	20 048
310	9860.5	329	12 688	348	16 120	367	20 289
311	9995.8	330	12 852	349	16 320	368	20 533
312	10 133	331	13 019	350	16 521	369	20 780
313	10 271	332	13 187	351	16 725	370	21 030
314	10 410	333	13 357	352	16 931	371	21 283
315	10 551	334	13 528	353	17 138	372	21 539
316	10 694	335	13 701	354	17 348	373	21 799
317	10 838	336	13 876	355	17 561	373.98	22 055
318	10 984	337	14 053	356	17 775		

3.2.7　不同压力下水的沸点数据

p /kPa	t /℃	p /kPa	t /℃	p /kPa	t /℃	p /kPa	t /℃
5.0	32.88	91.5	97.17	101.3	100.00	120.0	104.81
10.0	45.82	92.0	97.32	101.5	100.05	125.0	105.99
15.0	53.98	92.5	97.47	102.0	100.19	130.0	107.14
20.0	60.07	93.0	97.62	102.5	100.32	135.0	108.25
25.0	64.98	93.5	97.76	103.0	100.46	140.0	109.32
30.0	69.11	94.0	97.91	103.5	100.60	145.0	110.36
35.0	72.70	94.5	98.06	104.0	100.73	150.0	111.38
40.0	75.88	95.0	98.21	104.5	100.87	155.0	112.37
45.0	78.74	95.5	98.35	105.0	101.00	160.0	113.33
50.0	81.34	96.0	98.50	105.5	101.14	165.0	114.26
55.0	83.73	96.5	98.64	106.0	101.27	170.0	115.18
60.0	85.95	97.0	98.78	106.5	101.40	175.0	116.07
65.0	88.02	97.5	98.93	107.0	101.54	180.0	116.94
70.0	89.96	98.0	99.07	107.5	101.67	185.0	117.79
75.0	91.78	98.5	99.21	108.0	101.80	190.0	118.63
80.0	93.51	99.0	99.35	108.5	101.93	195.0	119.44
85.0	95.15	99.5	99.49	109.0	102.06	200.0	120.24
90.0	96.71	100.0	99.63	109.5	102.19	205.0	121.02
90.5	96.87	100.5	99.77	110.0	102.32	210.0	121.79
91.0	97.02	101.0	99.91	115.0	103.59	215.0	122.54

3.2.8　部分饱和盐溶液的蒸气压数据

盐	蒸气压/kPa						
	10℃	15℃	20℃	25℃	30℃	35℃	40℃
$BaCl_2$	0.971	1.443	2.073	2.887	3.903	5.133	6.576
$Ca(NO_3)_2$	0.701	1.015	1.381	1.772	2.154	2.487	
$CuSO_4$	1.113	1.574	2.189	2.996	4.037	5.363	
$FeSO_4$	0.978	1.516	2.208	3.035	3.950	4.884	
KBr	0.953	1.338	1.853	2.533	3.419	4.563	
KIO_3	1.100	1.564	2.177	2.970	3.979	5.236	6.778
K_2CO_3	0.541	0.802	1.134	1.536	1.997	2.499	3.016
$LiCl$	0.128	0.193	0.279	0.384			
$Mg(NO_3)_2$	0.726	0.999	1.339	1.749	2.231	2.782	3.397
$MnCl_2$	0.697	1.064	1.515	2.020	2.535	3.002	
NH_4Cl	0.971	1.328	1.836	2.481			
NH_4NO_3	0.853	1.152	1.524	1.972			
$(NH_4)_2SO_4$	0.901	1.319	1.871	2.573	3.439	4.474	
$NaBr$	0.722	1.004	1.376	1.858	2.475	3.255	4.229
$NaCl$	0.921	1.285	1.768	2.401	3.218	4.262	5.581
$NaNO_2$	0.703	0.994	1.381	1.888	2.540	3.368	4.403
$NaNO_3$	0.884	1.244	1.719	2.335	3.121	4.109	5.333
$RbCl$	0.862	1.215	1.684	2.298	3.088	4.089	5.343
$ZnSO_4$	0.945	1.401	1.986	2.698	3.523	4.431	5.382
H_2O	1.228	1.706	2.339	3.169	4.246	5.627	7.381

3.2.9 部分物质的燃烧热数据

分子式	名称	$\Delta_c H^\ominus$ /(kJ·mol^{-1})	分子式	名称	$\Delta_c H^\ominus$ /(kJ·mol^{-1})
无机化合物			醇醚		
C	碳(石墨)	393.5	CH_4O	甲醇(l)	726.1
CO	一氧化碳(g)	283.0	C_2H_6O	乙醇(l)	1366.8
H_2	氢(g)	285.8	C_2H_6O	二甲醚(g)	1460.4
H_3N	氨(g)	382.8	$C_2H_6O_2$	乙二醇(l)	1189.2
H_4N_2	联氨(g)	667.1	C_3H_8O	1-丙醇(l)	2021.3
N_2O	一氧化二氮(g)	82.1	$C_3H_8O_3$	丙三醇(l)	1655.4
碳氢化合物			$C_4H_{10}O$	乙醚(l)	2723.9
CH_4	甲烷(g)	890.8	$C_5H_{12}O$	1-戊醇(l)	3330.9
C_2H_2	乙炔(g)	1301.1	C_6H_6O	苯酚(s)	3053.5
C_2H_4	乙烯(g)	1411.2	醛酮		
C_2H_6	乙烷(g)	1560.7	CH_2O	甲醛(g)	570.7
C_3H_6	丙烯(g)	2058.0	C_2H_2O	乙烯酮(g)	1025.4
C_3H_6	环丙烷(g)	2091.3	C_2H_4O	乙醛(l)	1166.9
C_3H_8	丙烷(g)	2219.2	C_3H_6O	丙酮(l)	1789.9
C_4H_6	1,3-丁二烯(g)	2541.5	C_3H_6O	丙醛(l)	1822.7
C_4H_{10}	丁烷(g)	2877.6	C_4H_8O	2-丁酮(l)	2444.1
C_5H_{12}	戊烷(l)	3509.0	酸酯		
C_6H_6	苯(l)	3267.6	CH_2O_2	甲酸(l)	254.6
C_6H_{12}	环己烷(l)	3919.6	$C_2H_4O_2$	乙酸(l)	874.2
C_6H_{14}	己烷(l)	4163.2	$C_2H_4O_2$	甲酸甲酯(l)	972.6
C_7H_8	甲苯(l)	3910.3	$C_3H_6O_2$	乙酸甲酯(l)	1592.2
C_7H_{16}	正庚烷(l)	4817.0	$C_4H_8O_2$	乙酸乙酯(l)	2238.1
$C_{10}H_8$	萘(s)	5156.3	$C_7H_6O_2$	苯甲酸(s)	3226.9
含氮化合物					
CHN	氰化氢(g)	671.5	C_2H_5NO	乙酰胺(s)	1184.6
CH_3NO_2	硝基甲烷(l)	709.2	C_3H_9N	三甲胺(g)	2443.1
CH_5N	甲胺(g)	1085.6	C_5H_5N	吡啶(l)	2782.3
C_2H_3N	乙腈(l)	1247.2	C_6H_7N	苯胺(l)	3392.8

3.2.10 金属或合金的低共熔温度

金属或合金	组成/%		熔点/℃	备注
	质量分数	摩尔分数		
Hg	100	100	−38.84	
Cs-K	77.0-23.0	50.0-50.0	−37.5	低共熔点
Cs-Na	94.5-5.5	75.0-25.0	−30.0	低共熔点
K-Na	76.7-23.3	65.9-34.1	−12.65	低共熔点
Na-Rb	8.0-92.0	24.4-75.6	−5	低共熔点
Ga-In-Sn	62.5-21.5-16.0	73.6-15.3-11.1	11	低共熔点
Ga-Sn-Zn	82.0-12.0-6.0	86.0-7.3-6.7	17	低共熔点
Cs	100	100	28.44	
Ga	100	100	29.77	
K-Rb	32.0-68.0	50-50	33	低共熔点
Bi-Cd-In-Pb-Sn	44.7-5.3-19.1-22.6-8.3	35.1-8.2-27.3-17.9-11.5	46.7	低共熔点
Bi-In-Pb-Sn	49.5-21.3-17.6-11.6	39.2-30.7-14.0-16.2	58.2	低共熔点
Bi-In-Sn	32.5-51.0-16.5	21.1-60.1-18.8	60.5	低共熔点
K	100	100	63.38	
Bi-Cd-Pb-Sn	50.0-12.5-25.0-12.5	41.5-19.3-21.0-18.2	70	Wood 合金
Bi-In	33.0-67.0	21.3-78.7	72	低共熔点
Bi-Cd-Pb	51.6-8.2-40.2	48.1-14.2-37.7	91.5	低共熔点
Bi-Pb-Sn	52.5-32.0-15.5	46.8-28.7-24.5	95	低共熔点
Na	100	100	97.8	
Bi-Cd-Sn	54.0-20.0-26.0	39.4-27.2-33.4	102.5	低共熔点
In-Sn	51.8-48.2	52.6-47.4	119	低共熔点
Cd-In	25.3-74.7	25.7-74.3	120	低共熔点
Bi-Pb	55.5-44.5	55.3-44.7	124	低共熔点
Bi-Sn-Zn	56.0-40.0-4.0	40.2-50.6-9.2	130	低共熔点
Bi-Sn	70-30	57.0-43.0	138.5	低共熔点
Bi-Cd	60.3-39.7	45.0-55.0	145.5	低共熔点
In	100	100	156.6	
Li	100	100	180.5	
Pb-Sn	38.1-61.9	26.1-73.9	183	低共熔点
Bi-Tl	48.0-52.0	47.5-52.5	185	低共熔点
Sn-Zn	91.0-9.0	85.0-15.0	198	低共熔点
Sb-Sn	8.0-92.0	7.8-92.2	199	白色金属
Au-Pb	14.6-85.4	15.2-84.8	212	低共熔点
Ag-Sn	3.5-96.5	3.8-96.2	221	低共熔点
Bi-Pb-Sb-Sn	48.0-28.5-9.0-14.5	40.8-24.5-13.1-21.6	226	Matrix 合金
Cu-Sn	0.75-99.25	1.3-98.7	227	低共熔点
Sn	100	100	231.9	

3.2.11　部分电解质水溶液的凝固点下降值

电解质	凝固点下降值(℃)与浓度(mol·kg⁻¹)的关系									
	0.05	0.10	0.25	0.50	0.75	1.00	1.50	2.00	2.50	3.00
CaCl₂	0.25	0.49	1.27	2.66	4.28	6.35	10.78	15.27	20.42	28.08
CuSO₄	0.13	0.23	0.47	0.96						
HCl	0.18	0.36	0.90	1.86	2.90	4.02	6.63	9.94		
HNO₃	0.18	0.35	0.88	1.80	2.78	3.80	5.98	8.34	10.95	13.92
H₂SO₄	0.20	0.39	0.96	1.95	3.04	4.28	7.35	11.35	16.32	
KBr	0.18	0.36	0.92	1.78						
KCl	0.17	0.35	0.86	1.68	2.49	3.29	4.88	6.50	8.14	9.77
KNO₃	0.17	0.33	0.78	1.47	2.11	2.66				
K₂SO₄	0.23	0.43	1.01	1.87						
LiCl	0.18	0.35	0.88	1.80	2.78					
MgSO₄	0.13	0.24	0.55	1.01	1.50	2.08	3.41			
NH₄Cl	0.17	0.34	0.85	1.70	2.55					
NaCl	0.18	0.35	0.85	1.68	2.60					
NaNO₃	0.18	0.36	0.80	1.62	2.63	3.10				

3.2.12　部分电解质水溶液在 25℃的摩尔电导率(单位:10⁻⁴m²·S·mol⁻¹)

电解质	极限摩尔电导率	摩尔电导率(10⁻⁴m²·S·mol⁻¹)与溶液浓度(mol·L⁻¹)的关系						
		0.0005	0.001	0.005	0.01	0.02	0.05	0.1
AgNO₃	133.29	131.29	130.45	127.14	124.70	121.35	115.18	109.09
1/2BaCl₂	139.91	135.89	134.27	127.96	123.88	119.03	111.42	105.14
1/2CaCl₂	135.77	131.86	130.30	124.19	120.30	115.59	108.42	102.41
1/2Ca(OH)₂	258	—	—	233	226	214	—	—
1/2CuSO₄	133.6	121.6	115.20	94.02	83.08	72.16	59.02	50.55
HCl	425.95	422.53	421.15	415.59	411.80	407.04	398.89	391.13
KBr	151.9	149.8	148.9	146.02	143.36	140.41	135.61	131.32
KCl	149.79	147.74	146.88	143.48	141.20	138.27	133.30	128.90
KClO₄	139.97	138.69	137.80	134.09	131.39	127.86	121.56	115.14
1/3K₃Fe(CN)₆	174.5	166.4	163.1	150.7	—	—	—	—

电解质	极限摩尔电导率	摩尔电导率($10^{-4}\ m^2 \cdot S \cdot mol^{-1}$)与溶液浓度($mol \cdot L^{-1}$)的关系						
		0.0005	0.001	0.005	0.01	0.02	0.05	0.1
$1/4K_4Fe(CN)_6$	184	—	167.16	146.02	134.76	122.76	107.65	97.82
$KHCO_3$	117.94	116.04	115.28	112.18	110.03	107.17	—	—
KI	150.31	148.2	143.32	144.30	142.11	139.38	134.90	131.05
KIO_4	127.86	125.74	124.88	121.18	118.45	114.08	106.67	98.2
KNO_3	144.89	142.70	141.77	138.41	132.75	132.34	126.25	120.34
$KMnO_4$	134.8	132.7	131.9	—	126.5	—	—	113
KOH	271.5	—	234	230	228	—	219	213
$KReO_4$	128.20	126.03	125.12	121.31	118.49	114.49	106.40	97.40
$1/3LaCl_3$	145.9	139.6	137.0	127.5	121.8	115.3	106.2	99.1
$LiCl$	114.97	113.09	112.34	109.35	107.27	104.60	100.06	95.81
$LiClO_4$	105.93	104.13	103.39	100.52	98.56	96.13	92.15	88.52
$1/2MgCl_2$	129.34	125.55	124.15	118.25	114.49	109.99	103.03	97.05
NH_4Cl	149.6	147.5	146.7	134.4	141.21	138.25	133.22	128.69
$NaCl$	126.39	124.44	123.68	120.59	118.45	115.70	111.01	106.69
$NaClO_4$	117.42	115.58	114.82	111.70	109.54	106.91	102.35	98.38
NaI	126.88	125.30	124.19	121.19	119.18	116.64	112.73	108.73
$NaOOCCH_3$	91.0	89.2	88.5	85.68	83.72	81.20	76.88	72.76
$NaOH$	247.7	245.5	244.6	240.7	237.9	—	—	—
$O_2N-\underset{NO_2}{\overset{ONa}{\underset{|}{\bigcirc}}}-NO_2$ （苦味酸钠）	80.45	78.7	78.6	75.7	73.7	—	66.3	61.8
$1/2Na_2SO_4$	129.8	125.68	124.09	117.09	112.38	106.73	97.70	89.94
$1/2SrCl_2$	135.73	131.84	130.27	124.18	120.23	115.48	108.20	102.14
$1/2ZnSO_4$	132.7	121.3	114.47	95.44	84.87	74.20	61.17	52.61

3.2.13　不同浓度 KCl 标准溶液的电导率随温度的变化（单位：$10^4 \kappa$ /S·m^{-1}）

t/℃	0.01 mol·kg^{-1}KCl	0.1 mol·kg^{-1}KCl	1.0 mol·kg^{-1}KCl	H$_2$O(CO$_2$饱和)
0	772.92	7116.85	63 488	0.58
5	890.968	8183.70	72 030	0.68
10	1013.95	9291.72	80 844	0.79
15	1141.45	10 437.1	89 900	0.89
18	1219.93	11 140.6	—	0.95
20	1273.03	11 615.9	99 170	0.99
25	1408.23	12 824.6	108 620	1.10
30	1546.63	14 059.2	118 240	1.20
35	1687.79	15 316.0	127 970	1.30
40	1831.27	16 591.0	137 810	1.40
45	1976.62	17 880.6	147 720	1.51
50	2123.43	19 180.9	157 670	1.61

注：以上所有数据均来自 CRC Handbook of Chemistry and Physics(化学与物理学手册)第 84 版(2003～2004 年)（http://www.hbcpnetbase.com/）

主要参考文献

巴德,福克纳.电化学方法原理与应用.林谷英译.北京:化学工业出版社,1986

北京大学分析化学教学组.基础分析化学实验.第二版.北京:北京大学出版社,1998

北京大学化学学院物理化学实验教学组.物理化学实验.第四版.北京:北京大学出版社,2002

北京大学仪器分析教学组.仪器分析教程.北京:北京大学出版社,1997

常文保,李克安.简明分析化学手册.北京:北京大学出版社,1981

陈大勇,高永煜.物理化学实验.上海:华东理工大学出版社,2000

陈培榕,邓勃.现代仪器分析实验与技术.北京:清华大学出版社,1999

陈宗淇.胶体与界面化学.北京:高等教育出版社,2001

程传煊.表面物理化学.北京:科学技术文献出版社,1995

赤屈四郎,木村健二郎.仪器分析和化学分析(基础化学实验大全 V).北京:科学普及出版社,1992

崔献英,柯燕雄,单绍纯.物理化学实验.合肥:中国科学技术大学出版社,2000

戴维·P·休梅尔.物理化学实验.第四版.俞鼎琼等译.北京:化学工业出版社,1990

方惠群,于俊生,史坚.仪器分析.北京:科学出版社,2002

房鼎业,乐清华,李福清.化学工程与工艺专业实验.北京:化学工业出版社,2000

冯亚云.化工基础实验.北京:化学工业出版社,2000

复旦大学等.蔡显鄂,项一非,刘衍光修订.物理化学实验.第二版.北京:高等教育出版社,1993

傅献彩,沈文霞,姚天扬.物理化学.第四版.北京:高等教育出版社,1990

古凤才,肖衍繁.基础化学实验教程.北京:科学出版社,2000

胡英主编.物理化学.第四版.北京:高等教育出版社,1999

胡英主编.物理化学参考.北京:高等教育出版社,2003

黄泰山,陈良坦,韩国林,吴金添.新编物理化学实验.厦门:厦门大学出版社,1999

李如生.非平衡态热力学和耗散结构.北京:清华大学出版社,1986

梁敬魁.粉末衍射法测定晶体结构.北京:科学出版社,2002

林树昌,曾泳淮.分析化学(仪器分析部分).北京:高等教育出版社,1994

罗澄源.物理化学实验.第三版.北京:高等教育出版社,1991

马礼敦.高等结构分析,上海:复旦大学出版社,2002

牟世芬,刘克纳.离子色谱方法及应用.北京:化学工业出版社,2000

南开大学化学系物理化学教研室.物理化学实验.天津:南开大学出版社,1991

祈景玉.X射线结构分析,上海:同济大学出版社,2003

山东大学.物理化学与胶体化学实验.第二版.北京:高等教育出版社,1990

沈钟.胶体与表面化学.第二版.北京:化学工业出版社,1997

苏克曼,潘铁英,张玉兰.波谱解析法.上海:华东理工大学出版社,2002

孙尔康,徐维清,邱金恒.物理化学实验.南京:南京大学出版社,1999

索耶,海纳曼,毕比.仪器分析实验.方惠群译.南京:南京大学出版社,1989

天津大学.物理化学.第四版.北京:高等教育出版社,2001

汪昆华,罗传秋,周啸.聚合物近代仪器分析.第二版.北京:清华大学出版社,2000

王伯康.综合化学实验.南京:南京大学出版社,2000

武汉大学化学系.仪器分析.北京:高等教育出版社,2001

武汉大学化学与环境科学学院.物理化学实验.武汉:武汉大学出版社,2000

叶卫平,方安平,于本方.Origin7.0科技绘图及数据分析.北京:机械工业出版社,2004

张济新,孙海霖,朱明华.仪器分析实验.北京:高等教育出版社,1994

张剑荣,戚苓,方惠群.仪器分析实验.北京:科学出版社,1999

张锐,黄碧霞,何友昭.原子光谱分析.合肥:中国科学技术大学出版社,1991

赵国玺.表面活性剂的物理化学(修订版).北京:北京大学出版社,1991

赵藻藩,周性尧,张悟铭.仪器分析.北京:高等教育出版社,1988

浙江大学,华东理工大学,四川大学,殷学锋主编.新编大学化学实验.北京:高等教育出版社,2001

周祖康.胶体化学基础,北京:北京大学出版社,1991

朱良漪.分析仪器手册.北京:化学工业出版社,1997

朱明华.仪器分析.第三版.北京:高等教育出版社,2000

朱岩.离子色谱原理及其应用.杭州:浙江大学出版社,2002

宗汉兴.化学基础实验.杭州:浙江大学出版社,2000

Carl W Garland,Joseph W Nibler,David P Shoemaker. Experiments in Physical Chemistry. 7th edition. McGRAW-
    HILL,2003

CRC Handbook of Chemistry and Physics. 84th edition. 2003~2004

Dean J A. Analytical Chemistry Handbook. McGraw – Hill Book Co, 1995